"十四五"职业教育国家规划教材

机械CAD/CAM

（Creo 8.0）（第三版） JIXIE CAD/CAM（Creo 8.0）

主　编　金志刚　屈澳林　苏发文　张晓红
副主编　黄　智　谢英星　程国飞　叶增良

新形态
教材

中国教育出版传媒集团
高等教育出版社·北京

本书二维码资源列表

页码	类型	名称	页码	类型	名称
1	延伸阅读	中国传统工匠精神	112	互动练习	项目二任务4在线测试
4	微视频	Creo 8.0工作界面	114	延伸阅读	中国高铁
7	微视频	新建文件	120	微视频	混合特征
9	微视频	打开与保存	122	微视频	旋转混合
11	微视频	管理文件	125	微视频	壳特征操作
14	微视频	模型显示的基本操作	127	微视频	钳座零件任务实施
16	微视频	模型的视图方向和视图定向	137	互动练习	项目三任务1在线测试
19	微视频	零件与特征	139	微视频	恒定截面扫描特征
20	微视频	层树	140	微视频	可变界面扫描特征
20	微视频	软件入门——任务实施	141	微视频	活动钳口零件任务实施
28	互动练习	项目一任务1在线测试	151	互动练习	项目三任务2在线测试
30	微视频	设置草绘环境	153	微视频	螺旋扫描
33	微视频	草绘指令	155	微视频	螺杆零件任务实施
34	微视频	草绘编辑指令	158	微视频	导向螺母零件设计
35	微视频	草绘约束指令	161	微视频	螺旋扫描特征
35	微视频	草绘尺寸标注指令	162	互动练习	项目三任务3在线测试
36	微视频	绘制吊钩草图	164	延伸阅读	蛟龙号载人潜水器
39	互动练习	项目一任务2在线测试	169	微视频	一般装配方法
41	微视频	绘制扳手草图	176	微视频	齿轮泵装配任务实施
47	互动练习	项目一任务3在线测试	187	微视频	装配元件阵列
50	延伸阅读	粤港澳大湾区	190	互动练习	项目四任务1在线测试
54	微视频	垫片零件任务实施	192	微视频	元件界面装配
61	微视频	连杆零件设计	196	微视频	虎钳装配任务实施
63	互动练习	项目二任务1在线测试	217	互动练习	项目四任务2在线测试
67	微视频	泵盖零件任务实施	222	微视频	虎钳螺杆零件工程图任务实施
80	互动练习	项目二任务2在线测试	233	微视频	基准特征符号
85	微视频	泵体零件任务实施	234	微视频	添加几何公差
99	互动练习	项目二任务3在线测试	235	互动练习	项目四任务3在线测试
102	微视频	齿轮轴零件任务实施	238	微视频	A3图幅边框及标题栏
110	微视频	从动齿轮轴绘制	241	微视频	齿轮泵泵盖零件工程图任务实施

前　言

本书是"十四五"职业教育国家规划教材,是在上一版的基础上修订而成的。编写和修订前编写团队开展了广泛调研,全书以典型工作岗位分析为依据,以真实工作项目为载体,对接教育部《高等职业学校专业教学标准》装备制造大类中相关课程要求,反映了最新设计技术、工艺、规范和未来技术发展,体现了高素质技术技能人才的培养需求。本书力求做到简单、明了、实用性强,通过多个典型工作任务,把软件关于实体造型、曲面造型、零件工程图设计、零件装配、模具零件设计与加工的方法和技巧,由浅入深地展现出来。本书融入编者长期应用 CAD/CAM 软件进行产品设计及教学的经验,根据软件的特点,以全面图形范例的方式,逐步引导学生熟悉并掌握软件的使用方法,轻松地达到良好的学习效果。

本书主要编写特点如下:

1. 落实立德树人任务,遵循"岗课赛证"综合育人理念

本书将中国智造、工匠精神等思政元素有机融入教材,落实立德树人根本任务。基于"岗课赛证"综合育人理念,以机械设计制造类学生成长为中心,以产品设计工程师岗位能力为根本要求,与行业专家、企业能手深度合作,组建专兼结合的编写团队,精选企业真实案例,编写项目化新形态教材,建设配套数字化资源,推动课程教学改革。

2. 采用项目案例编写体例,符合学生认知规律

本书采用项目化编写形式,根据产品设计工程师工作场景,精选了 6 个企业真实案例作为教学项目。案例的选择注重产品类型,由工业装备到机电产品,建模形式由实体到曲面,产品结构由简单到复杂,涵盖内容由结构设计到数控加工。本书没有大段的文字赘述,主要采用插图引导学生进行沉浸式学习。

3. 对接行业企业标准,编写内容体现"四新"

本书紧扣设计制造类专业人才培养目标,对接产品设计工程师岗位能力要求,设置了齿轮泵设计、手机模具零件数控加工等项目,涉及小型工业装备设计、家电产品设计、零件数控加工典型工作领域,对标当前机械、塑料、五金产品数字化设计的新技术、新标准、新规范和新工艺,涵盖了工业实体造型、曲面造型、零件工程图设计、零件装配、数控加工等必备专业技能。

4. 资源丰富形态多样,适应新时代学习特点

本书是新形态一体化教材。通过二维码配套"延伸阅读""微视频""互动练习"等丰富的数字

1

资源。通过线上阅读思政文章、观看实操视频、测试学习效果,让教材资源动起来、活起来、立起来,也使得本书趣味性更强。资源全面兼容 PC 端和移动端,符合移动互联时代学生获取信息的特点。

本书插图中的词汇、文字、线型等均为该软件所使用的词汇、文字、线型,其中有一些与技术制图、计算机绘图的国家标准不一致,敬请师生注意。

本书由中山职业技术学院金志刚、屈澳林,中山千玺设计科技有限公司苏发文,中山职业技术学院张晓红担任主编;中山职业技术学院黄智、谢英星,中山火炬职业技术学院程国飞,河源职业技术学院叶增良担任副主编。中山市立元精密模具工业有限公司李学忠、广东技术师范大学杨勇教授对教材进行了审阅。在教材编写过程中还得到了中山职业技术学院和兄弟院校领导、老师的大力支持,在此一并表示感谢!

由于编者水平有限,书中难免有错误和不妥之处,恳请读者批评指正!

编　　者

目 录

目　录

项目一
Creo Parametric 8.0 软件入门

延伸阅读

中国传统
工匠精神

▼ 学习目标

1. 了解 Creo Parametric 8.0 软件的功能和特点。
2. 熟悉 Creo Parametric 8.0 软件的工作界面。
3. 掌握基本文件操作方法。
4. 掌握视图调整方法。
5. 掌握模型树和层树的使用方法。
6. 掌握进入和设置草绘环境的方法。
7. 掌握二维草图绘制和编辑的方法。
8. 掌握为草图标注尺寸和添加几何约束的方法。

▼ 知识拼图

项目一

基本操作
- 启动及工作界面
- 文件管理操作
- 模型视图基础
- 模型树与层树的应用
- 自定义屏幕要素

二维草图
- 绘制草图
- 尺寸标注
- 几何约束
- 草图编辑
- 解决草图冲突

基准特征
- 基准平面
- 基准轴
- 基准点
- 基准曲线
- 基准坐标系

基础特征
- 拉伸
- 旋转
- 扫描
- 混合

工程特征
- 孔
- 壳
- 倒圆角
- 倒角
- 筋
- 拔模
- 修饰螺纹

编辑特征
- 镜像
- 移动
- 缩放
- 阵列

数控编程
- 元件
- 机床设计
- 工艺
- 制造几何
- 铣削
  - 粗加工
  - 重新粗加工
  - 精加工
  - 曲面铣削
  - 集体块粗加工
  - 轮廓铣削
  - 腔槽加工
  - 孔加工循环
- 校验和输出
  - 播放路径
  - 保存CL文件
  - CL文件后处理

曲面设计
- 基本曲面
  - 拉伸曲面
  - 旋转曲面
  - 恒定界截面扫描曲面
  - 混合曲面
  - 扫描混合曲面
  - 可变界面扫描曲面
- 填充曲面
- 边界混合
- 曲面编辑
  - 修剪
  - 复制粘贴
  - 偏移
  - 合并
  - 加厚
  - 实体化
  - 投影曲线
  - 交截曲线
- 造型设计

工程图设计
- 工程图配置
- 工程图类型
- 尺寸标注
- 添加注释
- 视图布局
- 图框模板创建
- 剖视图绘制

装配设计
- 装配概述
- 装配元件
- 创建元件
- 操作元件
- 处理元件
  - 复制
  - 镜像
  - 重复
- 两种装配方法
  - 自上而下
  - 自下而上

高级特征
- 扫描混合
- 旋转混合
- 螺旋混合

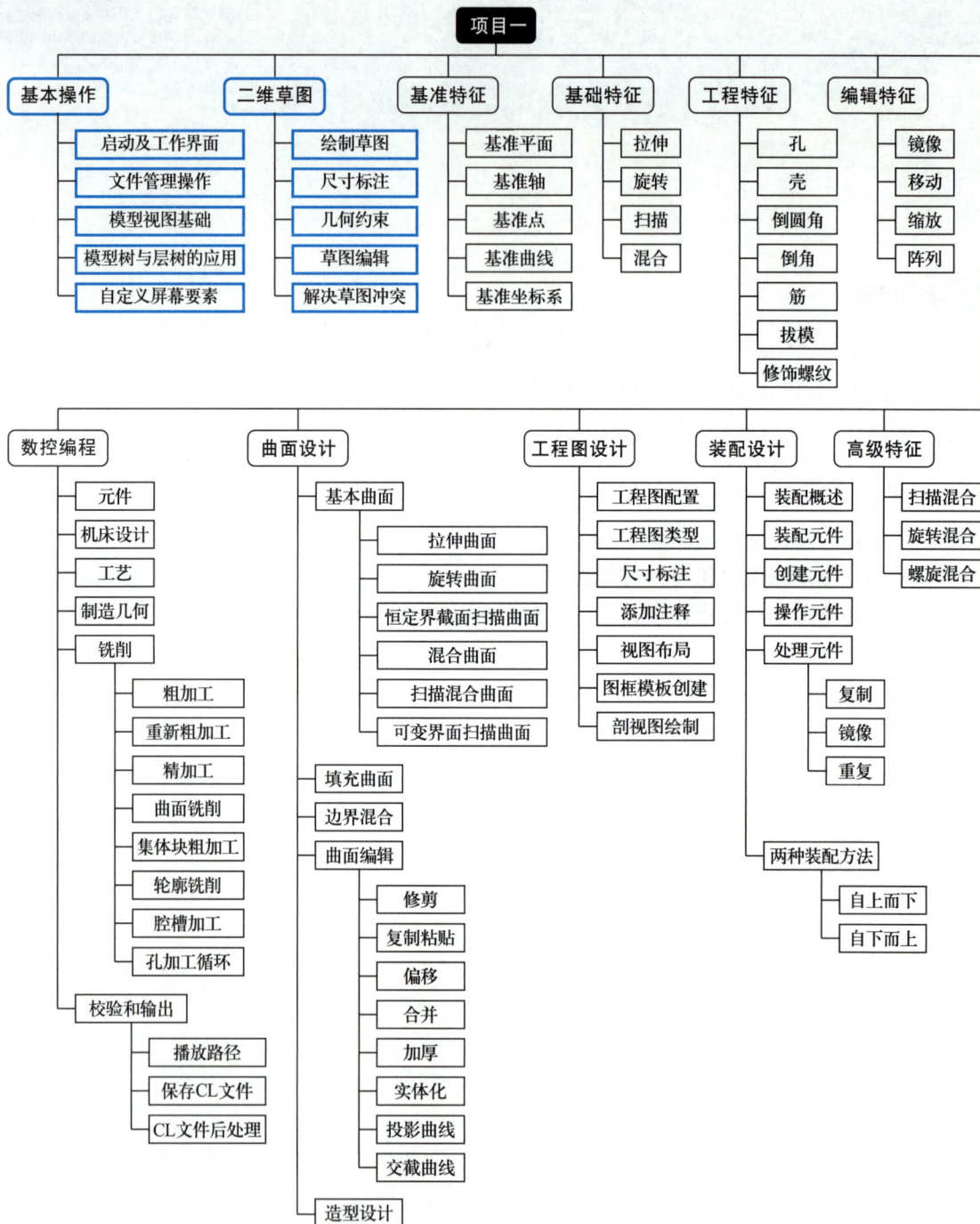

注:红色标记知识点为本项目涉及的新指令。

任务 ① 优化"支架"模型文件

▼ 学习目标

通过对"支架"模型文件的编辑和优化,熟悉 Creo Parametric 8.0 软件的工作界面;掌握文件的基本操作方法;掌握视图调整方式;掌握模型树和层树的使用方法。

▼ 任务引入

使用 Creo Parametric 8.0 软件对"支架"模型文件"1-1-1.prt"(图 1-1-1)进行优化,以便后续建模和文件管理,具体要求如下:

1. 将软件工作目录设置为支架文件所在目录,打开支架文件。

2. 将模型显示样式由"着色"方式改为"带边着色"方式。

3. 调整视图方向,将面 1 设置为前,面 2 设置为右,并将此视图方向保存,名为"111"。

4. 通过"模型树"将孔径由 $\Phi10$ 调整为 $\Phi8$。

5. 将所有基准特征放入新建层 01 中,所有基本特征放入新建层 02 中,将所有工程特征放入新建层 03 中。

6. 删除本文件所有旧版本,并将文件以"支架01"的名称保存在本目录下。

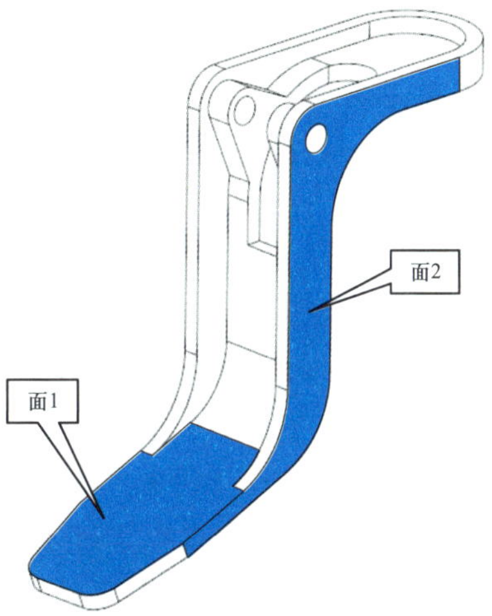

图 1-1-1 "支架"模型

▼ 知识链接

1. Creo 软件简介及 Creo Parametric 8.0 软件特点

(1) Creo 软件简介

Creo 软件是由美国科技公司(Parametric Technology Corporation,PTC)开发的新一代计算机三维辅助设计软件,它整合了 Pro/ENGINEER 的参数化技术、CoCreate 的直接建模技术和 ProductView 的三维可视化技术,支持从概念设计、工业造型设计、三维建模设计、分析计算、动态模拟与仿真、工程图输出,到数控加工产品研发生产的全过程,广泛应用于机械、模具、汽车、家电、玩具、航空航天等领域。

Creo 软件的主要应用程序包括 Creo Parametric、Creo Direct、Creo Simulate、Creo Sketch 等,其中 Creo Parametric 应用程序最为重要。

(2) Creo Parametric 8.0 软件特点

Creo Parametric 8.0 是 Creo 8.0 软件中的重要应用程序,其子模块众多、功能强大,是业界享有盛誉的一款一体化三维产品开发应用程序,涉及二维草绘、零件设计、组件设计、工程图设计、模具设计、图表设计、数控加工等。下面介绍 Creo Parametric 8.0 软件的几个重要特点。

① 基于特征建模

在 Creo Parametric 8.0 软件中,零件建模是从特征的建立开始的,特征的有序组合构成了零件模型。特征主要包括基准特征、基础特征和工程特征三大类。一个零件可以包含多个特征,而一个组件(装配体)可以包含多个零件。

② 参数化设计

Creo Parametric 8.0 软件的一个重要特点就是参数化设计,参数化设计可以保持设计思想的一致性。特征之间的相关性使得模型成为参数化模型,如果修改某特征,则 Creo Parametric 软件会自动修改与该特征相关的其他(从属)特征。

③ 相关性

相关性也称关联性。通过相关性,Creo Parametric 8.0 软件可以在零件模式外保持设计意图。相关性使同一模型在零件模式、装配模式、绘图模式以及其他相应模式具有一致性。因此,如果在任意一级修改模型设计,则项目将在所有级中动态反映该修改,这样便保持了设计意图。

④ 单一数据库

在使用 Creo Parametric 8.0 软件进行产品开发的过程中,用到的所有数据都来自一个数据库,便于设计人员调用产品数据及协同工作。

微视频
Creo 8.0
工作界面

2. Creo Parametric 8.0 软件的启动及工作界面

在安装 Creo Parametric 8.0 软件时,可以设置在 Windows 操作系统桌面上显示 Creo Parametric 8.0 软件的快捷方式启动图标■。安装好 Creo Parametric 8.0 软件后,双击■,即可启用 Creo Parametric 8.0 软件。

Creo Parametric 8.0 软件工作界面(窗口)主要包括标题栏、快速访问工具栏、功能区、导航区、绘图区、图形工具栏、状态栏等,如图 1-1-2 所示。

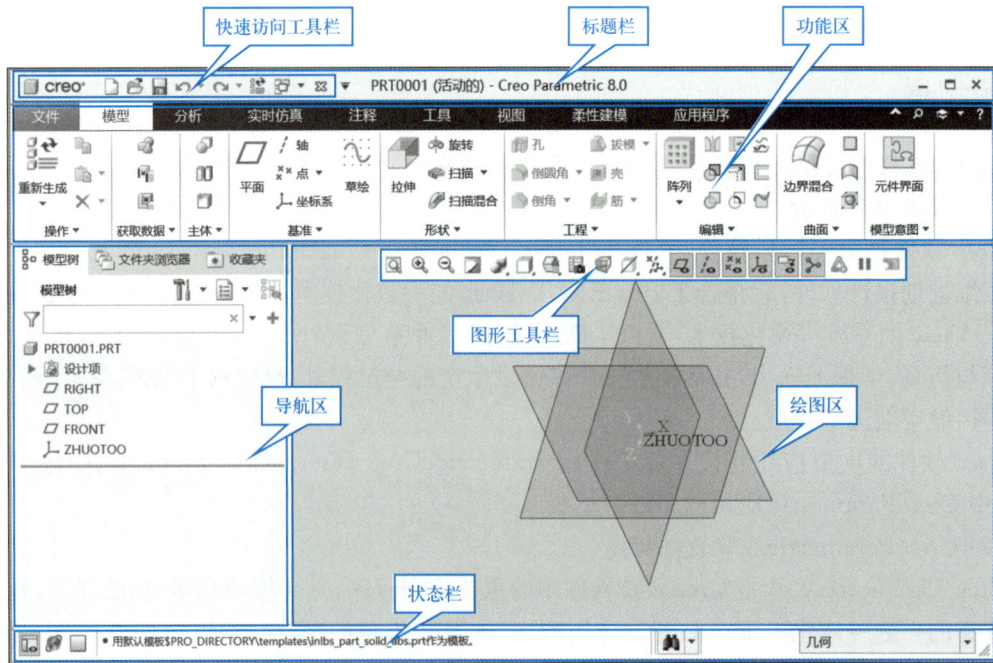

图 1-1-2 Creo Parametric 8.0 软件的工作界面

（1）标题栏

标题栏位于工作界面的最上方。用于显示当前编辑的文件名、文件状态和软件版本信息。在标题栏的最右侧，提供了【最小化】 ─ 、【最大化】 ☐ /【向下还原】 ☐ 和【关闭】 ☒ 指令，标题栏最左侧还嵌入了一个快速访问工具栏。

（2）快速访问工具栏

快速访问工具栏放置了【新建】 、【打开】 、【保存】 、【撤销】 、【重做】 、【重新生成】 、【窗口】 、【关闭】 等使用频率较高的指令。用户可以单击快速访问工具栏最右侧的【自定义快速访问工具栏】 ▾ 来添加或删除指令。还可通过该下拉列表设置快速访问工具栏的位置。

（3）功能区

功能区位于标题栏下方，由【文件】【模型】【分析】【工具】等一系列选项卡组成。每个选项卡由若干"组"构成，如【模型】选项卡由【操作】【获取数据】【主体】【基准】等组构成。每个组由相关指令组成，如【形状】组由【拉伸】【旋转】【扫描】等指令组成，如图 1-1-3 所示。

图 1-1-3　功能区的组成

（4）导航区

导航区包括【模型树】【文件夹浏览器】和【收藏夹】3 个选项卡，如图 1-1-4 所示。

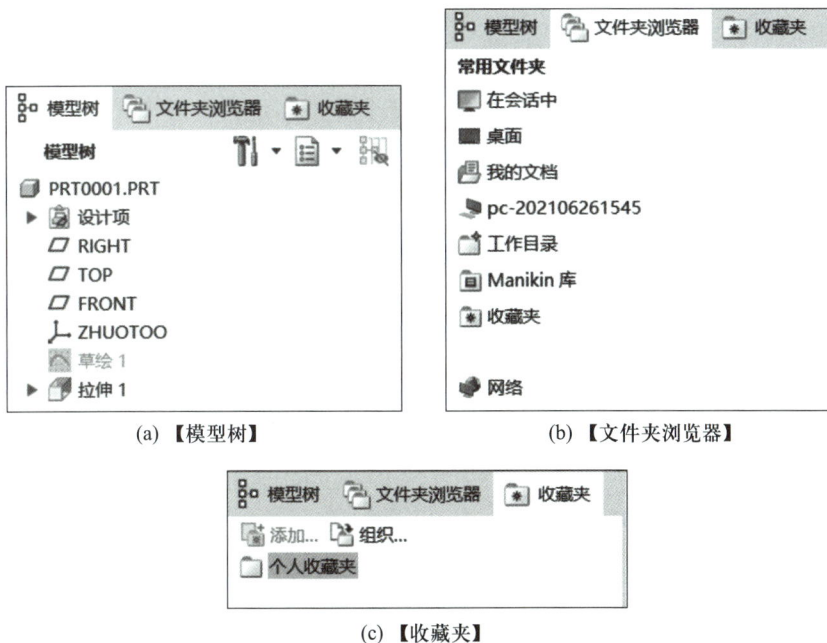

(a)【模型树】

(b)【文件夹浏览器】

(c)【收藏夹】

图 1-1-4　导航区的 3 个选项卡

①【模型树】　该选项卡以树的形式显示模型的层次关系,当单击在功能区【视图】选项卡/【可见性】组/【层】指令▤时,【模型树】选项卡可显示模型层树结构。

②【文件夹浏览器】　该选项卡类似于 Windows 的资源管理器,从中可以浏览文件系统以及计算机上可供访问的其他位置。该选项卡提供文件夹树。

③【收藏夹】　使用该选项卡可以添加收藏夹和管理收藏夹,以便于有效组织和管理个人资料。

(5) 绘图区

绘图区是 Creo Parametric 8.0 软件的工作区域,是进行零件设计、装配体设计和工程图设计的主要操作窗口。

图 1-1-5　右击【图形工具栏】弹出的快捷菜单

(6) 图形工具栏

图形工具栏提供了用于控制图形显示的工具按钮。右击该工具栏,弹出快捷菜单(图 1-1-5),勾选某一复选框,则在工具栏显示对应按钮;取消勾选,则隐藏该按钮。单击【位置】选项,可设置【图形工具栏】位置。单击【大小】选项,可调整【图形工具栏】的大小。

(7) 状态栏

状态栏位于工作界面的最底部,它实时显示当前操作、当前状态和与当前操作相关的提示信息等,它是软件与用户交互的窗口,如图 1-1-6 所示。

【显示导航器】▥:控制导航区的显示,即用于打开或关闭导航区。

【显示浏览器】◍:控制浏览器的显示,即用于打开或关闭浏览器。

【全屏】▢:切换全屏模式。

【消息区】:显示与窗口中操作相关的消息或提示。在消息区右击,接着从弹出的快捷菜单中选择【消息日志】指令,可以查看过去的消息。

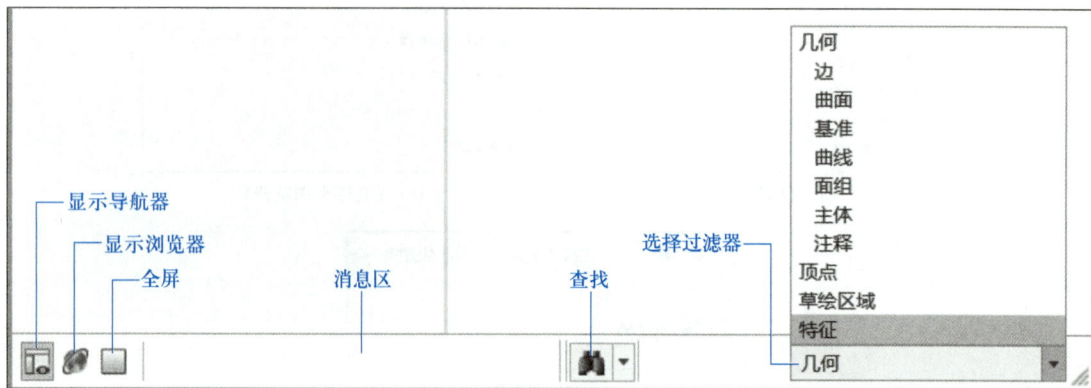

图 1-1-6　状态栏

【查找】🔍:单击此【查找】指令,弹出【搜索工具】对话框,可按规则搜索、过滤和选择。

【选择过滤器】:从【选择过滤器】下拉列表框中选择所需的选择过滤器选项,以便在图形窗口中快速而正确地选择对象。

　　3. Creo Parametric 8.0 软件的文件基本操作

在 Creo Parametric 8.0 软件中,文件基本操作主要包括新建、打开、保存、备份、选择工作目录、拭除、删除、重命名、关闭与退出系统等。

（1）新建文件

在 Creo Parametric 8.0 软件中,可以创建多种类型的文件以满足不同设计过程中新建工程项目的需要,类型主要包括"布局""草绘""零件""装配""制造""绘图""格式""记事本"等。

微视频

新建文件

下面以创建一个新实体零件文件(.prt)为例,介绍新建文件的过程。

① 在快速访问工具栏中单击【新建】指令🗋,或单击【文件】选项卡/【新建】指令🗋,或单击【主页】选项卡/【新建】指令🗋,或按 Ctrl＋N 快捷键,弹出【新建】对话框,如图 1-1-7 所示。

② 在【新建】对话框中,从"类型"选项组中选择"零件",从"子类型"选项组中选择"实体"。

③ 在"文件名"文本框中输入零件文件名,或接受默认的文件名。取消选择"使用默认模板"复选框。

④ 单击【确定】按钮,弹出【新文件选项】对话框,如图 1-1-8 所示。

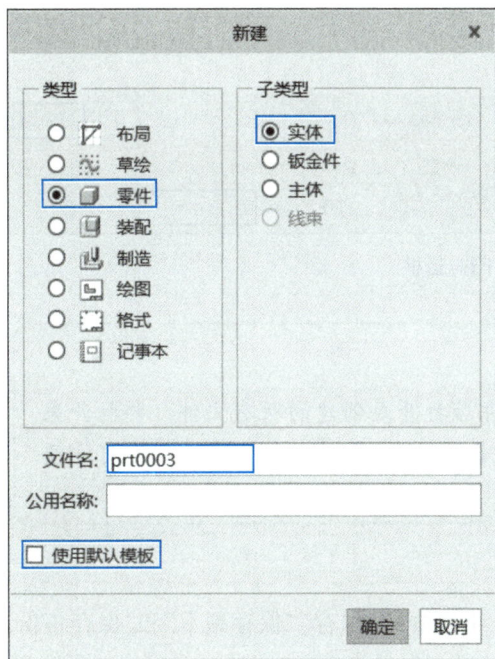

图 1-1-7　【新建】对话框　　　　　　　　　　图 1-1-8　【新文件选项】对话框

⑤ 在【新文件选项】对话框的"模板"列表框中选择"mmns_part_solid_abs(绝对精度公制单位模板)",单击【确定】按钮,创建一个实体零件文件,进入零件设计模式。

知识点拨

　　用户可以通过"模板"列表框选择模板,也可通过"浏览"选取定制模板文件。模板文件分公制(mmns)和英制(inlbs)两种,对于国内用户,一般选择公制(mmns)模板。

　　(2) 打开文件

　　单击快速访问工具栏中的【打开】指令📂,或单击【文件】选项卡/【打开】指令📂,或按 Ctrl+O 快捷键,弹出【文件打开】对话框(图 1-1-9),找到所需文件,单击【预览】按钮,可预览模型,单击【打开】按钮,即可打开文件。

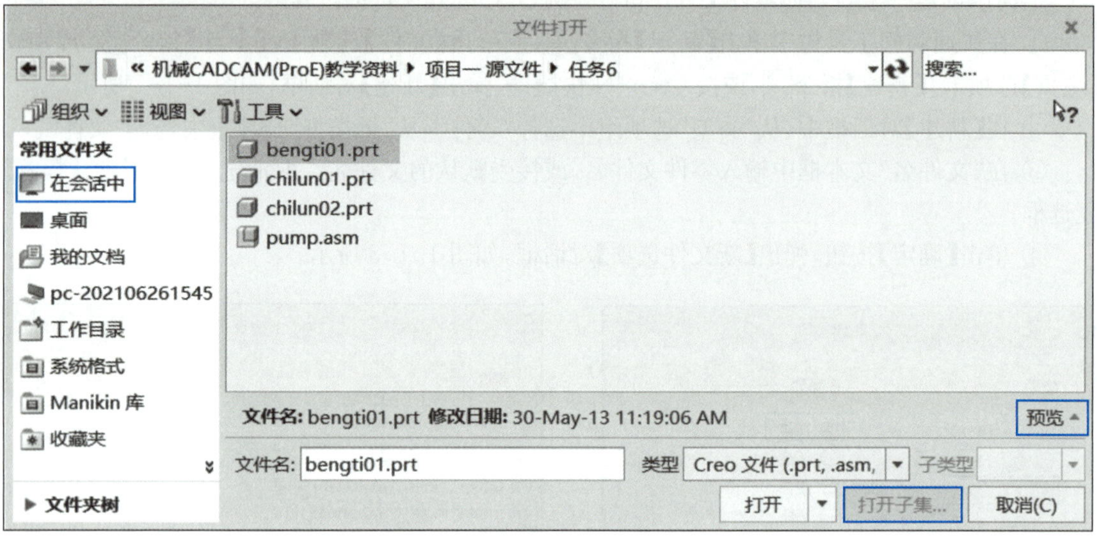

图 1-1-9 【文件打开】对话框

知识点拨

　　默认情况下,Creo 进程中会保存本次启动软件后打开或创建的所有文件。要打开来自进程中的文件,可在【文件打开】对话框左侧单击【在会话中】按钮(图 1-1-9),即可方便地打开编辑过的文件。

　　(3) 保存与备份文件

　　在设计过程中时常需要进行文件的保存和备份。下面介绍"保存""保存副本"和"保存备份"这 3 个常用指令。

　　① 保存文件

　　对于还未保存过的新建文件,单击快速访问工具栏中【保存】🖫指令,或者单击【文件】选项卡/【保存】指令🖫,或按 Ctrl+S 快捷键,弹出【保存对象】对话框,不能更改文件名,但可选择合适的目录或工作目录,单击【确定】按钮即可完成保存(图 1-1-10)。如果之前已经保存过的文件,再次选择【保存】指令,将直接完成保存,不能更改文件名及保存路径。

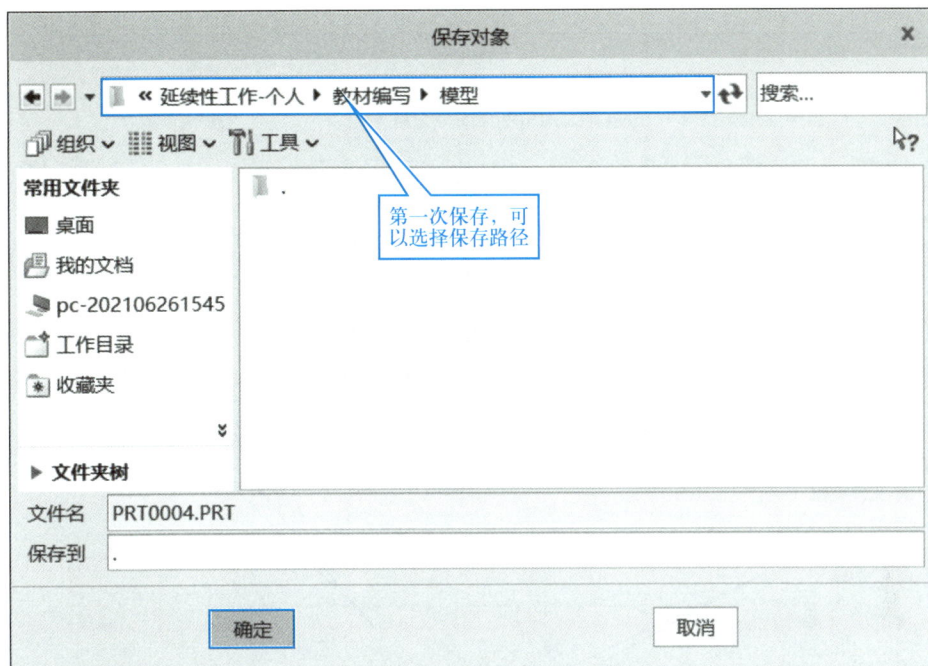

第一次保存，可以选择保存路径

图 1-1-10 【保存对象】对话框

微视频

打开与保存

> **知识点拨**
>
> 　　执行【保存】时，无法修改文件名。初次保存文件后，每次执行【保存】指令时，都会在该文件所在目录下生成一个小版本文件，如"prt0004.prt.1""prt0004.prt.2""prt0004.prt.3"等，以此类推。
>
> 　　由于产品设计过程中，需要对设计方案进行反复修改，有了小版本就为设计者留下了还原的余地。打开某一小版本即可回到文件保存时的状态。

② 保存副本

单击【文件】选项卡/【另存为】/【保存副本】指令，或按 Ctrl＋Shift＋S 快捷键，弹出【保存副本】对话框，在对话框中选择文件的保存位置，在"新文件名"文本框中输入新文件名，单击【确定】按钮完成副本保存，如图 1-1-11 所示。

③ 保存备份

单击【文件】选项卡/【另存为】/【保存备份】指令，弹出【备份】对话框，在对话框中选择文件的保存位置，不能改变文件名，单击【确定】按钮完成文件备份的保存，如图 1-1-12 所示。

（4）拭除与删除文件

① 拭除文件

在 Creo Parametric 8.0 软件中打开的文件，即使关闭后，仍然被保存在进程中，打开过多的文件会占用系统内存，影响运行速度。执行【拭除】指令可以将文件从进程中清除，而不会将该文件从磁盘中删除。

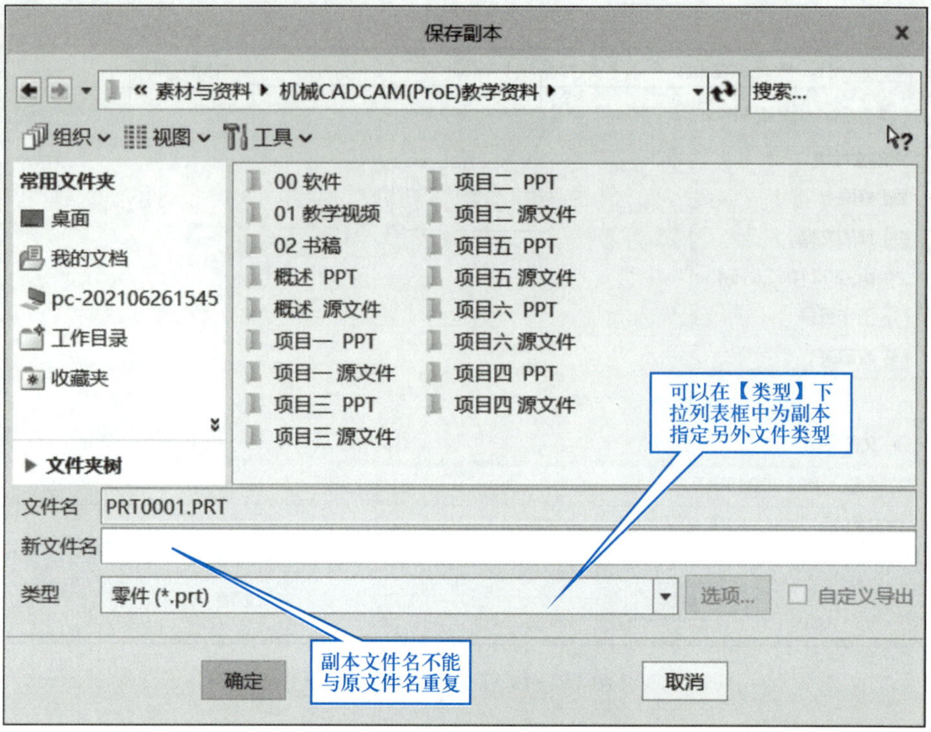

图 1-1-11　【保存副本】对话框

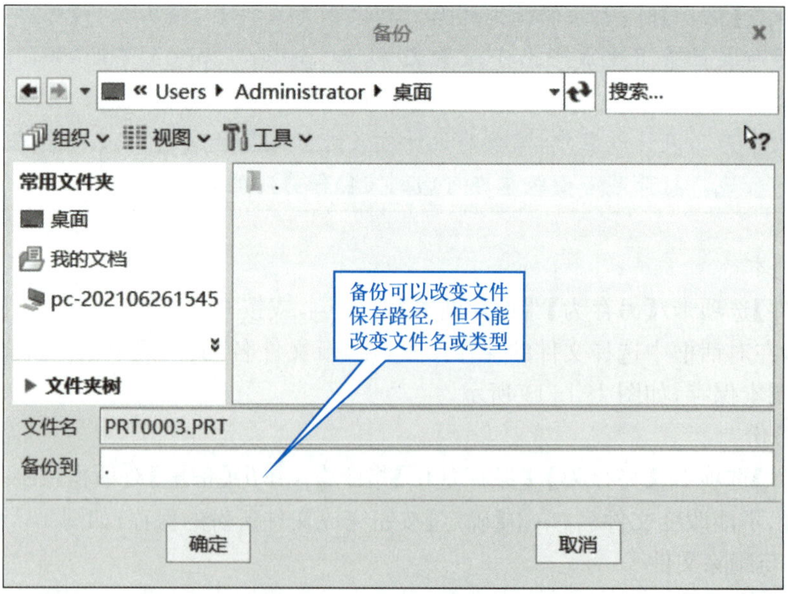

图 1-1-12　【备份】对话框

单击【文件】选项卡/【管理会话】/【拭除当前的】(或【拭除未显示的】【拭除未用的模型表示】)指令,弹出对话框,实施拭除功能,如图 1-1-13 所示。

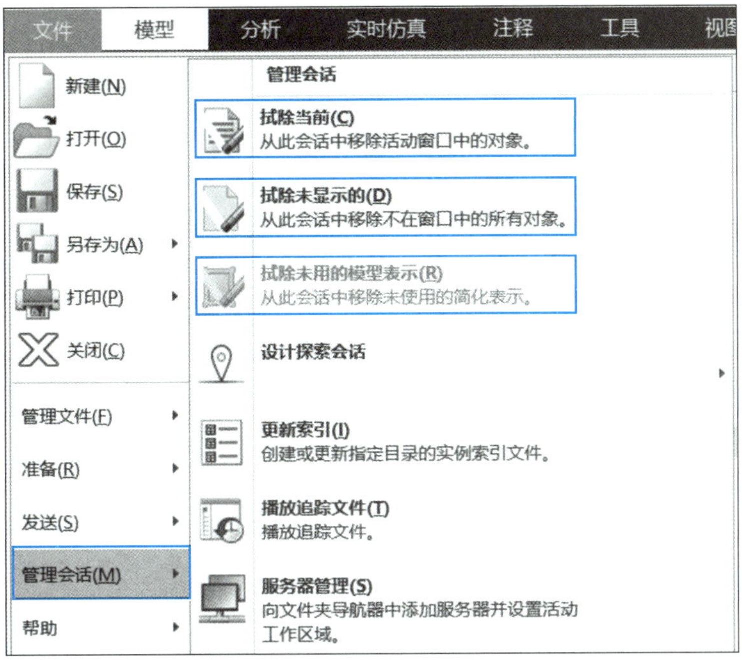

微视频

管理文件

图 1-1-13 拭除文件

以上三个指令的功能区分见表 1-1-1。

表 1-1-1 【拭除当前的】【拭除未显示的】【拭除未用的模型表示】指令的功能比较

指令	功能
【拭除当前的】	关闭当前文件,并将其从进程中删除
【拭除未显示的】	只拭除在当前会话中未显示的所有对象
【拭除未用的模型表示】	只拭除当前会话中未使用的简化表示

② 删除文件

在 Creo Parametric 8.0 软件中,【文件】选项卡提供了用于删除文件操作的【删除旧版本】和【删除所有版本】指令,前者用于删除指定对象除最高版本以外的所有版本,后者则用于从磁盘删除指定对象的所有版本。删除文件的操作要慎重使用。

单击【文件】选项卡/【管理文件】/【删除旧版本】(或【删除所有版本】)指令,弹出对话框,实施删除功能,如图 1-1-14 所示。

(5) 选择工作目录

工作目录是指分配存储 Creo Parametric 文件的目录。在实际设计工作中,为了便于项目文件的快速存储和读取,通常需要设置工作目录。设置或选择工作目录的方法如下:

单击【文件】选项卡/【管理会话】/【选择工作目录】指令(图 1-1-15),弹出【选择工作目录】对话框,选择合适的路径,单击【确定】按钮,完成本次作业工作目录的选择。

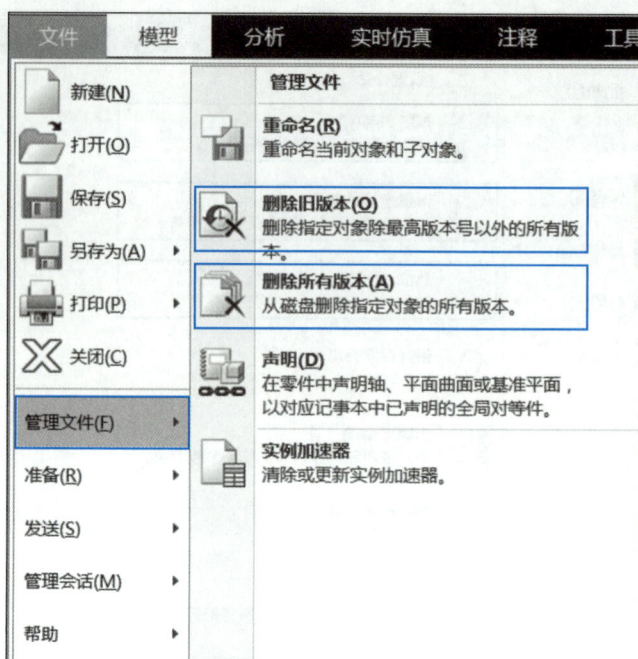

图 1-1-14 删除文件

图 1-1-15 选择工作目录

以上方法只能设置临时工作目录,如果想每次启动软件时都使用指定的工作目录,可以右击桌面的 Creo Parametric 8.0 快捷方式图标▣,从弹出的快捷菜单中选择【属性】菜单项,弹出【Creo Parametric 8.0 属性】对话框(图 1-1-16),在【快捷方式】选项卡中的"起始位置"文本框中输入新的工作目录,单击【确定】按钮即可。

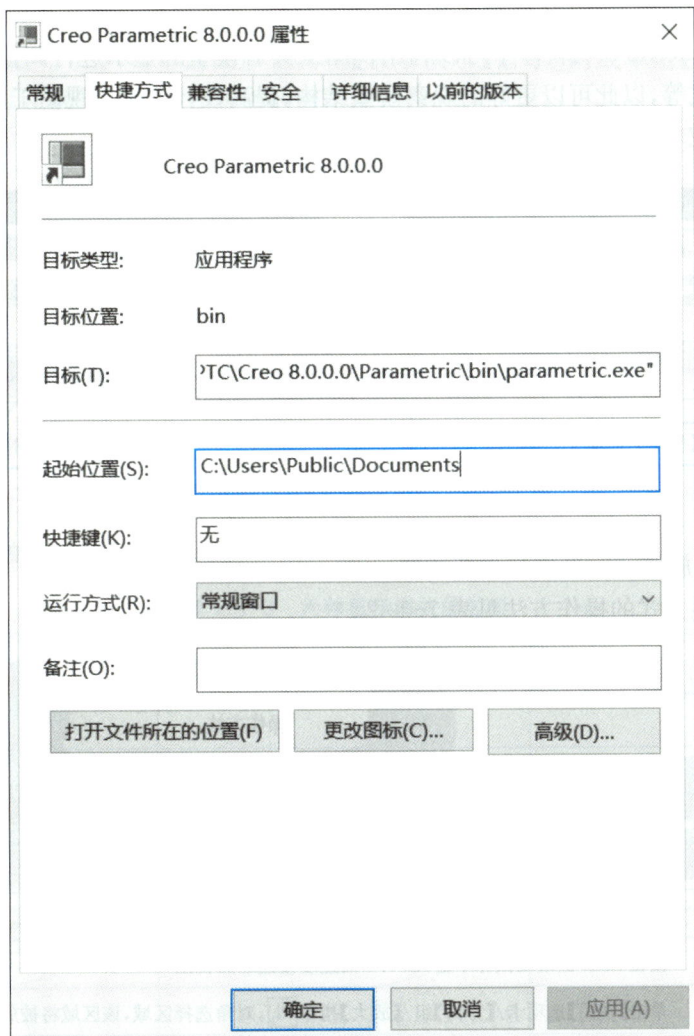

图 1-1-16　在【Creo Parametric 8.0 属性】对话框

(6)关闭窗口与退出软件

① 关闭窗口

若要关闭当前文件窗口但不退出 Creo Parametric 8.0 软件,可单击快速访问工具栏中【关闭】指令▣,或单击【文件】选项卡/【关闭】指令▣,关闭当前文件窗口,该文件仍存在于进程中。

（3）模型的视图定向

为了方便观察模型，Creo Parametric 8.0 软件提供了 11 种视图观察方向，分别是：标准方向、默认方向、BACK、BOTTOM、FRONT、LEFT、RIGHT、TOP、重定向、视图法向、上一个，其中前 8 个视图方向最为常用。

① 常用视图方向介绍

下面将常用的已保存视图方向，如标准方向、默认方向、BACK、BOTTOM、FRONT、LEFT、RIGHT、TOP 的操作方法和视图投影关系介绍一下。

单击图形工具栏中的【已保存方向】指令，或单击【视图】选项卡/【方向】组/【已保存方向】指令，在弹出的下拉列表中选择合适的视图方向，如图 1-1-19 所示。

微视频

模型的视图
方向和视
图定向

图 1-1-19 【已保存方向】下拉列表

标准方向、默认方向、BACK、BOTTOM、FRONT、LEFT、RIGHT、TOP 的空间位置关系和投影方向见表 1-1-4。

表 1-1-4 8 种常见视图空间位置关系和投影方向

续表

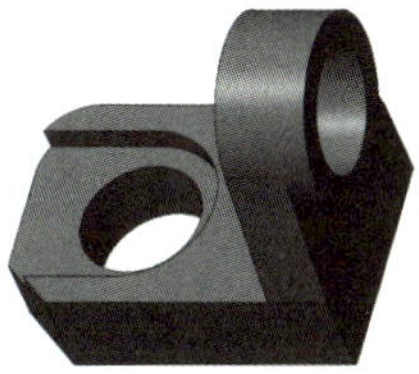

②【重定向】指令介绍

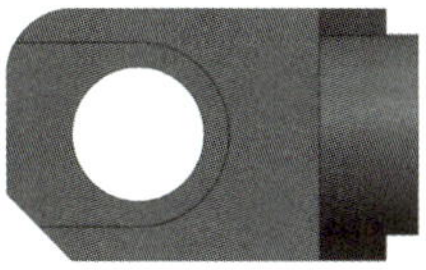

步骤 1：单击图形工具栏中的【已保存方向】指令，或单击【视图】选项卡/【方向】组/【已保存方向】指令，在弹出的下拉列表中选择【重定向】指令，弹出【视图】对话框，如图 1-1-20 所示。

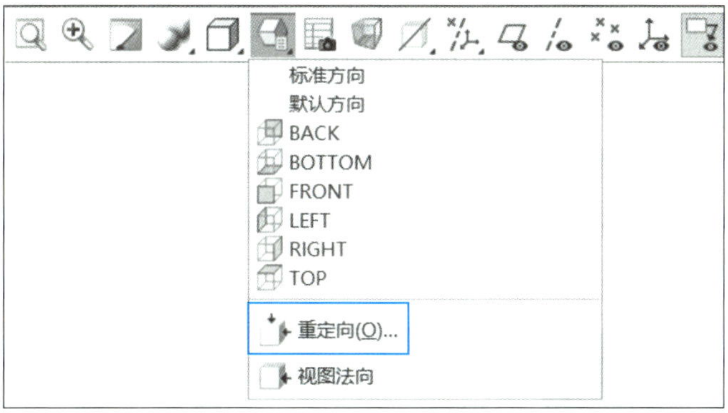

图 1-1-20 【已保存方向】下拉列表【重定向】指令

步骤 2：在【视图】对话框中【方向】选项卡中"类型"复选框中选择"按参考定向"，如图 1-1-21 所示。

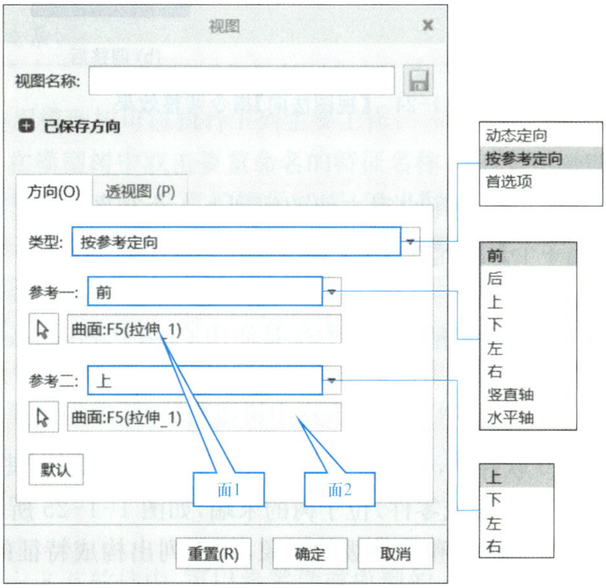

图 1-1-21 【视图】对话框

便对放置在同一层的项目进行统一管理,层的运用极大方便了用户对零件或模型的管理。

单击【视图】选项卡/【可见性】组/【层】指令⿘,或单击导航区【模型树】选项卡/【显示】指令⿘,在展开的复选框中勾选"层树"选项,可在导航区显示层树,如图 1-1-28 所示。

图 1-1-27　【特征编辑】选项卡和【编辑】菜单栏

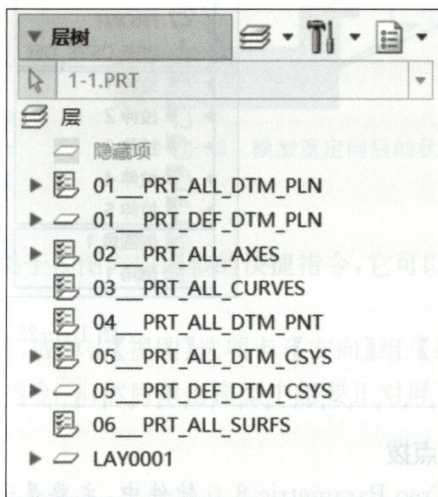

图 1-1-28　层树

层树提供了如下 3 个指令:

①【层】指令⿘　单击该指令,弹出下拉列表,选择其中的指令,可以进行隐藏、激活、删除、移除、剪切、复制、粘贴、新建、重命名等关于层的操作。

②【设置】指令⿘　可以设置在当前层树中包含的层。

③【显示】指令⿘　单击该指令,弹出下拉列表,选择其中的指令,可以返回到模型树,可以展开或折叠层树的全部节点,可以查找层树中的对象等。

> ✦ 知识点拨
>
> 　　对含有特征的层进行隐藏操作,只有特征中的基准或曲面被隐藏,特征的几何实体不受影响。如,在零件模式下,如果将孔特征放在层上,并隐藏该层,则只有特征轴被隐藏。但是,在装配模式下可以隐藏零部件,如在装配模式下,将某阶梯轴零件放某层,并将其隐藏,则该阶梯轴不再显示。

▼ 任务实施

1. 选择工作目录,打开"支架文件"

① 双击电脑桌面 Creo Parametric 8.0 软件的快捷方式启动图标⿘,启动软件,在用户界面

续表

	TOP	默认方向

②【重定向】指令介绍

步骤 1:单击图形工具栏中的【已保存方向】指令🏠,或单击【视图】选项卡/【方向】组/【已保存方向】指令🏠,在弹出的下拉列表中选择【重定向】指令,弹出【视图】对话框,如图 1-1-20 所示。

图 1-1-20 【已保存方向】下拉列表【重定向】指令

步骤 2:在【视图】对话框中【方向】选项卡中"类型"复选框中选择"按参考定向",如图 1-1-21 所示。

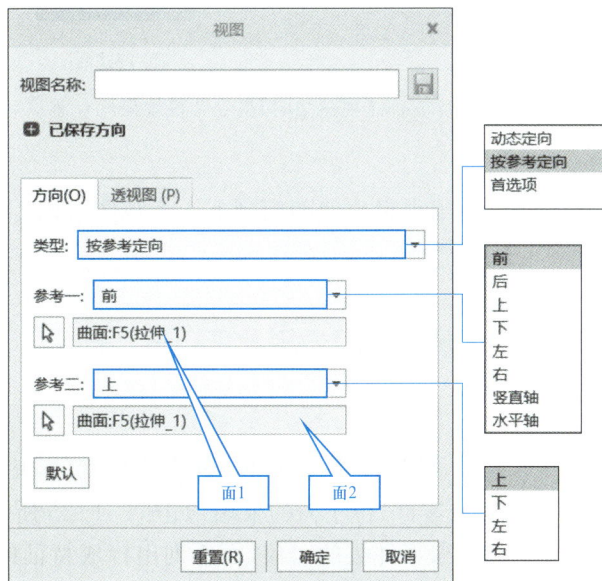

图 1-1-21 【视图】对话框

步骤 3：在【参考一】下拉列表框中选择"前"，并将参考面"面 1"作为前面。在【参考二】下拉列表框中选择"上"，并将参考面"面 2"，作为上面，如图 1-1-22 所示。

步骤 4：单击【确定】按钮，模型重定向后的状态如图 1-1-23 所示。

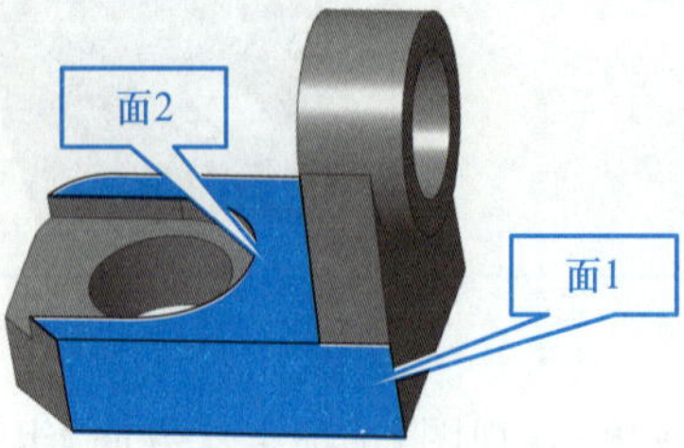

图 1-1-22　模型的参考方向 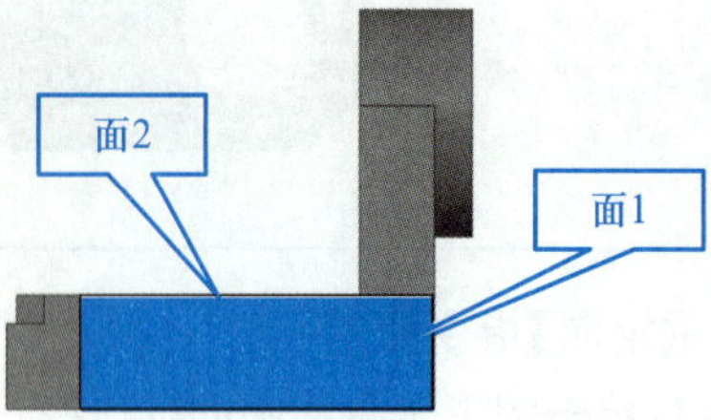　　　　　图 1-1-23　模型重定向后的状态

③【视图法向】指令介绍

【视图法向】是 Creo Parametric 8.0 软件关于视图方向调整的快捷指令，它可以非常方便的调整视图方向，操作如下：

单击图形工具栏中的【已保存方向】指令，或单击【视图】选项卡/【方向】组/【已保存方向】指令，在弹出的下拉列表中选择【视图法向】指令，然后单击模型中想要正对屏幕的面，视图即可实现调整，调整效果如图 1-1-24 所示。

（a）调整前　　　　　　　　　　　　　（b）调整后

图 1-1-24　【视图法向】指令调整效果

④【上一个】视图调整指令介绍

【上一个】视图调整指令可以使用户很方便的回到上一个视图方向。具体操作为：单击【视图】选项卡/【方向】组/【上一个】指令。

5. 模型树与层树的应用

了解模型树与层树的作用并掌握其操作方法是使用 Creo Parametric 8.0 软件设计模型的基础。

（1）模型树

在 Creo Parametric 8.0 软件中，模型特征是以"树"的形式展示的，其中，根对象（零件或组件）位于树的顶部，附属对象（特征或零件）位于树的末端，如图 1-1-25 所示。在默认情况下，模型树只列出当前文件中的相关特征和零件级的对象，而不列出构成特征的图元（如边、曲面、曲线等）。

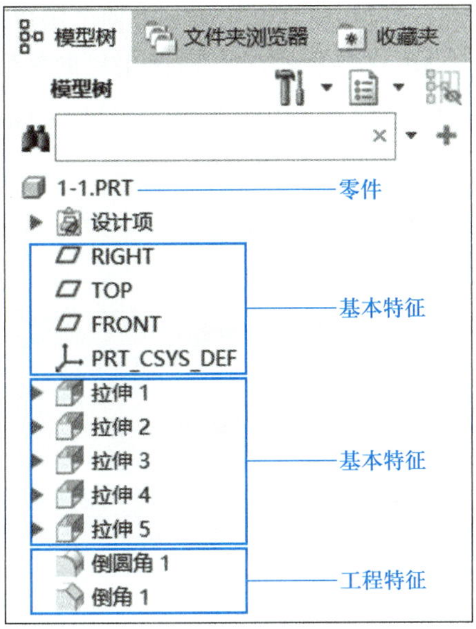

图 1-1-25　模型树

微视频

零件与特征

> **知识点拨**
>
> 　　在 Creo Parametric 8.0 软件中,主要是通过特征来建立三维模型的,特征分为基准特征、基础特征和工程特征三类。基准特征是创建其他特征的基准,如基准平面、基准轴、基准坐标系等;基础特征是模型的基本形状,必须通过草绘截面生成,因此又叫"草绘特征",如拉伸、旋转、扫描、混合特征等;工程特征是在基础特征上创建的一类特征,只需要按系统提示设定参数即可完成创建,又称"放置特征"或"构造特征",如倒圆角、孔、倒角、壳特征等,如图 1-1-25 所示。如果一个特征依赖另一个特征而存在,那么它们之间为"父特征"和"子特征"关系。

　　在实际工作中,使用模型树可以执行下列主要工作:

　　① 重命名特征　在模型树中双击要重命名的特征名称,在文本框中键入新名称。

　　② 编辑特征　在模型树上单击要编辑的特征,弹出【特征编辑】选项卡(图 1-1-26)可以进行编辑定义、编辑尺寸、编辑参考、隐含、阵列、镜像等特征编辑操作;如右键点击要编辑的特征,弹出【特征编辑】选项卡和【编辑】菜单栏(图 1-1-27),除了可以进行以上操作外,还可以进行复制、删除、复制快照等特征编辑操作。

图 1-1-26　【特征编辑】选项卡

　　③ 打开零件　在装配模式下,在模型树中右击装配文件中的零件,并从右键快捷菜单中执行【打开】指令,可将该零件在当前窗口打开。

　　(2) 层树

　　在 Creo Parametric 8.0 软件中,可以将零件或模型的一些项目分类存放在不同的层中,以

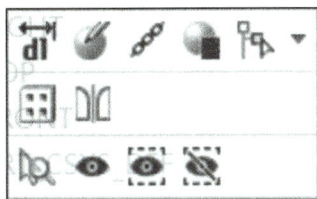

便对放置在同一层的项目进行统一管理，层的运用极大方便了用户对零件或模型的管理。

单击【视图】选项卡/【可见性】组/【层】指令，或单击导航区【模型树】选项卡/【显示】指令，在展开的复选框中勾选“层树”选项，可在导航区显示层树，如图 1-1-28 所示。

微视频

层树

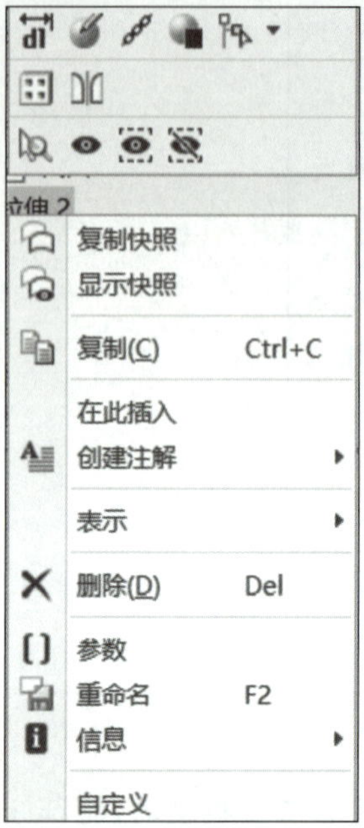

图 1-1-27　【特征编辑】选项卡和【编辑】菜单栏

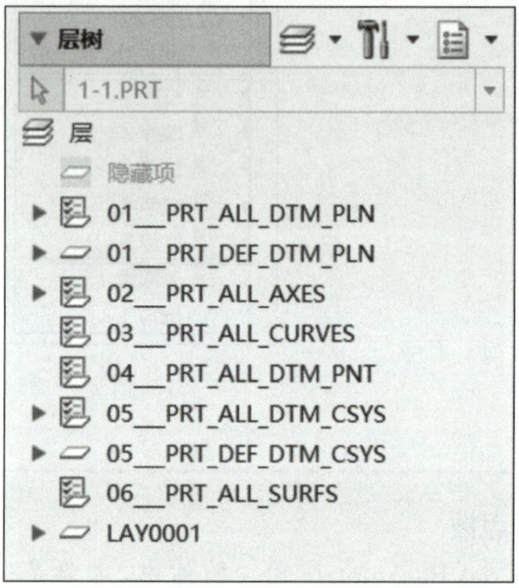

图 1-1-28　层树

层树提供了如下 3 个指令：

①【层】指令　单击该指令，弹出下拉列表，选择其中的指令，可以进行隐藏、激活、删除、移除、剪切、复制、粘贴、新建、重命名等关于层的操作。

②【设置】指令　可以设置在当前层树中包含的层。

③【显示】指令　单击该指令，弹出下拉列表，选择其中的指令，可以返回到模型树，可以展开或折叠层树的全部节点，可以查找层树中的对象等。

知识点拨

对含有特征的层进行隐藏操作，只有特征中的基准或曲面被隐藏，特征的几何实体不受影响。如，在零件模式下，如果将孔特征放在层上，并隐藏该层，则只有特征轴被隐藏。但是，在装配模式下可以隐藏零部件，如在装配模式下，将某阶梯轴零件放某层，并将其隐藏，则该阶梯轴不再显示。

微视频

软件入门——任务实施

任务实施

1. 选择工作目录，打开“支架文件”

① 双击电脑桌面 Creo Parametric 8.0 软件的快捷方式启动图标，启动软件，在用户界面

功能区中单击【选择工作目录】指令 ,弹出【选择工作目录】对话框,如图 1-1-29 所示,选择配套素材文件中"支架"所在目录"Creo＞模型＞项目 1",单击【确定】按钮,完成工作目录选择。

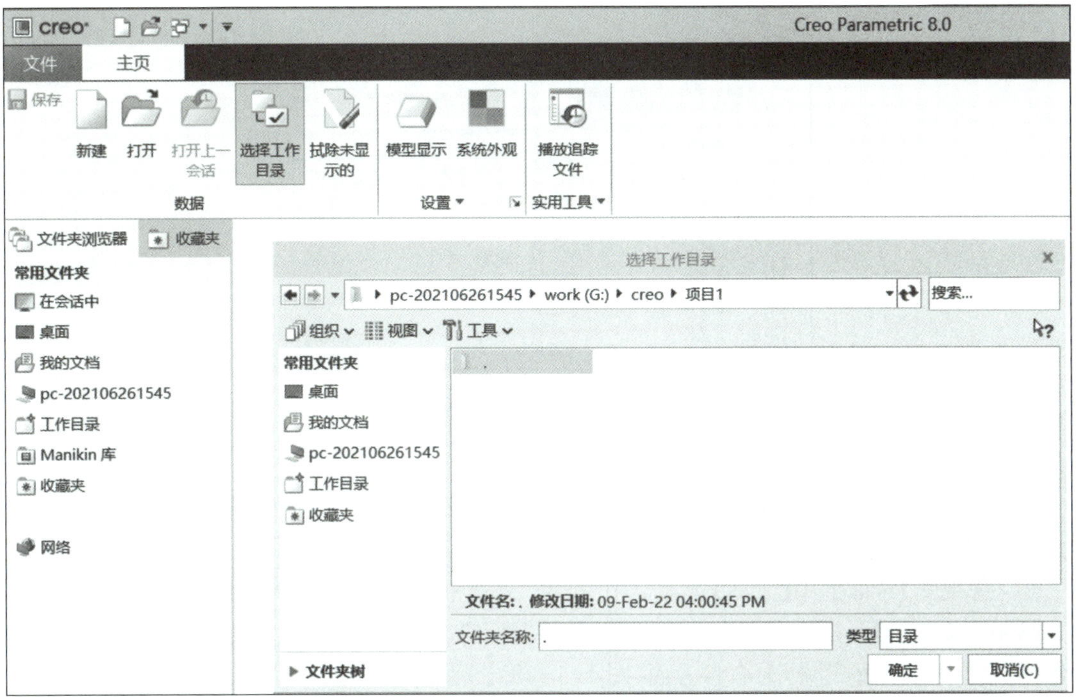

图 1-1-29 【选择工作目录】对话框

② 单击导航区【文件夹浏览器】选项卡/【工作目录】指令,弹出工作目录"项目 1"文件夹内容,双击素材文件"1-1-1.prt",打开支架模型,如图 1-1-30 所示。

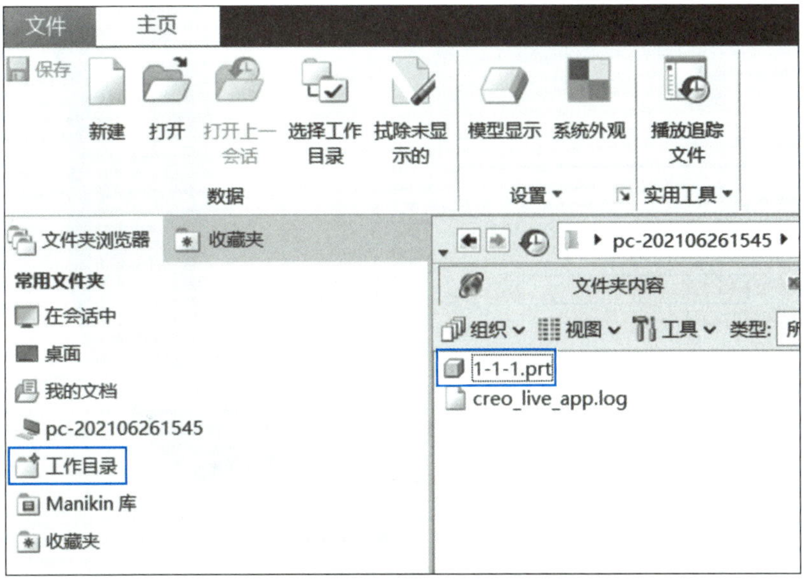

图 1-1-30 在工作目录中打开文件

2. 将显示样式改为"带边着色"

按下 Ctrl+2 快捷键,或单击图形工具栏中【显示样式】指令🔲,在展开的下拉列表中选择【带边着色】指令🔲,如图 1-1-31 所示,完成模型显示样式的调整。

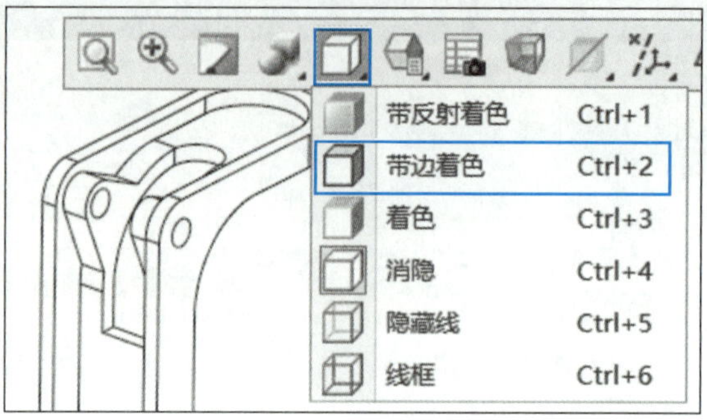

图 1-1-31　在图形工具栏中选择【带边着色】指令

3. 建立并保存"111"视图方向

① 在图形工具栏中单击【已保存方向】指令🔘,在展开的下拉列表中选择【重定向】指令🔲,弹出【视图】对话框。

② 在【视图】对话框中【方向】选项卡中"类型"复选框中选择"按参考定向"。

③ 在【参考一】下拉列表框中选择"前",并将"面 1",作为前参考面。在【参考二】下拉列表框中选择"右",并将"面 2",作为右参考面(图 1-1-32)。

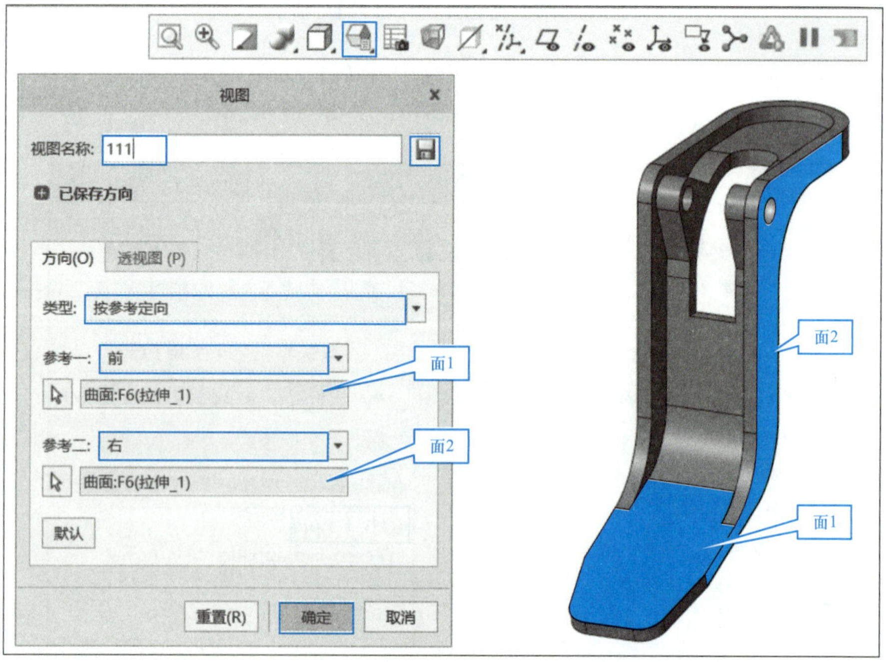

图 1-1-32　【视图】对话框

④ 在"视图名称"文本框中输入"111",单击右侧【保存】按钮。

⑤ 在对话框底部单击【确定】按钮。

完成视图方向的调整，并在【已保存方向】下拉列表中增加了"111"视图方向，如图 1-1-33 所示。

4.通过【模型树】将孔径由 $\Phi10$ 调整为 $\Phi8$

① 在导航区【模型树】上找到"孔 1"特征，左键单击该特征，弹出【特征编辑】选项卡，在选项卡中单击【编辑定义】指令，如图 1-1-34 所示。弹出【孔】选项卡。

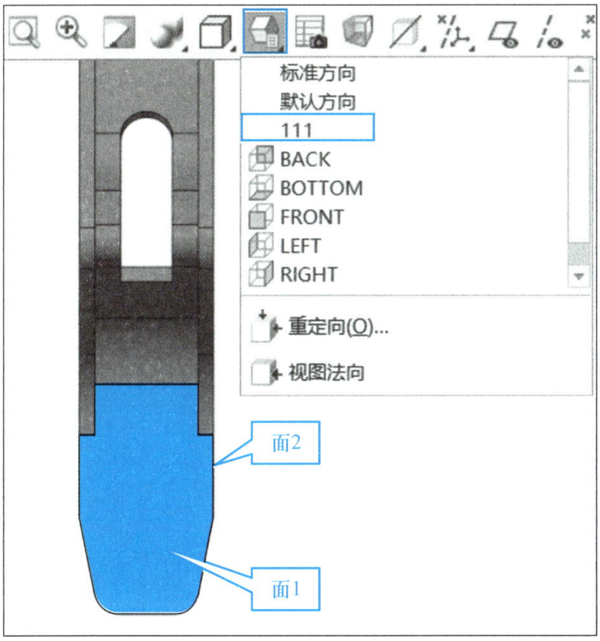

图 1-1-33　新增视图方向"111"

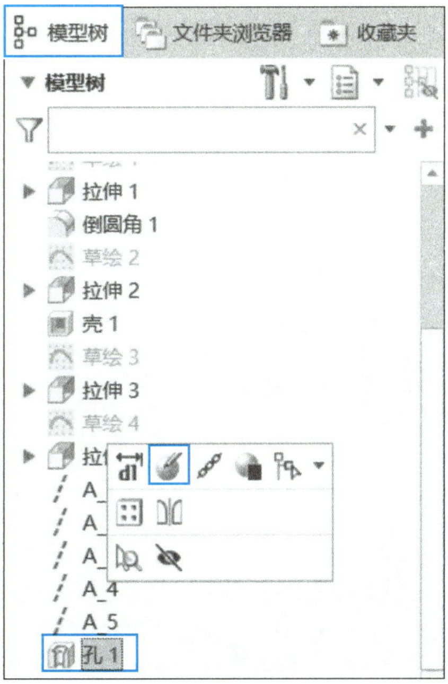

图 1-1-34　编辑定义孔特征

② 在【孔】选项卡/【尺寸】组/"直径"文本框中输入"8"，或【形状】选项卡中直径标注"8"，或双击绘图区模型上"$\Phi10$"孔标注，并修改为"8"，单击【确定】按钮，完成修改，如图 1-1-35 所示。

5.新建"基准"层

① 确定图形工具栏中 、 、 、 图标均处于被选中状态，所有基准元素全部显示，如图 1-1-36 所示。

② 单击【视图】选项卡/【可见性】组/【层】 指令，在导航区【模型树】选项卡弹出【层树】下拉列表，右击【层】按钮，弹出下拉列表，在列表中单击【新建层】指令（图 1-1-37），弹出【层属性】对话框。

③ 在【层属性】对话框中，"名称"文本框输入"基准"，在导航区【模型树】下拉列表中选择 3 个基准面、1 个基准坐标系、5 个基准轴。单击【层属性】对话框中【确定】按钮，建立"基准"层，如图 1-1-38 所示。

④ 在【层树】下拉列表中找到【基准】新建层，单击右键，在弹出的列表中选择【隐藏】，将其设为"隐藏层"，模型中所有基准不再显示。

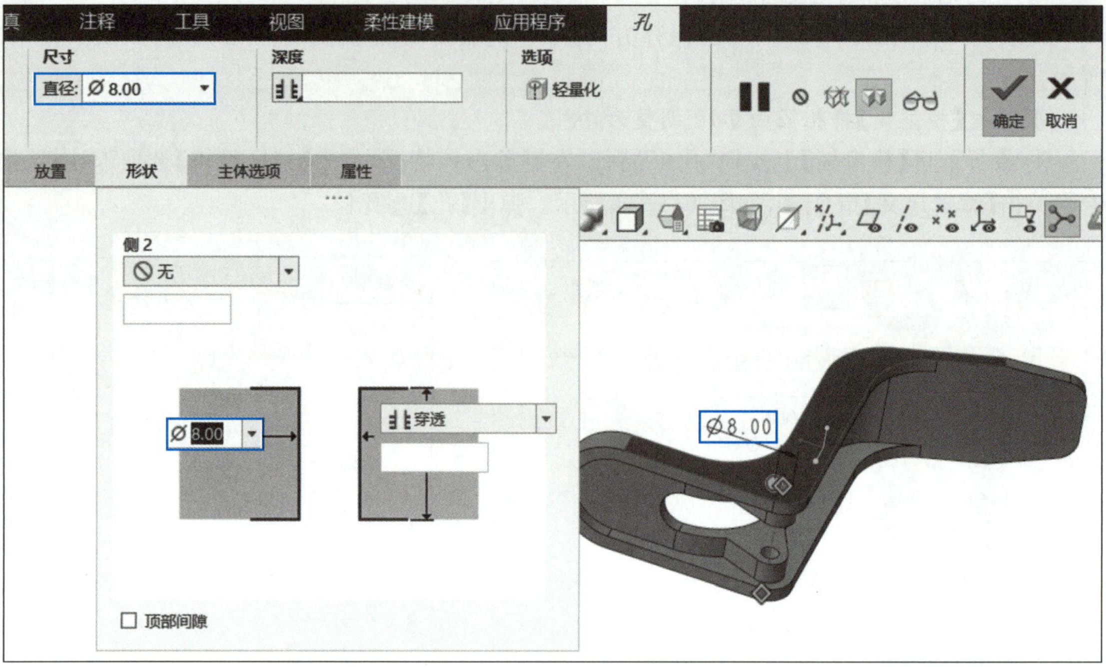

图 1-1-35　在【孔】对话框中修改孔径

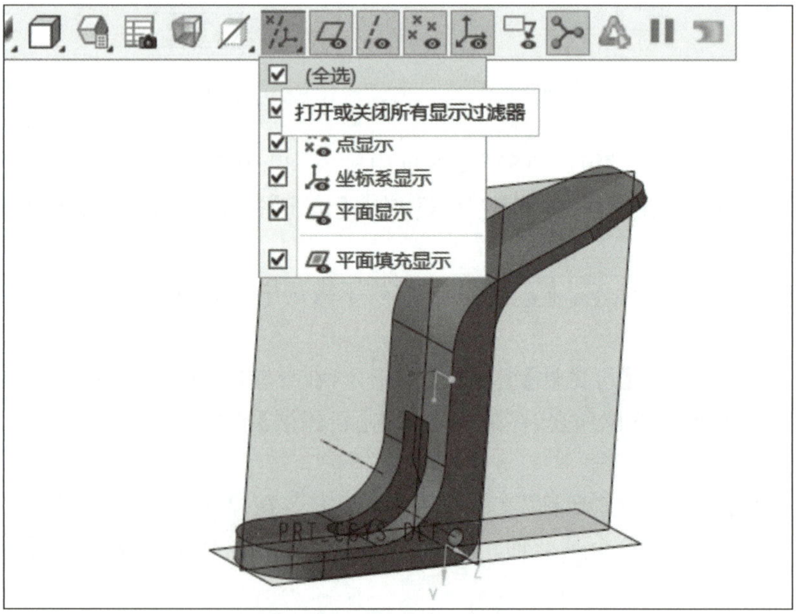

图 1-1-36　图形工具栏所有基准元素全部显示

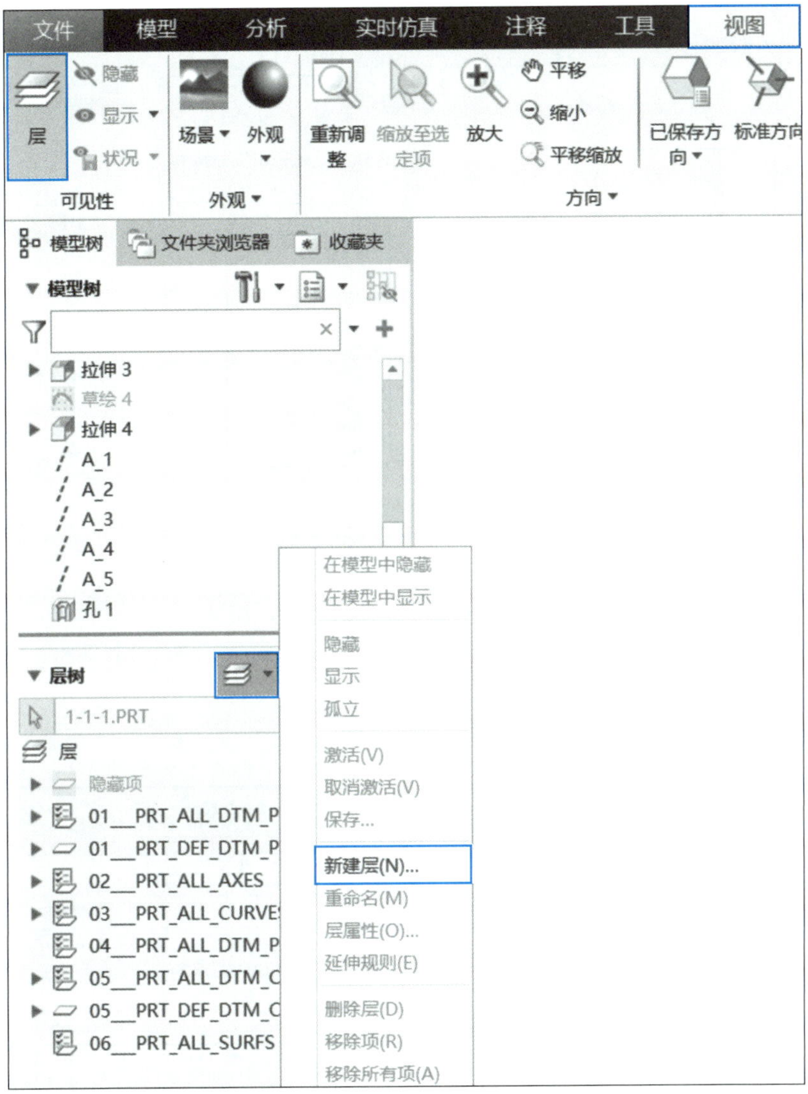

图 1-1-37   单击【新建层】指令

6. 新建"基本特征"层

① 在【层树】下拉列表中,右击【层】按钮,弹出下拉列表,单击下拉列表【新建层】指令,弹出【层属性】对话框。

② 在【层属性】对话框中,"名称"文本框输入"基本特征",在导航区【模型树】下拉列表中选择 4 个拉伸特征。单击【层属性】对话框中【确定】按钮,建立"基本特征"层,如图 1-1-39 所示。

7. 新建"工程特征"层

① 在【层树】列表中,右击【层】按钮,弹出下拉列表,单击下拉列表【新建层】指令,弹出【层属性】对话框。

② 在【层属性】对话框中,"名称"文本框输入"工程特征",在导航区【模型树】下拉列表中选择倒圆角、壳和孔工程特征。单击【层属性】对话框中【确定】按钮,建立"工程特征"层,如图 1-1-40 所示。

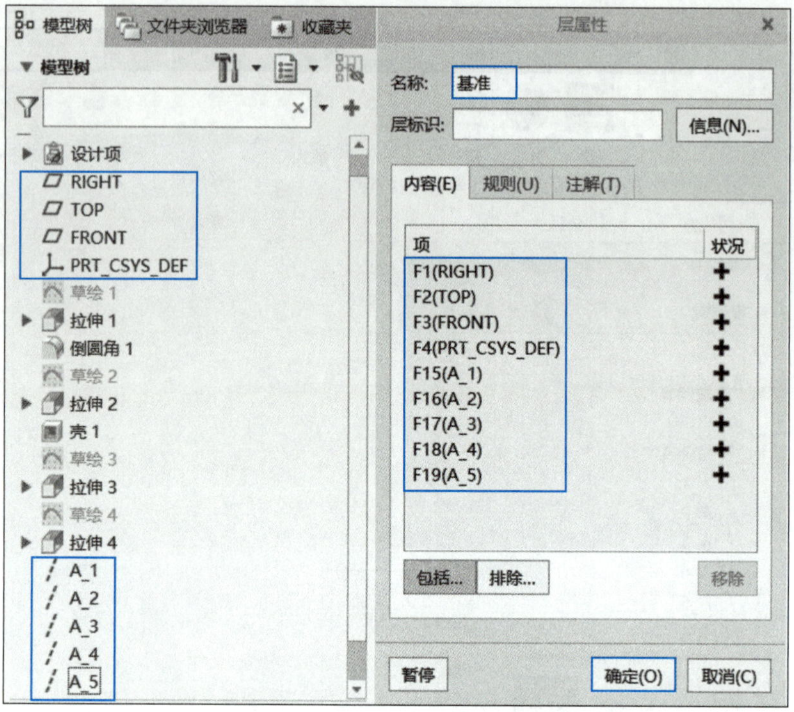

图 1-1-38 建立"基准"层

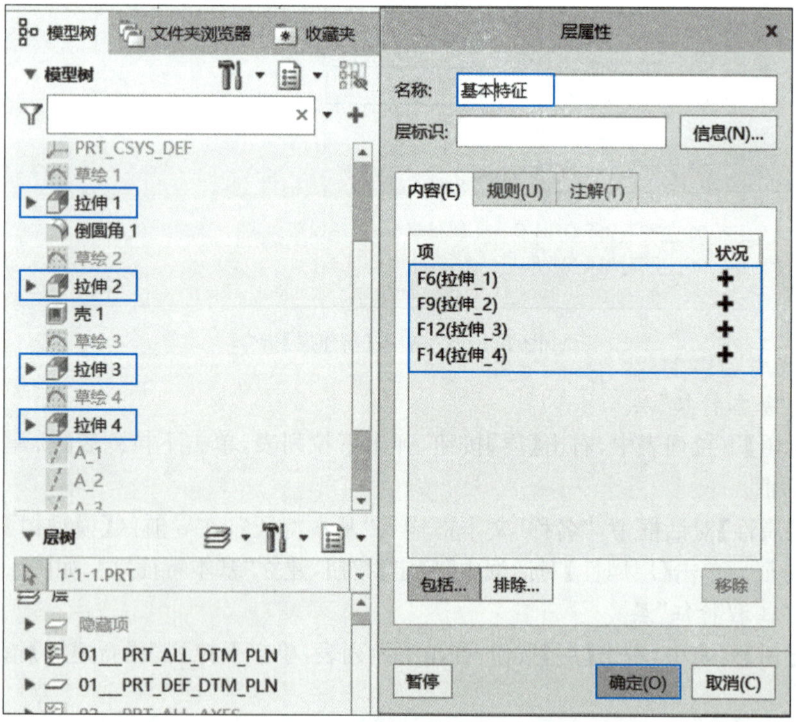

图 1-1-39 建立"基本特征"层

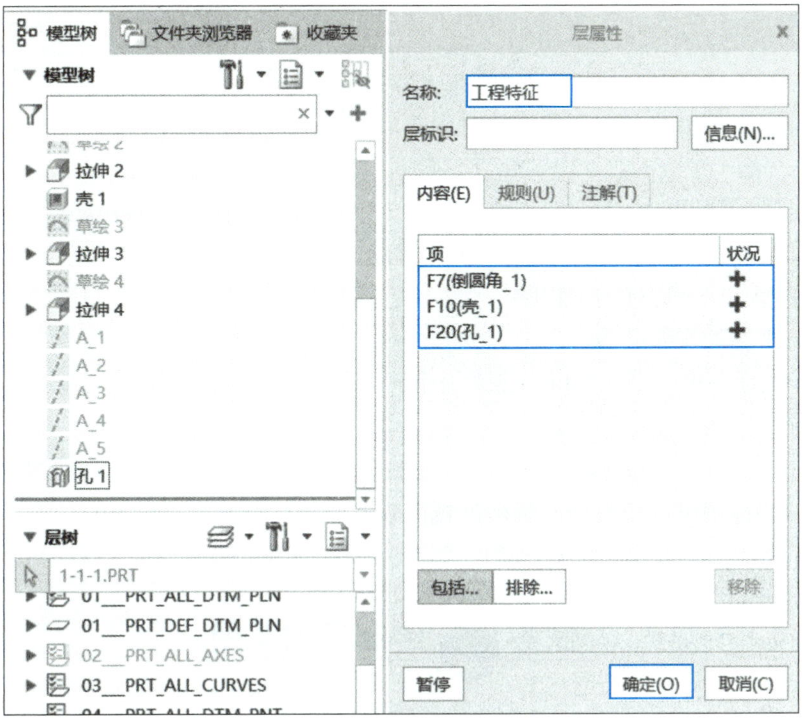

图 1-1-40　建立"工程特征"层

8. 保存并保存副本

① 单击【文件】选项卡/【保存】指令 🖫 ，完成保存。

② 单击【文件】选项卡/【另存为】指令 🖫 ，或单击【另存为】右侧下拉列表中【保存副本】指令 🖫 ，弹出【保存副本】对话框，不改变存储路径，在"新文件名"文本框输入"支架 01"，单击【确定】按钮，完成另存，如图 1-1-41 所示。

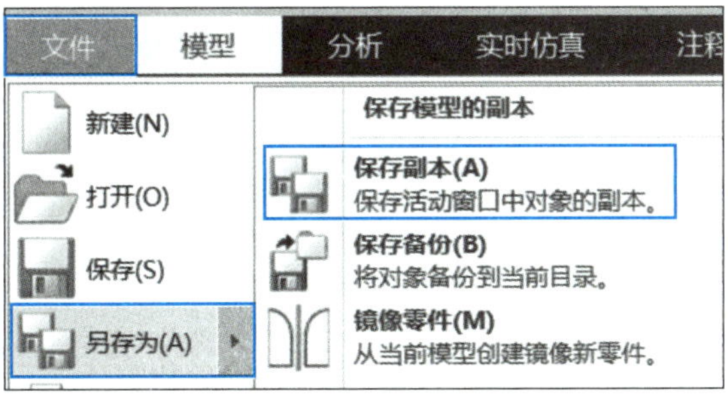

图 1-1-41　保存副本

9. 删除旧版本

单击【文件】选项卡/【管理文件】/【删除旧版本】指令 🖫 ，在弹出的【删除旧版本】对话框中，单击【是】按钮，完成删除。

思考练习

互动练习

项目一任务1
在线测试

1. 我国工程技术人员创建一个新的零件时应选取的单位制是(　　)。

(A) mmks_asm_design　　(B) mmns_mfg_cast

(C) mmns_part_solid　　(D) mmns_part_sheetmetal

2. 下面(　　)功能 Creo Parametric 8.0 不能完成。

(A) 三维造型　　(B) 工程图　　(C) 运动仿真　　(D) 文档编辑

3. 对窗口进行平移的操作应为(　　)。

(A) Ctrl＋鼠标左键　　(B) Shift＋鼠标中键　　(C) Ctrl＋鼠标中键　　(D) Shift＋鼠标右键

4. 控制尺寸显示的按钮是(　　)。

(A) 　　(B) 　　(C) 　　(D)

5. 使用(　　)快捷键可以使模型回到标准视图观察角度。

(A) Ctrl＋D　　(B) Ctrl＋M　　(C) Shift＋M　　(D) Shift＋D

任务 2 绘制吊钩草图

学习目标

通过学习绘制吊钩的 2D 草图,学会使用【圆】【线】【弧】【圆角】等常用绘图指令绘制图形,使用【修改】【删除段】等编辑指令对图形进行编辑,通过添加【相切】【对称】【重合】等几何约束和【尺寸】等尺寸标注对二维草图加以约束,使其符合要求,并体会二维草图的绘制思路和方法。

任务引入

使用草图功能绘制吊钩草图,如图 1-2-1 所示。

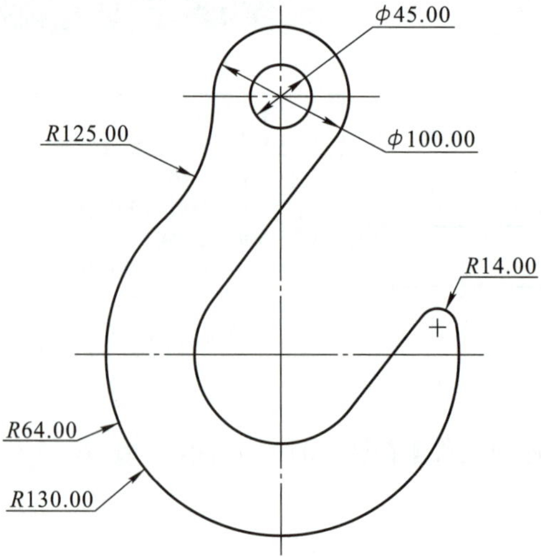

图 1-2-1　吊钩草图

▼ **任务分析**

吊钩草图的绘制步骤见表 1-2-1。

表 1-2-1　吊钩草图的绘制步骤

1. 建立吊钩草绘文件	2. 按吊钩形状绘制草图	3. 按图例重新标注所有尺寸	4. 按尺寸要求集中修改所有尺寸	5. 保存文件

▼ **知识链接**

在 Creo Parametric 8.0 软件中,二维草图的绘制是在草绘工作环境中进行的。用户可以通过创建一个草绘文件直接进入草绘工作环境绘制草图,也可以在零件三维建模过程中进入草绘环境绘制草图。

1. 进入草绘环境

（1）通过新建草绘文件进入草绘环境

通过新建草绘文件进入草绘环境操作步骤如下:

① 启动 Creo Parametric 8.0 软件,单击【文件】选项卡/【新建】指令 🗋,弹出【新建】对话框。

② 在该对话框中"类型"选项组中选中"草绘",在"文件名"文本框中输入草绘文件的名称,如图 1-2-2 所示。

③ 单击【确定】按钮,新建草绘文件并进入草绘环境。

（2）在建模过程中进入草绘环境

在零件建模过程中进入草绘环境绘制草图,必须先选择草绘平面,草绘平面可以是基准平面,也可以是三维实体的平面。下面通过实例介绍在建模过程中进入草绘环境的方法。

① 打开本书配套素材文件"Creo＞模型＞项目 1＞1-2-1.prt"。

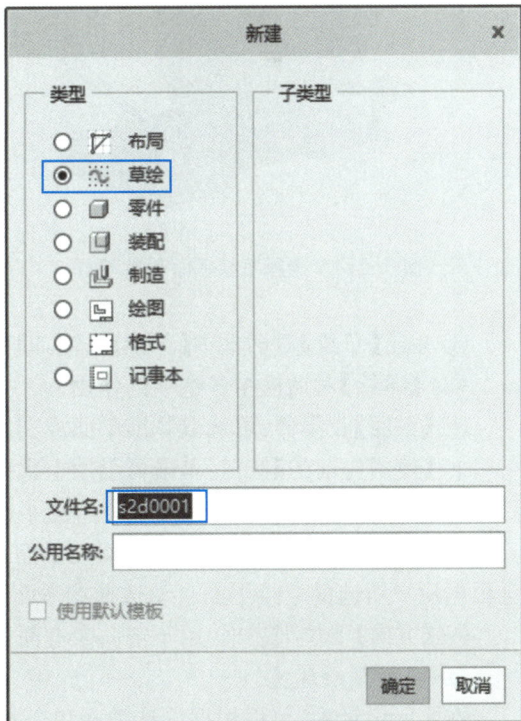

图 1-2-2　【新建】对话框

② 单击【模型】选项卡/【基准】组/【草绘】指令〰（图 1-2-3），打开【草绘】对话框。

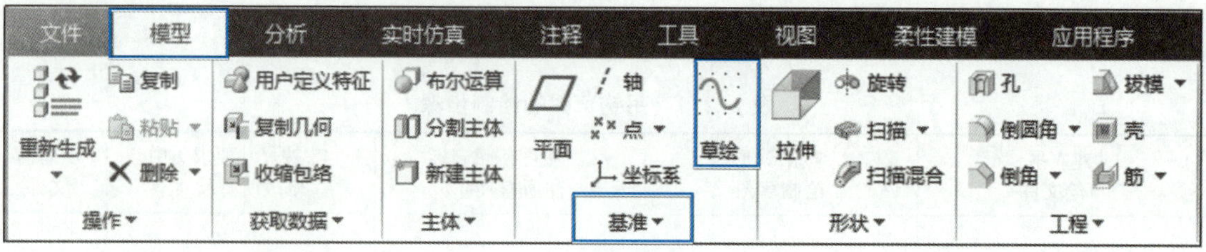

图 1-2-3　单击【草绘】指令

③ 在【草绘】对话框中，选择面 1 为草绘平面，面 2 为草图参考面，方向向上，如图 1-2-4 和图 1-2-5 所示。

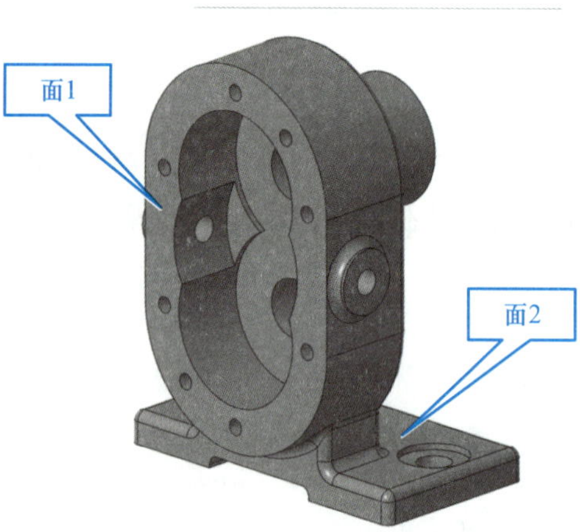

图 1-2-4　选择草绘平面和参考面

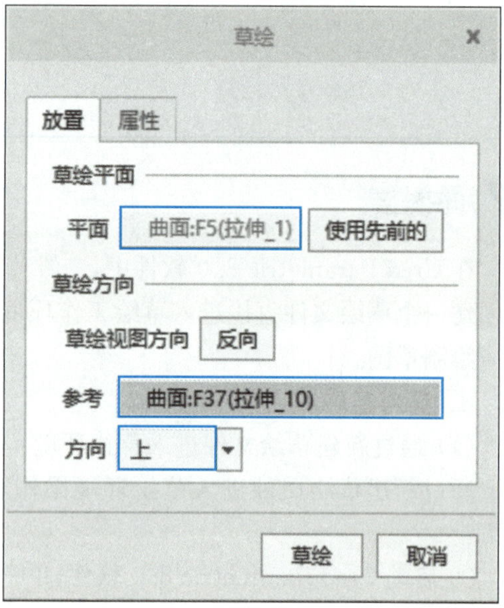

图 1-2-5　【草绘】对话框

④ 单击【草绘】对话框中【草绘】按钮，即可进入草绘环境。

（3）【草绘】对话框中各选项的作用

①【平面】收集器：可选取基准平面或实体平面作为草绘平面。

②【使用先前的】按钮：单击可沿用上次创建的草绘平面和参考方向。

③【反向】按钮：单击此按钮可在草绘平面的两侧之间切换草绘视图方向。

④【参考】收集器：可通过选取基准平面或实体平面以确定草绘平面的视图方向，通常系统会根据用户所选的草绘平面自动选择参考面。

⑤【方向】下拉列表框：用于定向参考面方向，有上、下、左、右 4 个方向。

2. 设置草绘环境

在实际设计中，可以根据设计需要和个人工作习惯对草绘环境等进行设置，例如设置草绘器首选项和设置拾取过滤等。

微视频

设置草绘
环境

（1）设置草绘器首选项

在草绘模式下，单击功能区【文件】选项卡/【选项】指令，弹出【Creo Parametric 选项】对话框，单击左侧区域【草绘器】选项，在右侧区域出现设置草绘器的相关选项，包括设置对象显示、草绘器约束假设、精度和敏感度等（图1-2-6）。其中，在"草绘器启动"选项组中可以勾选"使草绘平面与屏幕平行"复选框。如果要使草绘器的相关首选项恢复为系统初始默认值，那么单击【恢复默认值】按钮。

图 1-2-6　【Creo Parametric 选项】对话框设置草绘器选项

（2）设置拾取过滤

在绘图设计中可通过设置位于草绘器窗口下方状态栏中的草绘器选取过滤器（图 1-2-7），以方便绘图。在草绘器选取过滤器列表框中，有"所有草绘""草绘几何""尺寸""约束"4 个选项。这些选项的功能含义如下。

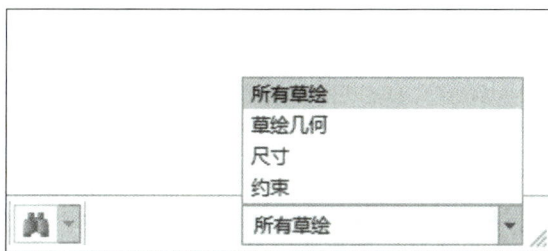

图 1-2-7　草绘器选取过滤器

①"所有草绘"：可选取包括尺寸、参照、约束和几何图元的所有草绘对象。

②"草绘几何"：只能选取几何图元。

③"尺寸"：只能选取弱(强)尺寸或参照尺寸。

④"约束"：只能选取集合约束。

当选取过滤器选项后，只能选择选项定义的对象。可以通过框选的方式选取，也可通过鼠标逐一单击的方式依次选取。

（3）使用"图形"工具栏中的草绘器工具进行显示切换

在草绘环境中，图形工具栏中提供了 4 个实用的与草绘相关的工具按钮(图 1-2-8)。

图 1-2-8　草绘器的"图形"工具栏

①尺寸显示▯：显示或隐藏草绘尺寸。

②约束显示▯：显示或隐藏所有约束符号。

③栅格显示▯：显示或隐藏草绘栅格。

④顶点显示▯：显示或隐藏草绘顶点。

⑤锁定显示▯：显示或隐藏图元显示。

勾选以上复选框时，表示打开相应的显示状态，否则表示关闭显示状态。

3. 草绘环境中鼠标的用法

在草绘环境中鼠标的用法见表 1-2-2。

表 1-2-2　在草绘环境中鼠标的用法

鼠标按键	功能
左键	绘制图元；单击选择图元；移动或拉伸图元等
中键	单击可取消或结束操作，或者选中默认选项等；滚动可放大或缩小视图；按住 Shift 键的同时按住鼠标中键并拖动鼠标可平移视图
右键	长按时跳出快捷菜单；当若干图元重叠时，单击鼠标右键可切换选中的图元

4. 常用草绘指令

在草绘环境功能区【草绘】选项卡中提供了一个【草绘】组，该组集中了绘制基本图元的相关工具，如【线】【矩形】【圆】【弧】【椭圆】【样条】【圆角】【倒角】【文本】【偏移】【加厚】【投影】【中心线】【点】【坐标系】【选项板】等常用草绘指令，如图 1-2-9 所示。

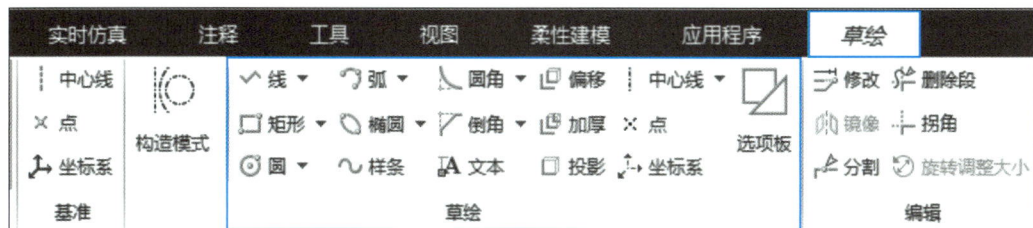

图 1-2-9　【草绘】选项卡中【草绘】组

常用草绘指令图标及功能介绍见表 1-2-3。

微视频

草绘指令

表 1-2-3　常用草绘指令图标及功能介绍

指令	相关指令	功能
线	线链	通过指定两点绘制一条直线段
	直线相切	绘制与两个图元相切的直线段
矩形	拐角矩形	以指定两个点做对角线，绘制一个拐角矩形
	斜矩形	以指定两点确定一个边长，移动鼠标以动态拖动方式确定另一个边长的方式绘制一个斜矩形
	中心矩形	以指定一点作为中心位置，移动鼠标确定另一个端点的方式，绘制一个以第一点为中心的中心矩形
	平行四边形	以指定三点的方式，绘制一个平行四边形
圆	圆心和点	以第一点为圆心，第二点为圆上点的方式，绘制一个圆
	同心	以拾取的现有圆或圆弧作参考，移动鼠标确定圆上点的方式，绘制若干与现有圆或圆弧的同心圆
	3 点	以指定三点的方式，绘制一个圆
	3 相切	以与选取三个图元均相切的方式，绘制一个相切圆
弧	3 点/相切端	以指定三点的方式绘制一段圆弧
	圆心和端点	以指定圆心和两个端点的方式绘制一段圆弧
	3 相切	以与选取的三个图元相切的方式绘制一段圆弧
	同心	以拾取的现有圆或圆弧作参考，移动鼠标确定两端点的方式，绘制若干同心圆弧
	圆锥	以确定两端点和弧上点的方式，绘制一段锥形弧
椭圆	轴端点椭圆	以指定椭圆两端点和椭圆上点的方式，绘制一个椭圆
	中心和轴椭圆	以指定椭圆中心点、长轴端点和椭圆上点的方式，绘制一个椭圆
样条		以指定若干线上点的方式绘制一条样条曲线
圆角	圆形	以选取两个图元的方式，生成圆角，并生成延伸至交点的辅助线
	圆形修剪	以选取两个图元的方式，生成圆角，并修剪原有图元
	椭圆形	以选取两个图元的方式，生成椭圆角，并生成至交点的辅助线
	椭圆形修剪	以选取两个图元的方式，生成椭圆角，并修剪原有图元

续表

指令	相关指令	功能
倒角	倒角	以选取两个图元的方式,生成倒角,并生成延伸至交点的辅助线
	倒角修剪	以选取两个图元的方式,生成倒角,并修剪原有图元
A 文本		以指定两点为文本高度,并输入文字的方式,生成文本
偏移		以选取图元,并输入偏置距离的方式,生成已有图元的偏移曲线
加厚		以选取图元,并输入加厚厚度和偏置距离的方式,生成所选图元的加厚曲线
选项板		通过该指令调用多边形、轮廓、形状和星形等图案
投影		将选取的曲线或模型边投影到草绘平面上
中心线	中心线	指定两点,绘制一条中心线
	中心线相切	选取两个图元,绘制一条公切中心线
× 点		生成一个草绘点
坐标系		生成一个草绘坐标系

5. 常用草绘编辑指令

在草绘环境功能区【草绘】选项卡中提供了一个【编辑】组,该组集中了草绘编辑的工具,如【修改】【删除段】【镜像】【拐角】等编辑指令,如图 1-2-10 所示。

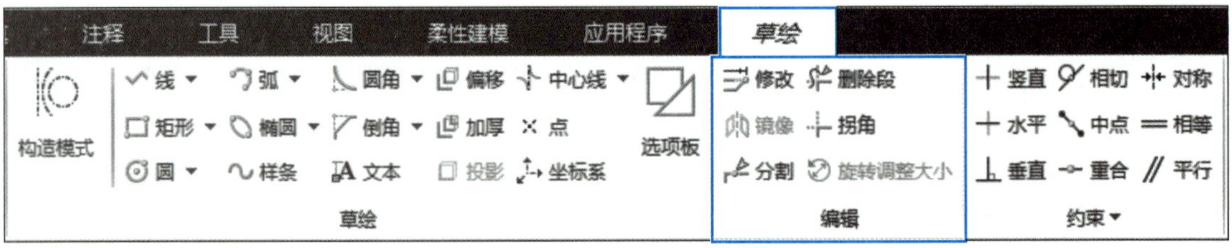

图 1-2-10 【草绘】选项卡【编辑】组

常用草绘编辑指令图标及功能介绍见表 1-2-4。

微视频

草绘编辑
指令

表 1-2-4 常用草绘编辑指令图标及功能介绍

指令	功能及用法
修改	选择要修改的尺寸,单击【修改】指令,集中修改选定尺寸,如不勾选"重新生成",则点击【确定】指令后统一修改更新
删除段	单击【删除段】指令,点击要删除的图元,或按下鼠标左键划过要删除的图元,图元将从交点处删除
镜像	选取要镜像的图元,单击【镜像】指令,选取作为中心线的直线或者中心线,生成镜像图元
拐角	单击【拐角】指令,选取要建立拐角的两个图元,可将两曲线延伸或修剪至交点位置,形成拐角
分割	单击【分割】指令,在要分割的图元上确定位置,可将图元分割成多个图元
旋转调整大小	选取要调整的图元,单击【旋转调整大小】指令,通过输入旋转角度和缩放因子的方式调整图元的大小和角度

6. 常用草绘约束指令

在草绘环境功能区【草绘】选项卡中提供了一个【约束】组,该组集中了【竖直】【相切】【对称】【水平】【中点】【相等】【垂直】【重合】【平行】共 9 个约束指令,如图 1-2-11 所示。

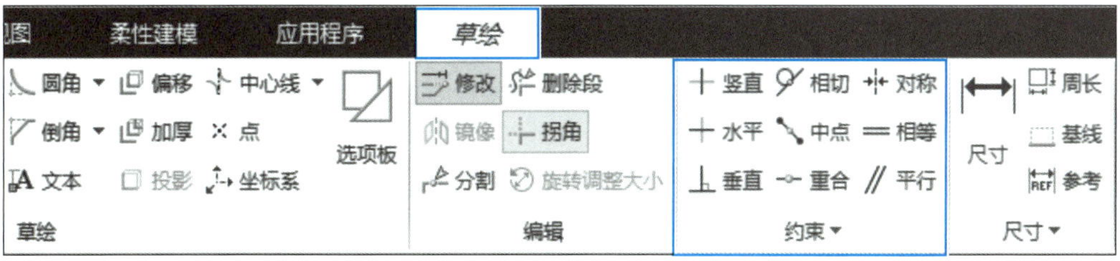

微视频

草绘约束
指令

图 1-2-11　【草绘】选项卡【约束】组

常用草绘约束指令图标及功能介绍见表 1-2-5。

表 1-2-5　常用草绘约束指令图标及功能介绍

指令	功能及用法
⊞竖直	使直线竖直并建立竖直约束,或沿竖直方向对齐两个顶点并建立竖直对齐约束
⅋相切	使两个图元相切并建立相切约束
⊹对称	使两个点或顶点关于中心线对称并建立对称约束
⊞水平	使直线水平并建立水平约束,或沿水平方向对齐两个顶点并建立水平对齐约束
↘中点	在线或圆弧中点处放置一个点并建立中点约束
⊟相等	建立等长、等半径或相同曲率约束
⊥垂直	使两个图元垂直(正交)并建立垂直约束
⊶重合	在同一个位置放置点、在图元上放置点或建立共线约束
//平行	使线平行并建立平行约束

7. 常用草绘尺寸标注指令

在草绘环境功能区【草绘】选项卡中提供了一个【尺寸】组,该组集中了【尺寸】【周长】【极限】【参考】共 4 个尺寸标注指令,如图 1-2-12 所示。

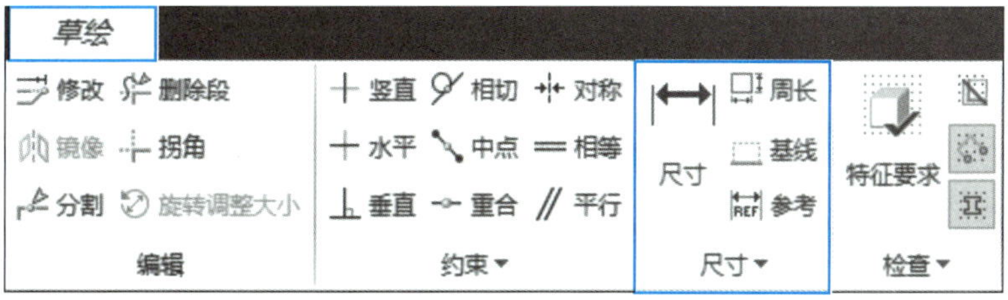

微视频

草绘尺寸
标注指令

图 1-2-12　【草绘】选项卡【尺寸】组

常用草绘尺寸标注指令图标及功能介绍见表 1-2-6。

表 1-2-6　常用草绘尺寸标注指令图标及功能介绍

指令	功能及用法
↔尺寸	指定图元建立定义尺寸,如线性尺寸、直径尺寸、半径尺寸和角度尺寸等
周长	建立周长尺寸,即标出图元中链或环的总长度尺寸
基线	建立一条纵坐标尺寸基线。主要用于建立基线尺寸并建立与其相关纵坐标尺寸
REF参考	建立参考尺寸

> **知识点拨**
>
> 　　在绘制图形时,系统会自动为图形添加尺寸标注,这些由系统自动建立的尺寸为弱尺寸。用户可按设计意图添加标注,这些由用户手动添加的尺寸为强尺寸。在添加强尺寸时,系统会自动删除不必要的弱尺寸和弱约束,以保证所绘图形的完全约束。
>
> 　　弱尺寸不能被手动删除,如果删除强尺寸,系统也会自动恢复一些弱尺寸,以保证图形尺寸的完整性。

▼ 任务实施

　　1. 建立吊钩草绘文件,进入草绘工作界面

　　① 启动 Creo Parametric 8.0 软件后,单击【文件】选项卡/【新建】指令,弹出【新建】对话框。

　　② 在该对话框中"类型"选项组中选中"草绘",在"文件名"文本框中输入"吊钩",单击【确定】按钮,进入草绘工作界面。

微视频

绘制吊钩草图

　　2. 绘制中心线

　　单击【草绘】选项卡/【操作】组/【中心线】指令,绘制三条两两垂直的中心线(图 1-2-13),暂不修改尺寸。

　　3. 绘制两组同心圆

　　单击【草绘】选项卡/【草绘】组/【圆】指令,绘制两组同心圆(图 1-2-13),暂不修改尺寸。

　　4. 绘制公切线及其平行线

　　① 单击【草绘】选项卡/【草绘】组/【线】指令/【直线相切】指令,绘制圆 2 和圆 3 公切线 L1。

　　② 单击【草绘】选项卡/【草绘】组/【线】指令,绘制圆 3 的切线 L2。

　　③ 单击【草绘】选项卡/【约束】组/【平行】指令,先后选取 L1 和 L2,设置两条直线平行,如图 1-2-14 所示。

图 1-2-13　绘制中心线和两组同心圆

图 1-2-14　绘制公切线及其平行线

5. 绘制圆角 1 和圆角 2

① 单击【草绘】选项卡/【草绘】组/【圆角】指令◠/【圆角修剪】指令◠,选取圆 2 和圆 4,绘制圆角 1。

② 单击【草绘】选项卡/【约束】组/【重合】指令⟝,选取圆角 1 圆心和中心线 1,将圆角 1 的圆心与中心线 1 重合,加了重合约束后,如果图形出现严重变形,可以通过拉拽图元的相对位置或大小使其符合图例显示的形状。

③ 单击【草绘】选项卡/【草绘】组/【圆角】指令◠/【圆角修剪】指令◠,选取 L2 和圆 4,绘制圆角 2,如图 1-2-15 所示。

6. 删除多余的曲线段

单击【草绘】选项卡/【编辑】组/【删除段】指令⊠,将圆 2 和圆 3 中多余的曲线段删除,如图 1-2-16 所示。

7. 按图例尺寸标注形式对草图重新标注

单击【草绘】选项卡/【尺寸】组/【尺寸】指令↔,按图 1-2-1 中尺寸标注的形式对图形进行重新标注,如图 1-2-17 所示。

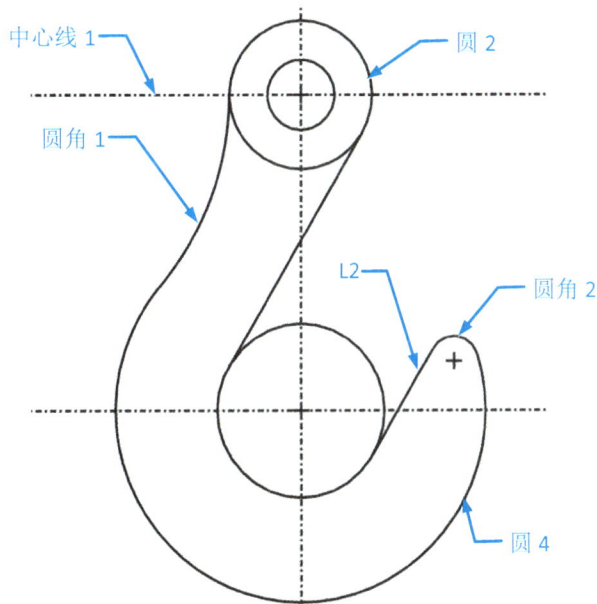

图 1-2-15　绘制圆角 1 和圆角 2

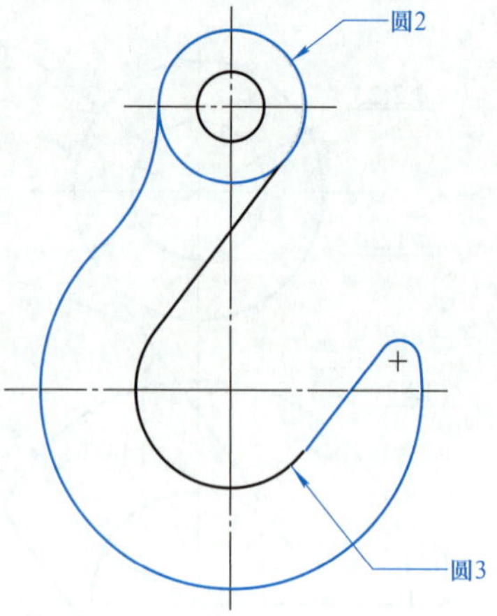

图 1-2-16　删除多余曲线段

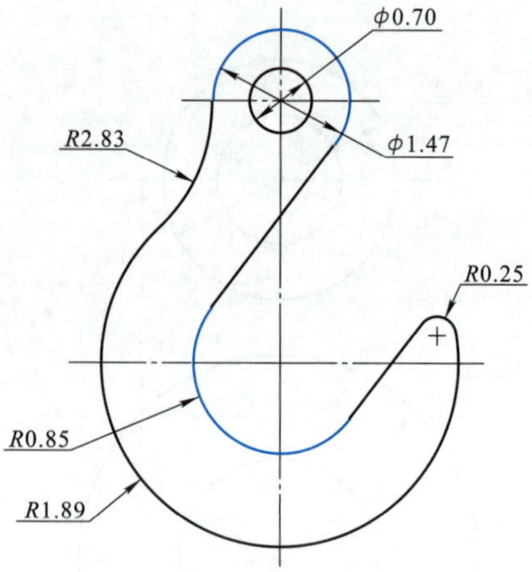

图 1-2-17　对草图进行重新标注

操作技巧

① 草图绘制在尺寸标注方面，最理想的状态就是通过添加强尺寸或者将弱尺寸转化为强尺寸后，尺寸标注中不再出现弱尺寸，说明草图通过强尺寸达到"完全约束"状态，即所有的线条都通过尺寸或者几何约束加以控制和限制，图形的绘制非常精准。

② 在对草图中圆或者圆弧进行尺寸标注时，双击图元，即标注直径；单击图元，即标注半径。

8. 对所有尺寸进行集中修改

框选所有尺寸，单击【草绘】选项卡/【编辑】组/【修改】指令，弹出【修改尺寸】对话框，不要勾选"重新生成"和"锁定比例"选项，按尺寸要求逐一修改所有尺寸后，点击【确定】按钮（图 1-2-18），完成草图绘制（图 1-2-19）。

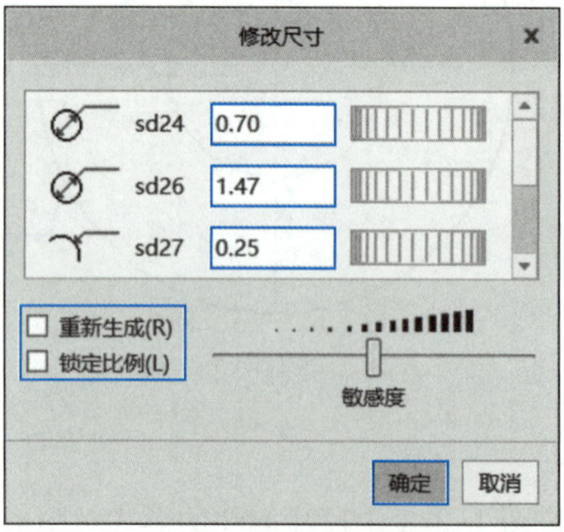

图 1-2-18　【修改尺寸】对话框

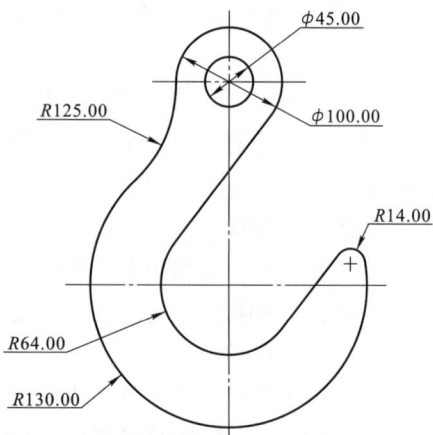

图 1-2-19　按要求集中修改所有尺寸

9.保存文件

保存草图到指定目录下。

互动练习

项目一任务2
在线测试

思考练习

1. 保存草绘时,默认的文件扩展名为(　　)。

　　(A).dwg　　　　　　(B).sec　　　　　　(C).drw　　　　　　(D).iges

2. 对称约束的符号是(　　)。

　　(A) ➤◄　　　　　　(B) — —　　　　　　(C) ⊥　　　　　　(D) //

3. 绘制手轮草图(图1-2-20),(　　)与图中实线形成封闭区域的面积最接近。

　　(A) 1 221　　　　　　(B) 1 207　　　　　　(C) 1 209　　　　　　(D) 1 205

4. 绘制垫片草图(图1-2-21),(　　)与图中实线形成封闭区域的面积最接近。

　　(A) 9 329　　　　　　(B) 9 334　　　　　　(C) 9 330　　　　　　(D) 9 332

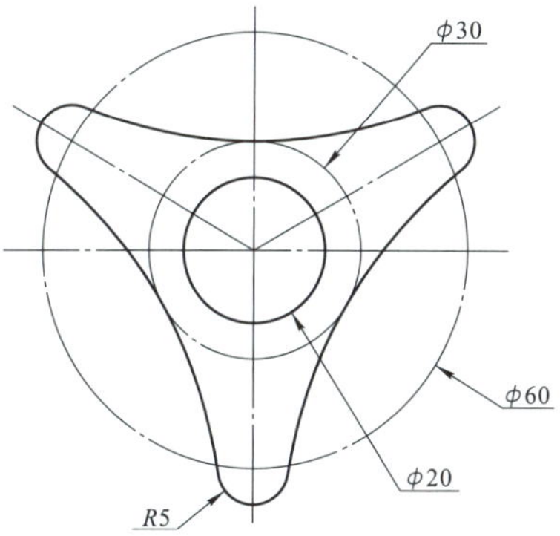

图 1-2-20　手轮草图

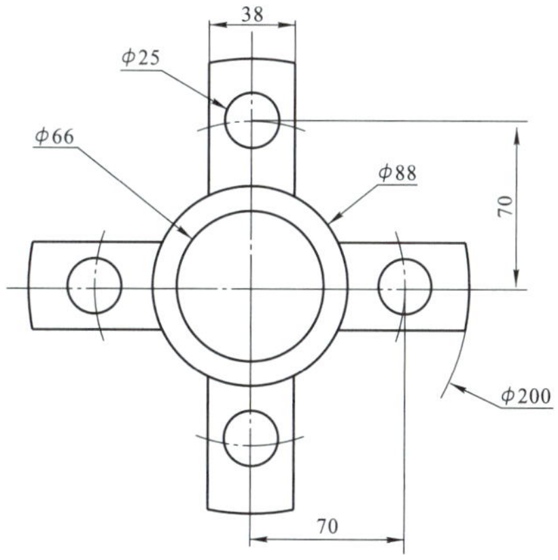

图 1-2-21　垫片草图

5. 绘制阀体草图(图1-2-22),(　　)与图中实线形成封闭区域的面积最接近。

　　(A) 7 940　　　　　　(B) 7 941　　　　　　(C) 7 944　　　　　　(D) 7 947

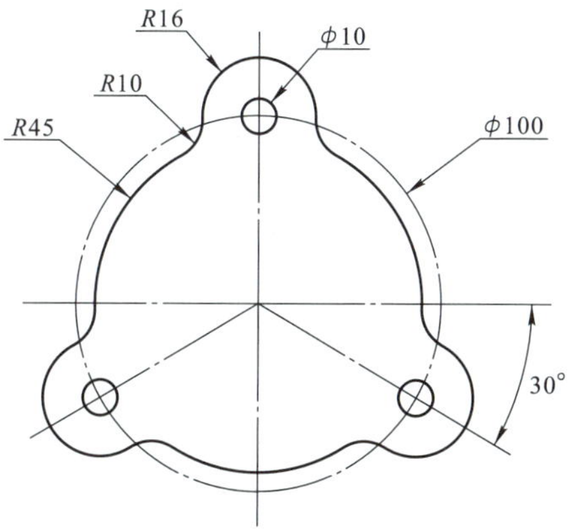

图 1-2-22　阀体草图

任务 ③ 绘制扳手草图

▼ **学习目标**

通过学习绘制扳手的 2D 草图,巩固和学习用【圆】【线】【弧】【圆角】【中心线】【选项卡】等常用草绘指令绘制草图,用【修改】【删除段】【构造】【镜像】等编辑指令编辑图形,用【相切】【对称】【重合】【平行】等几何约束和尺寸约束规范草图,使其符合要求,并体会二维草图的绘制思路和方法。

▼ **任务引入**

使用草图功能绘制如图 1-3-1 所示的扳手草图。

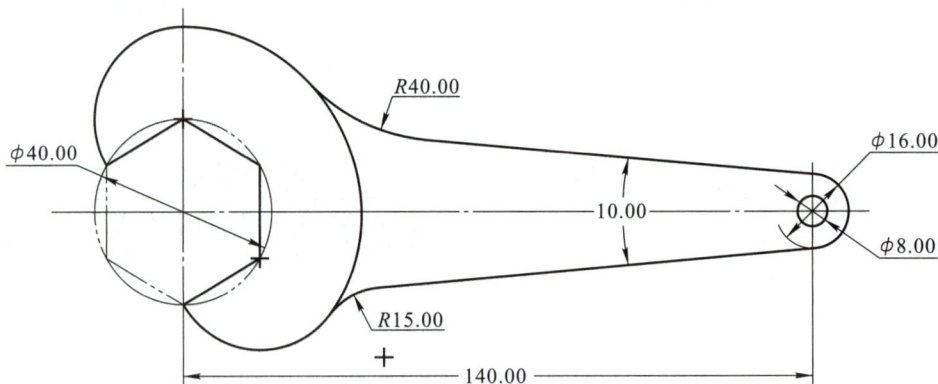

图 1-3-1　扳手草图

▼ **任务分析**

扳手草图的绘制步骤见表 1-3-1。

表 1-3-1　扳手草图的绘制步骤

1. 建立扳手草绘文件	2. 按扳手形状绘制草图	3. 按图例重新标注所有尺寸	4. 按要求集中修改尺寸	5. 保存文件

◤ **任务实施**

1. 建立扳手草绘文件,进入草绘工作界面

① 启动 Creo Parametric 8.0 软件后,单击【文件】选项卡/【新建】指令 ▢,弹出【新建】对话框。

② 在该对话框中"类型"选项组中选中"草绘",在"文件名"文本框中输入"扳手",单击【确定】按钮,进入草绘工作界面。

2. 绘制中心线

单击【草绘】选项卡/【操作】组/【中心线】指令 ▯,绘制两条相互垂直的中心线(图 1-3-2)。

微视频

绘制扳手
草图

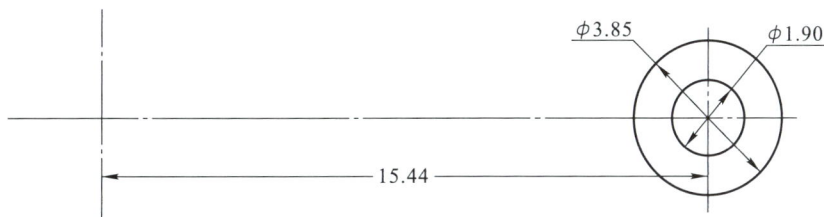

图 1-3-2　绘制中心线和圆

3. 绘制一组同心圆

单击【草绘】选项卡/【草绘】组/【圆】指令 ◉,绘制一组同心圆(图 1-3-2),暂不修改尺寸。

4. 绘制正六边形

① 单击【草绘】选项卡/【草绘】组/【选项板】指令 ▨,弹出【草绘器选项板】(图 1-3-3),点击【多边形】选项卡,左键选中"六边形",并将其"拖"到绘图区中心线交点附件,单击【关闭】按钮,关闭【草绘器选项板】。

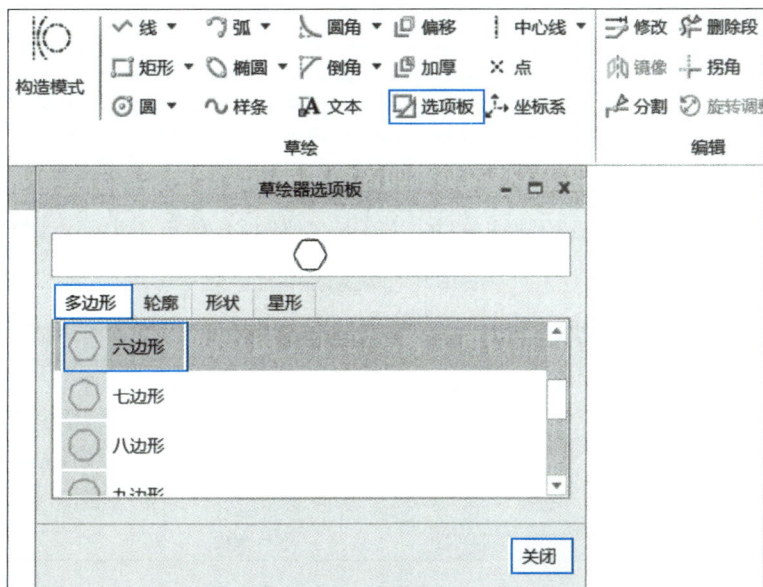

图 1-3-3　调出"六边形"

② 在功能区【导入截面】选项卡/【旋转】组"角度"文本框中输入"90",使六边形旋转到正确的角度,如图 1-3-4 所示。

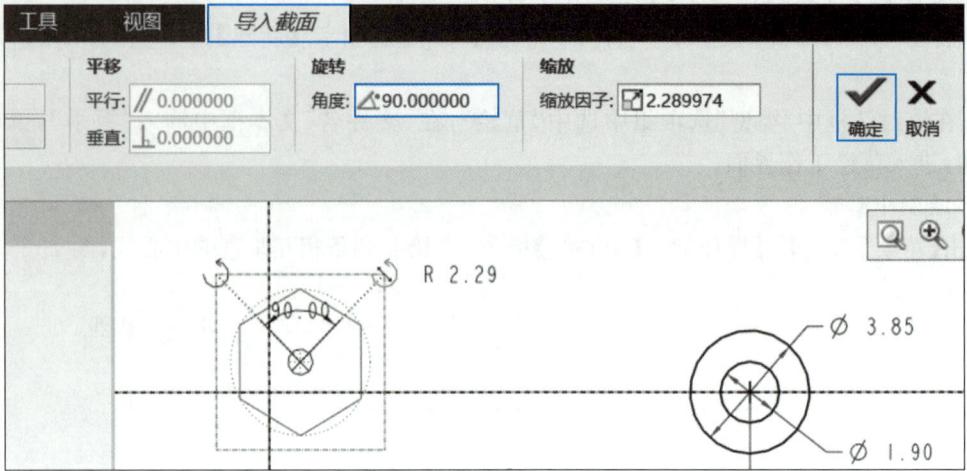

图 1-3-4 将六边形旋转 90°

③ 单击【草绘】选项卡/【约束】组/【重合】指令 ⊷,单击六边形中心与水平中心线,使二者重合,重复以上操作使六边形中心与竖直中心线重合,如图 1-3-5 所示。

图 1-3-5 绘制六边形并加以中心约束

5. 绘制 3 段圆弧

① 单击【草绘】选项卡/【草绘】组/【弧】指令/【圆心与端点】指令 ◠(图 1-3-6),以顶点 1 为圆心,顶点 2 为起点,绘制圆弧 1;用同样方法,以顶点 3 位圆心,顶点 4 为起点,绘制圆弧 2,如图 1-3-7 所示。

图 1-3-6 采用【圆心和端点】方式

图 1-3-7　绘制圆弧 1 和圆弧 2

② 单击【草绘】选项卡/【草绘】组/【弧】指令/【3 点/相切端】指令，先后选取圆弧 1 和圆弧 2 的另一端点，以及第 3 点，通过"3 点"方式生成连接圆弧 3。

③ 单击【草绘】选项卡/【约束】组/【相切】约束，先后点击圆弧 1 和圆弧 3 靠近交点位置，使圆弧 1 和圆弧 3 相切；用同样方法使圆弧 2 和圆弧 3 相切，且圆弧 3 的圆心与两中心线交点重合，如图 1-3-8 所示。

6. 绘制直线

① 单击【草绘】选项卡/【草绘】组/【线】指令，在圆 1 上合适位置找一点做起点，做一条直线 L1，与圆弧 3 相交。

② 单击【草绘】选项卡/【约束】组/【相切】指令，选取圆 1 和 L1，使二者在交点处相切，如图 1-3-9。

图 1-3-8　绘制圆弧 3

图 1-3-9　绘制直线 L1

③ 选中直线 L1,单击【草绘】选项卡/【编辑】组/【镜像】指令🔲,选取水平中心线,生成 L1 关于水平中心线的对称线,如图 1-3-10 所示。

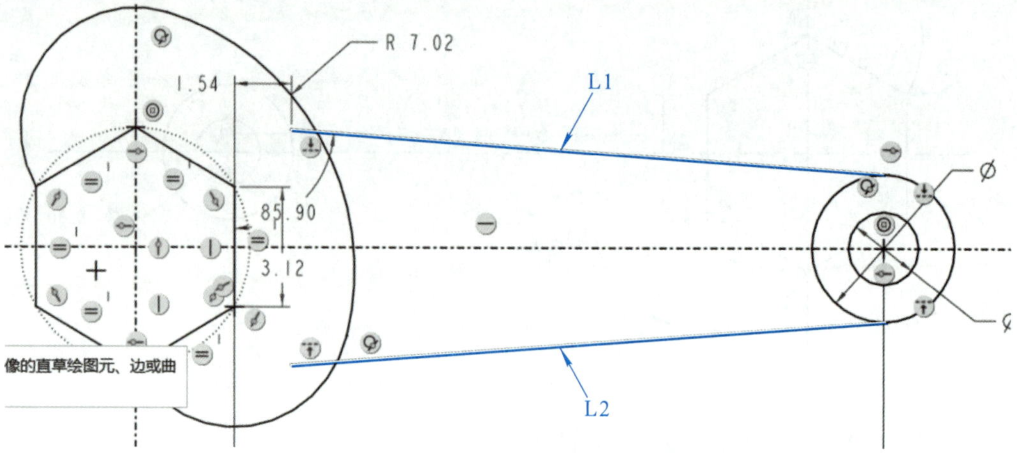

图 1-3-10 生成对称线 L2

7. 绘制连接圆弧

① 使用【草绘】选项卡/【草绘】组/【弧】指令/【3 点/相切端】指令🔲,生成圆弧 3 和 L1 的连接圆弧 4,以及圆弧 2 和 L2 的连接圆弧 5。

② 使用【草绘】选项卡/【约束】组/【相切】约束🔲,使圆弧 4 在两个端点处分别与圆弧 3 和 L1 相切,使圆弧 5 在两个端点处分别与圆弧 2 和 L2 相切,如图 1-3-11 所示。

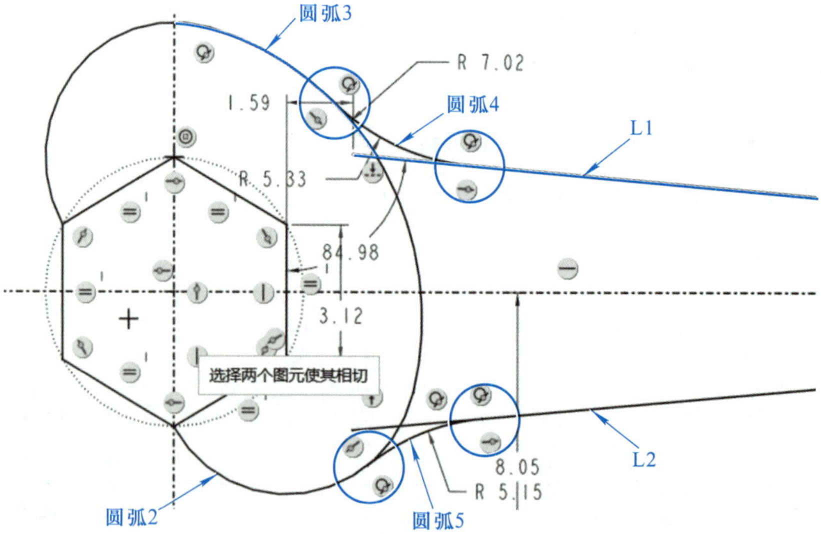

图 1-3-11 绘制连接圆弧

8. 修剪

单击【草绘】选项卡/【编辑】组/【删除段】指令🔲,选取多余的曲线段,进行图形的修剪,修剪后的效果,如图 1-3-12 所示。

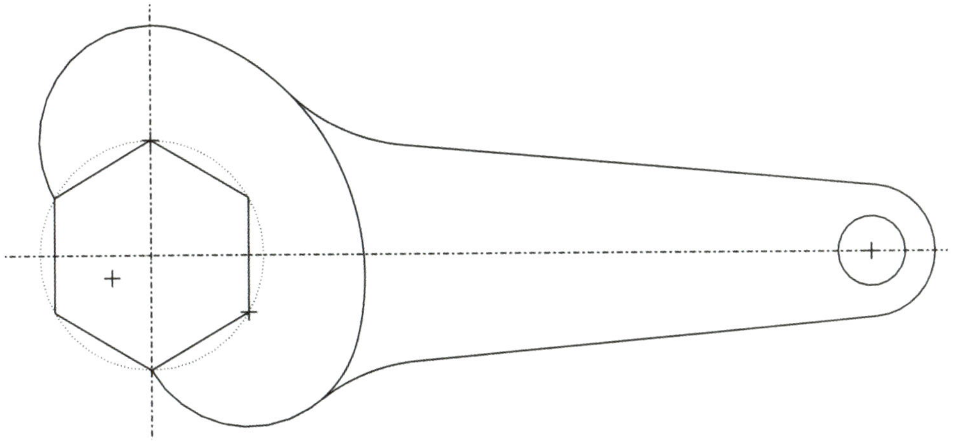

图 1-3-12 修剪草图

9. 转换构造线

按下 Ctrl 键,同时选中六边形的左边及左下边,放开 Ctrl 键,弹出快捷菜单,在菜单中单击【构造】指令,如图 1-3-13a 所示,两条边转换为构造线,如图 1-3-13b 所示。

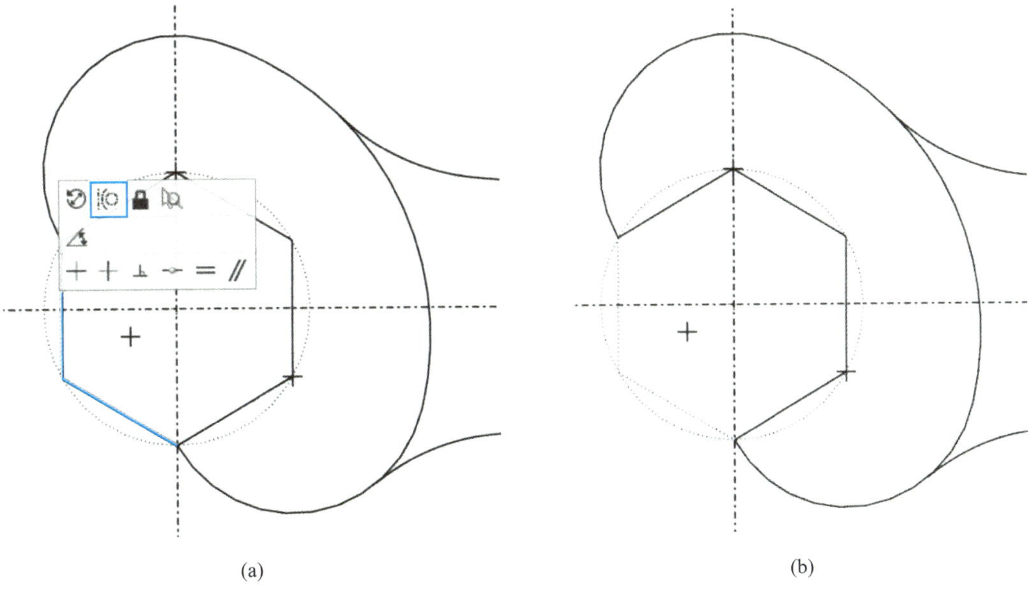

(a)

(b)

图 1-3-13 转换构造线

10. 按图例尺寸标注形式对草图重新标注

① 单击【草绘】选项卡/【尺寸】组/【尺寸】指令↦,按图 1-3-1 中尺寸标注的形式对图形进行重新强尺寸标注,如图 1-3-14 所示。

② 在对正六边形进行外接圆标注时,Φ6.25 与之前的强尺寸 3.13 发生冲突,并弹出【解决草绘】对话框,同时以红色突出显示了发生冲突的尺寸或约束(图 1-3-15),在【解决草绘】对话框中,选中"2 尺寸 sd38=3.13",单击下方的【删除】按钮,将冲突尺寸 3.13 删除。

3. 绘制手柄草图(图 1-3-18),以下(　　)与图中实线形成的封闭区域面积最接近。

   (A) 3 245　　　　　　　　　　　　　　(B) 3 242

   (C) 3 241　　　　　　　　　　　　　　(D) 3 247

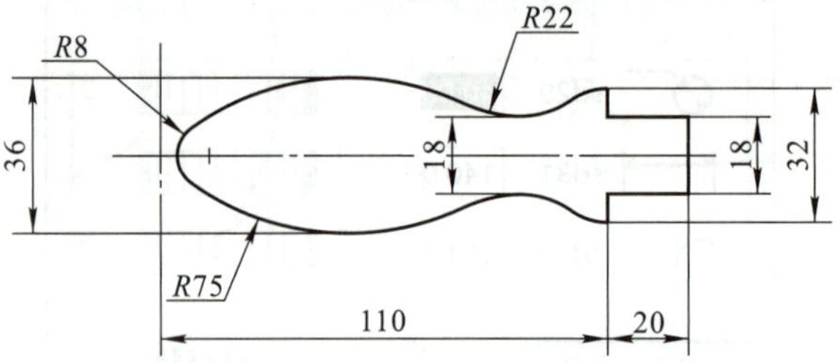

图 1-3-18　手柄草图

4. 绘制拨杆草图(图 1-3-19),以下(　　)与图中实线形成的封闭区域面积最接近。

   (A) 11 178　　　　　　　　　　　　　(B) 11 183

   (C) 11 175　　　　　　　　　　　　　(D) 11 180

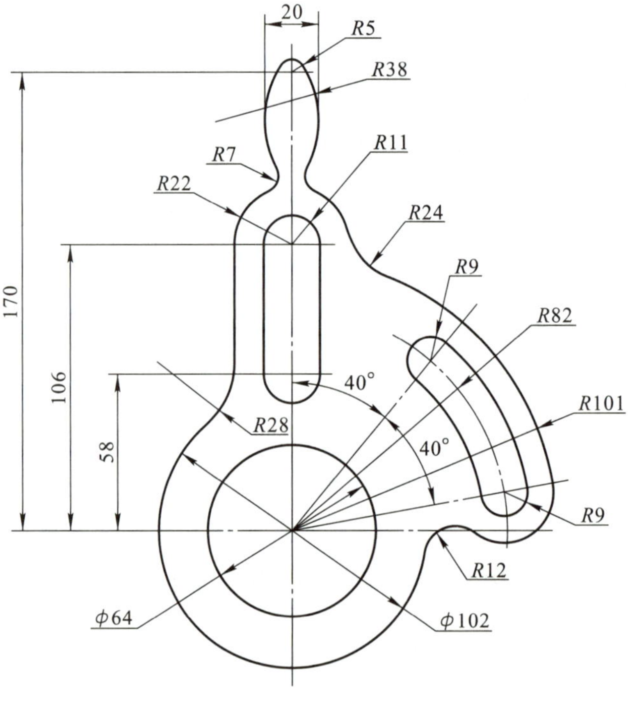

图 1-3-19　拨杆草图

5. 绘制壳体草图(图 1-3-20),以下(　　)与图中实线形成的封闭区域面积最接近。

   (A) 6 568　　　　　　　　　　　　　　(B) 6 564

   (C) 6 562　　　　　　　　　　　　　　(D) 6 560

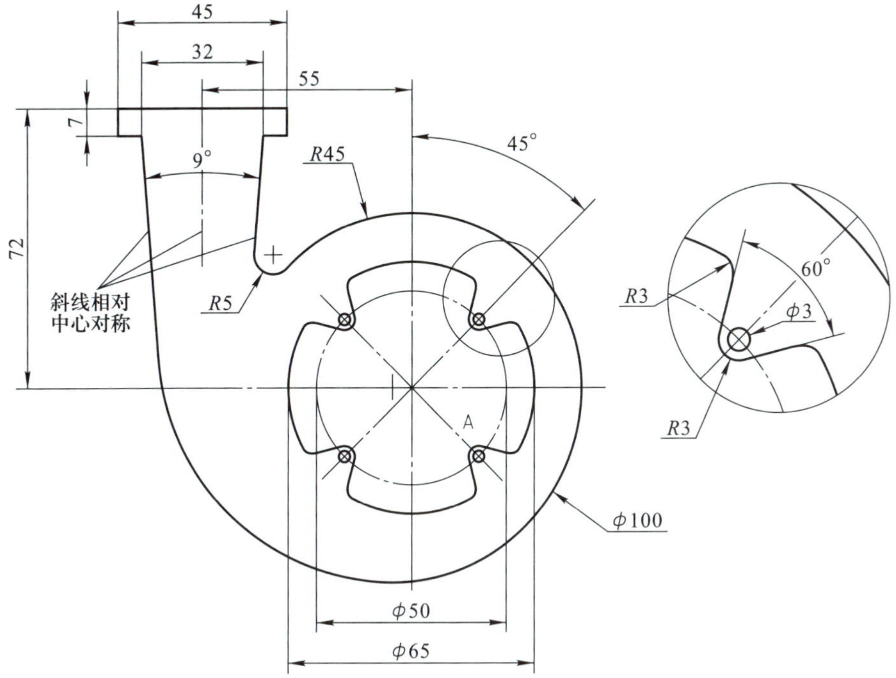

图 1-3-20　壳体草图

项目二
齿 轮 泵 设 计

齿轮泵是冷却系统及润滑系统中常用的部件,它供给油路中的油液,依靠一对齿轮的高速旋转运动输送油液,如图 2-0-1 所示。它主要由齿轮轴、泵体与盖等零件组成。

通过本项目的学习和训练,巩固草图绘制知识;学习 Creo 软件零件-实体模块中的拉伸、旋转、扫描、混合等实体特征的建模知识。掌握零件实体特征的建立方法。

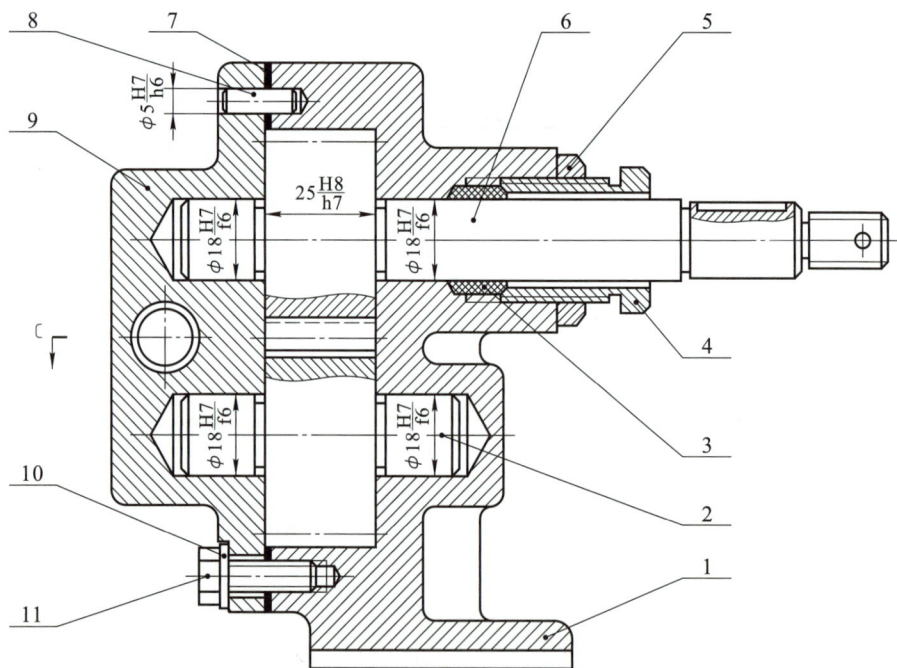

1—泵体;2—齿轮轴 2;3、4、5—填料、填料压盖、锁紧螺母;6—齿轮轴 1;
7—垫片;8—销钉;9—泵盖;10、11—垫圈、螺钉。

图 2-0-1　齿轮泵装配图

▼ 学习目标

1. 巩固基本图形绘制、草绘约束、尺寸标注等知识。

2. 掌握实体建模的拉伸特征、旋转特征、扫描特征、混合特征、实体倒角、壳特征、孔特征、阵列特征、镜像特征等建立方法。

3. 能正确确定建模思路,选择正确的草绘平面,利用学习的实体建模知识完成零件的实体建模。

4. 能够对完成的建模任务进行编辑和修改。

知识拼图

项目二

基本操作
- 启动及工作界面
- 文件管理操作
- 模型视图基础
- 模型树与层树的应用
- 自定义屏幕要素

二维草图
- 绘制草图
- 尺寸标注
- 几何约束
- 草图编辑
- 解决草图冲突

基准特征
- 基准平面
- 基准轴
- 基准点
- 基准曲线
- 基准坐标系

基础特征
- 拉伸
- 旋转
- 扫描
- 混合

工程特征
- 孔
- 壳
- 倒圆角
- 倒角
- 筋
- 拔模
- 修饰螺纹

编辑特征
- 镜像
- 移动
- 缩放
- 阵列

数控编程
- 元件
- 机床设计
- 工艺
- 制造几何
- 铣削
  - 粗加工
  - 重新粗加工
  - 精加工
  - 曲面铣削
  - 集体块粗加工
  - 轮廓铣削
  - 腔槽加工
  - 孔加工循环
- 校验和输出
  - 播放路径
  - 保存CL文件
  - CL文件后处理

曲面设计
- 基本曲面
  - 拉伸曲面
  - 旋转曲面
  - 恒定界截面扫描曲面
  - 混合曲面
  - 扫描混合曲面
  - 可变界面扫描曲面
- 填充曲面
- 边界混合
- 曲面编辑
  - 修剪
  - 复制粘贴
  - 偏移
  - 合并
  - 加厚
  - 实体化
  - 投影曲线
  - 交截曲线
- 造型设计

工程图设计
- 工程图配置
- 工程图类型
- 尺寸标注
- 添加注释
- 视图布局
- 图框模板创建
- 剖视图绘制

装配设计
- 装配概述
- 装配元件
- 创建元件
- 操作元件
- 处理元件
  - 复制
  - 镜像
  - 重复
- 创建爆炸视图
- 两种装配方法
  - 自上而下
  - 自下而上

高级特征
- 扫描混合
- 旋转混合
- 螺旋混合

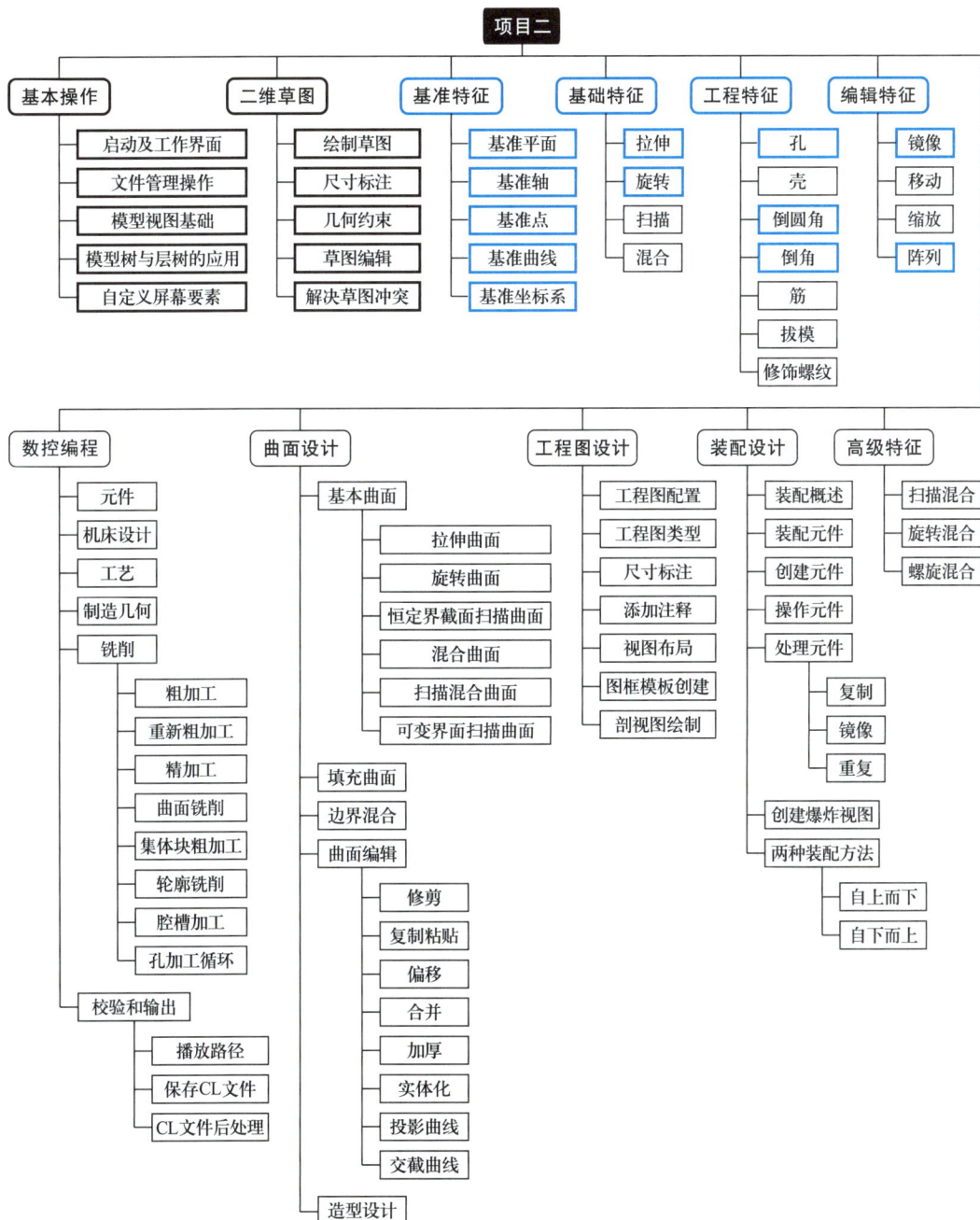

注:红色标记知识点为本项目涉及的新指令。

任务 **1** 垫片零件设计

▼ **学习目标**

通过学习齿轮泵垫片零件设计,学会【拉伸】【倒角】等指令的建模方法。并学会三维零件建模思路,进一步熟练掌握草图绘制及其注意事项。

▼ **任务引入**

垫片用于泵体与泵盖之间的密封连接。按如图 2-1-1 所示的垫片零件图,建立垫片的零件模型(图纸未注厚度 1.5 mm、倒角为 45°×0.5)。

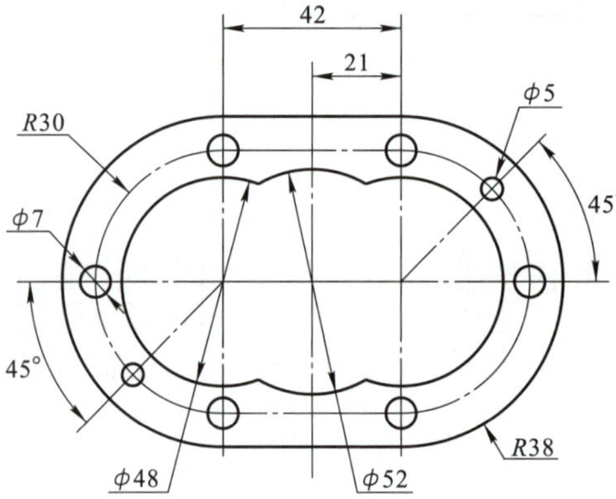

图 2-1-1　垫片零件图

▼ **任务分析**

本任务比较简单,首先是利用前面学习的草绘知识绘制垫片的平面草图,然后采用【拉伸】指令、【倒角】指令完成垫片的创建。垫片零件的建模步骤见表 2-1-1。

表 2-1-1　垫片零件的建模步骤

1. 绘制草图 1 并建立拉伸特征	2. 建立倒角特征	3. 建立拉伸切除孔
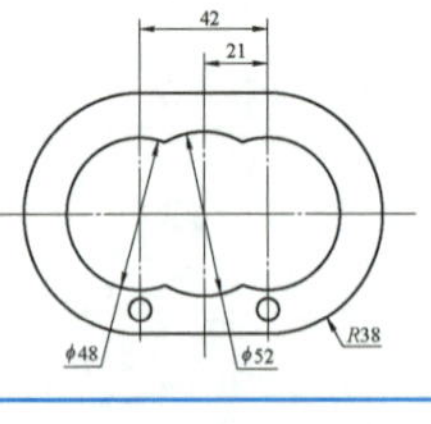		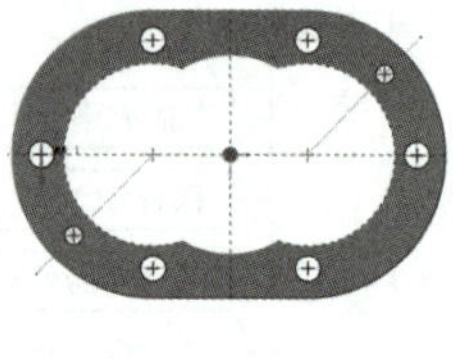

▼ **知识链接**

1. 拉伸特征

拉伸特征是将绘制的截面沿给定方向和给定深度生成的三维特征,即在某一基准面上所绘制的封闭线框(平面草图)沿着其法线方向运动形成的实体特征,如图 2-1-2 所示。拉伸特征适于构造平行的等截面实体特征。

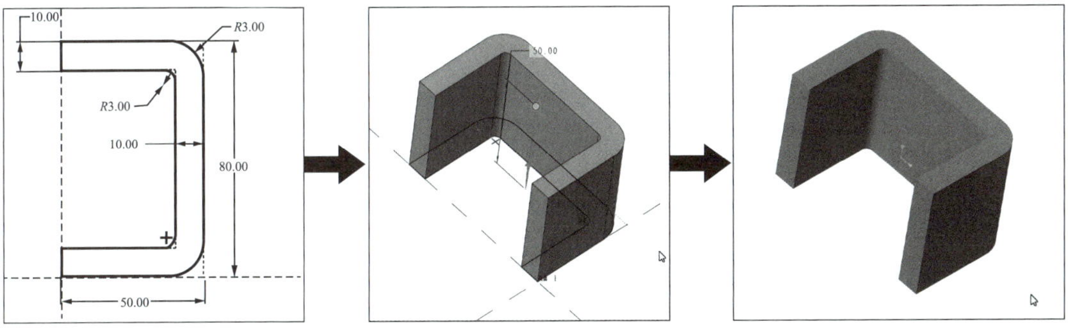

图 2-1-2　拉伸特征

单击【模型】选项卡/【形状】组/【拉伸】指令 ,打开【拉伸】选项卡,如图 2-1-3 所示。【拉伸】选项卡中各图标的含义见表 2-1-2。

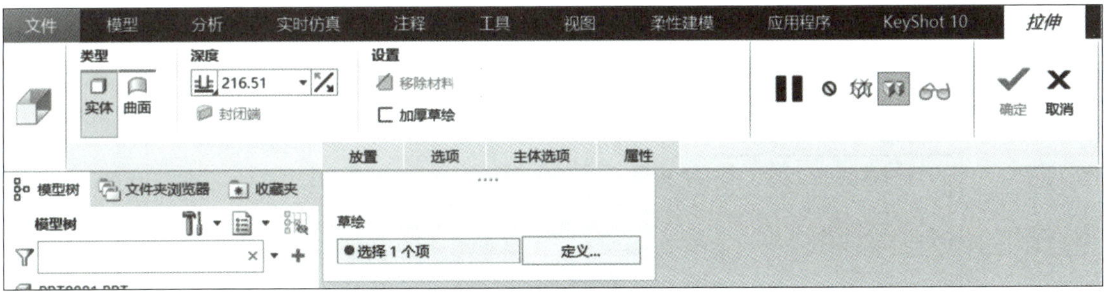

图 2-1-3　【拉伸】选项卡

表 2-1-2　【拉伸】选项卡各图标的含义

图标	含义	图标	含义	图标	含义
	建立实体特征		建立薄壳特征		拉伸到选定曲面
	建立曲面特征		给定厚度拉伸		拉伸到选定的参考
216.51	输入拉伸厚度		对称拉伸		暂停
	切换拉伸方向		拉伸到下一面		预览
	建立拉伸切除特征		拉伸到最后一面	✓ ✗	确定与取消

利用【拉伸】指令可以建立的特征类型:

(1) 实体类型:单击选项卡中的【实体】指令 ,可以建立实体类型的特征。在由截面草图生成实体时,实体特征的截面草图一定是单一封闭的。

(2) 曲面类型:单击选项卡中的【曲面】指令 ,可以建立一个拉伸曲面。在 Creo Parametric, 8.0 软件中,曲面是一种没有厚度和重量的面,但通过相关指令操作可变成带厚度的实体。

（3）薄壁类型：单击选项卡中的【加厚草绘】指令▢，可以建立薄壁类型特征。在由截面草图生成实体时，薄壁特征的截面草图可以是单一封闭的，也可以是开环的。

（4）切除类型：单击选项卡中的【移除材料】指令◪，可以建立拉伸切除特征。

2.倒角特征

单击【模型】选项卡/【工程】组/【倒角】指令◪，打开【边倒角】选项卡，如图 2-1-4 所示。建立实体倒角指令，即在实体某一边上按选定的倒角方式形成实体的倒角特征。【边倒角】选项卡中各图标的含义如表 2-1-3 所示。

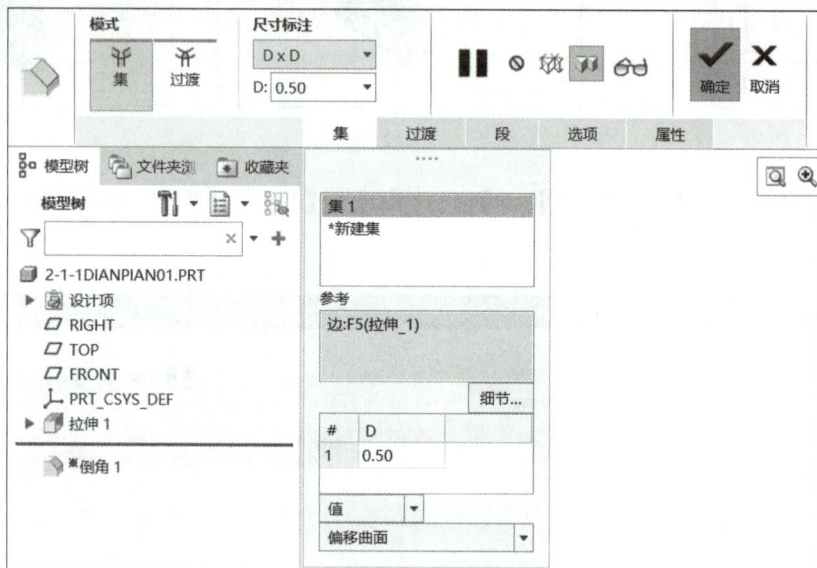

图 2-1-4 【边倒角】选项卡

表 2-1-3 【边倒角】选项卡各图标的含义

图标	含义	图标	含义	图标	含义
	选择建立倒角方式	‖	暂停		修改每边倒角参数
D 1.30	输入倒角参数	◉◉	预览		
◪	切换角度方向	✔|✕	确定与取消		

▼ **任务实施**

1.进入建立实体零件工作界面

进入 Creo 软件工作界面后，设置工作目录，单击【文件】选项卡/【新建】▯指令，系统将弹出【新建】对话框，如图 2-1-5 所示。在【新建】对话框中点选"零件"，在"名称"文本框中输入文件名称"dianpian01"，取消选择"使用缺省模板"复选框，然后单击【确定】按钮。在系统弹出的【新文件选项】对话框中选择绘图单位为"mmns_part_solid_abs",再单击【确定】按钮,进入建立实体零件工作界面。

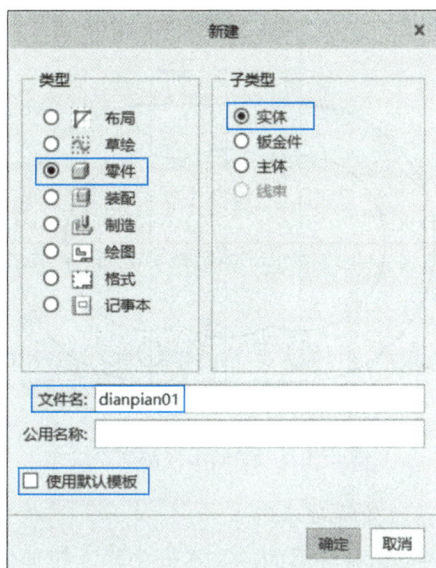

图 2-1-5　【新建】对话框

2. 建立拉伸特征——进入拉伸截面草绘工作界面

单击【模型】选项卡/【形状】组/【拉伸】指令，打开【拉伸】选项卡。在绘图区选择基准面 TOP 或在左侧模型树中选择基准面 TOP 作为草绘平面,进入拉伸截面草绘工作界面,如图 2-1-6 所示。

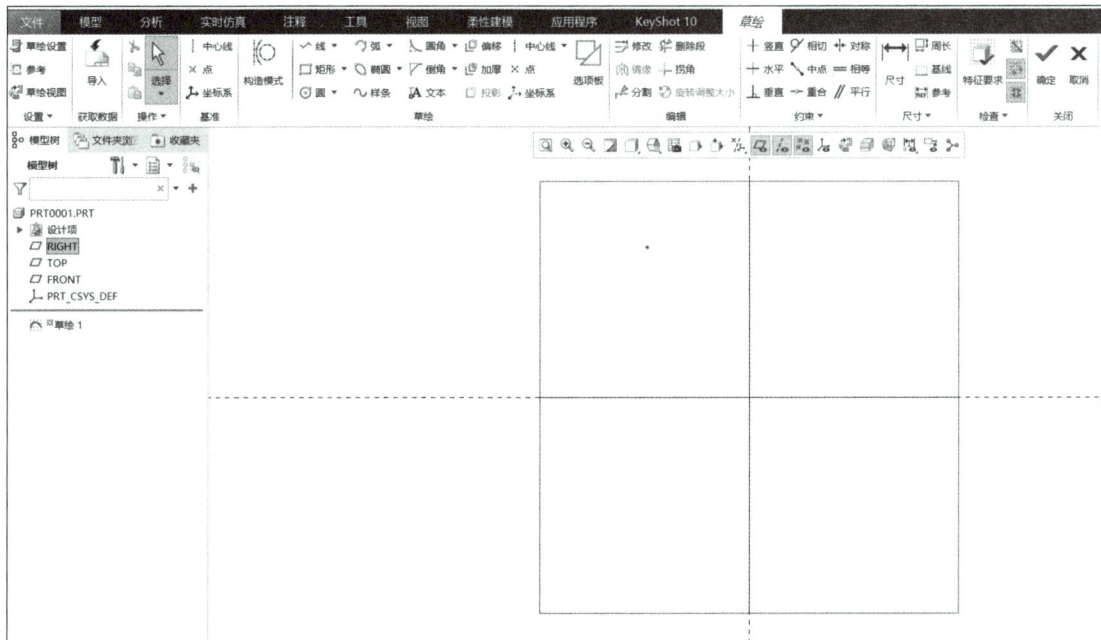

图 2-1-6　拉伸截面草绘环境

3. 建立拉伸特征——绘制草绘1

利用草绘指令,完成垫片截面草绘1的绘制,如图2-1-7所示。

图 2-1-7　绘制垫片截面草绘1

4. 建立拉伸特征——设置拉伸特征参数

单击拉伸特征选项卡上指令,并在后面的文本框中输入拉伸体厚度值1.5,然后单击【拉伸】选项卡【确定】按钮,选择适当的显示类型,完成垫片拉伸特征的建立,如图2-1-8所示。

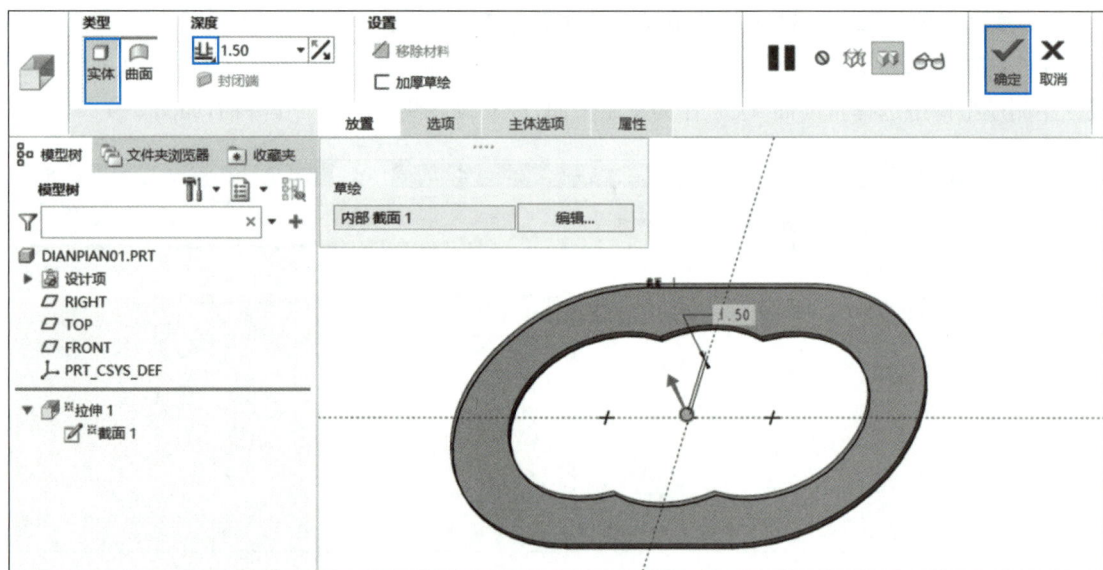

图 2-1-8　建立垫片拉伸特征

5. 建立倒角特征

单击【模型】选项卡/【工程】组/【倒角】指令,打开【边倒角】选项卡。在倒角特征选项卡中选取"D×D"、并输入倒角参数"0.5",移动鼠标依次点选要倒角的边,如图2-1-9所示,然后单击【倒角】选项卡中【确定】按钮,完成垫片倒角特征的建立。

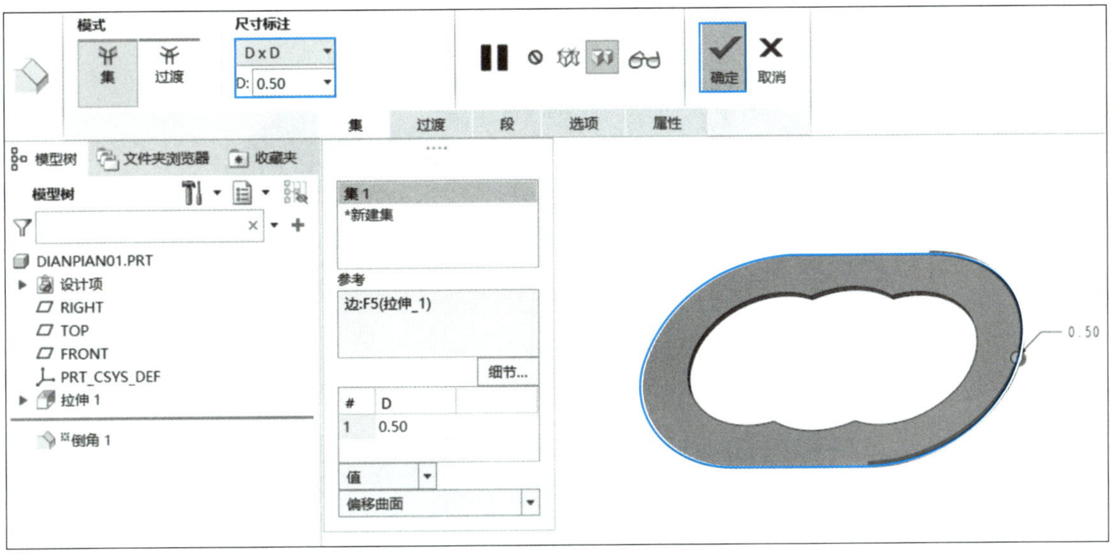

图 2-1-9　建立垫片倒角特征

6. 建立拉伸切除特征——进入拉伸截面草绘工作界面

① 单击【模型】选项卡/【形状】组/【拉伸】指令，打开【拉伸】选项卡，选中【实体】指令和【移除材料】指令，在绘图区中选择垫片上平面作为草绘平面，如图 2-1-10 所示。系统进入拉伸截面草绘工作界面。

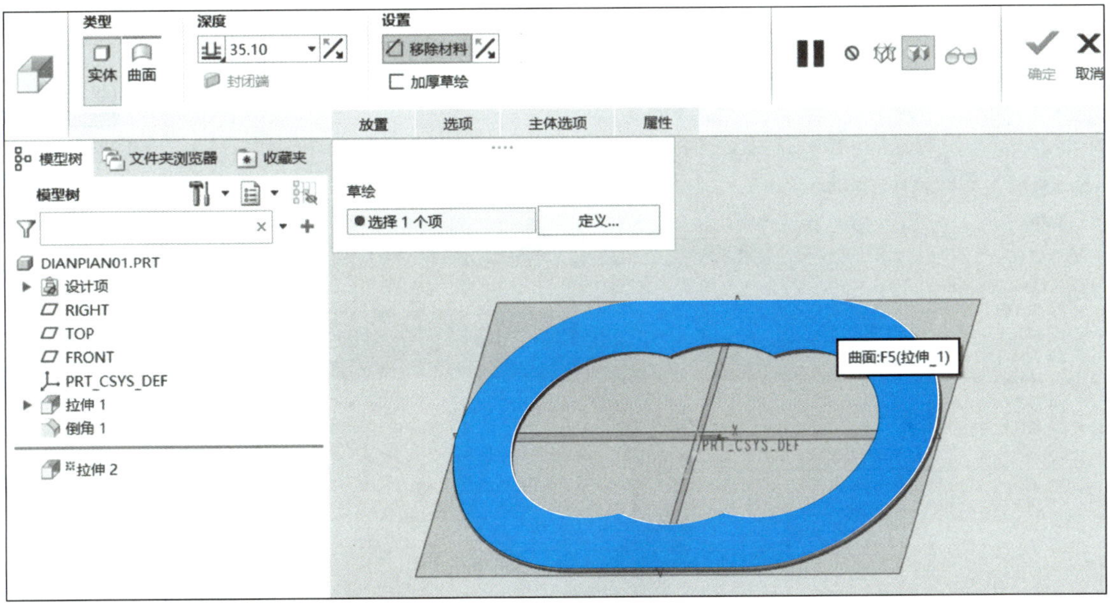

图 2-1-10　【拉伸】选项卡

7. 建立拉伸切除特征——绘制草绘 2

利用草绘指令，在草绘平面上绘制 6 个 $\Phi7$、2 个 $\Phi5$ 的圆，如图 2-1-11 所示。

图 2-1-11　绘制草绘 2

8. 建立拉伸切除特征——设置拉伸切除特征参数

单击拉伸特征选项卡中"深度"下拉选项,选择【穿透】指令, 然后单击【拉伸】选项卡【确定】按钮, 选择适当的显示类型, 完成垫片零件的建立, 如图 2-1-12 所示。

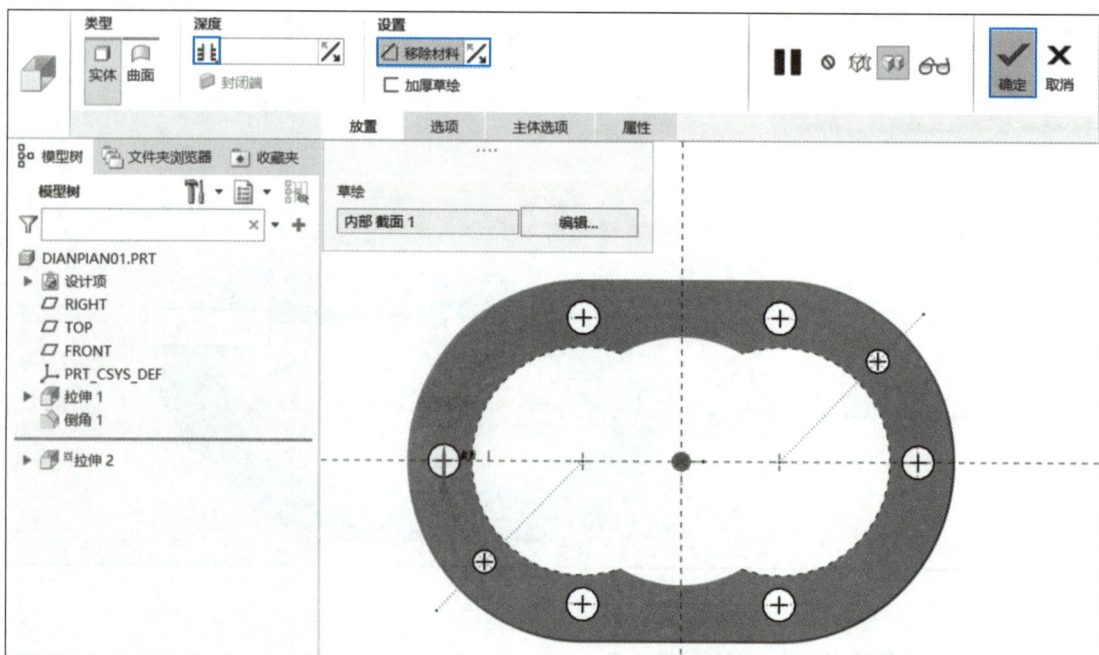

图 2-1-12　建立垫片零件

9. 保存文件

将完成的零件保存到"dianpian01.prt"。

📖 操作技巧

(1) 在绘制拉伸特征的截面草图时,所绘制的草图一定是单一封闭的平面草图。截面的形状决定了拉伸特征的外形,而草图平面和特征生长方向则决定了特征的空间位置。

(2) 在建立拉伸特征时,可以根据零件的实际形状、后面建模所需要的基准情况,选择不同的拉伸方式(表 2-1-4)。

表 2-1-4 建立拉伸特征的方式

图标	含义
🔲	从草绘平面延指定方向按给定厚度拉伸
🔲	在草绘平面两侧均按给定厚度的一半对称拉伸
🔲	从草绘平面拉伸至选定的点、曲线、平面或曲面

(3) 在进行拉伸切除特征操作时,将光标移到建立的切割几何体,会自动显示方向箭头。单击左键即可完成特征生成方向的更改,在其他特征的操作中也有类似功能。

(4) 在建立倒角特征时,可以将要倒角的边一次选上,然后在倒角特征选项卡中"集"中,选取不同的集修改其参数,得到各边不同参数的倒角特征。

▼ 拓展训练

1. 零件模型的编辑与修改

参数化设计是 Creo 软件的核心技术,无论多么复杂的零件模型,都可分解为有限数量的构成特征,每一种构成特征,都可用有限的参数完全约束。它不但可以对零件草绘图设计中所定义的各尺寸参数值进行修改,还可以重新定义零件设计中任一个特征的几何数据,重新定义零件设计中子特征建立时所选的参考基准,调整零件设计中各特征的排列顺序,在零件设计中插入一个新特征等,以达到对零件设计进行修改的目的。

(1) 截面草绘的编辑与修改

如果要在预览特征后,重新修改特征截面草绘,以重新生成新的特征,只需在导航视窗的模型树中,用左键单击要修改特征下的草绘截面🖉,在弹出的快捷菜单中单击【编辑定义】指令,如图 2-1-13 所示,系统回到截面草绘工作界面,编辑修改即可。

(2) 特征的编辑与修改

若要修改零件的特征,在导航视窗的模型树中,用鼠标单击要修改的特征,在弹出的快捷菜单中单击【编辑定义】指令,如图 2-1-14 所示,系统回到建立特征工作界面,编辑修改即可。

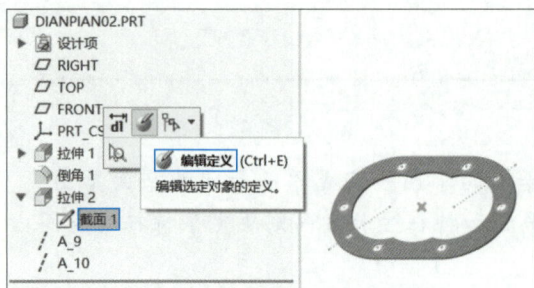

图 2-1-13　编辑截面草绘

图 2-1-14　编辑特征

（3）特征尺寸的编辑与修改

若要通过修改零件特征的尺寸来编辑零件，可用鼠标左键在导航视窗的模型树中单击要修改的特征，在弹出的快捷菜单中单击【编辑尺寸】指令，如图 2-1-15 所示，系统在工作区中显示出该特征的所以相关尺寸，用鼠标双击要修改的尺寸，按回车键确定，按 Esc 键退出尺寸编辑界面。

（4）特征顺序调整

建立零件特征往往需要先定义建立特征的草绘平面、参考基准、草图截面。而这些平面、基准及草图中的一些约束关系，将使得零件建立的各特征间形成父子关系（即在零件设计中后一特征对前一特征的依附关系）。

在实体建模过程中，导航视窗中的模型树所显示的实体特征是按照特征生成顺序排列的。对于没有父子关系的特征，可以用鼠标左键对各个特征的生成顺序进行重新排序。特征顺序调整后，零件会产生不同的设计效果，如图 2-1-16a、b 所示，从而增强了设计的灵活性。而对于有父子关系的特征，其子特征不能调到父特征之前。

图 2-1-15　编辑特征尺寸

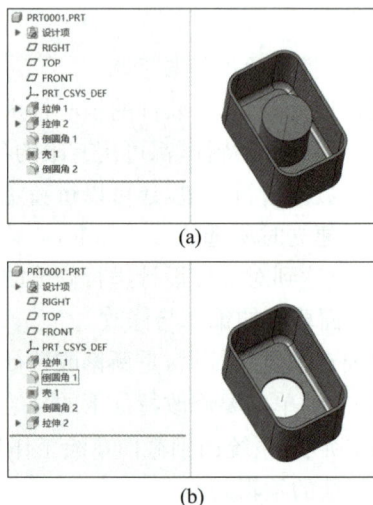

(a)

(b)

图 2-1-16　特征顺序调整

若要对存在父子关系的特征进行特征顺序的调整，则必须先将两父子关系脱离。通常可以利用特征编辑菜单中的【编辑参照】指令，重新定义零件设计中子特征建立时所选用的草绘平面、参考基准、草图截面中的约束关系,达到修改的目的。

在建立、修改或重定义零件特征时,有时会由于给定的数据不当或参考丢失,出现特征生成失败。这时,系统会弹出询问提示对话框,可选取"确定"或"取消"。

(5) 插入特征

有时为了需要,要在已建立的特征前插入一个特征。可以用鼠标左键,将模型树中的"在此插入"移动到已建立的多个特征之中,建立一个新特征,即在特征生成顺序排列中插入一个特征,如图 2-1-17 所示,这样也可使特征的生成顺序进行重新排序。这种排列的有效性仅限于在同级别的子特征之间进。

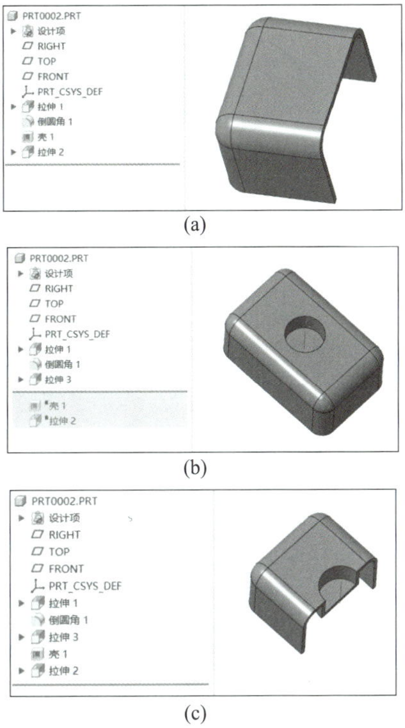

2. 质量属性分析

可以对零件模型进行质量属性参数分析,计算出模型的质量、体积、平均密度、表面积并根据坐标系确定重心、惯性矩等数据。质量属性参数分析的操作方法如下:打开分析零件。单击【分析】选项卡/【模型报告】组/【质量属性】指令,系统弹出【质量属性】对话框。根据提示,选择坐标系,在对话框中可依据实际的零件密度与精度,计算出当前零件的体积、表面积、密度、质量、重心及惯性矩等数据,并自动显示在对话框结果信息框中。

3. 连杆零件设计

根据给出条件创建连杆的零件模型。连杆零件图如图 2-1-18 所示。操作步骤如下:

(1) 进入建立实体零件工作界面

进入 Creo 软件工作界面后,设置工作目录,单击【文件】组/【新建】指令,在【新建】对话框点选"零件",在"名称"文本框中输入文件名称"liangan01",单击【确定】按钮。此时进入建立实体零件工作界面。

(2) 建立连杆拉伸特征 1

① 进入拉伸截面草绘工作界面

单击【模型】选项卡/【形状】组/【拉伸】指令,打开【拉伸】选项卡。在绘图区选择基准面TOP 或在左侧模型树中选择基准面 TOP 作为草绘平面,进入拉伸截面草绘工作界面。

② 绘制连杆草绘 1

利用草绘工具指令,完成连杆截面草绘 1 的绘制,如图 2-1-19 所示。

③ 设置拉伸特征参数

单击【拉伸】选项卡指令,并在后面的文本框中输入拉伸体厚度值"18",然后单击【确定】按钮。选择适当的显示类型,完成连杆拉伸特征 1 的建立,如图 2-1-20 所示。

(3) 建立连杆拉伸特征 2

重复上述(2)步骤,按要求尺寸和位置建立连杆拉伸特征 2,如图 2-1-21 所示。

(a)

(b)

(c)

图 2-1-17　插入特征

微视频

连杆零件设计

61

图 2-1-18 连杆零件图

图 2-1-19 绘制连杆截面草绘 1

图 2-1-20 建立连杆拉伸特征 1

图 2-1-21 建立连杆拉伸特征 2

（4）建立连杆拉伸特征 3

① 进入拉伸截面草绘工作界面

单击【模型】选项卡/【形状】组/【拉伸】指令 ，打开【拉伸】选项卡。在绘图区选择基准面 TOP 作为草绘平面，进入拉伸截面草绘工作界面。

② 绘制连杆草绘 2

利用草绘工具指令，完成连杆截面草绘 2 的绘制，如图 2-1-22 所示。

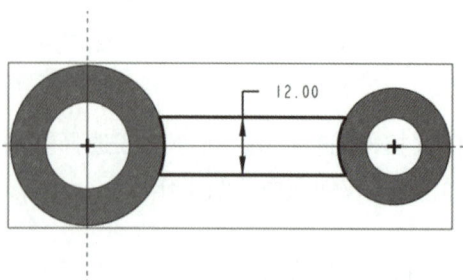

图 2-1-22 绘制连杆截面草绘 2

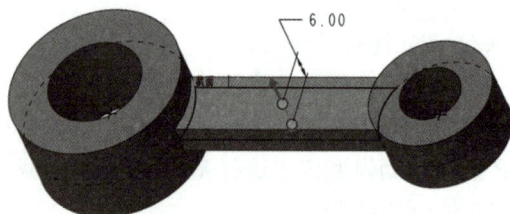

图 2-1-23 建立连杆拉伸特征 3

③ 设置拉伸特征参数

单击【拉伸】选项卡指令 ，在文本框中输入拉伸厚度值"6"，单击【确定】按钮 。选择适当的显示类型，完成连杆拉伸特征 3 的建立，如图 2-1-23 所示。

（5）保存文件

将完成好的零件保存到"liangan01. prt"。

互动练习

项目二任务1
在线测试

思考练习

1. 建立拉伸特征时,特征拉伸生长方向不一定与截面绘图面垂直。（　　）

  （A）正确　　　　　　　（B）错误

2. 参照面与绘图面的关系是（　　）。

  （A）∥　　　　　　　　　　　　　（B）⊥

  （C）相交　　　　　　　　　　　（D）无关

3. 拉伸深度类型有（　　）种方式。

  （A）2　　　　　　　　　　　　　（B）3

  （C）4　　　　　　　　　　　　　（D）5

4. 按如图 2-1-24 所示的零件图,建立实体零件。

5. 按如图 2-1-25 所示的零件图,建立实体零件。

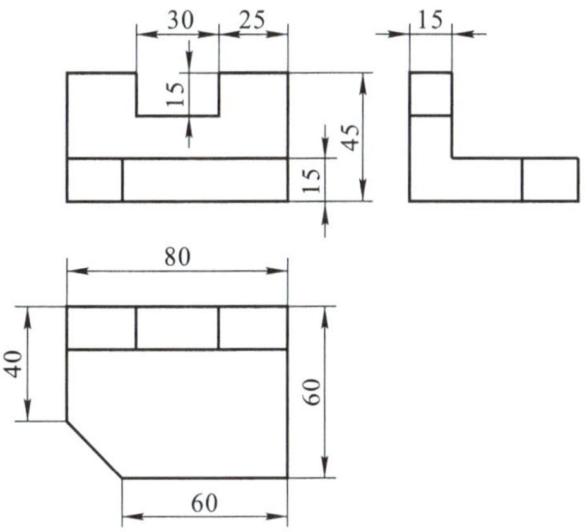

图 2-1-24　零件图

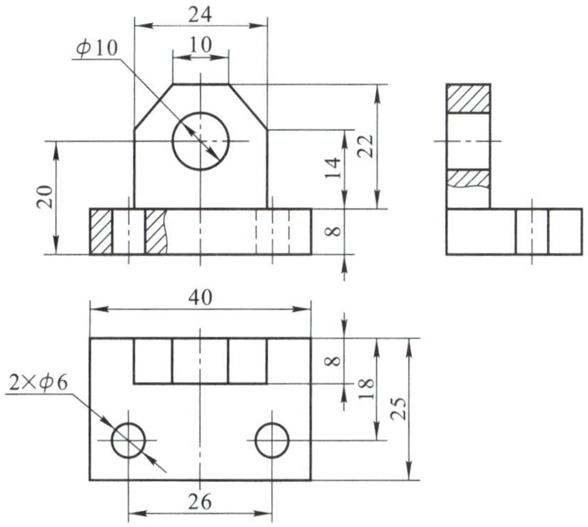

图 2-1-25　零件图

任务 2 泵盖零件设计

学习目标

通过学习泵盖零件设计,学会形状特征【拉伸】切除功能,工程特征【孔】、【倒圆角】指令,编辑特征【阵列】、【镜像】指令,基准特征【基准轴】、【基准平面】等指令建模方法。学会三维零件建模思路,掌握零件在设计过程中注意事项。

▼ 任务引入

根据给出条件建立泵盖的零件模型。零件图如图 2-2-1 所示。

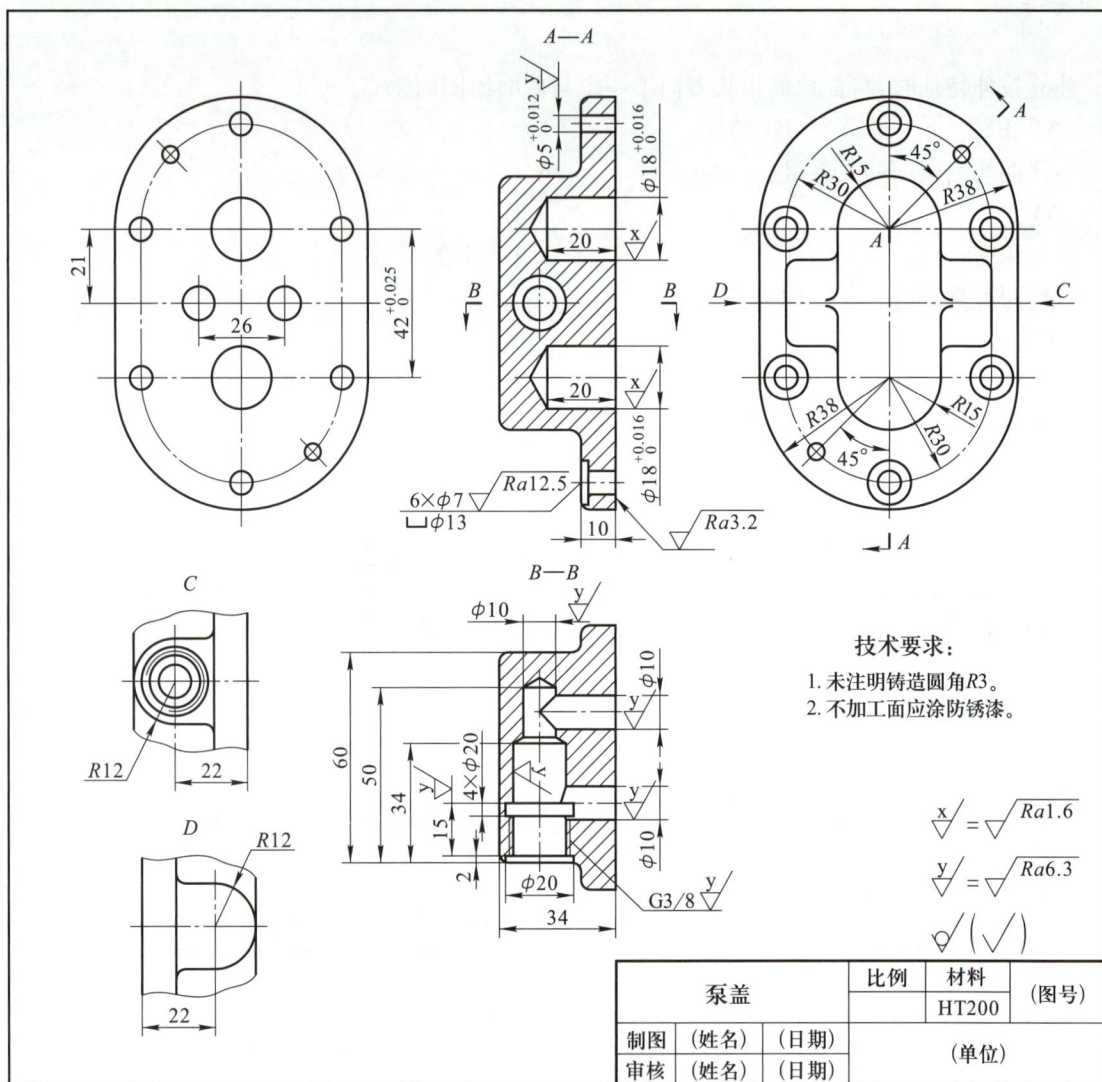

图 2-2-1　泵盖零件图

▼ 任务分析

首先利用拉伸特征建立叠加组成的泵盖基体,然后再利用拉伸切除特征、孔特征、阵列特征及镜像特征得到基体上的孔,最后利用倒角特征完成泵盖的创建。泵盖零件的建模步骤见表 2-2-1。

表 2-2-1　泵盖零件的建模步骤

1. 建立拉伸特征	2. 建立拉伸切除特征	3. 建立孔特征	4. 建立拉伸切除特征
5. 建立倒角特征	6. 建立孔特征	7. 建立孔特征镜像	8. 建立圆角特征

▼ 知识链接

1. 基准特征

基准特征是零件建模的参考特征,其主要用途是辅助 3D 特征的建立,可作为特征截面绘制的参考面、模型定位的参考面和控制点、装配用参考面等。此外基准特征(如坐标系)还可用于计算零件的质量属性、提供制造的操作路径等。

基准特征包括:基准平面、基准轴、基准点、基准曲线以及坐标系等。

(1) 基准平面

基准平面是一个无限大的面,并有两个方向面,是零件建模过程中使用最频繁的基准特征,它既可用作草绘平面和参考平面,也可用作特征的放置平面。另外,基准平面也可作为尺寸标注和零件装配基准等。

在特征建立过程中,可以使用【模型】选项卡/【基准】组/【平面】指令▱,系统将弹出的【基准平面】选项卡。可根据建模需要,单击工作区内存在的平面、曲面、边、点、坐标、轴以及顶点等作为参考,建立基准平面。建立基准平面方法如下:

①建立过 3 点的基准平面;②建立过 1 点与一条边线的基准平面;③建立过两条边线(两条边不共线)或轴的基准平面;④建立过两点并与一个平面垂直的基准平面;⑤建立过一点并与一个平面平行的基准平面;⑥建立与一个平面偏移一个距离的基准平面;⑦建立过一线(或轴)与一个平面成夹角的基准平面;⑧建立过曲面上一点与曲面相切的基准平面。

(2) 基准轴

同基准面一样,基准轴被用于建立特征的参考,它经常用于制作基准面、同心放置的参考、建立旋转特征、阵列特征等。基准轴与中心轴的不同之处在于基准轴是独立的特征,它能被重定义、压缩或删除。对于利用拉伸特征建立的圆角形特征,系统自动在其中心产生中心轴,对于具有"圆弧界面"造型和特征,若要在其弧心的位置自动产生基准轴,应在配置文件中进行如下设置(单击【文件】选项卡/【选项】指令,在【Creo Parametric 选项】对话框中单击左侧【配置编辑器】选项);将"show-axes-for-extr-arcs"选项的值设置为"YES"。

在特征建立过程中,可以使用【模型】选项卡/【基准】组/【轴】指令⟋,系统将弹出的【基准

轴】选项卡。可根据建模需要,单击工作区内存在的平面、边、点、坐标以及顶点等作为参考,建立基准轴。建立基准轴方法如下:

①建立过一边的基准轴;②建立过两点的基准轴;③建立两个非平行的面交线的基准轴;④建立过一点和曲线切点的基准轴;⑤建立一个旋转曲面中心轴的基准轴;⑥建立与一个面垂直的基准轴。

2. 镜像

在 Creo Prametric 8.0 软件中,镜像分为图元镜像和特征镜像两种,分别是使草绘截面中的图元或建模中的特征通过镜像,生成对称的图元或特征的建模指令。是简化草绘、减少建模步骤的常用方法。在草绘工作界面中选择要镜像的图元,单击【草绘】选项卡/【编辑】组/【镜像】指令,可完成截面或线段的镜像。注意:在镜像之前应先绘制一条中心线,以作为镜像线。选择要镜像的特征,单击【模型】选项卡/【编辑】组/【镜像】指令,可完成特征的镜像。注意:在镜像之前应先建立一个基准面,以作为镜像面。

3. 孔特征

在 Creo Parametric 8.0 软件中,除使用前面学习的拉伸切除功能建立孔外,还可以使用【模型】选项卡/【形状】组/【孔】指令。在使用【孔】指令建立孔特征时,只需指定孔的放置平面,并给定孔的定位尺寸及孔的深度即可。孔分直孔、草绘孔和标准孔。【孔】选项卡如图 2-2-2 所示。

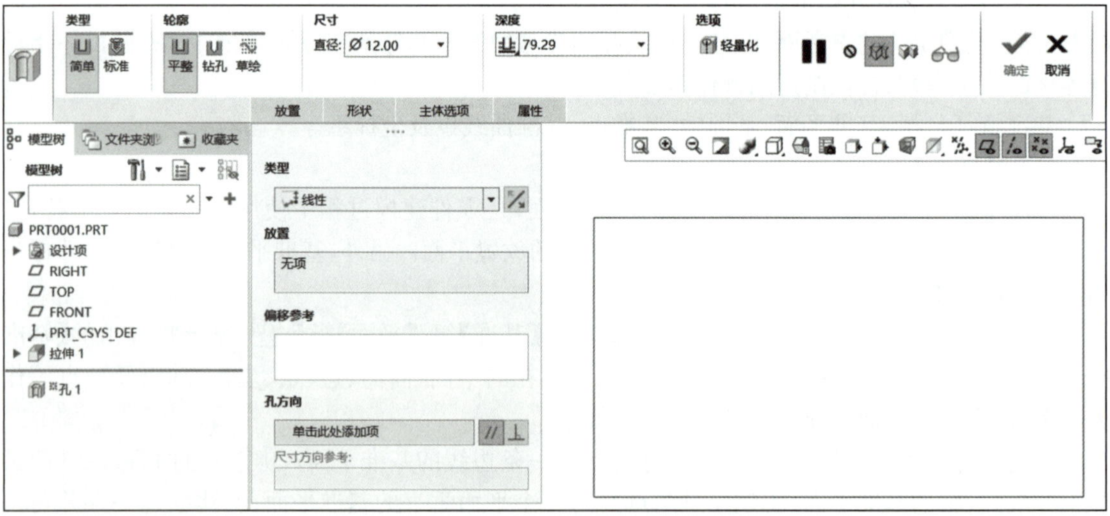

图 2-2-2 【孔】选项卡

【孔】选项卡各图标的含义见表 2-2-2。

表 2-2-2 【孔】选项卡各图标的含义

图标	含义	图标	含义
	建立简单孔		使用标准孔轮廓作为钻孔轮廓
	建立标准螺纹孔、沉头或沉孔螺纹孔		使用草绘定义钻孔轮廓,绘制的截面至少要有一条边与旋转中心线垂直
放置	显示放置简单孔操作的选项卡,进行放置孔特征操作	形状	显示孔的形状及其尺寸,并可以对孔的生成方式进行设定,其尺寸也可实时修改

4. 倒圆角特征

倒圆角特征在零件设计中必不可少，通过在模型的棱边处建立平滑过渡特征，可以让产品的连接部分变得平滑、自然，满足产品的工艺要求。

单击【模型】选项卡/【工程】组/【倒圆角】指令 ，弹出【倒圆角】选项卡，如图 2-2-3 所示。

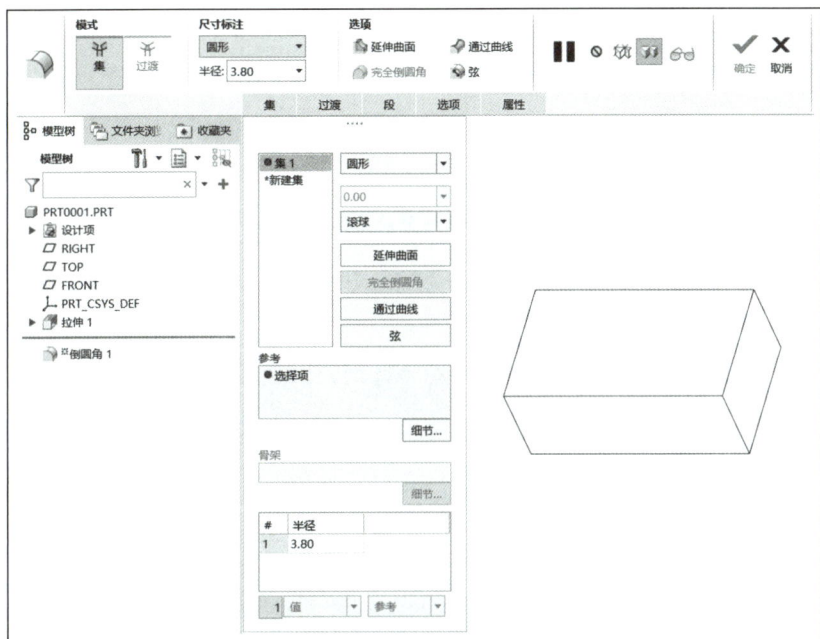

图 2-2-3 【倒圆角】选项卡

在模型上选取模型边线（可选取一条或同时选取多条），在【倒圆角】选项卡输入栏中输入圆角半径大小，即可建立恒定半径的倒圆角。

当建立倒圆角特征的边线不只一条，而且这些边线又相交于某处时，可以单击倒圆角特征选项卡上的【过渡】指令 ，进入过渡模式来调整多个倒圆角交界处的形状。

▼ **任务实施**

1. 进入建立实体零件工作界面

进入 Creo 软件后，使用绝对公制模板创建名为"benggai01"文件。

2. 建立泵盖拉伸特征1——进入拉伸截面草绘工作界面

使用【拉伸】指令，在绘图区选择基准面 TOP 或在左侧模型树中选择基准面 TOP 作为草绘平面，进入拉伸截面草绘工作界面。

3. 建立泵盖拉伸特征1——绘制草绘1

利用草绘指令，完成泵盖截面草绘1的绘制，如图 2-2-4 所示。

4. 建立泵盖拉伸特征1——设置拉伸特征参数

单击【拉伸】选项卡指令 ，并在后面的文本框中输入拉伸体厚度值"10"，然后单击【确定】按钮 。选择适当的显示类型，完成泵盖拉伸特征1的建立，如图 2-2-5 所示。

微视频

泵盖零件
任务实施

67

图 2-2-4　绘制泵盖截面草绘 1

图 2-2-5　建立泵盖拉伸特征 1

5. 建立泵盖拉伸特征 2——绘制草绘 2

使用【拉伸】指令,选择泵盖拉伸特征 1 上表面作为草绘平面,系统进入拉伸截面草绘工作界面。利用草绘指令,完成泵盖截面草绘 2 的绘制,如图 2-2-6 所示。

图 2-2-6　绘制泵盖截面草绘 2

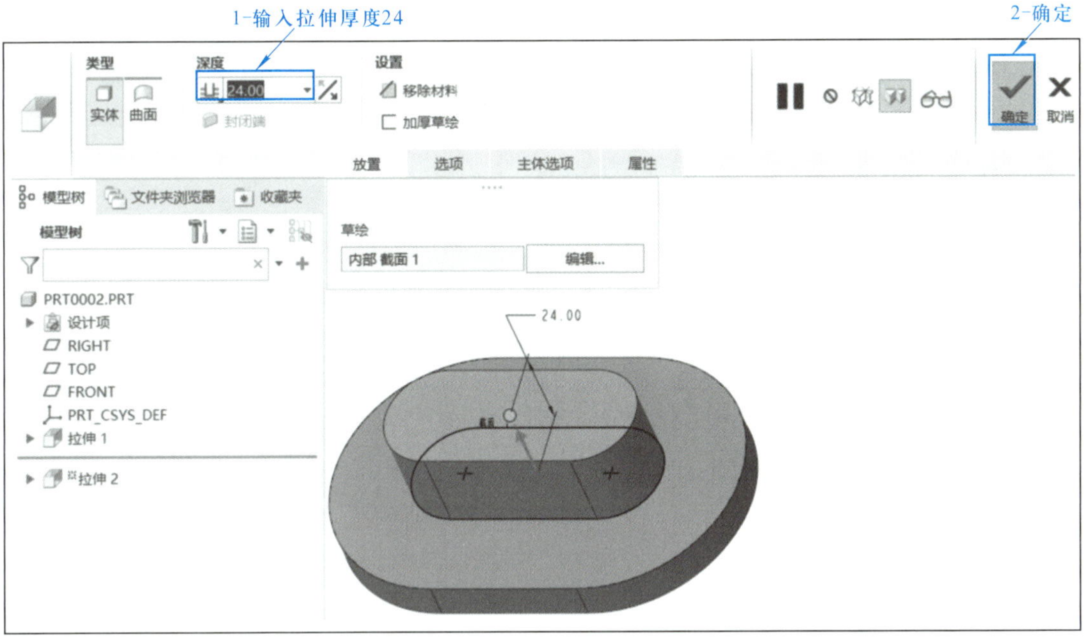

1-输入拉伸厚度24　　　　　　　　　　　　　　　　　2-确定

图 2-2-7　建立泵盖拉伸特征 2

6. 建立泵盖拉伸特征 2——设置拉伸特征参数

单击【拉伸】选项卡指令，在后面文本框中输入拉伸体厚度值"24"，单击【确定】按钮，选择适当的显示类型，完成泵盖拉伸特征 2 的建立，如图 2-2-7 所示。

7. 建立泵盖拉伸特征 3——绘制草绘 3

（1）使用【拉伸】指令，选择基准面 FRONT 作为草绘平面，进入草绘工作界面。

（2）利用草绘指令，完成泵盖截面草绘 3 的绘制，如图 2-2-8 所示。

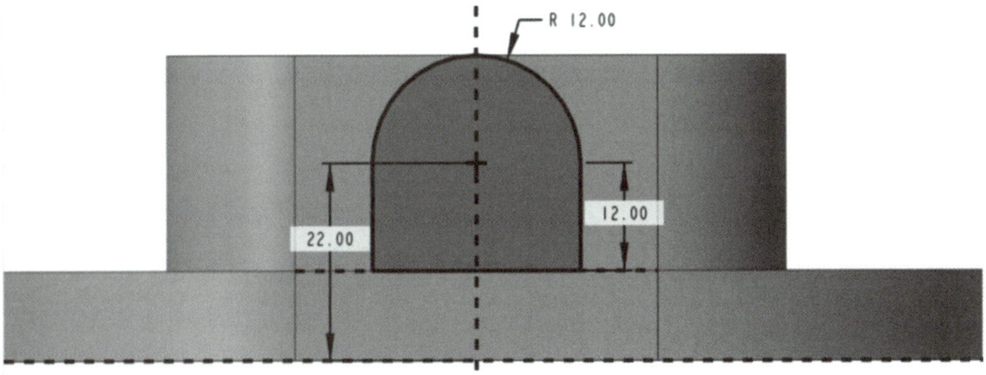

图 2-2-8　绘制泵盖截面草绘 3

8. 建立泵盖拉伸特征 3——设置拉伸特征参数

单击【拉伸】选项卡指令，在后面的文本框中输入拉伸厚度值"60"，单击【确定】按钮，选择适当的显示类型，完成泵盖拉伸特征 3 的建立，如图 2-2-9 所示。

图 2-2-9　建立泵盖拉伸特征 3

9. 建立泵盖拉伸切除特征 1——进入拉伸截面草绘工作界面

使用【拉伸】指令,选择基准面 TOP 做为草绘平面,进入草绘工作界面。

10. 建立泵盖拉伸切除特征 1——绘制草绘 4

利用草绘指令,完成垫片草绘 4 的绘制,如图 2-2-10 所示。

11. 建立泵盖拉伸切除特征 1——设置拉伸切除特征参数

单击拉伸特征选项卡指令，单击【移除材料】指令，然后单击【拉伸】选项卡【确定】按钮，完泵盖拉伸切除特征 1 的建立。

12. 建立泵盖拉伸切除特征 2——进入拉伸截面草绘工作界面

使用【拉伸】指令,选择拉伸特征 1 上表面作为草绘平面,进入草绘工作界面。

13. 建立泵盖拉伸切除特征 2——绘制草绘 5

利用草绘指令,依次绘制 6 个等圆并修改尺寸。单击草绘图视工具【确定】按钮，退出草绘工作界面,完成泵盖草绘 5 的绘制,如图 2-2-11 所示。

图 2-2-10　绘制泵盖截面草绘 4

图 2-2-11　绘制泵盖截面草绘 5

14. 建立泵盖拉伸切除特征 2——设置拉伸切除特征参数

单击拉伸特征选项卡指令，在后面的文本框中输入拉伸厚度值"2"，单击【移除材料】指令，单击【确定】按钮，完成泵盖拉伸切除特征 2 的建立，如图 2-2-12 所示。

图 2-2-12　建立泵盖拉伸切除特征 2

15. 建立泵盖孔特征 1——建立基准轴"A_15"

单击【模型】选项卡/【基准】组/【轴】指令，系统弹出的【基准轴】对话框，点选模型上的圆柱曲面，再单击【基准轴】对话框的【确定】按钮，完成泵盖基准轴"A_15"的建立，如图 2-2-13 所示。

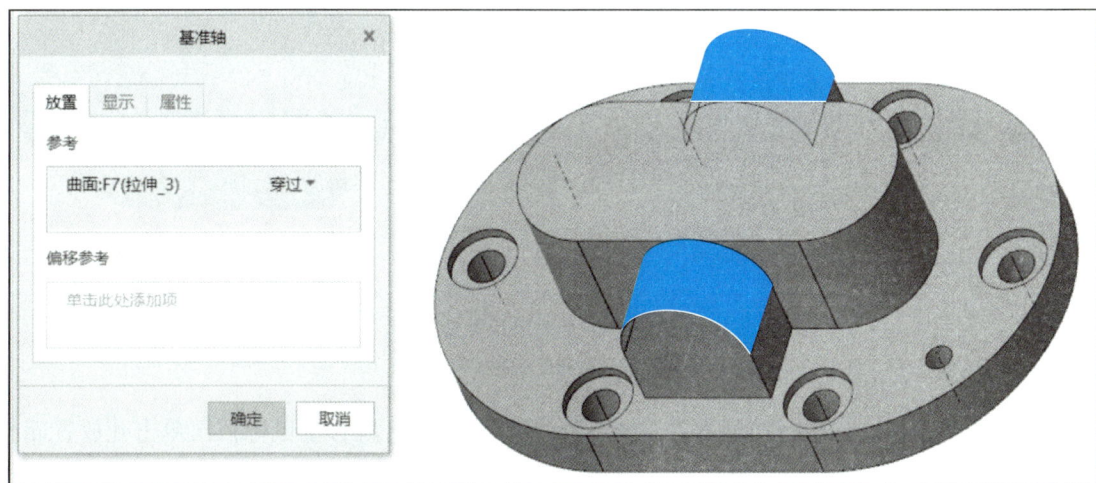

图 2-2-13　建立泵盖基准轴"A_15"

16. 建立泵盖孔特征1——孔特征定位

单击【模型】选项卡/【工程】组/【孔】指令，弹出【孔】选项卡。按住 Ctrl 键移动鼠标依次单击孔放置面与基准轴"A_15"，孔特征定位完成，如图 2-2-14 所示。

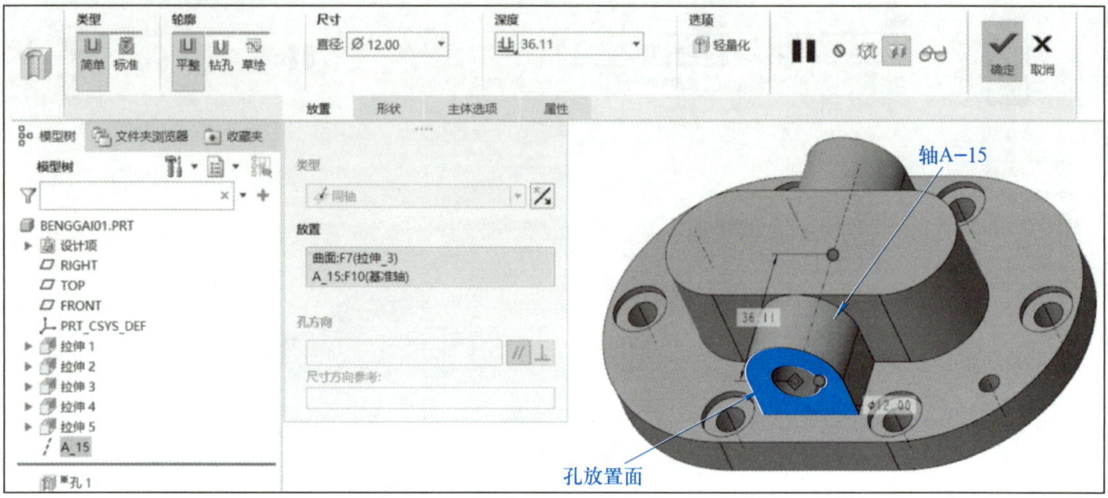

图 2-2-14　完成泵盖孔特征1定位

17. 建立泵盖孔特征1——设置孔特征参数

依次单击【孔】选项卡指令、轮廓、和形状，并在弹出的对话框中输入孔参数，然后单击孔特征选项卡中【确定】按钮，完成泵盖孔特征1的建立，如图 2-2-15 所示。

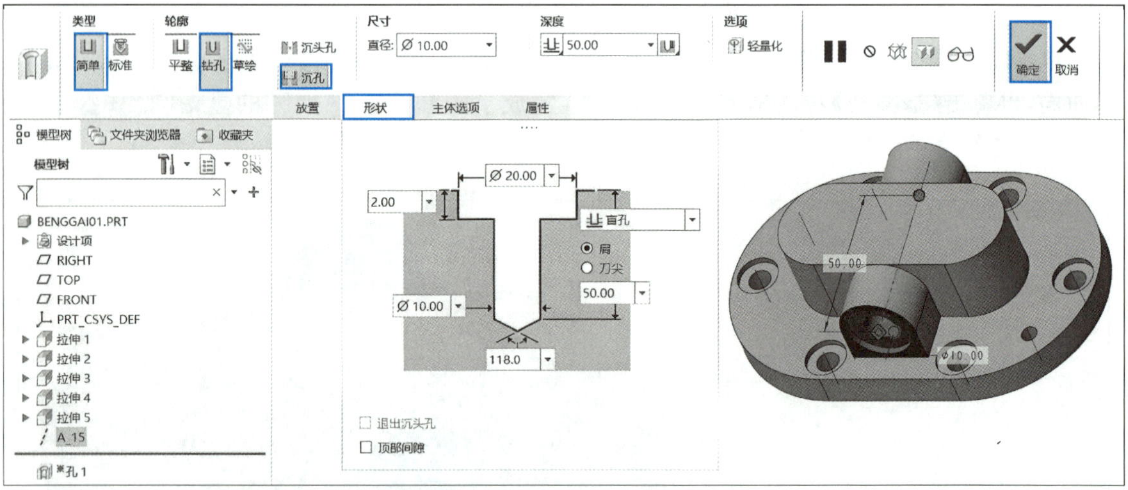

图 2-2-15　建立泵盖孔特征1

18. 建立泵盖孔特征2

单击【模型】选项卡/【工程】组/【孔】指令，然后按住 Ctrl 键移动鼠标依次单击孔放置面与基准轴 A_15 进行孔定位，再用鼠标单击【孔】选项卡指令形状，在弹出的对话框中输入孔参数，然后单击【孔】选项卡中【确定】按钮，完成泵盖孔特征2的建立，如图 2-2-16 所示。

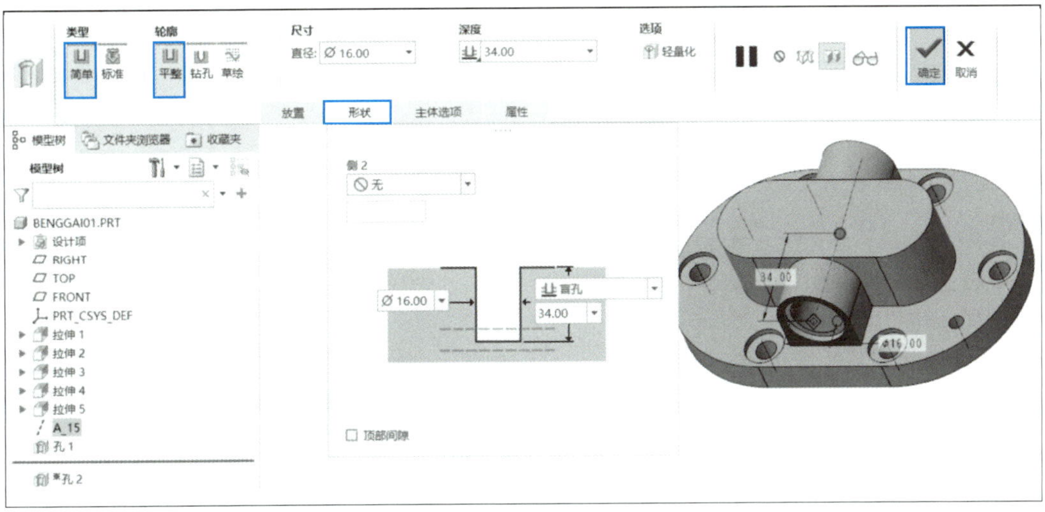

图 2-2-16　建立泵盖孔特征 2

19. 建立泵盖拉伸切除特征 3——建立基准面"DTM1"

单击【模型】选项卡/【基准】组/【平面】指令，在系统弹出的【基准平面】对话框中点入基准面 FRONT 并输入偏移距离值"13"，单击【确定】按钮，完成基准面"DTM1"的建立，如图 2-2-17 所示。

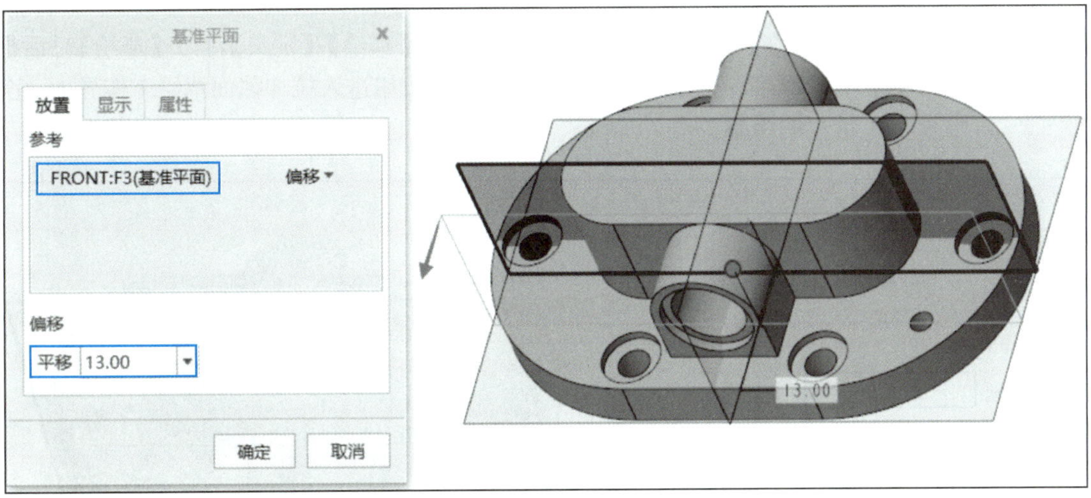

图 2-2-17　建立泵盖基准面"DTM1"

20. 建立泵盖拉伸切除特征 3——绘制草绘 6、设置拉伸特征参数

（1）使用【拉伸】指令，再用鼠标选择基准面 DTM1 作为草绘平面，进入草绘工作界面，并完成草绘 6（与孔同心圆、直径为 20 的圆）的绘制。

（2）移动鼠标单击【拉伸】选项卡指令，并在后面的文本框中输入拉伸体厚度值"4"，按下设置下的【移除材料】指令，然后单击拉伸特征选项卡【确定】指令，选择适当的显示类型，完成泵盖拉伸切除特征 3 的建立，如图 2-2-18 所示。

73

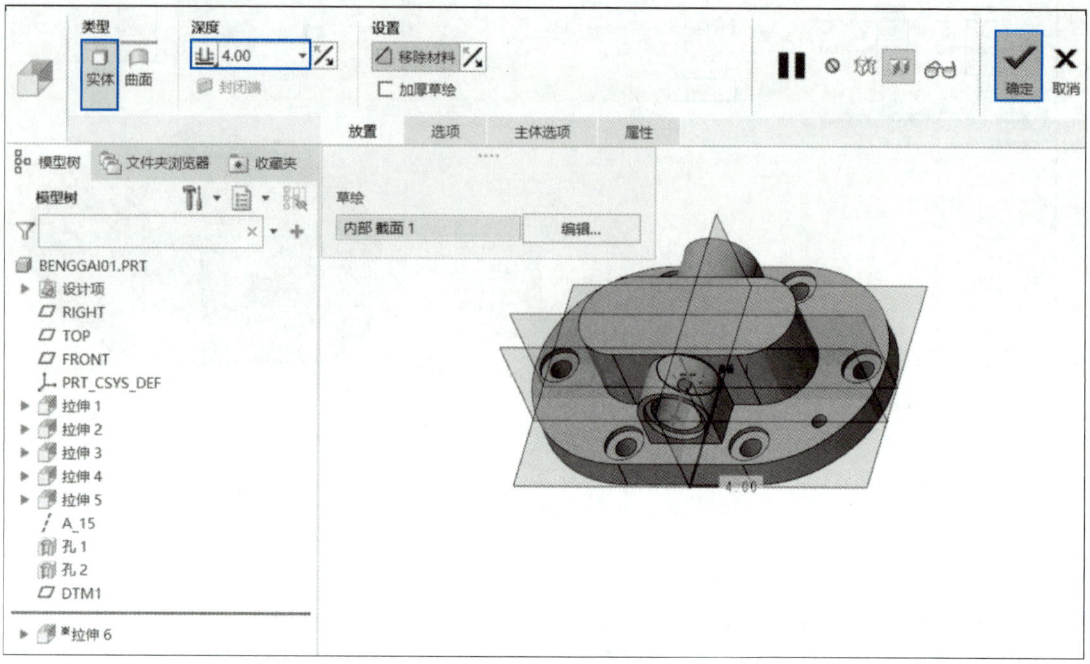

图 2-2-18　建立泵盖拉伸切除特征 3

21. 建立泵盖拉伸切除特征 4——绘制草绘 7、设置拉伸切除特征参数

（1）使用【拉伸】指令,在【拉伸】选项卡中单击【放置】/【草绘】/【定义】,打开【草绘】对话框,选择 TOP 作为草绘平面,草绘视图方向反向,点击【草绘】按钮进入拉伸截面草绘工作界面,完成如图 2-2-19 所示草绘 7 的绘制。

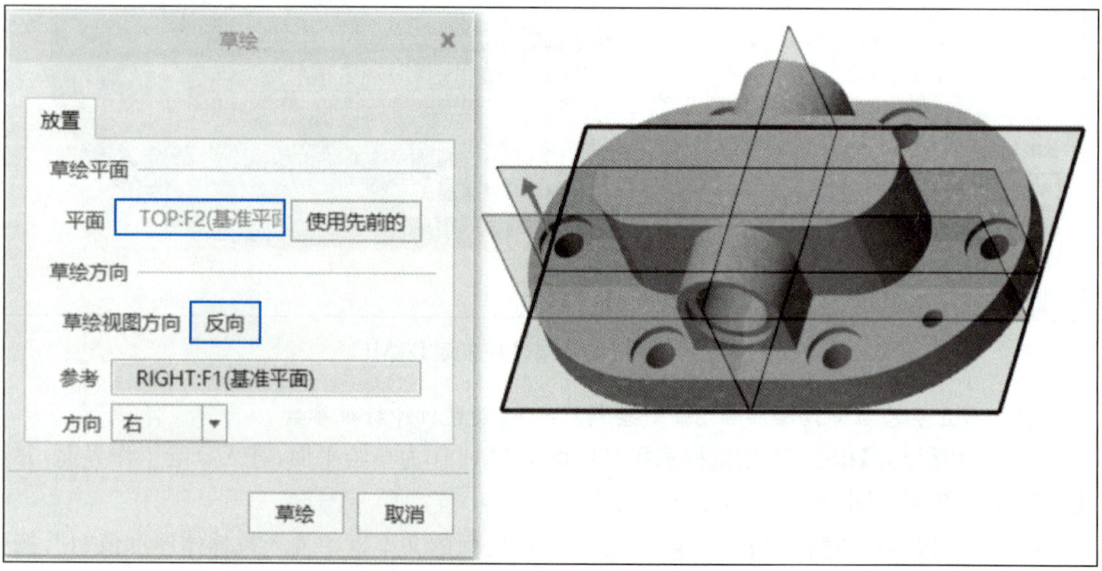

(a)

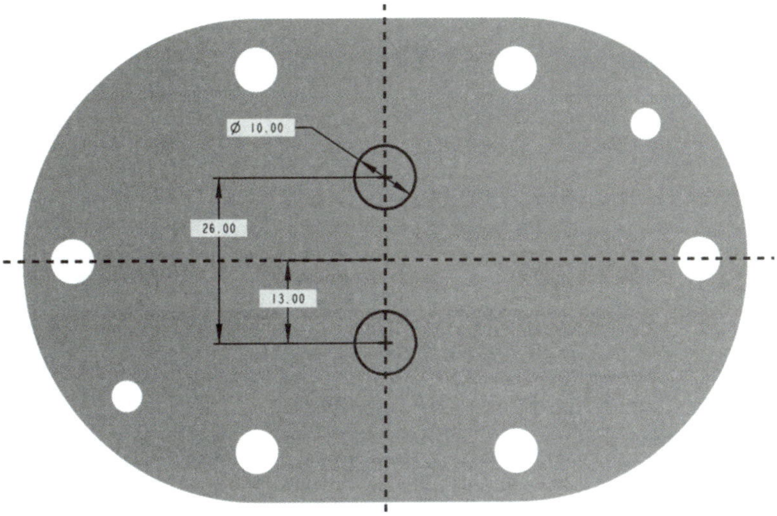

图 2-2-19 绘制泵盖草绘 7

移动鼠标单击黄色方向箭头切换拉伸方向指向泵盖内部,点击【拉伸】特征选项卡指令，并在后面的文本框中输入拉伸体厚度值"22",按下设置下的【移除材料】指令，然后单击【拉伸】选项卡【确定】按钮，选择适当的显示类型,完成泵盖拉伸切除特征 4 的建立,如图 2-2-20 所示。

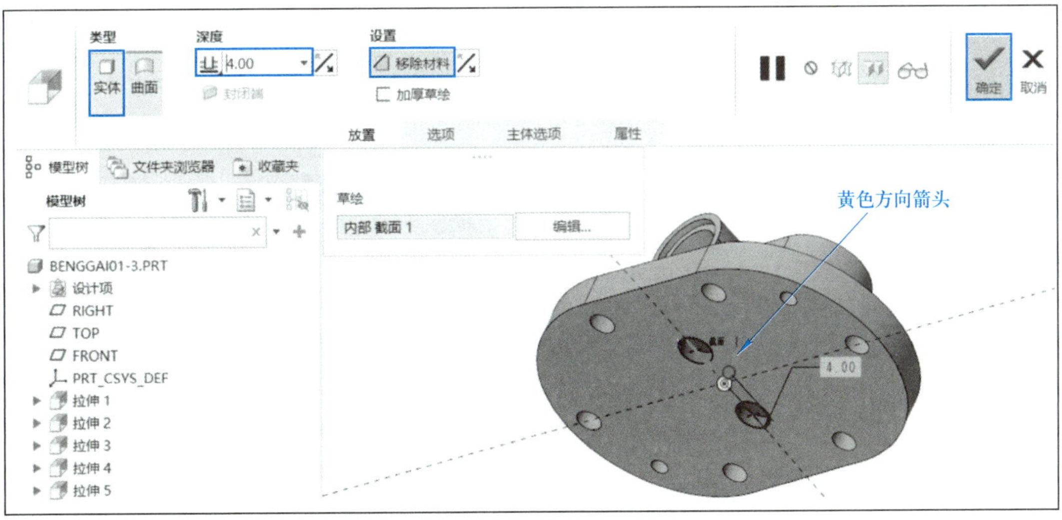

图 2-2-20 建立泵盖拉伸切除特征 4

22. 建立泵盖倒角特征

单击【模型】选项卡/【工程】组/【倒角】指令，弹出【边倒角】选项卡,在该选项卡中尺寸标注下选取"D×D"、并输入倒角参数"3",点选要倒角的边,然后单击倒角特征选项卡中【确定】按钮，完成泵盖倒角特征的建立,如图 2-2-21 所示。

图 2-2-21　建立泵盖倒角特征

23. 建立泵盖孔特征 3——建立基准轴"A_21"

单击【模型】选项卡/【基准】组/【轴】指令,在系统弹出的【基准轴】对话框中选中圆柱曲面,单击【确定】按钮,完成基准轴"A_21"的建立,如图 2-2-22 所示。

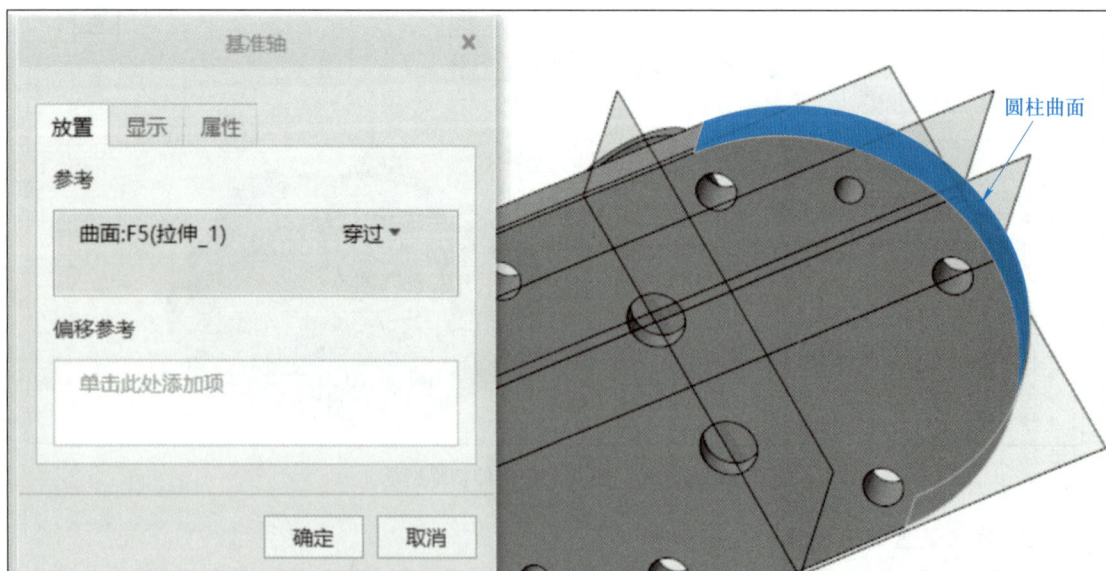

图 2-2-22　建立泵盖基准轴"A_21"

24. 建立泵盖孔特征 3——孔定位、设置孔特征参数

单击【模型】选项卡/【工程】组/【孔】指令，然后按住 Ctrl 键移动鼠标依次单击孔放置面与基准轴"A_21"进行孔定位，再用鼠标单击【孔】选项卡指令，在弹出的对话框中输入孔参数，然后单击【孔】选项卡中【确定】按钮，完成泵盖孔特征 3 的建立，如图 2-2-23 所示。

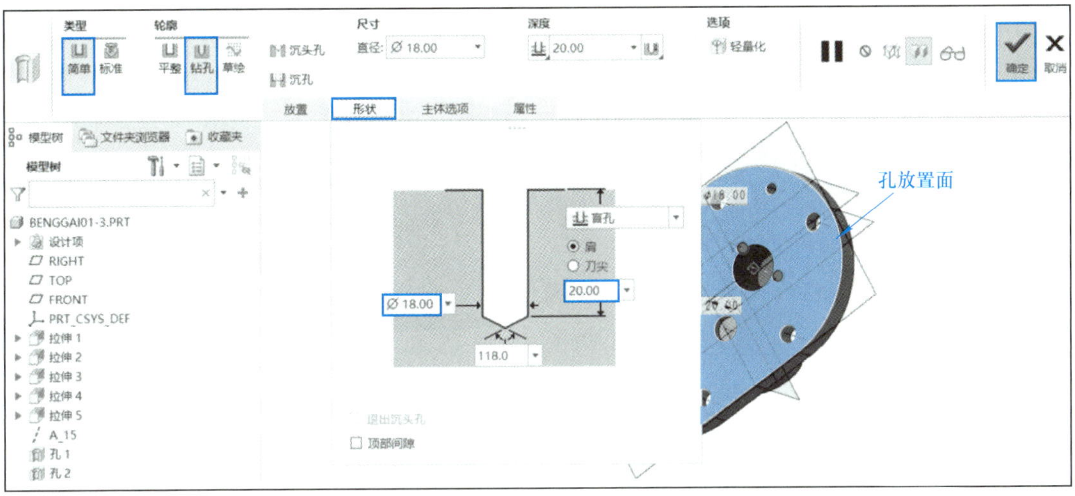

图 2-2-23 建立泵盖孔特征 3 参数

25. 建立泵盖孔特征 3 的镜像特征

点选导航视窗模型树内的 孔 3，单击【模型】选项卡/【编辑】组/【镜像】指令，系统将在信息区弹出建立【镜向】选项卡，移动鼠标点选基准面 RIGHT 为镜向平面，然后单击【镜向】选项卡【确定】按钮，完成泵盖孔特征 3 的镜像，如图 2-2-24 所示。

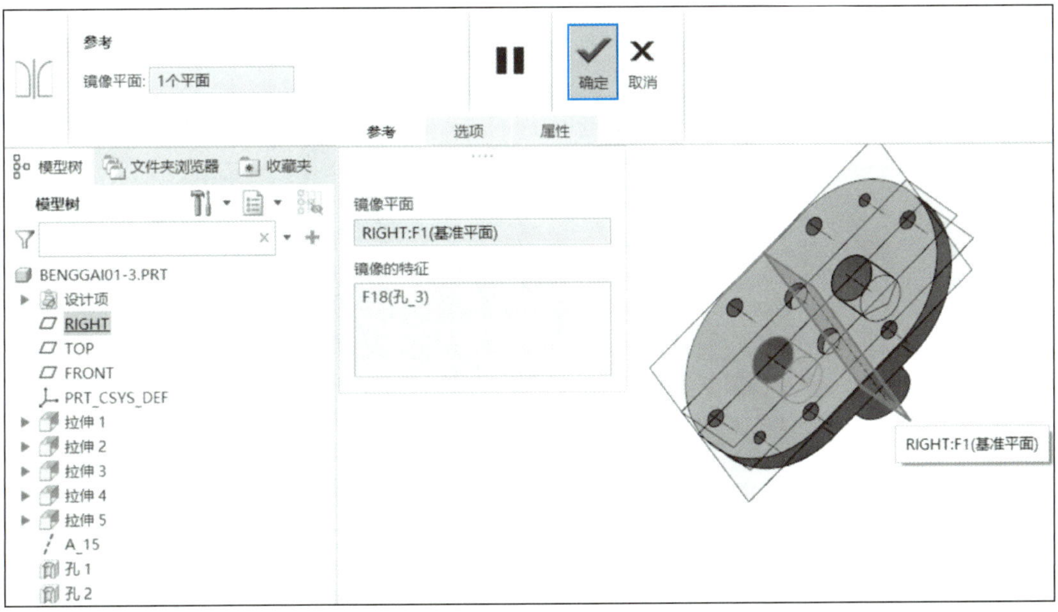

图 2-2-24 建立泵盖镜像特征

26. 建立泵盖倒圆角特征

单击【模型】选项卡/【工程】组/【倒圆角】指令,弹出【倒圆角】选项卡,用鼠标选取泵盖实体边线,在【尺寸标注】组"半径"文本框中输入圆角半径值"3",完成倒圆角特征 1 的建立,如图 2-2-25 所示。

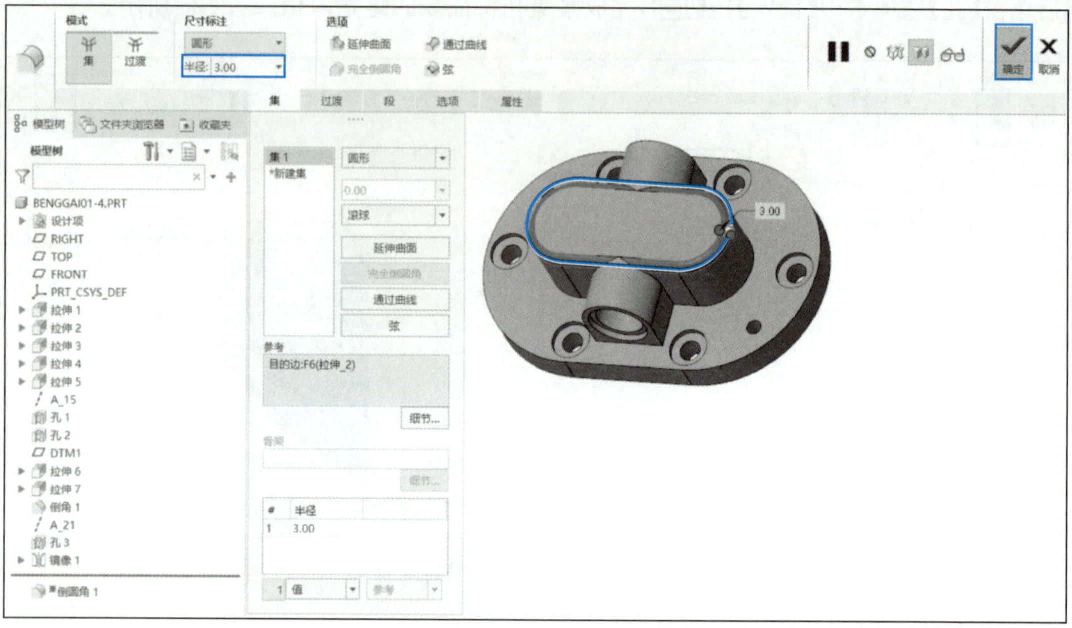

图 2-2-25　建立泵盖倒圆角特征 1

用相同的方法,移动鼠标(按住 Ctrl)依次点选泵盖实体边线,并在其文本框中输入圆角半径值"3",完成倒圆角特征 2 的建立,图 2-2-26 所示。

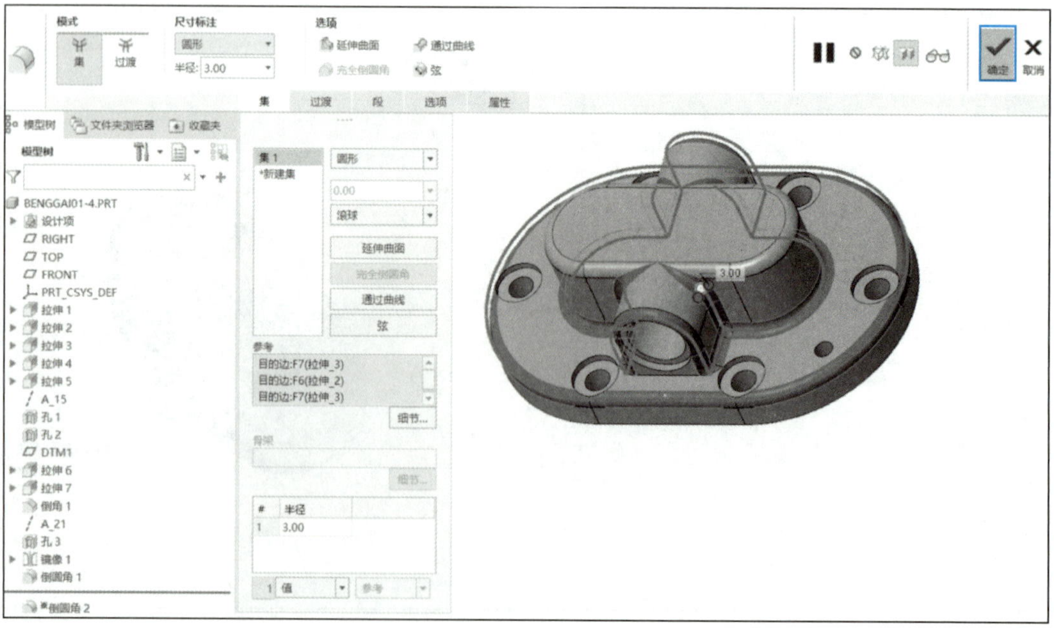

图 2-2-26　建立泵盖倒圆角特征 2

27. 保存文件

完成泵盖零件实体建模结果如图 2-2-27 所示,保存零件。

图 2-2-27　泵盖实体零件

操作技巧

(1) 草绘参照:要使草绘截面的参照完整,必须至少选取一个水平参照和一个垂直参照,否则系统会自动弹出【参照】对话框,要求选取足够的草绘参照。

(2) 倒圆角特征出错处理:在对有三条以上的相交边建立【圆角】特征时,可能怎么也建立不了,或者当半径超过一定值时就会出错,可以分别对它们进行倒圆角。

(3) 使用过滤器选择:选取对象是应用 Creo Parametric 8.0 软件最基本的操作。必须选取设计项目(基准或几何)才可在模型上工作。如果特征复杂,或选择的对象不易捕捉时,则可使用过滤器选择方式选择对象。

拓展训练

在 Creo Parametric 8.0 软件中,除可以建立恒定半径的倒圆角特征外,还可以按零件建模需要,建立可变半径的倒圆角特征、完全倒圆角特征和由曲线驱动的倒圆角特征。

1. 可变半径的倒圆角特征

在模型上选取一条边,在【倒圆角】选项卡的"集"中的半径列表的空白处单击鼠标右键,从弹出的快捷菜单中选择【添加半径】选项,可添加一个半径并在边线上添加一个点。重复操作,可以在边线上添加多个点。然后分别设置各个点位置与半径大小,即可建立可变半径的倒圆角特征,如图 2-2-28 所示。

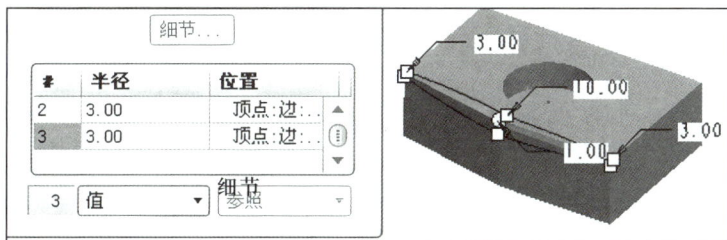

图 2-2-28　可变半径圆角特征

2. 完全倒圆角特征

当同时选取模型上的两条边或两个曲面作为参照时,在【倒圆角】选项卡的"集"中单击【完全倒圆角】指令,再单击两个参照之间的曲面,系统将移除两个参照之间的曲面,并用圆曲面代替它,从而得到完全倒圆角特征,如图 2-2-29 所示。

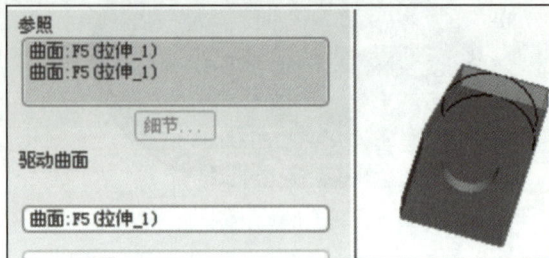

图 2-2-29　完成倒圆角特征

3. 由曲线驱动的倒圆角特征

在模型上选取一条边,然后在【倒圆角】选项卡的"集"中单击【通过曲线】指令,并在模型面上选取一条事先绘制的曲线,系统将根据所选曲线确定倒圆角的大小,由此得到由曲线驱动的倒圆角特征,如图 2-2-30 所示。

图 2-2-30　曲线驱动的倒圆角特征

互动练习

项目二任务2
在线测试

思考练习

1. 使用同轴类型放置孔时,有(　　)个偏移参照。

 (A) 0　　　　　　　　(B) 1　　　　　　　　(C) 2　　　　　　　　(D) 3

2. 使用(　　)工具可以建立沉头孔。

 (A) 　　　(B) 　　　(C) 　　　(D)

3. 倒圆角的类型不包括(　　)

 (A) 圆形　　　　　(B) 双曲线　　　　　(C) 圆锥　　　　　(D) D1 X D2 圆锥

4. 按如图 2-2-31 所示的零件图,建立实体零件。

5. 按如图 2-2-32 所示的零件图,建立实体零件。

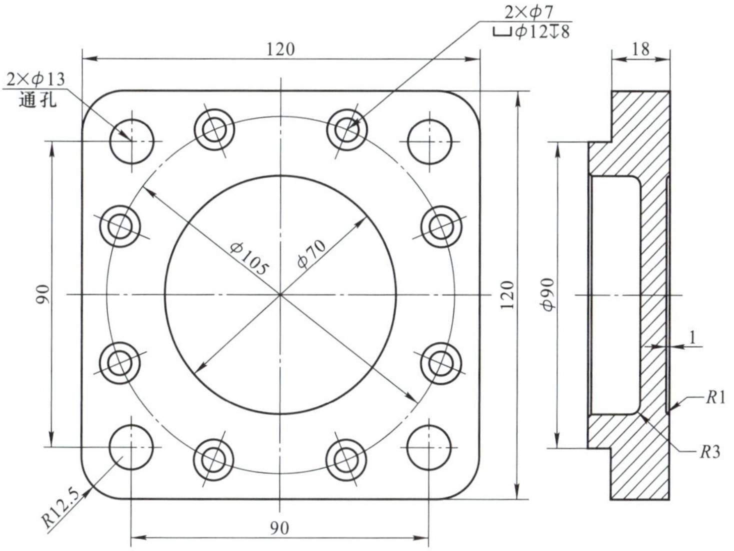

图 2-2-31　零件图

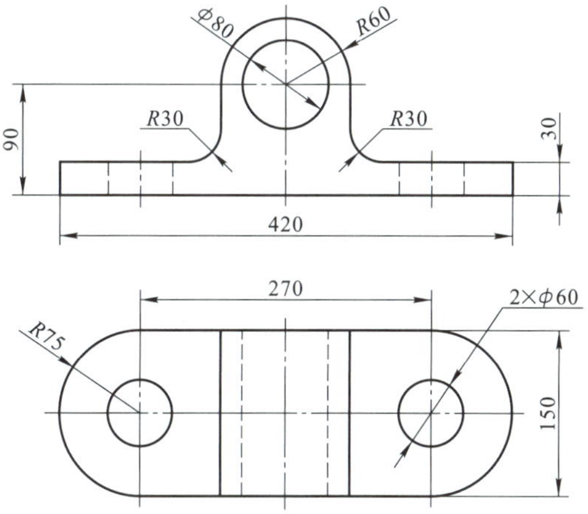

图 2-2-32　零件图

任务 ③ 泵体零件设计

▼ 学习目标

通过学习泵体零件设计,学会【拉伸】【孔】【阵列】【镜像】【筋】【倒圆角】【修饰螺纹】【基准轴】【基准平面】等指令建模方法。掌握三维零件建模思路,在建模时,巧用基准面与基准轴,减少建模步骤。

▼ 任务引入

按如图 2-3-1 所示的泵体零件图,建立泵体的零件模型。

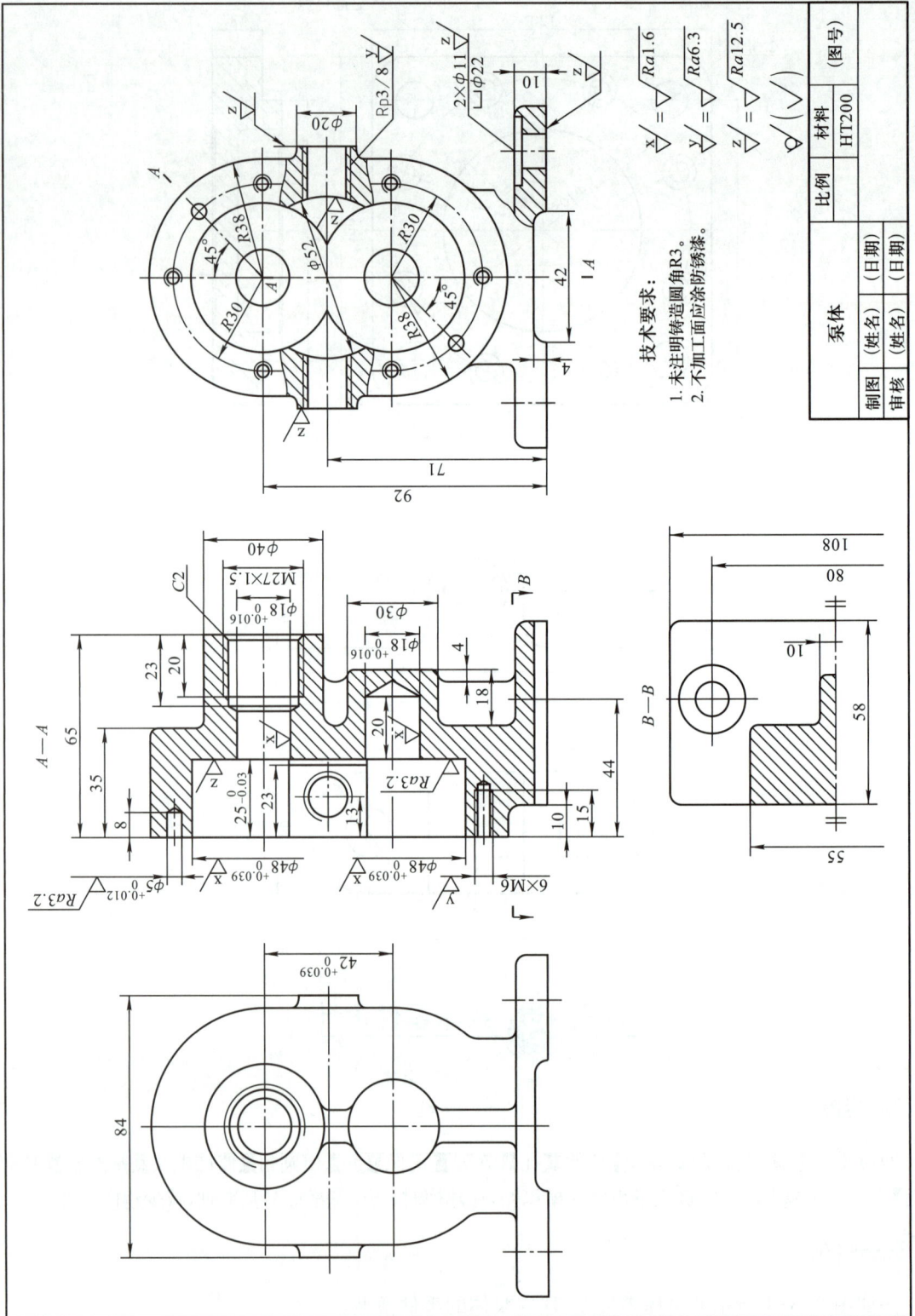

图 2-3-1 泵体零件图

技术要求:
1. 未注明铸造圆角R3。
2. 不加工面应涂防锈漆。

任务分析

首先利用拉伸特征建立叠加组成的泵体基体,然后再利用拉伸切除特征、孔特征、阵列特征及镜像特征得到基体上的孔,最后利用筋板特征、修饰螺纹特征、倒圆角特征完成泵体的创建。在建模时,巧用基准面与基准轴,可以减少建模步骤。

泵体零件的建模步骤见表 2-3-1。

表 2-3-1　泵体的建模步骤

1. 建立拉伸特征	2. 建立拉伸切除特征	3. 建立背面柱拉伸特征	4. 建立两个孔特征
5. 建立修饰螺纹	6. 建立侧面拉伸和孔	7. 建立镜像特征	8. 建立阵列孔
9. 建立底座拉伸	10. 建立筋板	11. 建立沉头孔及镜像	12. 建立圆角

知识链接

1. 轮廓筋特征

轮廓筋特征是在两个或两个以上的相邻平面间添加加强筋,该特征是一种特殊的增料特征。在 Creo Parametric 8.0 软件中,使用【轮廓筋】指令,在选定的草绘平面,绘制开环的轮廓线,建立轮廓筋特征。

在建立轮廓筋特征时,按相邻平面的类型不同,生成的筋分为:直筋和旋转筋两种形式。当相邻的两个面均为平面时,生成的筋称为直筋,此时,筋与相邻表面的接触面是一个平面;若相邻的两个面中有至少一个为弧面或圆柱面时,绘制筋轮廓的草绘平面必须通过圆柱面或弧面的中心轴,生成的筋为旋转筋,此时,筋与相邻表面的接触面为圆锥曲面。

2. 修饰螺纹特征

在实际产品设计过程中,为了尽量少的占用系统内存、节省资源,同时,能够生成符合 GB 或 ANSI 相关制图标准的工程图,通常,零件上的螺纹采用修饰螺纹来建立。在软件中使用【模型】选项卡/【工程】组/【修饰螺纹】指令来建立。

3. 特征阵列

特征阵列是将一定数量的几何元素或特征按照一定的方式进行规制有序的排列,通过建立一个父特征,根据所选取的阵列方式,按照一定设计意图生成与父特征相同或相似的子阵列特征。

在 Creo Parametric 8.0 软件中,单击【编辑/阵列】指令,系统会弹出建立【阵列】选项卡,如图 2-3-2 所示。阵列类型见表 2-3-2。

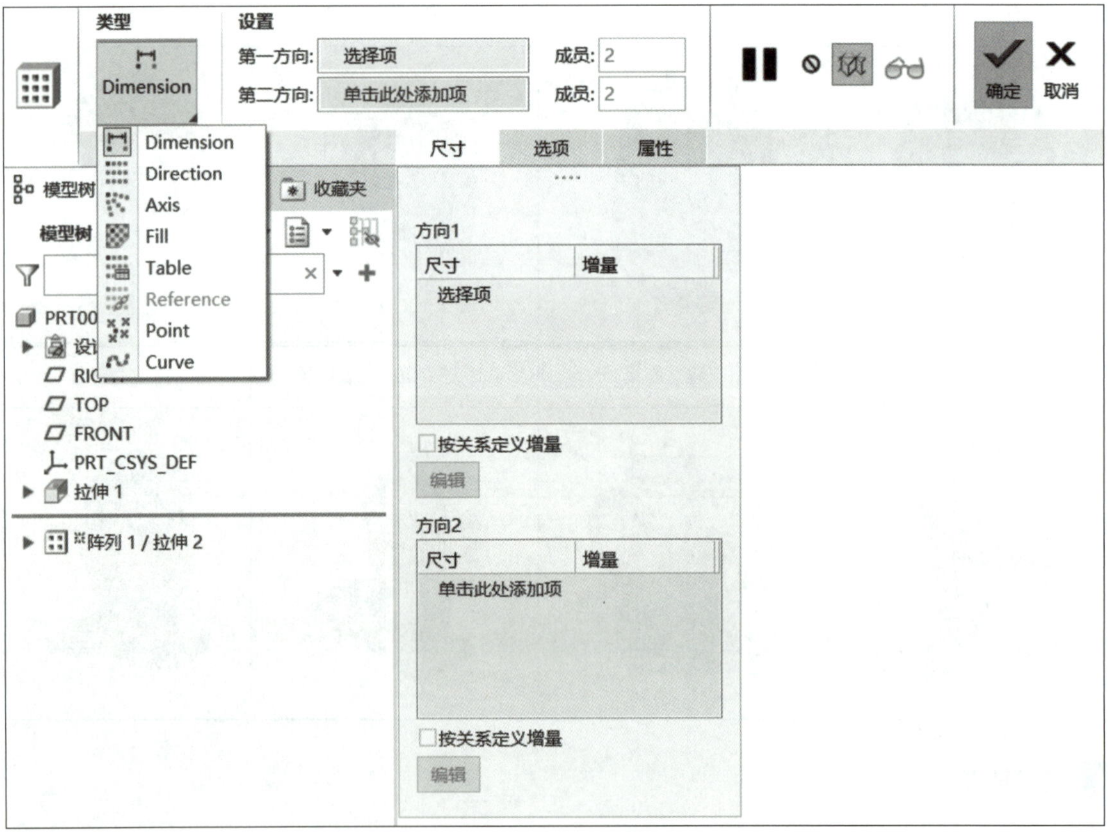

图 2-3-2　【阵列】选项卡

表 2-3-2 阵列类型

图标	名称	含义
⊞	"尺寸"(Dimension)	通过使用驱动尺寸并指定阵列的增量变化来控制阵列。尺寸阵列可以为单向或双向
⋮⋮⋮	"方向"(Direction)	通过指定方向并使用拖动控制滑块设置阵列增长的方向和增量来建立自由形式阵列。方向阵列可以为单向或双向
⋰	"轴"(Axis)	通过使用拖动控制滑块设置阵列的角增量和径向增量来建立自由形式径向阵列。也可将阵列拖动成为螺旋形
▨	"填充"(Fill)	通过根据选定栅格用实例填充区域来控制阵列
⊞	"表"(Table)	通过使用阵列表并为每一阵列实例指定尺寸值来控制阵列
⊡	"参考"(Reference)	通过参考另一阵列来控制阵列
⌁	"曲线"(Curve)	通过指定沿着曲线的阵列成员间的距离或阵列成员的数目来控制阵列
⁂	"点"(Point)	将阵列成员放置在几何草绘点、几何草绘坐标系或基准点上

【阵列】指令只能对单个特征进行阵列,要想对多个特征进行阵列,须将多个特征编为一个组。通常线性阵列可以按线性尺寸、方向等方式进行有序的排列得到;圆周阵列可以按角度尺寸、轴等方式进行有序的排列得到。

▼ 任务实施

微视频

泵体零件
任务实施

1. 进入建立实体零件工作界面

进入 Creo 软件后,使用绝对公制模板创建名为"bengti01"文件。

2. 建立泵体拉伸特征1

(1)进入拉伸截面草绘工作界面

使用【拉伸】指令,在绘图区选择基准面 TOP 或在左侧模型树中选择基准面 TOP 作为草绘平面,进入拉伸截面草绘工作界面。

(2)绘制草绘1

利用草绘指令,完成泵体截面草绘1的绘制,如图 2-3-3 所示。

(3)设置拉伸特征参数

单击【拉伸】选项卡中 指令,在文本框中输入拉伸体厚度值"35",单击【拉伸】选项卡中【确定】按钮 ,选择适当的显示类型,完成泵体拉伸特征1的建立,如图 2-3-4 所示。

3. 建立泵体拉伸切除特征1

(1)绘制草绘2

使用【拉伸】指令,在绘图区选择泵体拉伸特征1前表面作为草绘平面,进入拉伸截面草绘工作界面。利用草绘指令,完成泵体截面草绘2的绘制,如图 2-3-5 所示。

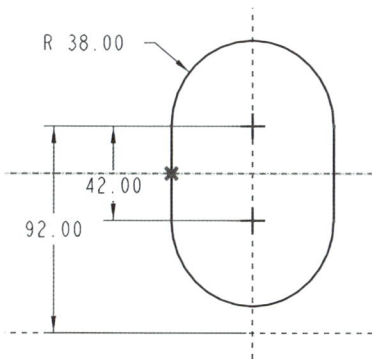

图 2-3-3 绘制泵体截面草绘1

图 2-3-4　建立泵体拉伸特征 1

图 2-3-5　绘制泵体截面草绘

（2）设置拉伸切除特征生成参数

点击黄色方向箭头切换拉伸方向指向泵体内部，单击【拉伸】选项卡/⊞按钮，并在后面的文本框中输入拉伸体厚度值"25"，单击【移除材料】指令，然后单击【拉伸】选项卡【确定】按钮☑，选择适当的显示类型，完成泵体拉伸切除特征 1 的建立，如图 2-3-6 所示。

图 2-3-6　建立泵体拉伸切除特征 1

4. 建立泵体拉伸切除特征 2

同步骤 3 方法，绘制泵体截面草绘 3，如图 2-3-7 所示。在【拉伸】选项卡输入拉伸切除深度值"23"，建立泵体拉伸切除特征 2，如图 2-3-8 所示。

图 2-3-7　绘制泵体截面草绘 3　　　　图 2-3-8　建立泵体拉伸切除特征 2

5. 建立泵体拉伸特征 2 和拉伸特征 3

（1）同步骤 2 方法，绘制泵体截面草绘 4，如图 2-3-9 所示。在【拉伸】选项卡输入拉伸厚深度值"30"，建立泵体拉伸特征 2，如图 2-3-10 所示。

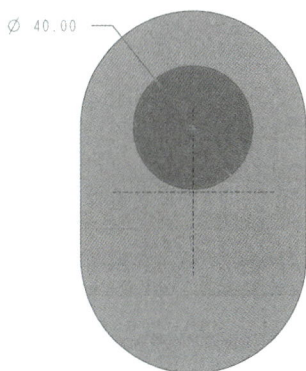

图 2-3-9　绘制泵体截面草绘 4　　　　图 2-3-10　建立泵体拉伸特征 2

（2）绘制泵体截面草绘 5，如图 2-3-11 所示。在【拉伸】选项卡输入拉伸厚深度值"18"，建立泵体拉伸特征 3，如图 2-3-12 所示。

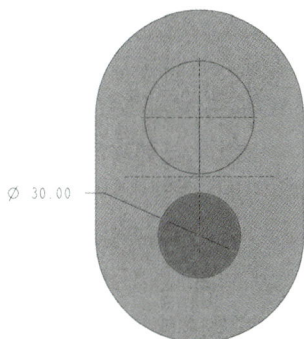

图 2-3-11　绘制泵体截面草绘 5　　　　图 2-3-12　建立泵体拉伸特征 3

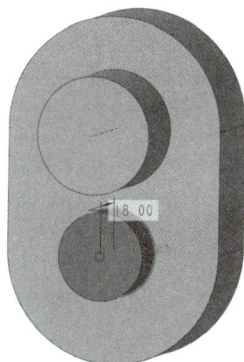

6. 建立泵体孔特征 1

单击【模型】选项卡/【工程】组/【孔】指令 ，弹出【孔】选项卡。依次单击【孔】选项卡指令 、轮廓 ，按住 Ctrl 键移动鼠标同时选取孔放置面与泵体拉伸特征 3 基准轴进行孔定位。单击 指令，并在弹出的对话框中输入孔参数（直径 18，深度 20），然后单击【确定】按钮 ，完成泵体孔特征 1 的建立，如图 2-3-13 所示。

7. 建立泵体孔特征 2

单击【模型】选项卡/【工程】组/【孔】指令 ，弹出【孔】选项卡。依次单击【孔】选项卡图标指令 、轮廓 ，按住 Ctrl 键移动鼠标同时选取孔放置面与泵体拉伸特征 2 基准轴进行孔定位。单击 指令，在弹出的对话框中输入孔参数，然后单击【孔】选项卡中【确定】按钮 ，完成泵体孔特征 2 的建立，如图 2-3-14 所示。

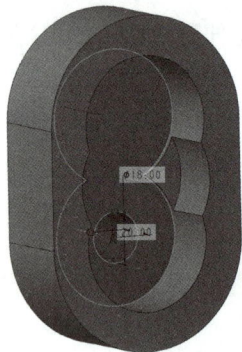

图 2-3-13 建立泵体孔特征 1　　　　图 2-3-14 建立泵体孔特征 2

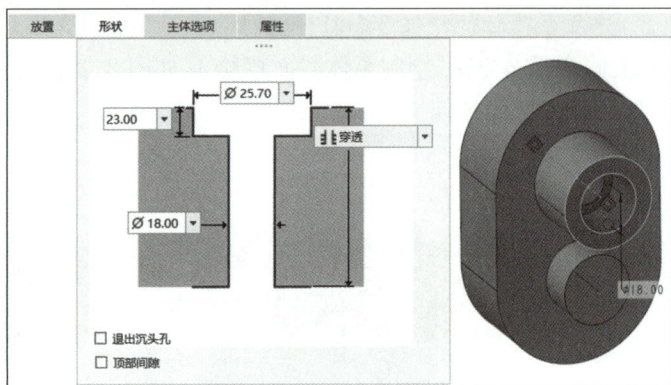

8. 建立泵体修饰螺纹特征

单击【模型】选项卡/【工程】组/【修饰螺纹】指令 ，弹出【修饰螺纹】选项卡。选中类型为"标准螺纹"，螺纹尺寸为"M27x1.5"，深度为"20"。按信息提示，移动鼠标在工作区内泵体孔特征 2 上选择建立修饰螺纹的圆柱面、螺纹起始面，确定螺纹方向后，建立泵体修饰螺纹特征，如图 2-3-15 所示。

9. 建立泵体拉伸特征 4

（1）建立基准面"DTM1"

单击【模型】选项卡/【基准】组/【平面】指令 ，系统弹出的【基准平面】对话框，选中基准面 RIGHT 并输入偏移距离值"42"，单击【确定】按钮，完成基准面"DTM1"的建立，如图 2-3-16 所示。

（2）建立泵体拉伸特征 4

同步骤 2 方法，绘制泵体截面草绘 6，如图 2-3-17 所示。单击【拉伸】选项卡/【深度】组/ 指令（拉伸到指定面），并点选泵体拉伸特征 1 侧面，建立泵体拉伸特征 4，如图 2-3-18 所示。

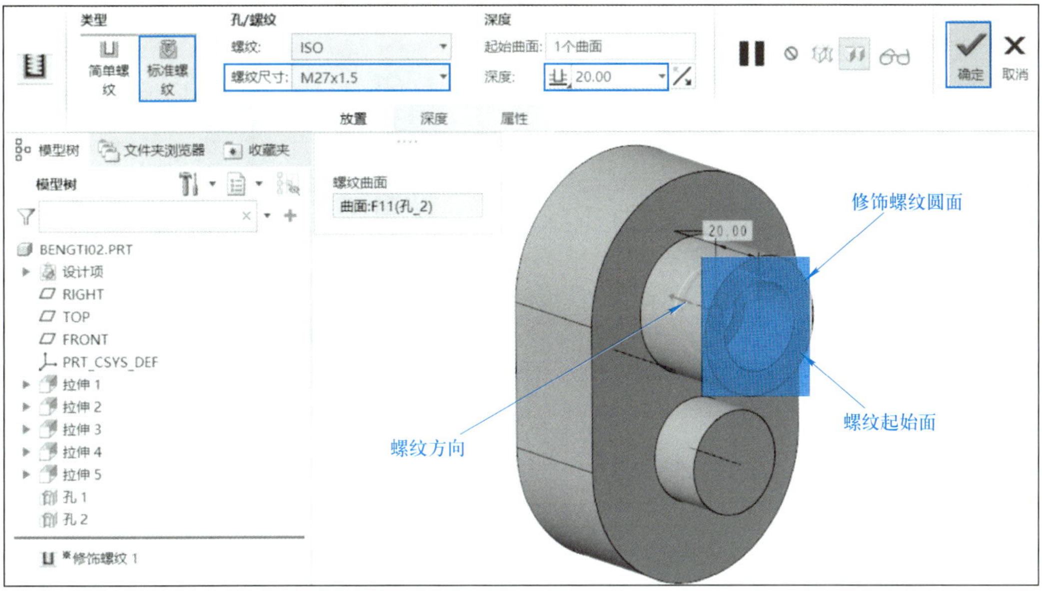

图 2-3-15　建立泵体修饰螺纹特征

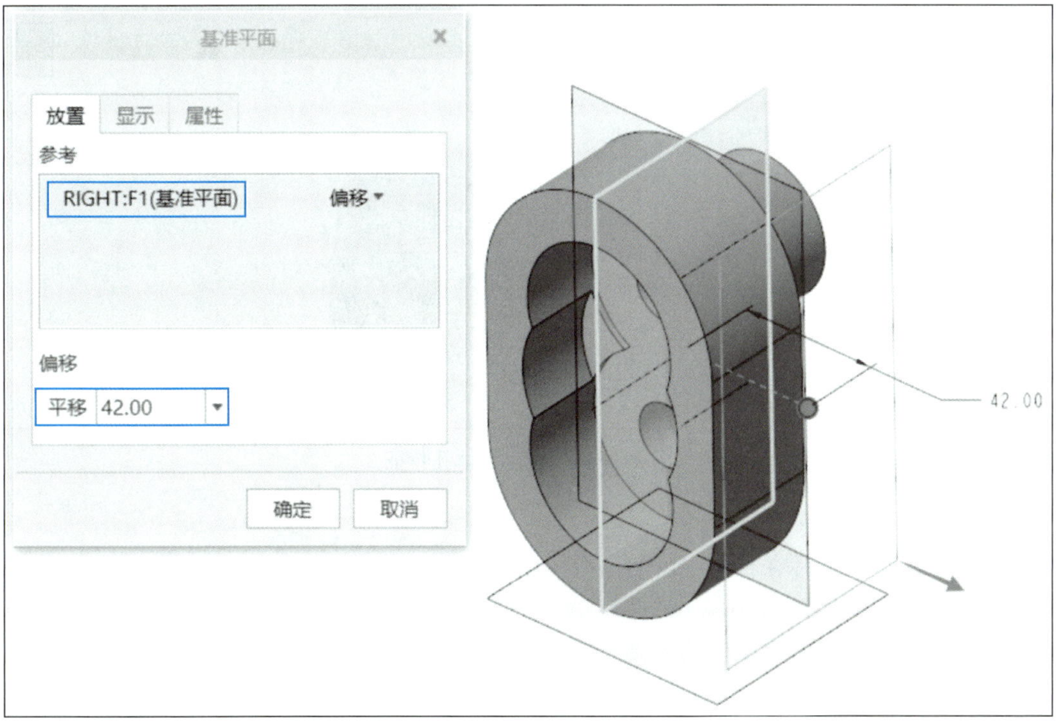

图 2-3-16　建立泵体基准面"DTM1"

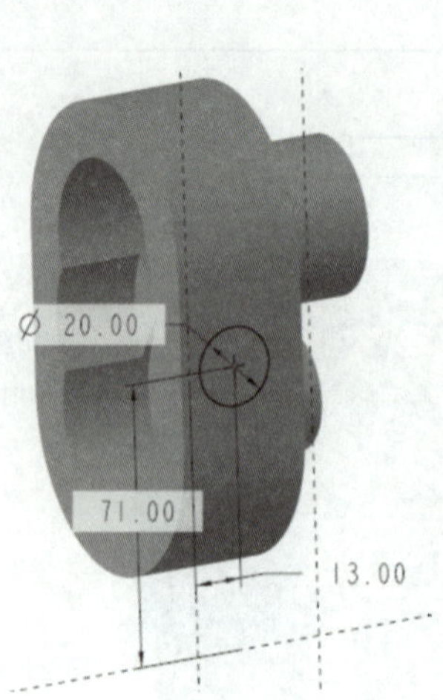

图 2-3-17　绘制泵体截面草绘 6 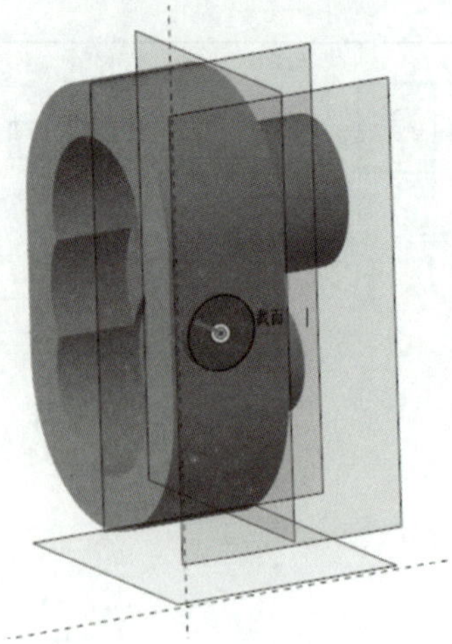　　　　图 2-3-18　建立泵体拉伸特征 4

10. 建立泵体孔特征 3

(1) 单击【模型】选项卡/【工程】组/【孔】指令■，打开【孔】选项卡。

(2) 按住 Ctrl 键依次单击孔放置面与泵体拉伸特征 4 基准轴进行孔定位。

(3) 单击孔特征选项卡指令■、■，尺寸选择"UNC""3/8-16"，在弹出的对话框中输入孔参数，然后单击【孔】选项卡中【确定】按钮■，完成泵体孔特征 3 的建立，如图 2-3-19 所示。

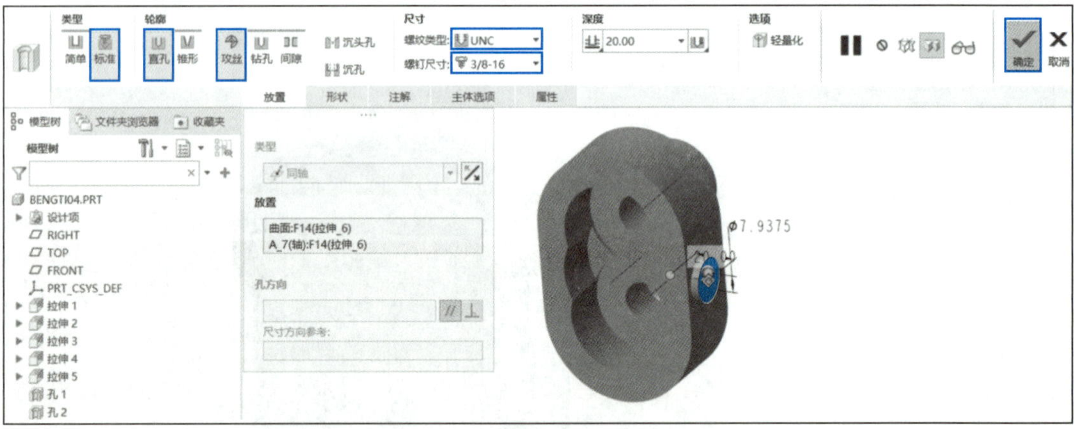

图 2-3-19　建立泵体孔特征 3

11. 建立镜像特征 1

按住 Ctrl 键，用鼠标在导航视窗的模型树中点选要镜像的拉伸特征 4 和孔特征 3，单击【镜像】指令■，再移动鼠标在工作区中选择基准面 RIGHT 作为镜像面，然后单击选项卡中【确定】按钮■，完成特征镜像特征 1 的建立，如图 2-3-20 所示。

12. 建立泵体孔特征 4

(1) 建立基准轴"A_11"

单击【模型】选项卡/【基准】组/【轴】指令■，在系统弹出的【基准轴】对话框"参考"中点入泵

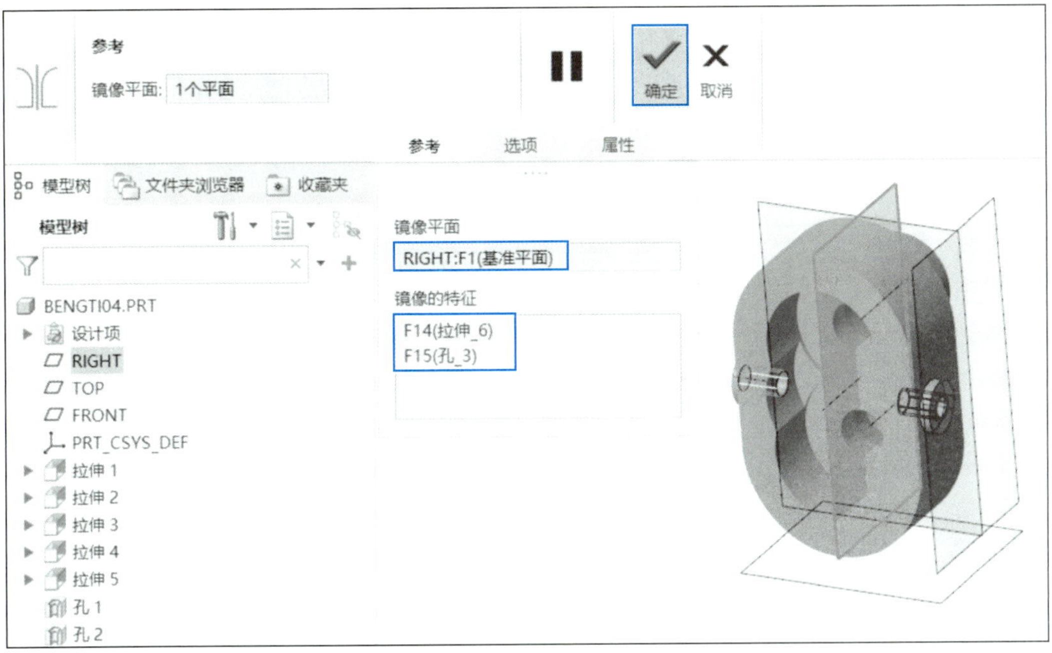

图 2-3-20　建立泵体镜像特征 1

体拉伸特征 1 前端面、在"偏移参考"中按住 Ctrl 键点入基准面 RIGHT 和基准面 FRONT,并修改尺寸,单击【确定】按钮,完成泵体基准轴"A_11"的建立,如图 2-3-21 所示。

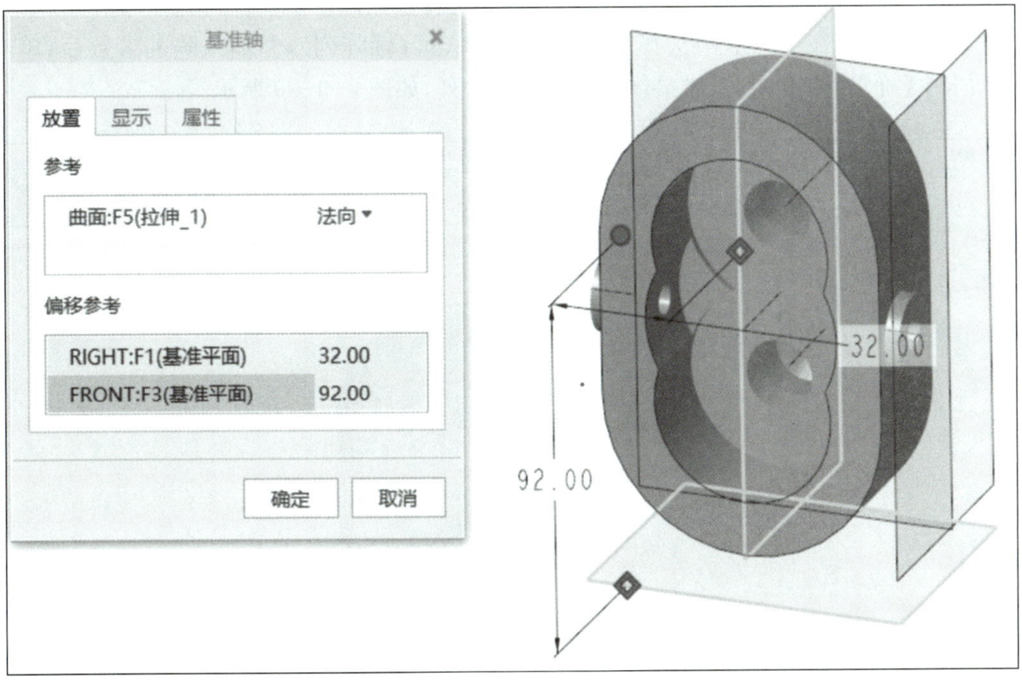

图 2-3-21　建立泵体基准轴"A_11"

（2）建立泵体孔特征 4

单击【模型】选项卡/【工程】组/【孔】指令，打开【孔】选项卡。按住 Ctrl 键移动鼠标依次单击孔放置面与泵体基准轴"A_11"进行孔定位，单击【孔】选项卡指令，选择"ISO""M6×1"，在弹出的对话框中输入孔参数，然后单击【孔】选项卡中【确定】按钮，完成泵体孔特征 4 的建立，如图 2-3-22 所示。

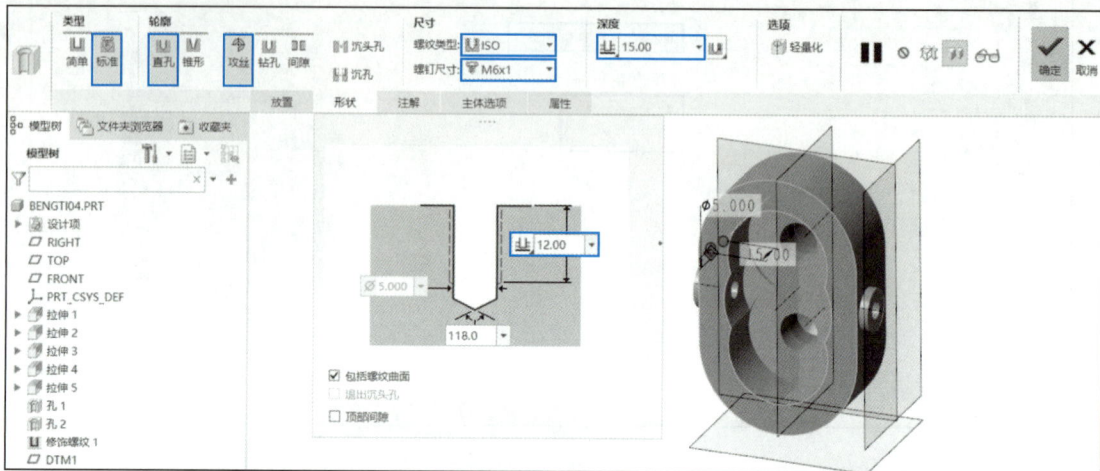

图 2-3-22　建立泵体孔特征 4

13. 建立阵列特征

在导航视窗中点选要阵列的泵体孔特征 4，再单击【模型】选项卡/【编辑】组/【阵列】指令，弹出【阵列】选项卡，在选项卡中选择阵列类型为"Axis"（轴阵列），并输入阵列参数后，单击【阵列】选项卡中【确定】按钮，完成泵体孔特征 4 的阵列，如图 2-3-23 所示。

图 2-3-23　建立泵体孔特征 4

14. 建立阵列特征的镜像

(1) 单击【模型】选项卡/【基准】组/【平面】指令▱，弹出【基准平面】对话框，建立与基准面 TOP 偏移"71"的镜像参照基准面"DTM2"，如图 2-3-24 所示。

图 2-3-24　建立基准面"DTM2"

(2) 在导航视窗中点选要镜像的孔特征 4 的阵列特征，再单击图视工具【镜像】指令，移动鼠标在工作区中选择基准面"DTM2"作为镜像面，然后单击【镜像】选项卡中【确定】按钮☑，完成阵列特征镜像特征的建立。

15. 建立泵体拉伸切除特征 3

同步骤 3 方法，绘制泵体截面草绘 7，如图 2-3-25 所示。在【拉伸】选项卡中输入拉伸切除深度值"8"，建立泵体拉伸切除特征 3。

16. 建立泵体倒角特征

单击【模型】选项卡/【工程】组/【倒角】指令▱，并在【边倒角】选项卡中选取"角度×D"，并输入倒角参数"30""2.5"，移动鼠标点选要倒角的边（注意倒角方向），然后单击【边倒角】选项卡中【确定】按钮☑，完成泵体倒角特征的建立，如图 2-3-26 所示。

17. 建立泵体拉伸特征 5

同步骤 14 方法，先建立泵体拉伸特征 5 草绘基准面"DTM3"（基准面 FRONT 向上偏移"10"）。以"DTM3"为草绘平面，绘制泵体截面草绘 7，如图 2-3-27 所示。在【拉伸】选项卡选

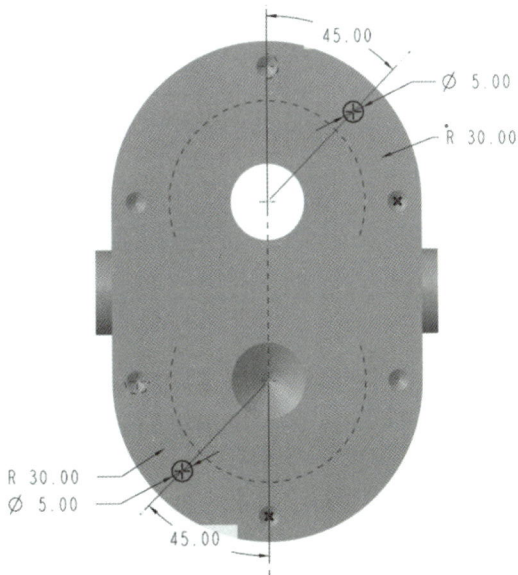

图 2-3-25　绘制泵体截面草绘 7

图 2-3-26　建立泵体的倒角特征

择【拉伸深度为】▤ (拉伸至下一曲面),并点选泵体拉伸特征 1 下圆柱面,建立泵体拉伸特征 5,如图 2-3-28 所示。

图 2-3-27　绘制泵体截面草绘 7

图 2-3-28　建立泵体拉伸特征 5

18. 建立泵体拉伸特征 6

选择泵体拉伸特征 5 前端面为草绘基准面,绘制泵体截面草绘 8,如图 2-3-29 所示。在【拉伸】选项卡输入拉伸厚深度为"58",建立泵体拉伸特征 6,如图 2-3-30 所示。

图 2-3-29　绘制泵体截面草绘 8

图 2-3-30　建立泵体拉伸特征 6

19. 建立泵体筋板特征 1

（1）单击【模型】选项卡/【工程】组/【轮廓筋】指令▨，弹出【轮廓筋】选项卡。在【轮廓筋】选项卡中单击【参考】【定义】指令，移动鼠标在工作区中选择基准面 RIGHT（过圆柱体轴线平面）作为筋轮廓的草绘平面（开环的轮廓线），绘制泵体截面草绘 9，如图 2-3-31 所示。

（2）在【轮廓筋】选项卡中输入筋板宽度为"10"，并用【筋轮廓】选项卡中▨指令调整筋板对称位置，建立泵体筋板特征 1，如图 2-3-32 所示。

图 2-3-31　绘制泵体截面草绘 9

图 2-3-32　建立泵体筋板特征 1

20. 建立泵体筋板特征 2

同步骤 19 方法，绘制泵体截面草绘 10，如图 2-3-33 所示。输入筋板宽度为"10"，并用【筋轮廓】选项卡中▨指令调整筋板对称位置，建立泵体筋板特征 2，如图 2-3-34 所示。

图 2-3-33　绘制泵体截面草绘 10

图 2-3-34　建立泵体筋板特征 2

21. 建立泵体孔特征 5 及其镜像

（1）建立泵体孔特征 5

单击【模型】选项卡/【工程】组/【孔】指令，在【孔】选项卡中单击指令、轮廓、、，移动鼠标在工作区中选取孔放置面，再按住 Ctrl 键同时选取孔位置参考（边线或侧面）进行孔定位，如图 2-3-35 所示。

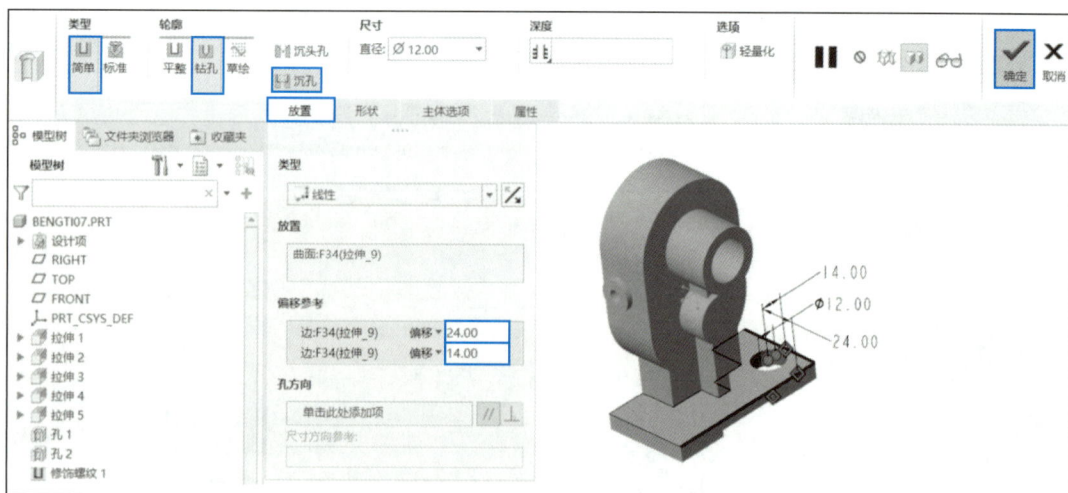

图 2-3-35　定位泵体孔特征 5

移动鼠标单击【孔】选项卡指令，在弹出的对话框中输入孔参数，然后单击【确定】按钮，完成泵体孔特征 5 的建立，如图 2-3-36 所示。

（2）建立泵体孔特征 5 镜像

在导航视窗中点选要镜像的泵体孔特征 5，单击【模型】选项卡/【编辑】组/【镜像】指令，打

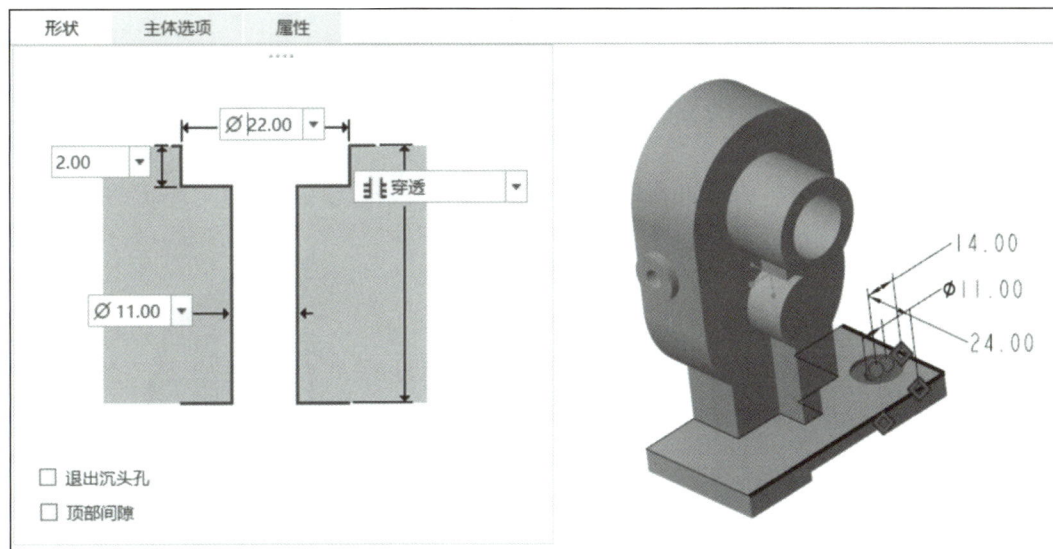

图 2-3-36　建立泵体孔特征 5

开【镜像】选项卡,移动鼠标在工作区中选择基准面 RIGHT 作为镜像面,然后单击【镜像】选项卡中【确定】按钮☑,完成孔特征 5 的镜像。

22. 建立泵体倒圆角特征

(1)建立倒圆角特征 1

单击【模型】选项卡/【工程】组/【倒圆角】指令☒,弹出【倒圆角】选项卡,按住 Ctrl 键移动鼠标依次点选泵体实体边线(添加至集 1),再单击【倒圆角】选项卡指令☒(切换至过渡模式),并在其文本框中输入圆角半径值"3",完成倒圆角特征 1 的建立,图 2-3-37 所示。

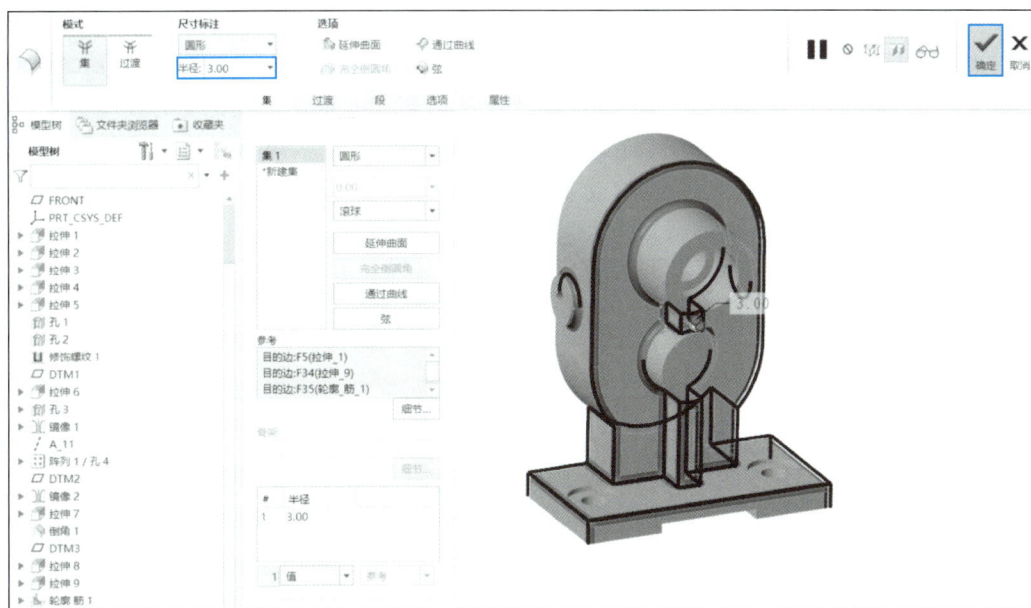

图 2-3-37　建立泵体倒圆角特征 1

（2）建立倒圆角特征2

单击【模型】选项卡/【工程】组/【倒圆角】指令，弹出【倒圆角】选项卡，移动鼠标点选泵体实体边线，在其文本框中输入圆角半径值"3"，完成倒圆角特征2的建立，图2-3-38所示。

23. 保存文件

完成泵体零件实体建模，结果如图2-3-39所示，保存零件。

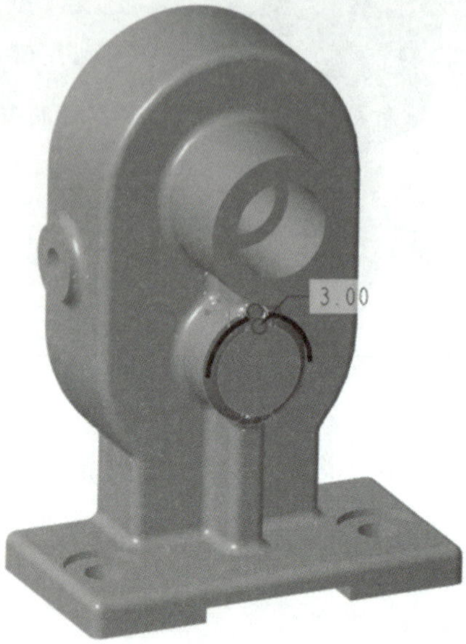

图2-3-38　建立泵体倒圆角特征2

图2-3-39　建立泵体实体零件

✍ **操作技巧**

选择特征的方法有两种，一种是在工作区选取，一种是在模型树中选取。若在工作区选取多个，需要按下Ctrl键依次单击要选择的特征对象。若要在导航视窗的模型树中同时选择多个特征对象，可使用Ctrl键或Shift键。按住Ctrl键依次单击要选择的特征对象，可选取对象或移除被选取的对象；或按住Shift键依次单击要选择首尾两个特征时，可选中这两个特征之间的所有特征。

▼ **拓展训练**

可变阵列是指阵列后的特征，其大小、驱动方向是变化的。在对父特征建立阵列特征时，可在【阵列】选项卡【尺寸】下拉菜单中按住Ctrl键依次选取驱动尺寸来控制阵列尺寸增量（可正可负），如图2-3-40所示。可以使得阵列的特征大小和排列方式按照一定设计意图发生规律变化，生成与父特征相似的子阵列特征，如图2-3-41所示。

图 2-3-40　设置可变阵列参数

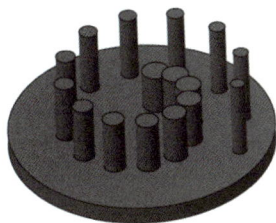

图 2-3-41　可变阵列

思考练习

1. 阵列的方式有(　　)。
   (A) 尺寸　　　　　　　(B) 镜像　　　　　　　(C) 轴　　　　　　　(D) 可变
   (E) 填充

2. 以下属于减材料特征的是(　　)。
   (A) 壳特征　　　　(B) 筋特征　　　　(C) 倒角特征　　　　(D) 均正确

3. 标准孔可以建立为(　　)。
   (A) 有退刀槽　　　(B) 有倒角　　　　(C) 有沉头　　　　(D) 有扫描螺纹
   (E) 有修饰螺纹

4. 按如图 2-3-42 所示的零件图,建立实体零件。

5. 按如图 2-3-43 所示的零件图,建立实体零件。

互动练习

项目二任务 3
在线测试

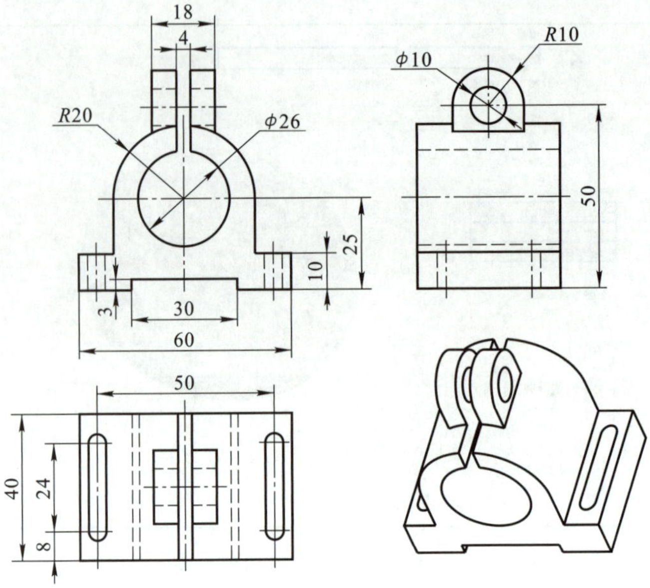

图 2-3-42　零件图

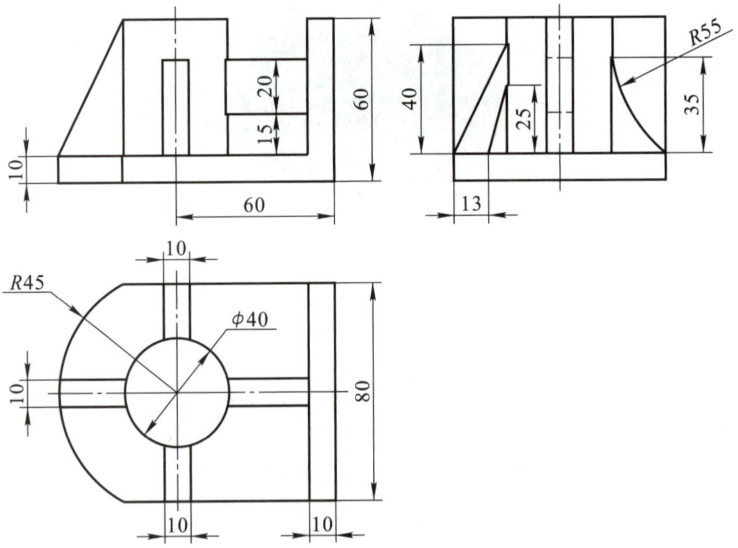

图 2-3-43　零件图

任务 ④ 齿轮轴零件设计

▼ 学习目标

　　通过学习齿轮轴零件设计,学会使用【旋转】【孔】【阵列】【倒角】【基准曲线】【修饰螺纹】【基准轴】【基准平面】等指令建模方法。能根据已知的齿轮参数建立关系式,并建立渐开线齿廓基准曲线。掌握三维零件建模思路。

▼ **任务引入**

按如图 2-4-1 所示的齿轮轴 1 零件图,建立齿轮轴 1 的零件模型。

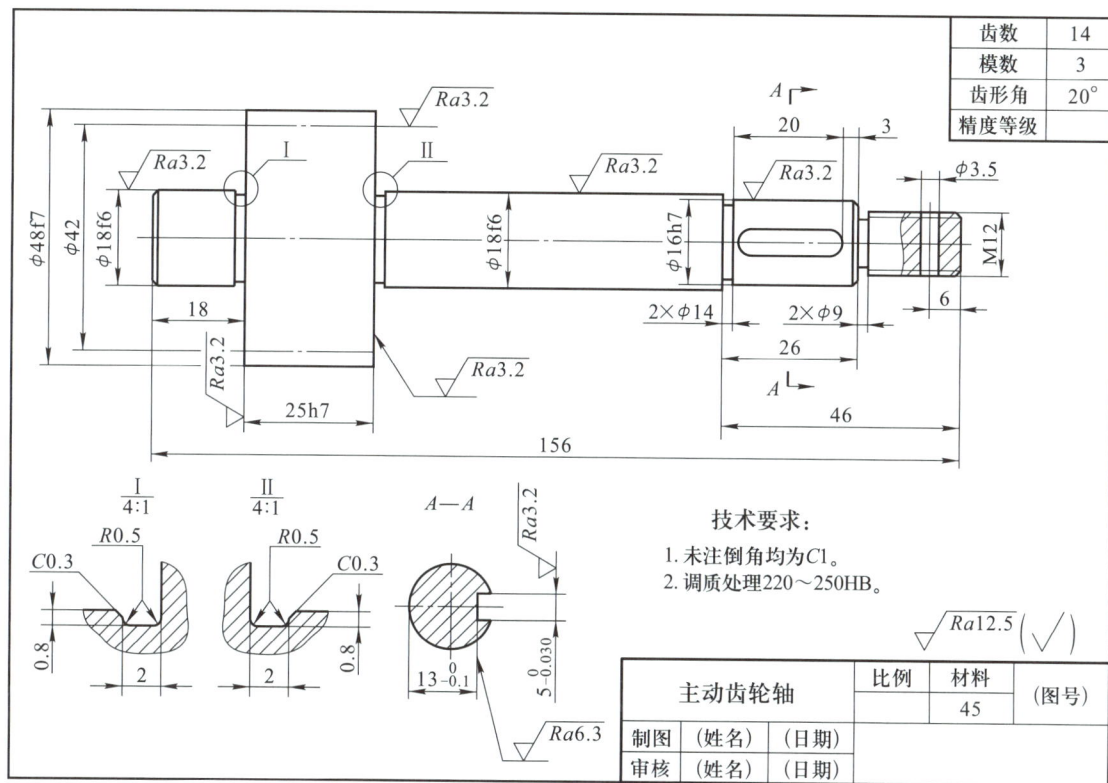

齿数	14
模数	3
齿形角	20°
精度等级	

图 2-4-1　齿轮轴 1 零件图

▼ **任务分析**

首先利用旋转特征建立齿轮轴 1 的轮辐,然后根据已知的齿轮参数建立关系式,再建立渐开线齿廓基准曲线,最后利用拉伸切除特征、特征阵列及倒角特征完成齿轮轴 1 零件的创建。在建模时,注意选取基准面 TOP 为旋转特征草绘基准面、基准面 FRONT 为旋转特征草绘参照面(右),因为建立基准曲线时,渐开线齿形基准曲线一般建立在基准面 FRONT 上。齿轮轴零件的建模步骤见表 2-4-1。

表 2-4-1　齿轮轴零件的建模步骤

1. 绘制截面草图	2. 建立旋转特征	3. 建立齿轮拉伸切除特征

4. 建立键槽	5. 建立销孔	6. 建立修饰螺纹

▼ 知识链接

齿轮轴零件
任务实施

1. 建立基准

在 Creo Parametric 8.0 软件中,为建模需要,除了需要建立基准面外,有时还要建立基准点、基准曲线和坐标系。

（1）基准点

在建模时,通常可以借助基准点来放置轴、基准平面、孔和轴肩。单击【模型】/【基准】组/【基准点】指令，弹出【基准点】对话框,移动鼠标在工作区:

① 单击选取实体上的点。

② 或选取基准点所在的参照边,再修改基准点所在边上的位置参数。

③ 或选取基准点的参照面,在【基准点】对话框中选择"偏移"或"在其上"并在工作区同时选取基准点指定的两个参考边或面,并修改尺寸;单击【确定】按钮,完成基准点的建立。

（2）基准曲线

基准曲线可用于建立曲面和其他特征,或作为扫描轨迹。建立基准曲线常用方法如下:

① 草绘基准曲线:单击【草绘】指令,进行草绘得到。草绘的基准曲线可以由一条或多条曲线组成,它通常限定为单一开放链或单一封闭环线圈。

② 经过点建立基准曲线:单击【通过点的曲线】指令，移动鼠标在工作区内选取参考点,来建立基准曲线。

③ 来自方程建立基准曲线:对于一些三维的、复杂的、可以用函数方程来定义的基准曲线,应采用从方程方式来建立。单击【模型】选项卡/【基准】组/【曲线】组/【来自方程的曲线】指令，选择相应的坐标系,然后在【曲线:从方程】选项卡上单击方程【编辑】指令,弹出【方程】对话框,输入相应的方程即可。

常用的曲线方程方式有渐开线方程:

$afa = 90 * t;$

$r = db/2;$

$x = r * \cos(afa) + pi * r * afa/180 * \sin(afa);$

$y = r * \sin(afa) - pi * r * afa/180 * \cos(afa);$

$z = 0。$

（3）基准坐标系

在 Creo Parametric 8.0 软件中,坐标系通常用于图形文件的输入与输出;建立旋转混合特征截面的参考;NC 加工、工程分析和零件装配的参照等。单击【模型】选项卡/【基准】组/【坐标系】指令 ⬛,按实际情况可以选择工作区中的点、两条交线或三个交面作为参照,确定坐标系坐标原点及两个坐标轴的方向,建立基准坐标系。

2. 旋转特征

旋转特征是由特征截面绕旋转中心线旋转而成的一类特征,它适合于构建回转体零件。通常旋转中心轴线可以是实体边线、基准轴线或截面草图里的几何中心线。草绘旋转截面时,其截面草绘必须全部位于几何中心线的一侧,倘若要生成实体特征,其截面草绘必须是单一封闭的。

单击【模型】选项卡/【形状】组/【旋转】指令 ⬛,弹出【旋转】选项卡,如图 2-4-2 所示。【旋转】选项卡上各图标的含义见表 2-4-2。

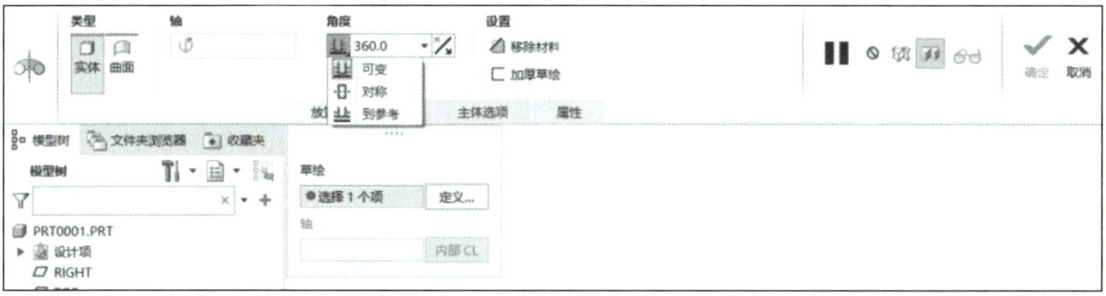

图 2-4-2　【旋转】选项卡

表 2-4-2　【旋转】选项卡各图标的含义

图标	含义	图标	含义	图标	含义
⬛	建立实体特征	⬛	建立切除特征	⬛	旋转到某一实体特征
⬛	建立曲面特征	⬛	建立薄壳特征	⬛	暂停与预览
⬛	选取旋转轴	⬛	切换旋转方向	⬛	给定角度旋转
360.0	输入旋转角度	⬛	对称旋转	✓⬛	确定与取消

✦ 知识点拨

(1) 旋转轴:在建立零件的旋转特征时,所绘制的旋转截面必须绘制在旋转中心线的一侧。旋转中心线只能是一条几何中心线,若旋转截面中绘制的几何中心线多于一条,Creo 软件将自动选取草绘的第一条中心线作为旋转轴。因此,除非另外选取,旋转截面中只绘制一条几何中心线,其他辅助线可用【中心线】指令 ⬛ 绘制。

(2) 旋转截面:实体特征的旋转截面必须是封闭的,而曲面特征的旋转截面则可以不封闭。

(3) 编辑阵列特征:要修改已经阵列好的特征,只能在原始特征上修改。

▼ **任务实施**

1. 新建齿轮轴文件

进入 Creo 软件后,使用绝对公制模板创建名为"chilun01"文件。

2. 建立齿轮轴 1 的旋转特征

(1) 进入旋转草绘工作界面

单击【模型】选项卡/【形状】组/【旋转】指令⬀,打开【旋转】选项卡。依次单击【旋转】选项卡指令▢、放置、定义...,系统弹出【草绘】对话框。用鼠标选择基准面 TOP 作为草绘平面,系统进入旋转截面草绘工作界面。

(2) 建立齿轮轴 1 的旋转特征——绘制草绘 1

利用草绘指令,完成齿轮轴 1 截面草绘 1 的绘制,如图 2-4-3 所示。

图 2-4-3 绘制齿轮轴 1 截面草图 1

(3) 建立齿轮轴 1 的旋转特征——设置旋转特征参数

移动鼠标单击【旋转】选项卡指令▣,并在后面的文本框中输入拉伸体厚度值"360",然后单击【拉伸】选项卡【确定】按钮✓,选择适当的显示类型,完成齿轮轴 1 旋转特征的建立. 如图 2-4-4 所示。

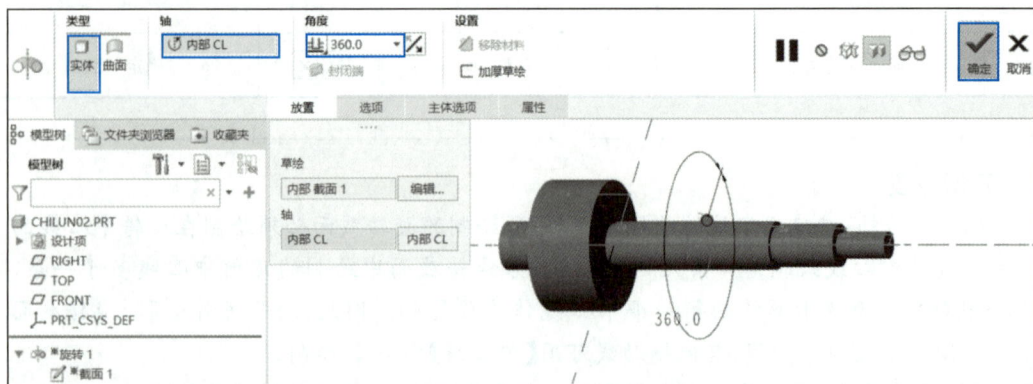

图 2-4-4 建立齿轮轴 1 旋转特征

3. 建立齿轮形状切除特征

(1) 根据已知的齿轮参数建立关系式——设置参数

单击【工具】/【参数】指令▢,系统弹出【参数】对话框,如图 2-4-5 所示。单击对话框中的

➕指令,根据齿轮参数依次输入齿数 z(14)、模数 m(3)、压力角 afa(20)。然后再依次输入 d(分度圆)、db(基圆)、df(齿根圆)、da(齿顶圆),这几项参数将由关系式来确定,故先不要输入。如果参数错误或是有多余的参数可以单击➖删除。单击【确定】,完成齿轮轴 1 的参数设置。

(2)根据已知的齿轮参数建立关系式——建立关系式

单击【工具】/【关系】指令,弹出【关系】对话框,在对话框中添加关系式:

$d = m * z$;

$db = m * z * \cos(afa)$;

$da = d + 2 * 1 * m$;

$df = d - 2 * (1 + 0.25) * m$。

如图 2-4-6 所示。单击对话框中的【执行/校验关系并按关系创建新参数】按钮,系统将执行/效验关系式,校验关系式成功后,单击【确定】按钮,此时,单击对话框的【局部参数】,可以看到按关系建立参数 d、df、db、da 的数值生成。再单击【关系】对话框的【确定】按钮,完成齿轮轴 1 参数关系式的建立。

图 2-4-5 【参数】对话框

图 2-4-6 【关系式】对话框

(3)建立渐开线齿廓——绘制草绘 2

单击【模型】选项卡/【基准】组/【草绘】指令,系统弹出【草绘】对话框。移动鼠标选择基准面 FRONT 作为草绘平面,接受系统默认的基准面 RIGHT 作为草绘参考面(底),单击【草绘】按钮,系统进入草绘工作界面。绘制草绘 2(任意大小的四个同心圆),并依次修改四个圆的尺寸为 d、df、db、da,会依次弹出【是否要添加此关系】对话框,单击【是】,四个参数自动生成。单击【草绘】选项卡【确定】按钮退出草绘工作界面。完成齿轮轴 1 的草绘 2 的绘制,

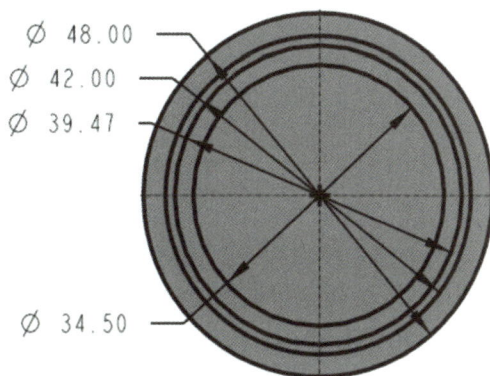

图 2-4-7 绘制齿轮轴 1 草绘 2

如图 2-4-7 所示。

（4）建立渐开线齿廓——绘制基准曲线

单击【模型】选项卡/【基准】组/【曲线】/【来自方程的曲线】指令，系统弹出如图 2-4-8 所示【曲线：从方程】选项卡。

用鼠标单击【方程】，弹出如图 2-4-9 所示的【方程】对话框。

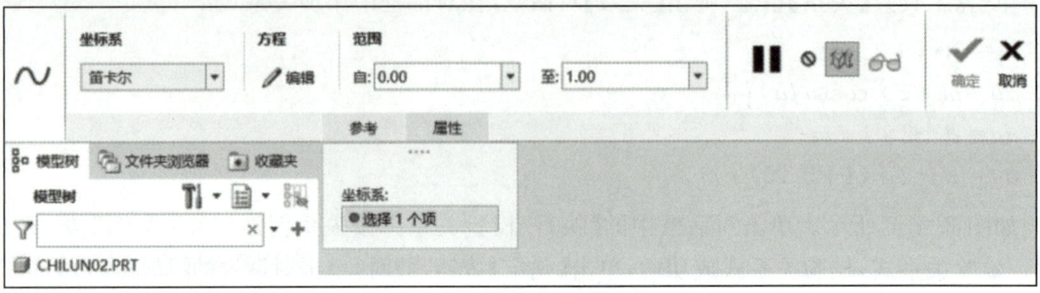

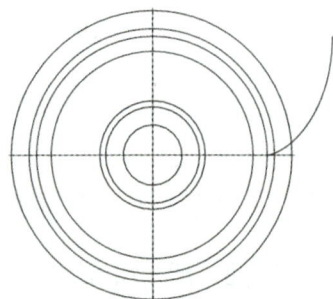

图 2-4-8 【曲线：从方程】选项卡

移动鼠标在工作区中或是模型树中单击坐标系，在【特征编辑】选项卡中单击【编辑】指令，打开【方程】对话框，在窗口中输入渐开线方程，如图 2-4-9 所示。

保存并关闭【方程】对话框窗口，得到渐开线齿廓，如图 2-4-10 所示。

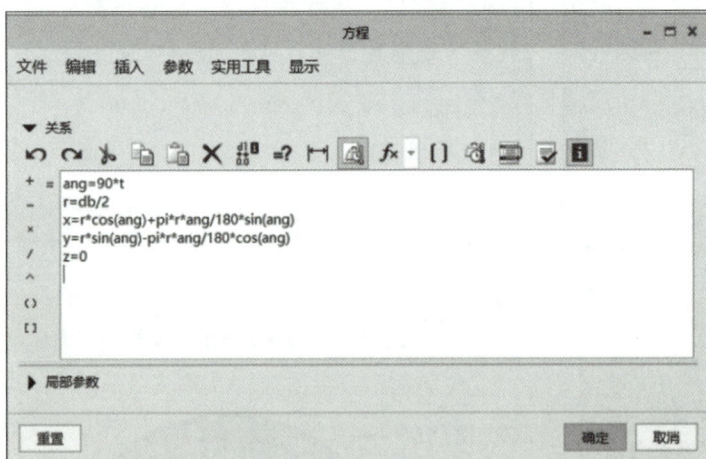

图 2-4-9 【方程】对话框

图 2-4-10 渐开线齿廓

（5）建立齿轮轴 1 的拉伸切除特征 1——建立基准点

单击【模型】选项卡/【基准】组/【点】指令，系统弹出【基准点】对话框，按 Ctrl 键依次在工作区中点选渐开线与分度圆轮廓线（D＝42），建立基准点"PNT0"，如图 2-4-11 所示。

（6）建立齿轮轴 1 的拉伸切除特征 1——镜像渐开线齿廓

单击【模型】选项卡/【基准】组/【平面】指令，系统弹出【基准平面】对话框，按 Ctrl 键依次在工作区中点选基准点"PNT0"与基准轴"A_1"，建立基准面"DTM1"，如图 2-4-12 所示。

再单击【模型】选项卡/【基准】组/【平面】指令，系统弹出【基准平面】对话框。按 Ctrl 键依

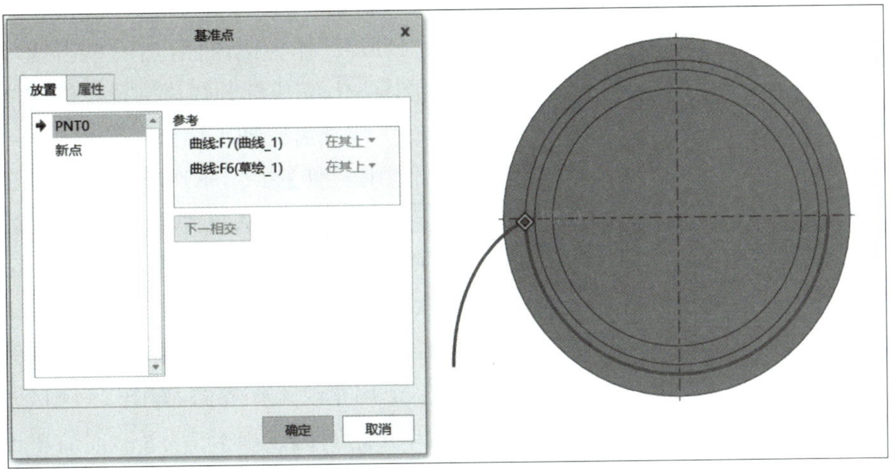

图 2-4-11　建立基准点"PNT0"

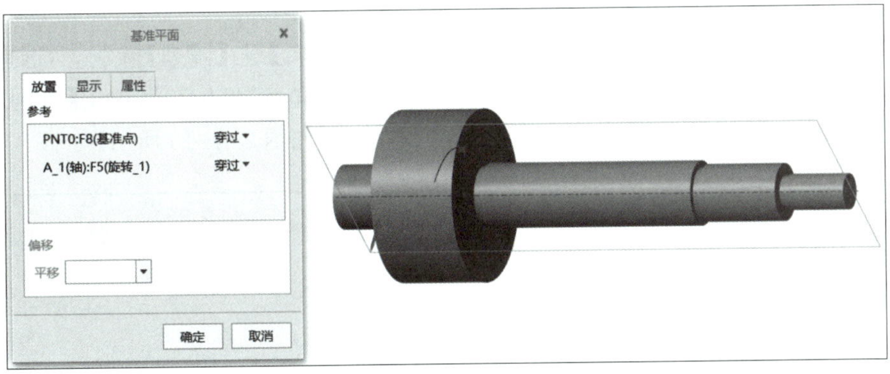

图 2-4-12　建立基准面"DTM1"

次在工作区中点选基准点"A2"与基准面"DTM1",在【基准平面】对话框中输入基准面"DTM1"偏移角度为"6.43"(360/4/z),建立基准面"DTM2",既渐开线齿廓的镜像面,如图 2-4-13 所示。

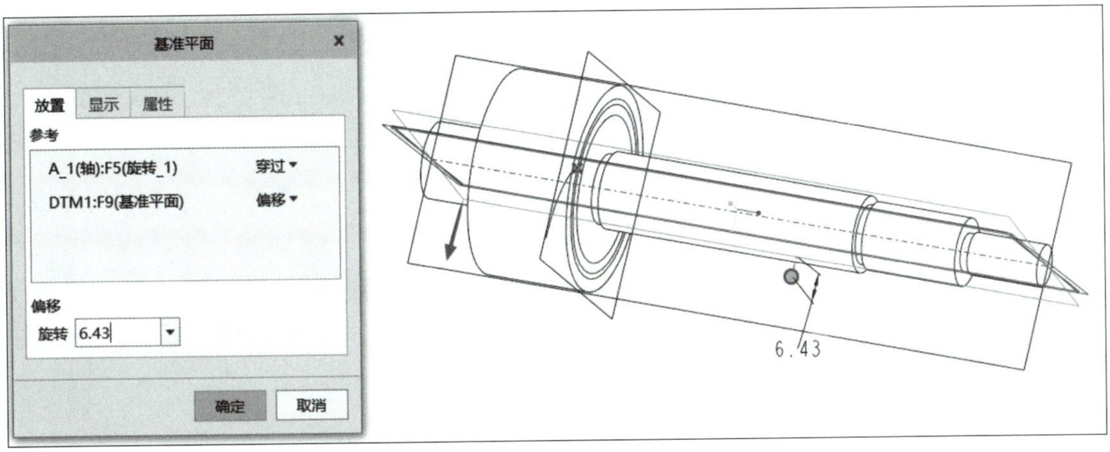

图 2-4-13　建立基准面"DTM2"

用鼠标点选渐开线,然后单击【模型】选项卡/【编辑】组/【镜像】⚟指令,再移动鼠标选择基准面"DTM2"作为镜像面,然后单击镜像特征选项卡中图标☑,完成渐开线齿廓镜像的建立。

图 2-4-14　建立齿轮轴 1 拉伸切除特征 1

（7）建立齿轮轴 1 拉伸切除特征 1

使用【拉伸】指令,依次单击【拉伸】选项卡指令▢、▨、放置、定义...,系统弹出【草绘】对话框。单击 FRONT 面进入草绘,使用草绘图视工具投影▢（依次点选齿顶圆 da、齿根圆 df、两条轮廓线）和▨,绘出齿槽的形状,单击【草绘】选项卡【确定】按钮☑,退出草绘工作界面,如图 2-4-14 所示。

单击【拉伸】选项卡指令▥,然后单击【拉伸】选项卡中【确定】按钮☑,完成齿轮轴 1 拉伸切除特征 1 的建立,如图 2-4-14 所示。

4. 建立齿轮轴 1 拉伸切除特征 1 阵列

单击齿轮轴 1 的拉伸切除特征,单击【模型】选项卡/【编辑】组/【阵列】指令▦,选择阵列类型为"Axis",选择基准轴"A_1"为阵列中心、输入阵列数"14"、角度"360/14",单击【阵列】选项卡中【确定】按钮☑,完成齿轮轴 1 拉伸切除特征 1 阵列的建立,如图 2-4-15 所示。

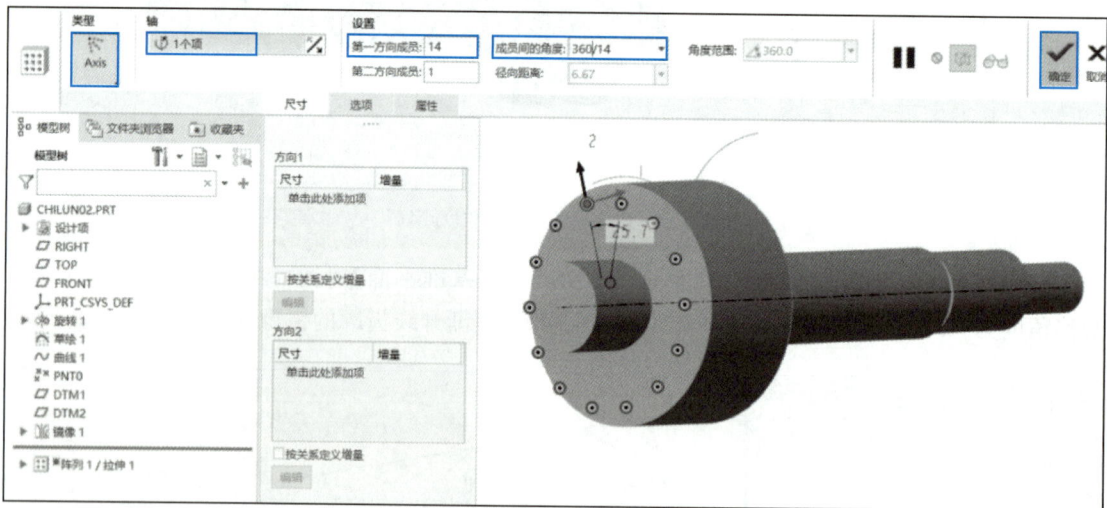

图 2-4-15　建立拉伸切除特征 1 的阵列

5. 建立齿轮轴 1 的倒角特征

单击【模型】选项卡/【工程】组/【倒角】指令▧,并在【边倒角】选项卡中选取"角度×D"、输入倒角参数"45""1",依次点选要倒角的边,如图 2-4-16 所示,然后单击【倒角】选项卡中【确定】按钮☑,完成齿轮轴 1 倒角特征的建立。

6. 建立齿轮轴 1 拉伸切除特征 2

（1）单击【模型】选项卡/【基准】组/【平面】指令▢,点选基准面 TOP,并在基准面对话框中

图 2-4-16　建立齿轮轴 1 的倒角特征

输入偏移值"5"，建立基准面"DTM3"。

　　（2）单击【模型】/【形状】/【拉伸】指令，再依次单击【拉伸】选项卡指令、、放置、定义...，并单击"DTM3"为草绘面，完成如图 2-4-17 所示键槽草绘绘制。

　　（3）输入拉伸切除值 3，单击【拉伸】选项卡中【确定】按钮，完成齿轮轴 1 拉伸切除特征 2 的建立。

　　7．建立齿轮轴 1 拉伸切除特征 3

　　（1）使用【拉伸】指令，再依次单击【拉伸】选项卡指令、、放置、定义...，并单击 FRONT 基准面为草绘面、接受系统默认的基准面作为草绘参考面（底）。

　　（2）绘制如图 2-4-18 所示销孔草绘。完成草绘并选择【拉伸切除】指令，输入拉伸切除值"12"，单击【拉伸】选项卡中【确定】按钮，完成齿轮轴 1 拉伸切除特征 3 的建立。

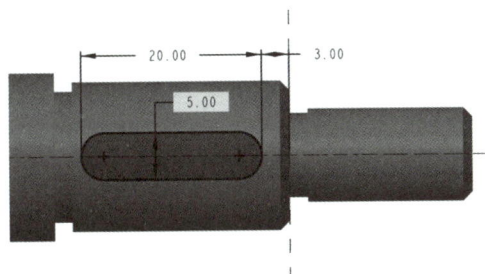

图 2-4-17　绘制键槽草绘

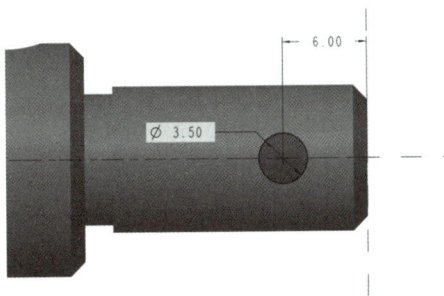

图 2-4-18　绘制销孔草绘

8. 建立齿轮轴 1 的修饰螺纹特征

（1）单击【模型】选项卡/【工程】组/【修饰螺纹】指令🔲，弹出【螺纹】选项卡。按系统提示，移动鼠标在工作区内模型零件上依次选择建立修饰螺纹的圆柱面，点选直径为 12 的圆柱右端面作为螺纹起始面、确定螺纹方向。

（2）定义螺纹长度：切换深度类型为🔲，选择直径为 12 的圆柱左端面作为螺纹终止面。

（3）定义螺纹小径尺寸：在🔲文本框中输入"10.6"，点击【确认】按钮✔，完成修饰螺纹特征的建立，如图 2-4-19 所示。

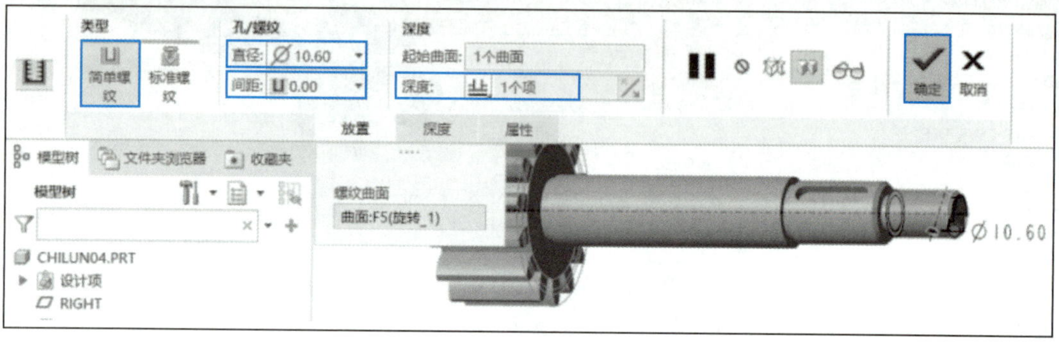

图 2-4-19　建立修饰螺纹特征

9. 保存文件

（1）选择导航视窗模型树中的【显示】指令🔲，在弹出的下拉列表中勾选"层树"。

（2）在"PRT_ALL_CURVES"上单击鼠标右键，选择"隐藏"，如图 2-4-20 所示。

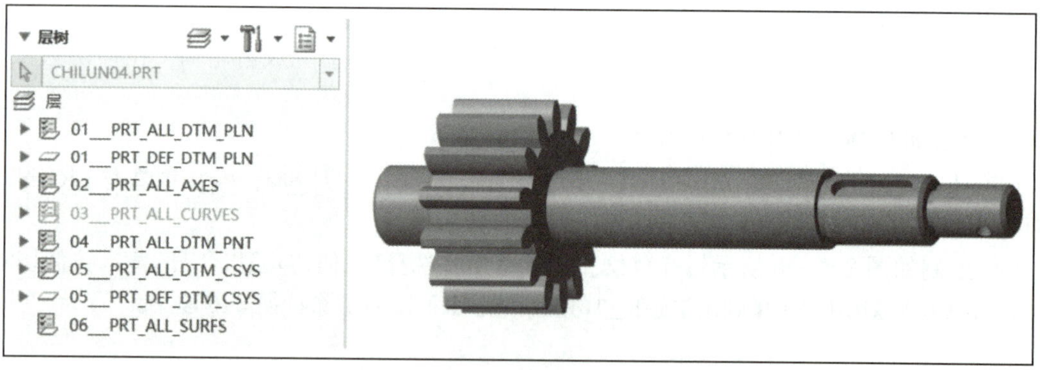

图 2-4-20　隐藏基准曲线

（3）选择导航视窗中的【显示】指令🔲，取消勾选"层树"。

▼ 拓展训练

微视频

从动齿轮
轴绘制

设计如图 2-4-21 所示的齿轮轴 2，可以通过编辑齿轮轴 1 的旋转草图 1 得到。参考步骤如下：

（1）打开齿轮轴 1 模型文件

进入 Creo 软件后，单击【数据】组/【打开】指令🖼，在【打开】对话框中选择"chilun01"，单击

【打开】按钮。此时进入建立实体零件工作界面。

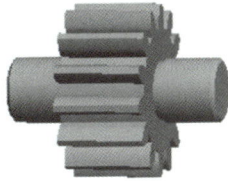

齿数	14
模数	3
齿形角	20°
精度等级	

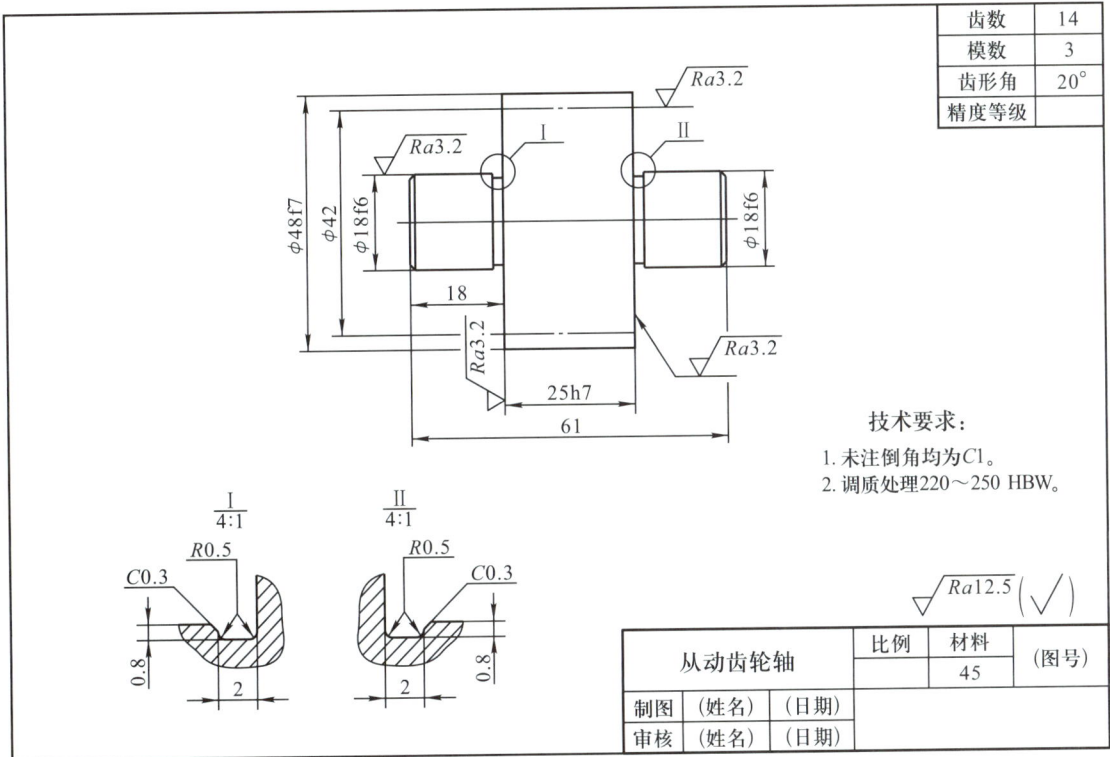

技术要求：
1. 未注倒角均为C1。
2. 调质处理220～250 HBW。

从动齿轮轴		比例	材料	（图号）
			45	
制图	（姓名）	（日期）		
审核	（姓名）	（日期）		

图 2-4-21 齿轮轴 2 零件图

（2）删除特征

按住 Ctrl 键，用鼠标点选导航视窗中选取如图 2-4-22 所示的特征，单击鼠标右键，在弹出的选项中选取"删除"，系统将删除所选特征。

（3）修改旋转截面草绘

如图 2-4-23 所示，单击模型树中的旋转草绘，在弹出的选项中单击【编辑定义】，系统进入齿轮轴 1 的旋转截面草绘中，修改草绘如图 2-4-24 所示，得到齿轮轴 2 的旋转截面草绘。单击【草绘】选项卡【确定】按钮，退出草绘工作界面，得到修改后的齿轮轴 1，如图 2-4-25 所示。

（4）建立倒角特征

单击【模型】选项卡/【工程】组/【倒角】指令，并在【边倒角】选项卡中选取"角度×D"，输入倒角参数"45""1"，按住 Ctrl 键，依次点选要倒角的边，然后单击【边倒角】选项卡中【确定】按钮，完成齿轮轴 2 倒角特征的建立。

111

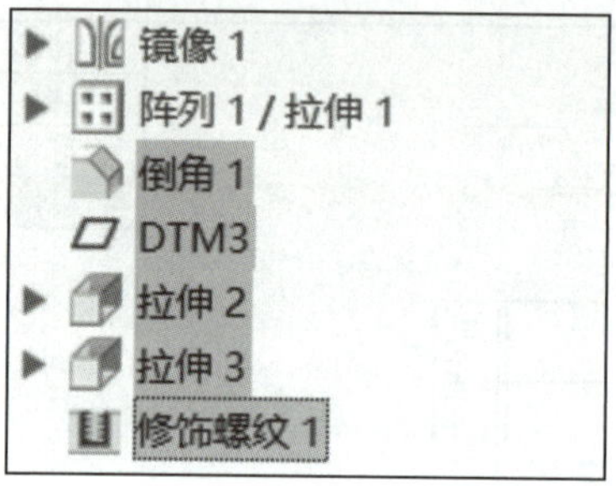

图 2-4-22　删除所选特征

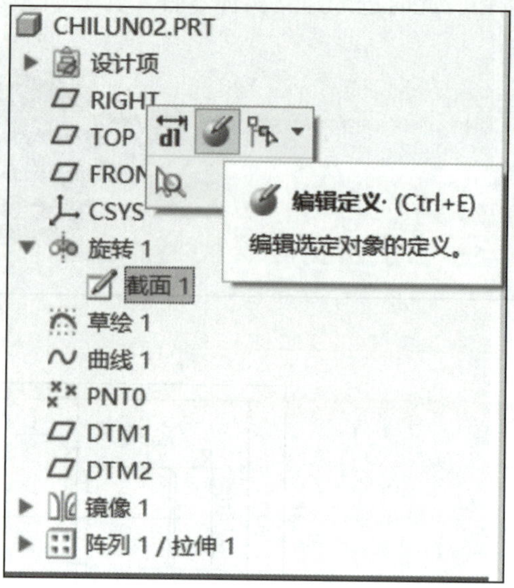

图 2-4-23　进入修改旋转截面草绘工作界面

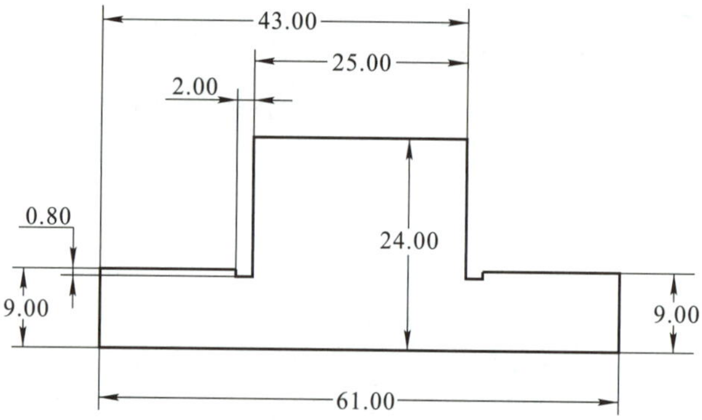

图 2-4-24　修改后的齿轮轴 2 旋转截面草绘

图 2-4-25　修改后的齿轮轴 1

（5）保存副本

将完成好的零件另存为"chilun02.prt"。

互动练习

思考练习

项目二任务4
在线测试

1. 清除内存命令,可以清除（　　　）窗口。

（A）当前的或不显示的　　　　（B）不显示的

（C）当前的　　　　（D）所有的

2. 下列不属于倒角的是（　　　）。

（A）角度 * 角度　　　　（B）D1 * D2

（C）角度 * D　　　　（D）45 * D

3. 模型的显示方式有(   )种。
 (A) 1   (B) 2   (C) 3   (D) 4
4. 按如图 2-4-26 所示的零件图,建立实体零件。

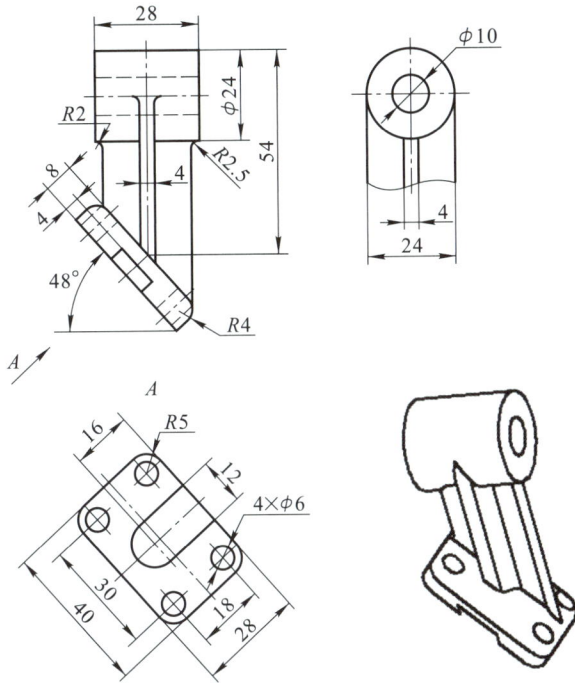

图 2-4-26 零件图

5. 按如图 2-4-27 所示的零件图,建立实体零件。

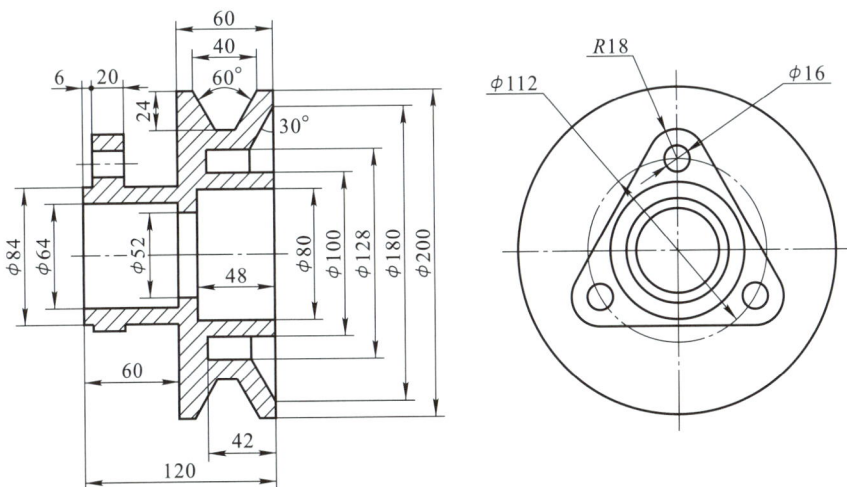

图 2-4-27 零件图

项目三
虎 钳 设 计

虎钳,是机床加工时常用的工具之一,用于在机床进行加工时夹紧加工工件,装配图如图 3-0-1 所示。它主要由钳座、活动钳口、钳口板、导向螺母、螺杆、螺钉、螺母等零件组成,如图 3-0-2 所示。

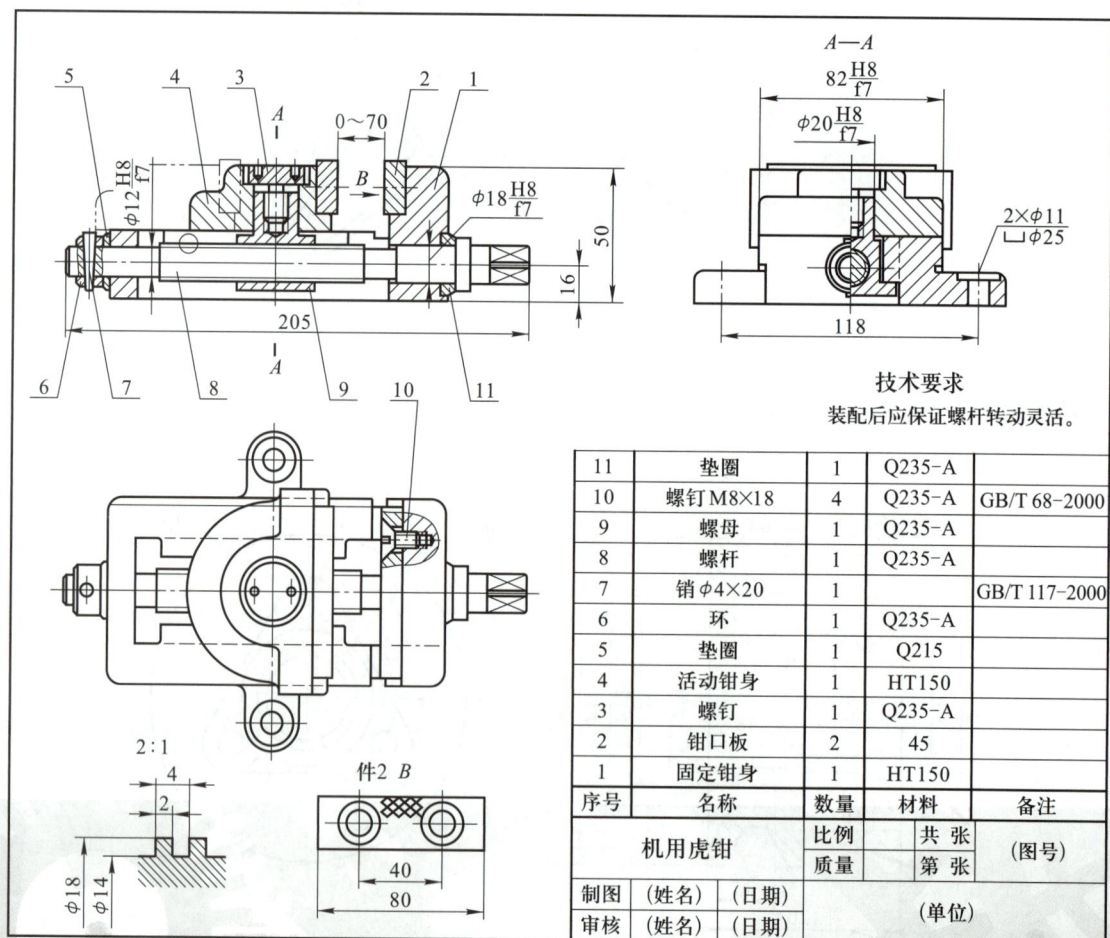

技术要求

装配后应保证螺杆转动灵活。

11	垫圈	1	Q235-A	
10	螺钉 M8×18	4	Q235-A	GB/T 68-2000
9	螺母	1	Q235-A	
8	螺杆	1	Q235-A	
7	销 φ4×20	1		GB/T 117-2000
6	环	1	Q235-A	
5	垫圈	1	Q215	
4	活动钳身	1	HT150	
3	螺钉	1	Q235-A	
2	钳口板	2	45	
1	固定钳身	1	HT150	
序号	名称	数量	材料	备注
机用虎钳		比例	共 张	(图号)
		质量	第 张	
制图	(姓名)	(日期)	(单位)	
审核	(姓名)	(日期)		

图 3-0-1 虎钳装配图

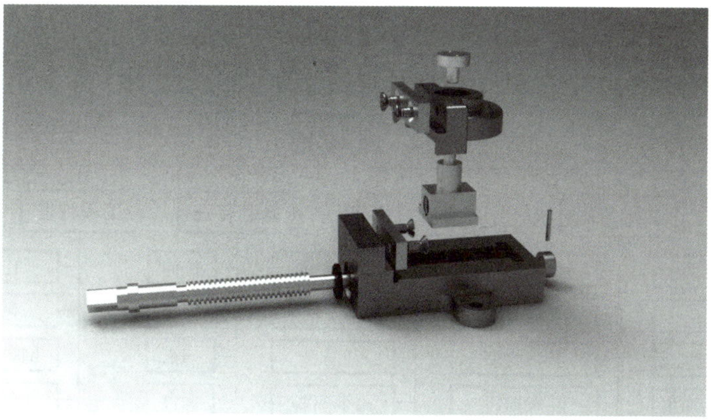

图 3-0-2 虎钳

▼ **学习目标**

1. 巩固【拉伸】【孔】【倒角】【倒圆角】【阵列】【镜像】【基准轴】【基准平面】等建立指令。

2. 掌握【混合】【壳】【扫描】【扫描混合】【螺旋扫描】等知识。

3. 建立良好的建模思路，能对模型进行分析并将一个复杂模型分解成简单模型特征的组合，会利用学习的实体建模知识完成零件的实体建模。

4. 能够对完成的建模任务进行编辑和修改。

5. 能对失败建模特征进行故障诊断和排除。

项目三　虎钳设计

知识拼图

项目三

基本操作
- 启动及工作界面
- 文件管理操作
- 模型视图基础
- 模型树与层树的应用
- 自定义屏幕要素

二维草图
- 绘制草图
- 尺寸标注
- 几何约束
- 草图编辑
- 解决草图冲突

基准特征
- 基准平面
- 基准轴
- 基准点
- 基准曲线
- 基准坐标系

基础特征
- 拉伸
- 旋转
- 扫描
- 混合

工程特征
- 孔
- 壳
- 倒圆角
- 倒角
- 筋
- 拔模
- 修饰螺纹

编辑特征
- 镜像
- 移动
- 缩放
- 阵列

数控编程
- 元件
- 机床设计
- 工艺
- 制造几何
- 铣削
  - 粗加工
  - 重新粗加工
  - 精加工
  - 曲面铣削
  - 集体块粗加工
  - 轮廓铣削
  - 腔槽加工
  - 孔加工循环
- 校验和输出
  - 播放路径
  - 保存CL文件
  - CL文件后处理

曲面设计
- 基本曲面
  - 拉伸曲面
  - 旋转曲面
  - 恒定界截面扫描曲面
  - 混合曲面
  - 扫描混合曲面
  - 可变界面扫描曲面
- 填充曲面
- 边界混合
- 曲面编辑
  - 修剪
  - 复制粘贴
  - 偏移
  - 合并
  - 加厚
  - 实体化
  - 投影曲线
  - 交截曲线
- 造型设计

工程图设计
- 工程图配置
- 工程图类型
- 尺寸标注
- 添加注释
- 视图布局
- 图框模板创建
- 剖视图绘制

装配设计
- 装配概述
- 装配元件
- 创建元件
- 操作元件
- 处理元件
  - 复制
  - 镜像
  - 重复
- 创建爆炸视图
- 两种装配方法
  - 自上而下
  - 自下而上

高级特征
- 扫描混合
- 旋转混合
- 螺旋混合

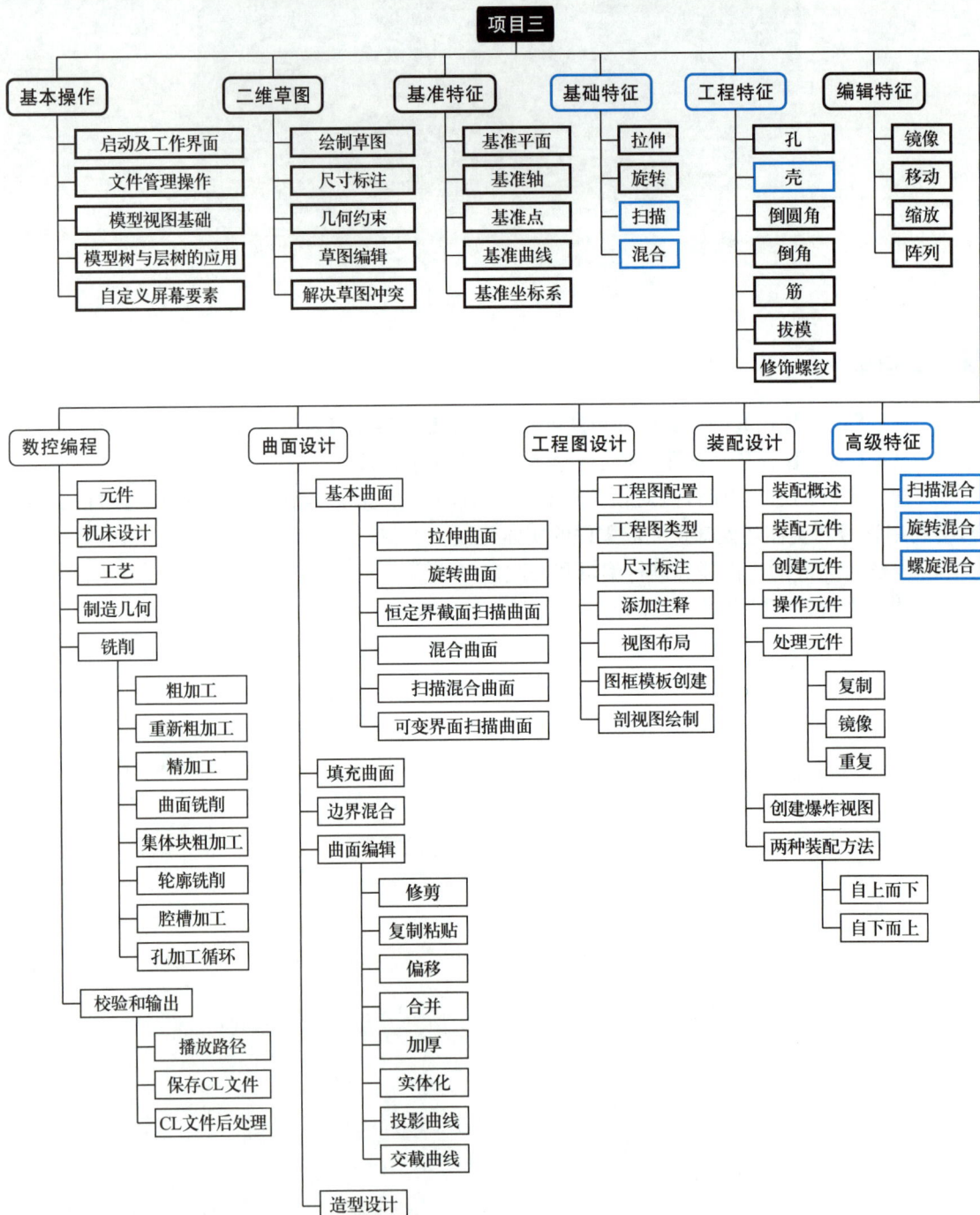

注：红色标记知识点为本项目涉及的新指令。

任务 ① 钳座零件设计

学习目标

通过学习钳座零件设计任务,进一步熟悉【拉伸】【孔】【倒圆角】【镜像】【基准轴】【基准平面】等指令,学习【混合】【旋转混合】【壳】等指令建模方法。并学会三维零件建模思路,掌握三维模型特征分解及建模的注意事项。

任务引入

钳座是虎钳的基础部件,用于虎钳和工作台面的固定。按如图 3-1-1 所示的零件图,建立钳座的零件模型。

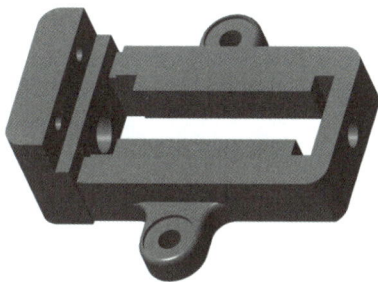

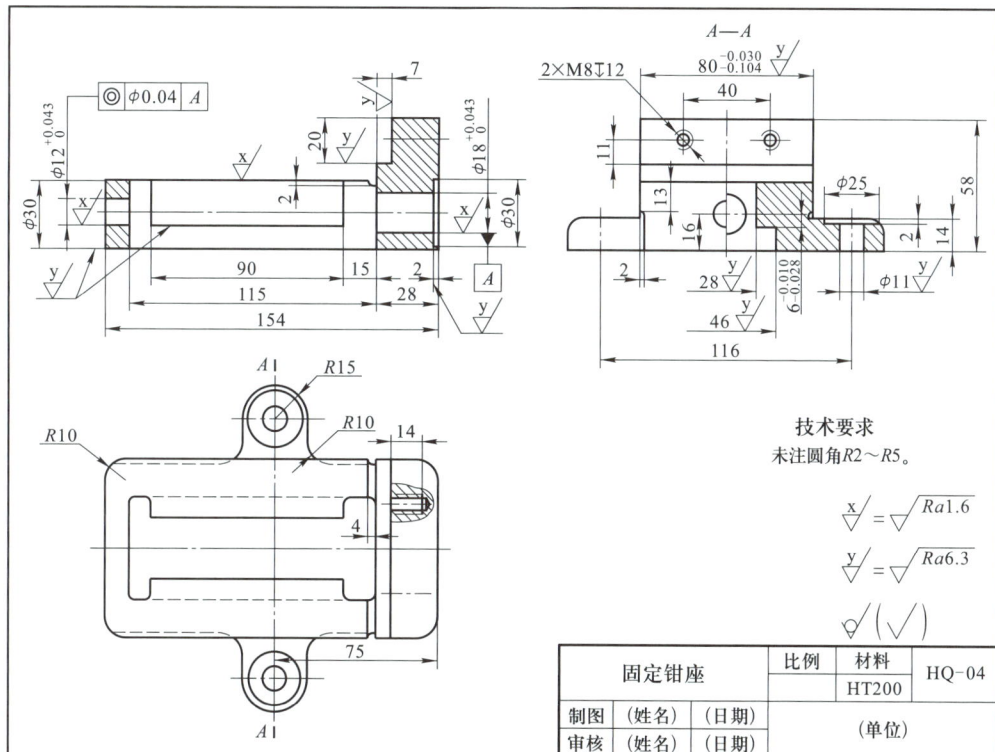

图 3-1-1 钳座零件图

項目三　虎钳设计

任务分析

本任务可以通过多个几何体组合和切除得到,该模型为对称模型,可以使用【镜像】指令减少建模步骤。具体建立步骤见表 3-1-1。

表 3-1-1　钳座的建模步骤

1. 建立钳座拉伸特征	2. 建立拉伸切除特征	3. 建立拉伸切除特征
4. 建立拉伸切除特征	5. 建立拉伸切除特征	6. 建立拉伸特征和沉孔
7. 建立两轴孔	8. 建立螺纹孔及镜像	9. 建立倒圆角特征

知识链接

1. 混合特征

混合特征至少由两个截面混合生成,将这些平面截面在其顶点处用过渡曲面连接而形成的一个连续特征,它适合创建异形构件。在 Creo Parametric 8.0 软件中,混合特征的类型分为三种:

"平行混合"—所有混合截面均位于平行平面上。

"旋转混合"—混合截面绕旋转轴旋转。旋转的角度范围为−120°至 120°。

"常规混合"——一般混合截面可以绕 X 轴、Y 轴和 Z 轴旋转,也可以沿这三个轴平移。

每个截面都单独草绘,并用截面坐标系对齐。"常规混合"的建立工具需要设置配置选项才能调出来,本书不作介绍。

(1) 平行混合

① 创建两种类型的平行混合

➤ 具有常规截面的平行混合:可通过使用至少两个相互平行的平面截面来创建平行混合。这两个平面截面在其边缘用过渡曲面连接形成一个连续特征。

➢ 具有投影截面的平行混合:投影平行混合包含两个位于相同的平面曲面或基准平面上的截面。这两个截面以垂直于草绘平面的方向,投影到两个不同的实体曲面上。

② 平行混合选项卡

单击【模型】选项卡/【形状】组/【混合】指令🔲,可打开【混合】选项卡,如图 3-1-2 所示。

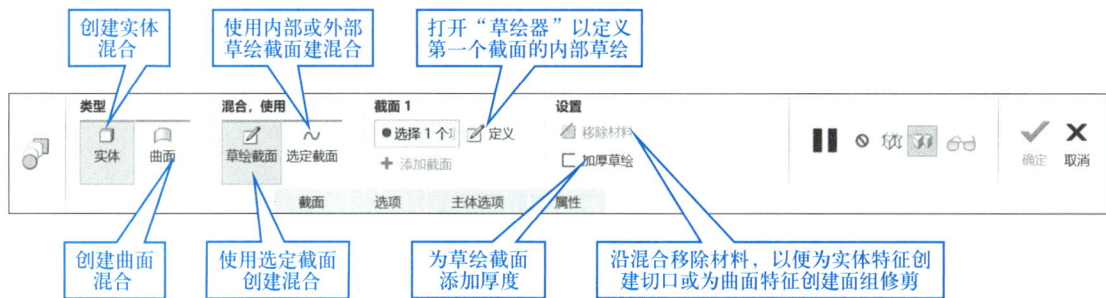

图 3-1-2　【混合】选项卡

➢【截面】选项卡:草绘截面的草绘平面定义选项卡,如图 3-1-3 所示。

图 3-1-3　【截面】选项卡

➢【选项】选项卡:“直”“平滑”“封闭端”的几何意义,将封闭混合特征的两端,如图 3-1-4 所示。

➢【主体选项】选项卡:将特征建立为实体时可用,不可用于建立装配级特征,如图 3-1-5 所示。

图 3-1-4　【选项】选项卡

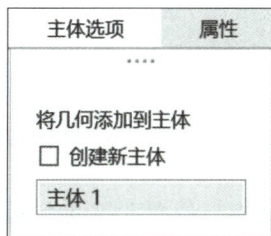

图 3-1-5　【主体选项】选项卡

"将几何添加到主体"—在添加几何时显示。

"创建新主体"复选框—在新主体中建立特征。

③ 混合特征操作实例

微视频

混合特征

步骤1:单击【模型】选项卡/【形状】组/【混合】指令，可打开【混合】选项卡，选择类型为【实体】；混合，使用为【草绘截面】。

在【截面】选项卡中单击定义按钮，如图3-1-6所示，选择 TOP 参考面，进入截面草绘工作界面。

在绘图区绘制如图3-1-7所示截面1草绘，单击【确定】按钮，退出草绘工作界面。

图 3-1-6 【截面】选项卡

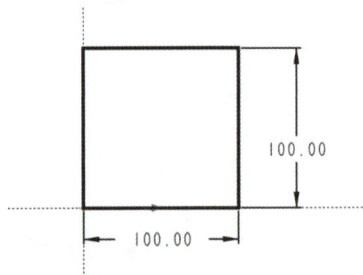

图 3-1-7 绘制截面1草绘

步骤2:在【截面】选项卡中"草绘平面位置定义方式"中的"偏移自""截面1"后面输入"80"，然后单击 草绘 按钮，进入截面2草绘工作界面，如图3-1-8所示。

在绘图区中绘制如图3-1-9所示截面2草绘。

图 3-1-8 【截面】选项卡

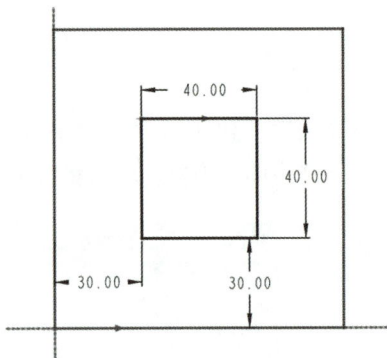

图 3-1-9 绘制截面2草绘

选中与截面1起点相对应的端点，单击右键，在弹出的快捷菜单中选择"起点"切换截面2的起点，如图3-1-10所示。如果此时截面2的方向箭头与截面1的不一致，则重复一遍此操作，单击【确定】按钮，退出草绘工作界面。

步骤 3：在【截面】选项卡中单击【添加】按钮，增加截面 3。在"草绘平面位置定义方式"中的"偏移自""截面 2"后面输入"60"，然后单击 草绘... 按钮，进入截面 3 草绘工作界面，如图 3-1-11 所示。

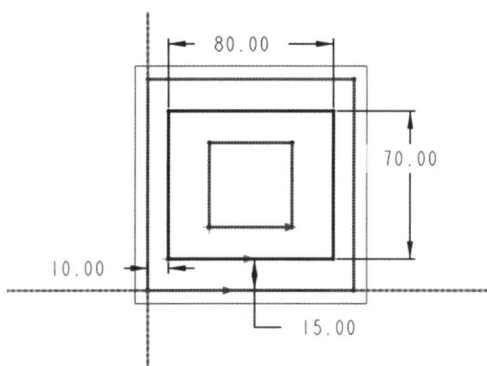

图 3-1-10　切换截面 2 起点　　　　　　　　图 3-1-11　【截面】选项卡

在绘图区中绘制如图 3-1-12 所示截面 3 草绘，并按步骤 2 方法切换起点和方向。单击【确定】按钮☑，退出草绘工作界面。

步骤 4：在【混合】选项卡上单击【确定】按钮☑，得到混合特征如图 3-1-13 所示。

图 3-1-12　绘制截面 3 草绘　　　　　　　图 3-1-13　建立混合特征

（2）旋转混合

① 旋转混合特征指令说明

单击【模型】选项卡/【形状】组/【旋转混合】指令，可打开【旋转混合】选项卡，如图 3-1-14 所示。"旋转混合"是通过绕选择轴旋转的截面来创建的。

如果将旋转混合特征定义为闭合的，那么系统将会使用第一个截面作为最后一个截面，而不必绘制最后一个截面，最终将形成一个闭合的旋转特征。

图 3-1-14 【旋转混合】选项卡

② 旋转混合特征操作实例

步骤 1:单击【模型】选项卡/【形状】组/【旋转混合】指令，可打开【旋转混合】选项卡，选择类型为【实体】；混合,使用为【草绘截面】。在【截面】选项卡中单击定义按钮,如图 3-1-15 所示。

选择 RIGHT 参考面为草绘平面,参考为 TOP 面,方向向上,进入草绘工作界面,绘制如图 3-1-16 所示截面 1 和中心线草绘,单击【确定】按钮，退出草绘工作界面。

图 3-1-15 【截面】选项卡

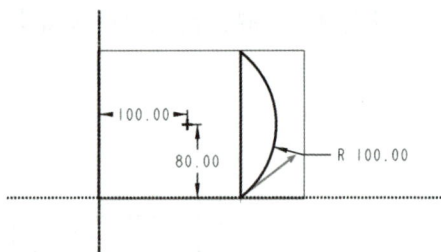

图 3-1-16 绘制截面 1 形状和中心线草绘

知识点拨

如果定义的第一个草绘或选择的第一个截面包含一个旋转轴或中心线,那么系统将会将其自动选定为选择轴,如果第一个截面不包含旋转轴或中心线,那么可以选择几何线作为旋转轴。

步骤 2:如图 3-1-17 所示,在【截面】选项卡中"草绘平面位置定义方式"中的"偏移自""截面 1"后面输入"45",然后点击草绘...按钮,进入截面 2 草绘工作界面。

在绘图区中绘制如图 3-1-18 所示截面 2 草绘。切换截面 2 起点和方向与截面 1 一致,单击【确定】按钮，退出草绘工作界面。

图 3-1-17 截面选项卡

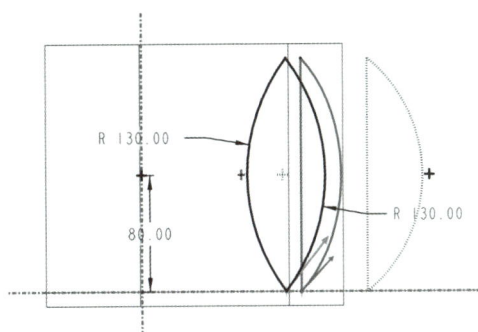

图 3-1-18 绘制截面 2 草绘并调整方向

✏️**知识点拨**

对于草绘截面来说,可以使用相对于混合中另一截面的偏移值或通过选择一个参考来定义截面的草绘截面。

步骤 3:如图 3-1-19 所示,在【截面】选项卡中单击【添加】按钮,增加截面 3。在"草绘平面位置定义方式"中的"偏移自""截面 2"后面输入"60",然后单击 草绘… 按钮,进入截面 3 草绘工作界面。

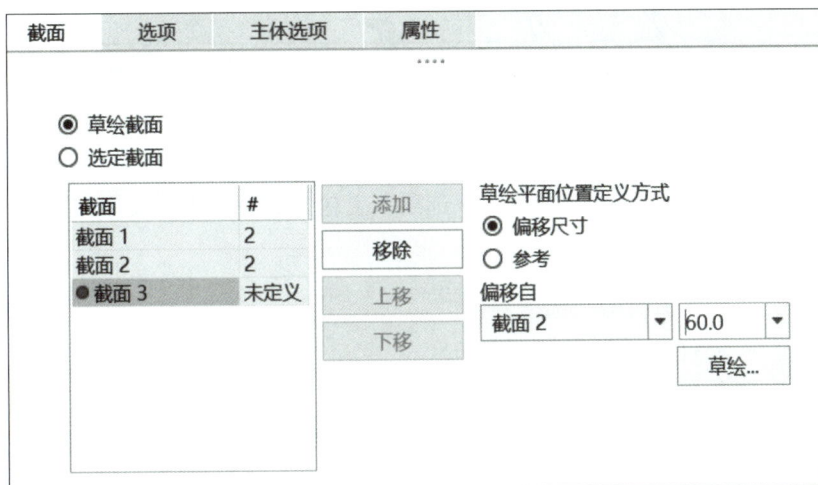

图 3-1-19 【截面】选项卡

在绘图区中绘制如图 3-1-20 所示截面 3 草绘并按步骤 2 方法切换起点和方向。单击【确定】按钮☑,退出草绘工作界面。

步骤 4:在【旋转混合】选项卡上单击【确定】按钮☑,完成旋转混合特征的建立,如图 3-1-21所示。

图 3-1-20　绘制截面 3 草绘并调整方向

图 3-1-21　建立旋转混合特征

2. 壳特征

（1）壳特征指令说明

壳特征可将实体内部掏空，只留一个特定壁厚的壳，可指定要从壳中移除的曲面。如果未选择要移除的曲面，则会建立一个"封闭"的"外壳"。

① 单击【模型】选项卡/【工程】组/【壳】指令 ▦，打开如图 3-1-22 所示【壳】选项卡。

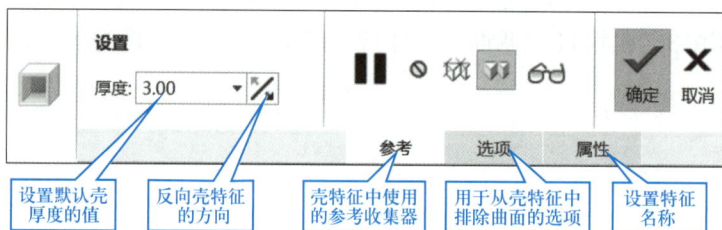

图 3-1-22　【壳】选项卡

②【参考】选项卡：如图 3-1-23 所示，该选项卡上包含壳特征中所使用的参考收集器。

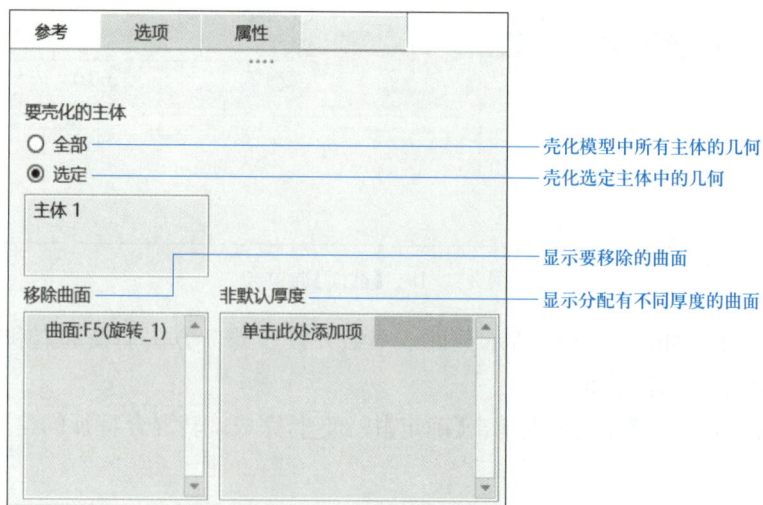

图 3-1-23　【参考】选项卡

③【选项】选项卡:如图 3-1-24 所示,该选项卡上包含用于从壳特征中排除曲面的选项。

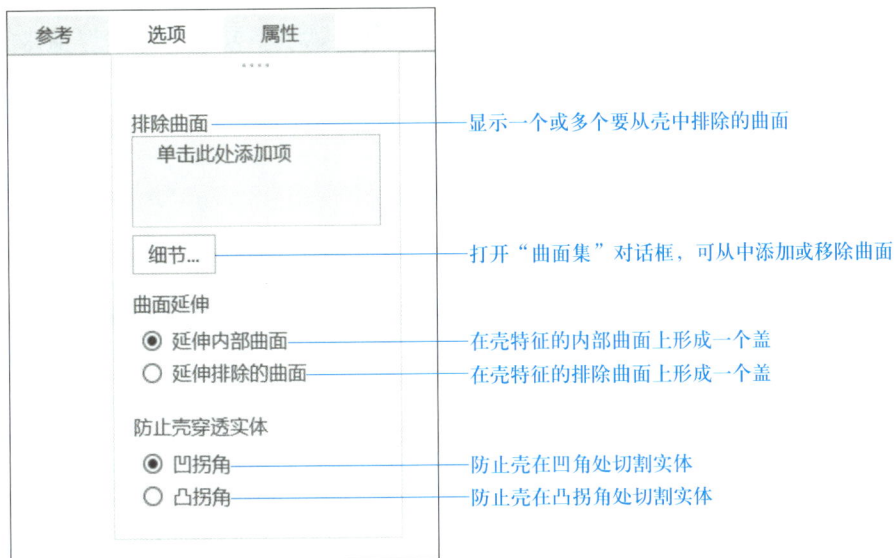

参考	选项	属性

排除曲面 —————— 显示一个或多个要从壳中排除的曲面

单击此处添加项

细节... —————— 打开"曲面集"对话框,可从中添加或移除曲面

曲面延伸
◉ 延伸内部曲面 —————— 在壳特征的内部曲面上形成一个盖
○ 延伸排除的曲面 —————— 在壳特征的排除曲面上形成一个盖

防止壳穿透实体
◉ 凹拐角 —————— 防止壳在凹角处切割实体
○ 凸拐角 —————— 防止壳在凸拐角处切割实体

图 3-1-24　【选项】选项卡

(2)等厚壳特征操作实例

在功能区单击【模型】选项卡/【工程】组/【壳】指令▣,打开【壳】选项卡。在壳特征选项卡中输入壳的厚度,再在模型中选择要移除的面(如果要移除模型中多个面,应按下 Ctrl 键依次选取要移除的面),完成壳特征的创建,如图 3-1-25 所示。

微视频

壳特征操作

1-输入壳厚度3　　3-单击确定完成壳特征创建　　2-点选物体上表面作为移除曲面

设置
厚度: 3.00

确定　取消

参考　选项　属性

模型树　文件夹浏...　收藏夹
模型树
PRT0002.PRT
▶ 设计项
RIGHT
TOP
FRONT
PRT_CSYS_DEF
▶ 拉伸 1
壳 1

要壳化的主体
◉ 全部
○ 选定
移除曲面　　非默认厚度
曲面:F5(拉伸_1)　单击此处添加项

3.00 O_THICK

图 3-1-25　建立壳特征

（3）非等厚壳特征操作实例

建立非等壁厚的壳特征时，可通过将"非默认厚度"的面（如果有多个，需要按住 Ctrl 键选择）点选添加到【参考】面板下的"非默认厚度"中，并分别赋予不同的曲面壁厚值来完成，如图3-1-26 所示。

图 3-1-26　建立非等厚壳特征

（4）排除曲面壳特征操作实例

在建立壳特征时，还可通过设置【壳】选项卡/【选项】面板下的"排除曲面"来完成对模型中指定部分建立壳特征，如图 3-1-27 所示。

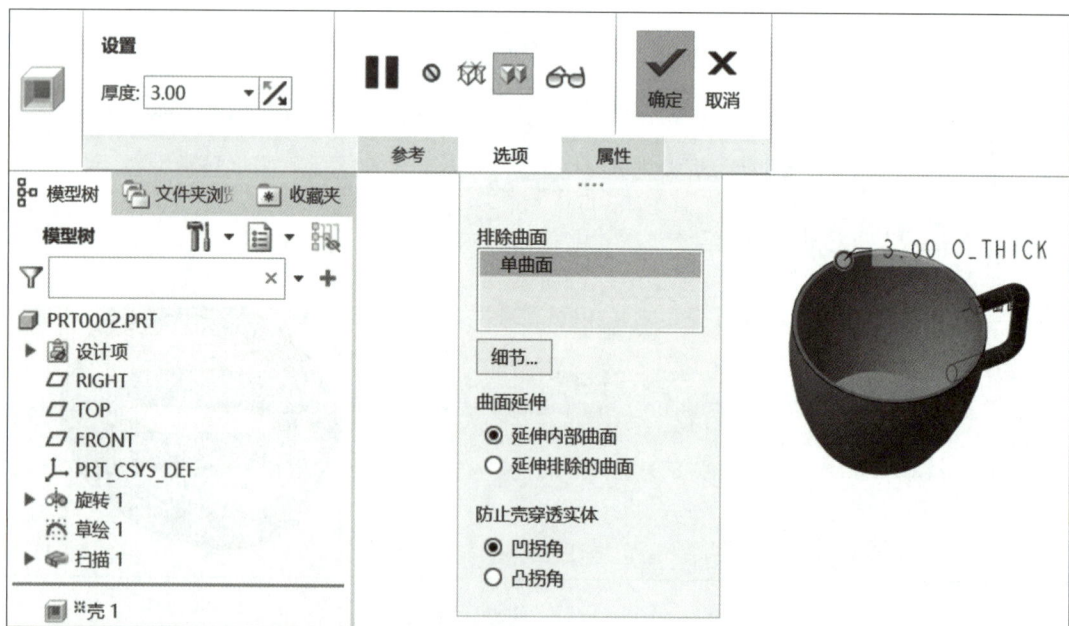

图 3-1-27　建立排除曲面壳特征

微视频

钳座零件
任务实施

▼**任务实施**

1. 进入建立实体零件工作界面

进入 Creo 软件后,使用绝对公制模板创建名为"qianzuo01"文件。

2. 建立钳座拉伸特征1

(1) 进入拉伸截面草绘工作界面

使用【拉伸】指令,在绘图区选择基准面 TOP 或在左侧模型树中选择基准面 TOP 作为草绘平面,进入拉伸截面草绘工作界面。

(2) 绘制钳座拉伸特征1草绘

利用草绘指令,完成垫片截面草绘1的绘制,如图 3-1-28 所示。

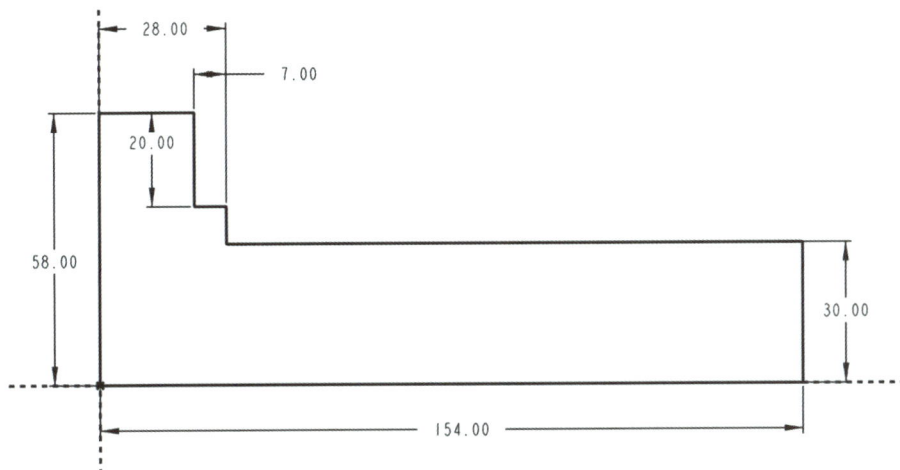

图 3-1-28　绘制钳座拉伸特征1草绘

(3) 设置拉伸特征参数

单击【拉伸】选项卡上指令日,并在后面的文本框中输入拉伸体厚度值"80",然后单击【确定】按钮☑,选择适当的显示类型,完成钳座拉伸特征1的建立,如图 3-1-29 所示。

3. 建立钳座拉伸切除特征1

(1) 进入拉伸截面草绘工作界面

使用【拉伸】指令,在绘图区选择基准面 TOP 或在左侧模型树中选择基准面 TOP 作为草绘平面,进入拉伸截面草绘工作界面。

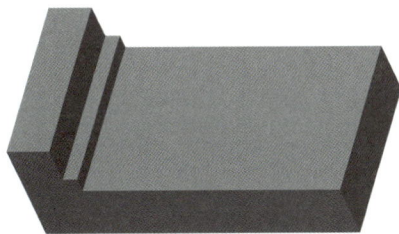

图 3-1-29　建立钳座拉伸特征1

(2) 绘制钳座拉伸切除特征1草图

利用草绘指令,确定钳座拉伸切除特征1草绘的绘制,如图 3-1-30 所示。

(3) 设置拉伸生成参数

单击【拉伸】选项卡上指令,并在后面的文本框中输入拉伸体厚度值"30",单击【切除材料】指令☑,单击【确定】按钮☑,选择适当的显示类型,完成钳座拉伸切除特征1的建立,如图 3-1-31 所示。

图 3-1-30 绘制钳座拉伸切除特征绘草绘

图 3-1-31 建立钳座拉伸切除特征 1

4. 建立钳座拉伸切除特征 2

重复上述步骤 3,以 TOP 面为草绘平面,按如图 3-1-32 所示要求尺寸和位置绘制草绘,建立钳座拉伸切除特征 2,如图 3-1-33 所示。

图 3-1-32 绘制钳座拉伸切除特征 2 草绘

图 3-1-33 建立钳座拉伸切除特征 2

5. 建立钳座拉伸切除特征 3

重复上述步骤 3,以钳座右端面为草绘平面,按如图 3-1-34 所示要求尺寸和位置,绘制钳座拉伸切除特征 3 草绘。

单击【拉伸】选项卡凸指令,并在后面的文本框中输入拉伸体厚度值"128",单击【切除材料】指令，然后单击【确定】按钮，选择适当的显示类型,完成钳座拉伸切除特征 3 的建立,如图 3-1-35 所示。

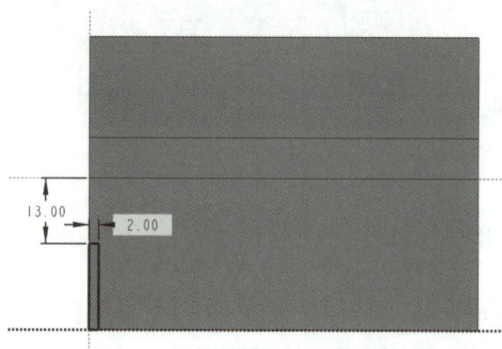

图 3-1-34 绘制钳座拉伸切除特征 3 草绘

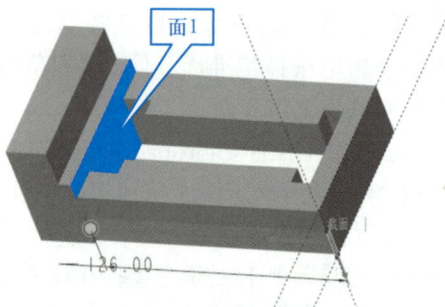

图 3-1-35 建立钳座拉伸切除特征 3

6. 建立钳座拉伸切除特征4

重复上述步骤3,以如图3-1-35所示中面1为草绘平面,绘制如图3-1-36所示草绘。

图3-1-36　绘制钳座拉伸切除特征4草绘

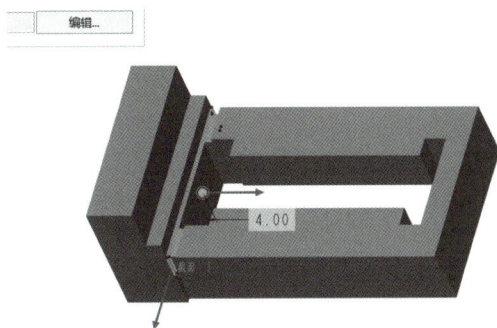

图3-1-37　建立钳座拉伸切除特征4

单击【拉伸】选项卡上⬛指令,在文本框中输入拉伸体厚度值"4",单击【切除材料】指令◢,然后单击【确定】按钮☑,选择适当的显示类型,完成钳座拉伸切除特征4的建立,如图3-1-37所示。

7. 建立拉伸特征2

重复上述步骤3,以TOP面为草绘平面,绘制如图3-1-38所示草绘。

输入拉伸厚度值"4",拉伸方向向上,建立钳座拉伸特征2,如图3-1-39所示。

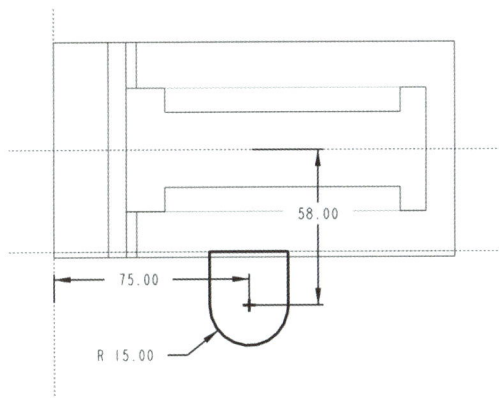

图3-1-38　绘制钳座拉伸特征2草绘

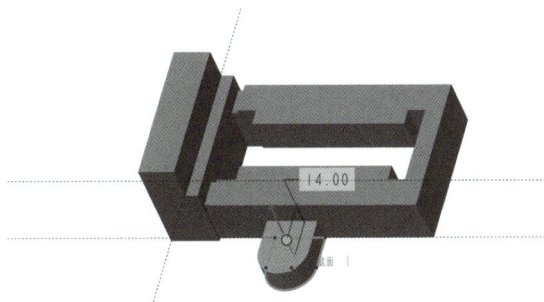

图3-1-39　建立钳座拉伸特征2

8. 建立钳座孔特征1

单击【模型】选项卡/【工程】组/【孔】指令⬛,弹出【孔】选项卡。依次单击【孔】选项卡类型⬛、轮廓⬛、⬛指令,按住Ctrl键同时选取孔放置面与拉伸6基准轴进行孔定位。单击形状指令,在弹出的对话框中输入孔参数,然后单击【孔】选项卡中【确定】按钮☑,完成钳座孔特征1的建立,如图3-1-40所示。

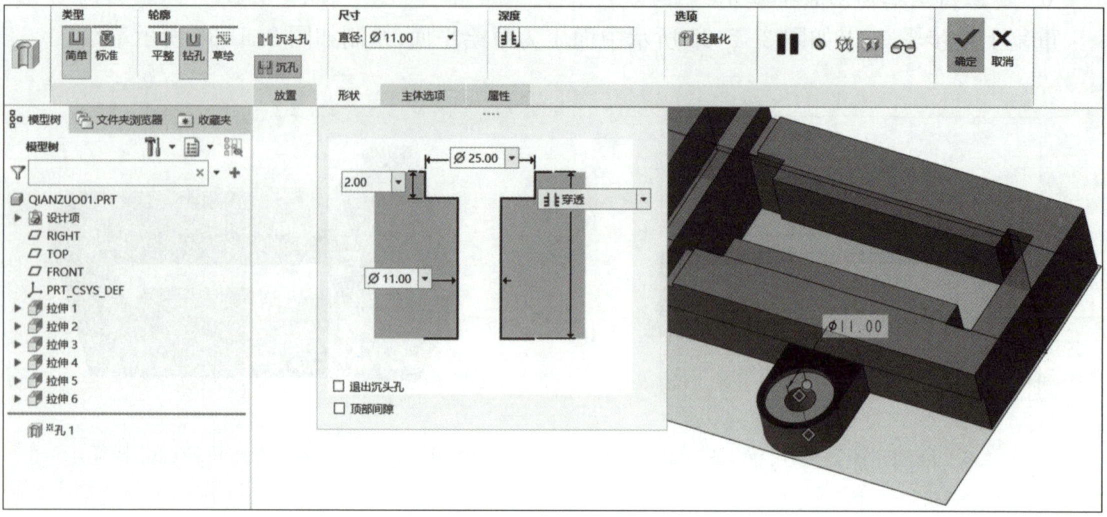

图 3-1-40　建立钳座孔特征 1

9. 建立钳座倒圆角特征 1

单击【模型】选项卡/【工程】组/【倒圆角】指令，弹出【倒圆角】选项卡，用鼠标选取钳座实体边线，在【尺寸标注】组"半径"文本框中输入圆角半径值"10"，完成倒圆角特征 1 的建立，如图 3-1-41 所示。

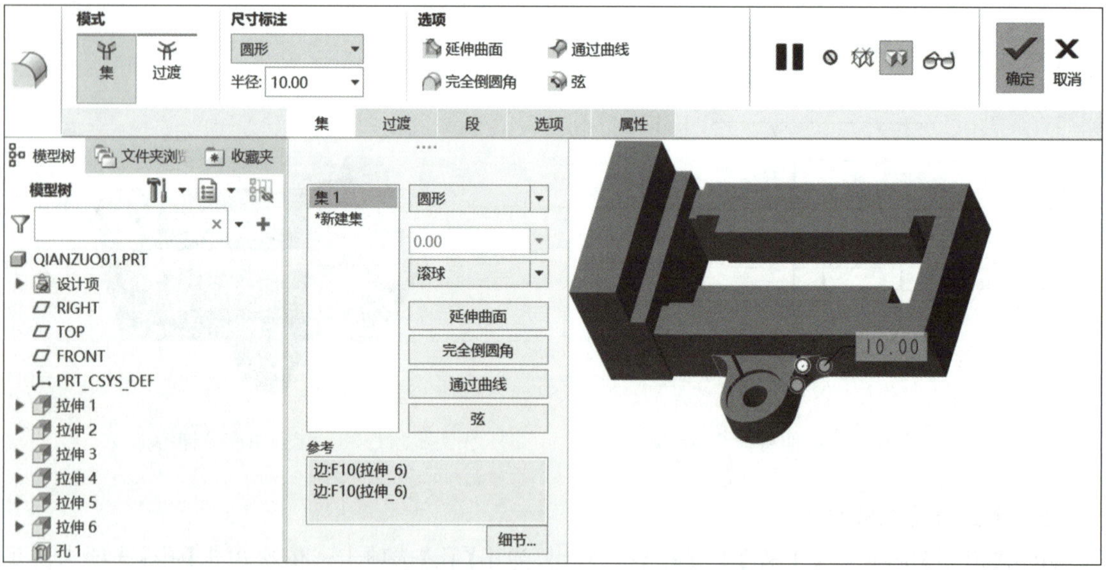

图 3-1-41　建立钳座倒圆角特征 1

10. 建立镜像特征 1

点选导航视窗模型树内的拉伸 4、拉伸 6、孔 1、倒圆角 1，单击【模型】选项卡/【编辑】组/【镜像】指令，弹出【镜像】选项卡，移动鼠标点选基准面 FRONT 为镜像平面，然后单击【镜像】选项卡【确定】按钮，完成这四个特征镜像特征 1 的建立，如图 3-1-42 所示。

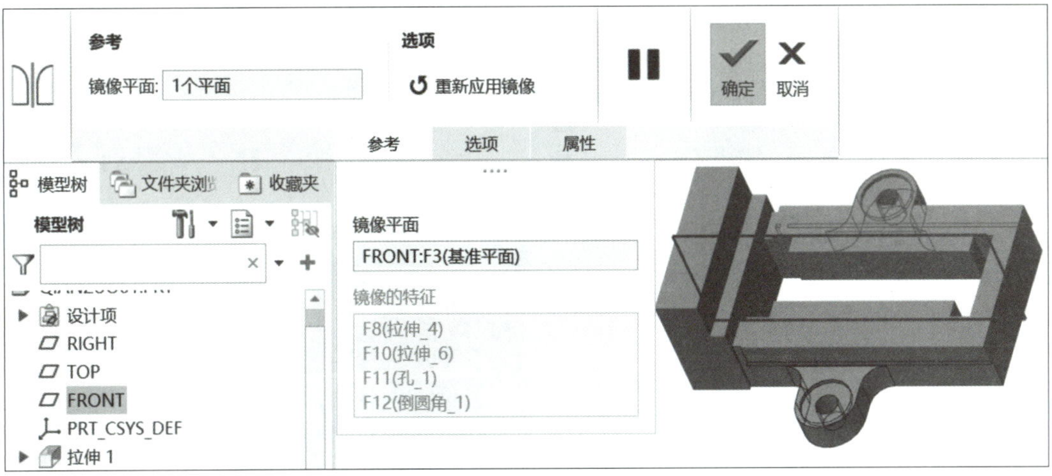

图 3-1-42　建立钳座镜像特征 1

11.　建立基准面"DTM1"和参考轴"A_5"

（1）单击【模型】选项卡/【基准】组/【平面】指令▱，在【基准平面】选项卡中，单击基准面 TOP 并输入偏移距离值"16"，单击【确定】按钮完成基准面"DTM1"的建立。

（2）单击【模型】选项卡/【基准】组/【轴】指令⁄，弹出【基准轴】选项卡，点选 DTM1 和 FRONT 面，再单击【确定】按钮，完成基准轴"A_5"的建立。

12.　建立两侧轴孔特征

（1）左侧沉头孔创建

单击【模型】选项卡/【工程】组/【孔】指令▦，然后按住 Ctrl 键移动鼠标依次单击孔放置面与基准轴"A_5"进行孔定位，依次单击【孔】选项卡指令类型▯、轮廓▯、▯和形状，并在弹出的对话框中输入孔参数，单击【孔】选项卡中【确定】按钮☑，完成钳座左侧孔特征的建立，如图 3-1-43 所示。

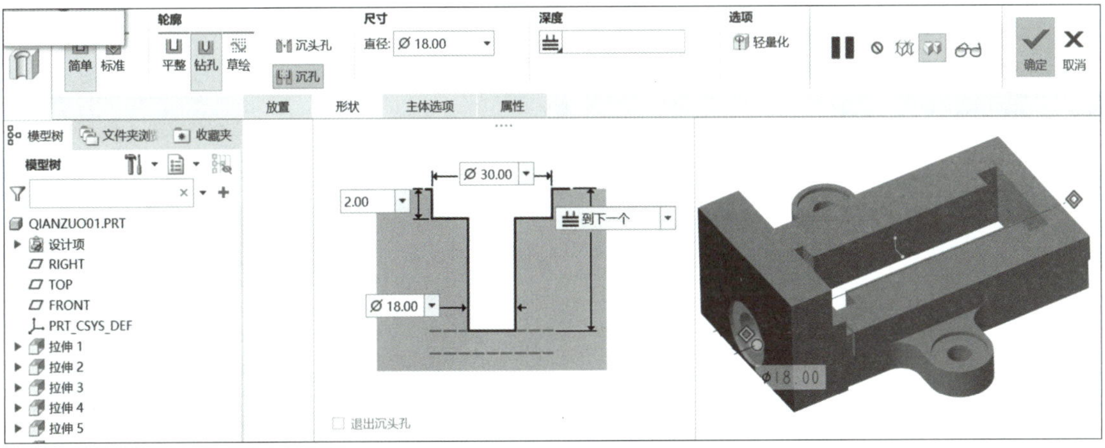

图 3-1-43　建立钳座左侧孔特征

（2）右侧孔创建

单击【模型】选项卡/【工程】组/【孔】指令▦，然后按住 Ctrl 键移动鼠标依次单击孔放置面与基准轴"A_5"进行孔定位,并在弹出的对话框中输入孔参数(直径 12,深度 11),然后单击【孔】选项卡中【确定】按钮☑,完成钳座右侧孔特征的建立,如图 3-1-44 所示。

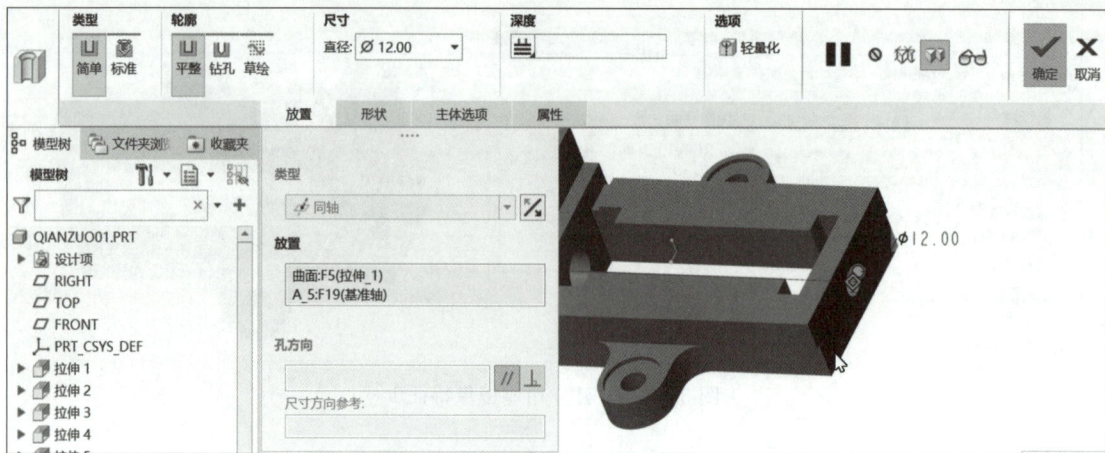

图 3-1-44　建立钳座右侧孔特征

13. 建立螺纹孔

(1) 建立左侧孔特征

单击【模型】选项卡/【工程】组/【孔】指令 ▥,然后移动鼠标单击孔放置面,依次单击【孔】选项卡指令类型 ▨、轮廓 ▣、◈,尺寸选项中螺纹类型 ▣ 选择"ISO",螺钉尺寸 ▧ 选择"M8X1",深度 ▤ 中输入"14",在【放置】选项卡中给定两个参考方向的偏移距离分别为"20"和"11"。切换到【形状】选项卡下,输入螺纹段长度 ▤"12",单击孔特征选项卡中【确定】按钮☑,完成钳座左侧孔特征的建立,如图 3-1-45 所示。

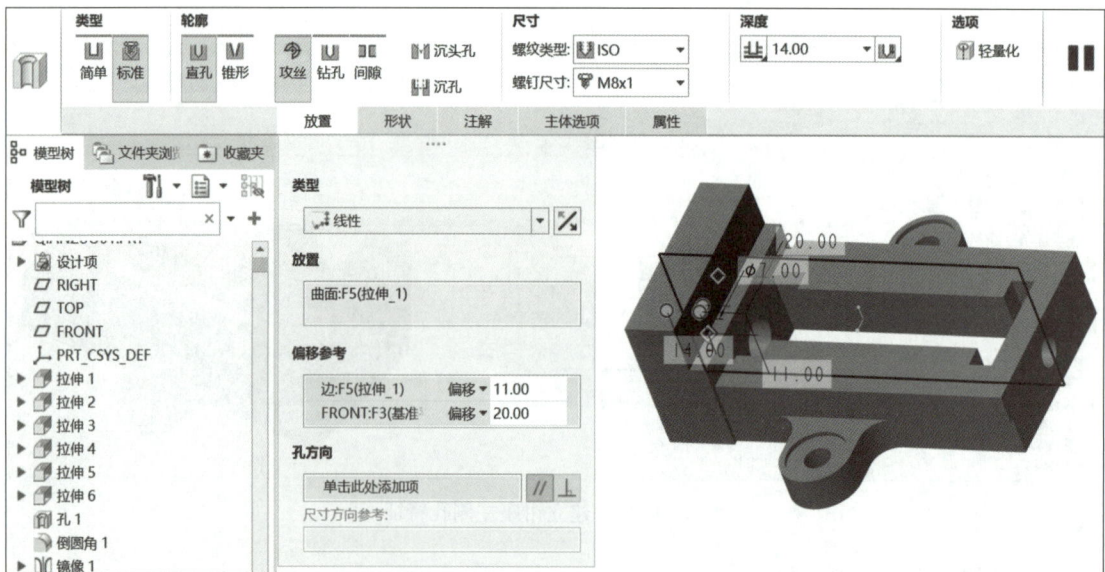

图 3-1-45　建立钳座左侧孔特征

（2）镜像螺纹孔特征

选导航视窗模型树内的孔 4（螺纹孔），单击【模型】选项卡/【编辑】组/【镜像】指令⬚⬚，弹出【镜像】选项卡，点选基准面 FRONT 为镜像平面，然后单击【镜像】选项卡【确定】按钮☑，完成螺纹孔镜像特征 2 的建立，如图 3-1-46 所示。

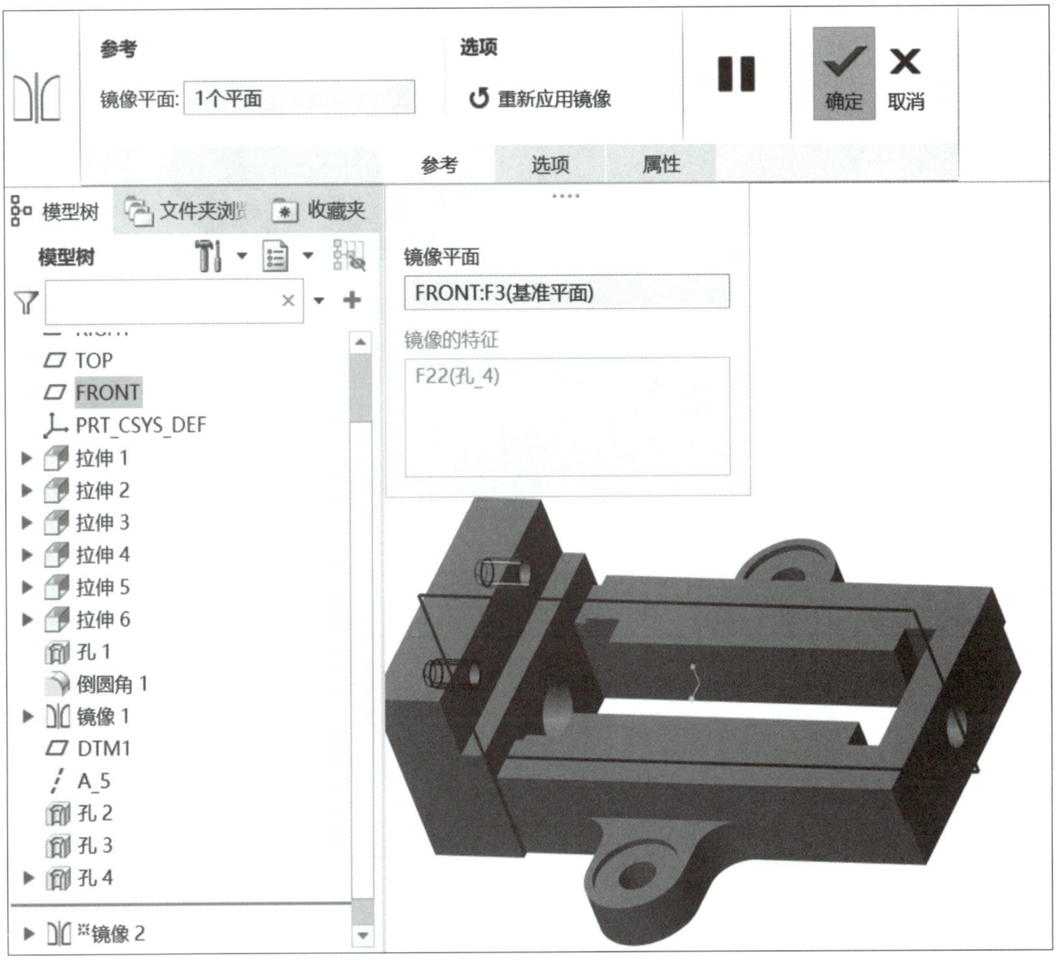

图 3-1-46　建立螺纹孔镜像特征 2

14．建立倒圆角特征

（1）单击【模型】选项卡/【工程】组/【倒圆角】指令⬚，按住 Ctrl 键，移动鼠标依次点选图形上要倒圆角的边线，在【尺寸标注】组"半径"文本框中输入圆角半径值"3"，单击【确定】按钮☑，完成倒圆角特征 2 的建立，如图 3-1-47 所示。

（2）再次单击【倒圆角】指令，按住 Ctrl 键依次点选图形上要倒圆角的边线，再输入圆角半径值"2"，单击【确定】按钮，完成倒圆角特征 3 的建立，如图 3-1-48 所示。

图 3-1-47　建立倒圆角特征 2

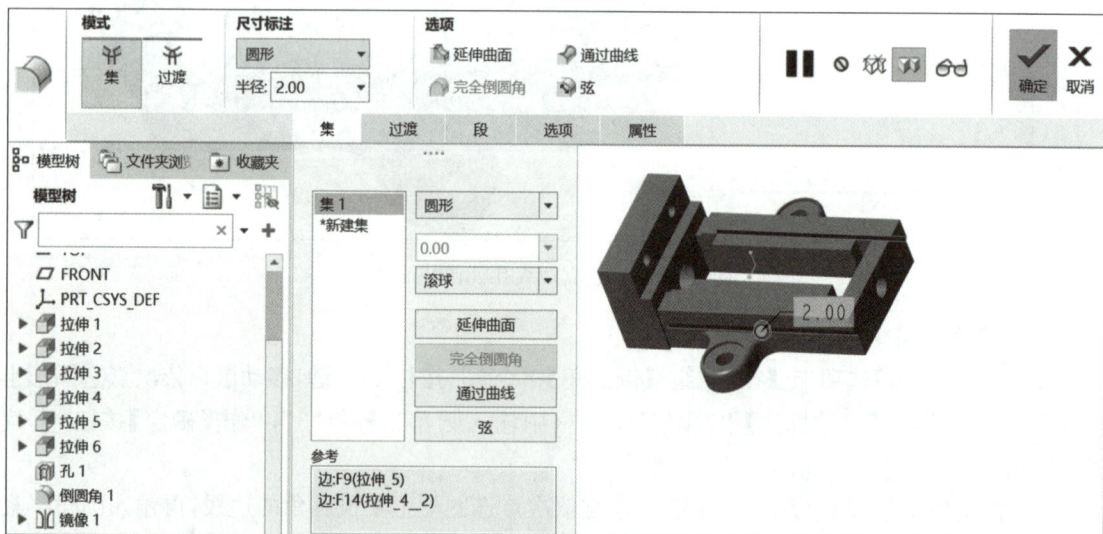

图 3-1-48　建立倒圆角特征 3

（3）单击【模型】选项卡/【工程】组/【倒圆角】指令，按住 Ctrl 键，移动鼠标依次点选图形上要倒圆角的边线，在【尺寸标注】组"半径"文本框中输入圆角半径值"10"，单击【确定】按钮，完成倒圆角特征 4 的建立，如图 3-1-49 所示。

图 3-1-49　建立倒圆角特征 4

（4）单击【模型】选项卡/【工程】组/【倒圆角】指令，按住 Ctrl 键，移动鼠标依次点选图形上要倒圆角的边线，在【尺寸标注】组"半径"文本框中输入圆角半径值"10"，单击【确定】按钮，完成倒圆角特征 5 的建立，如图 3-1-50 所示。

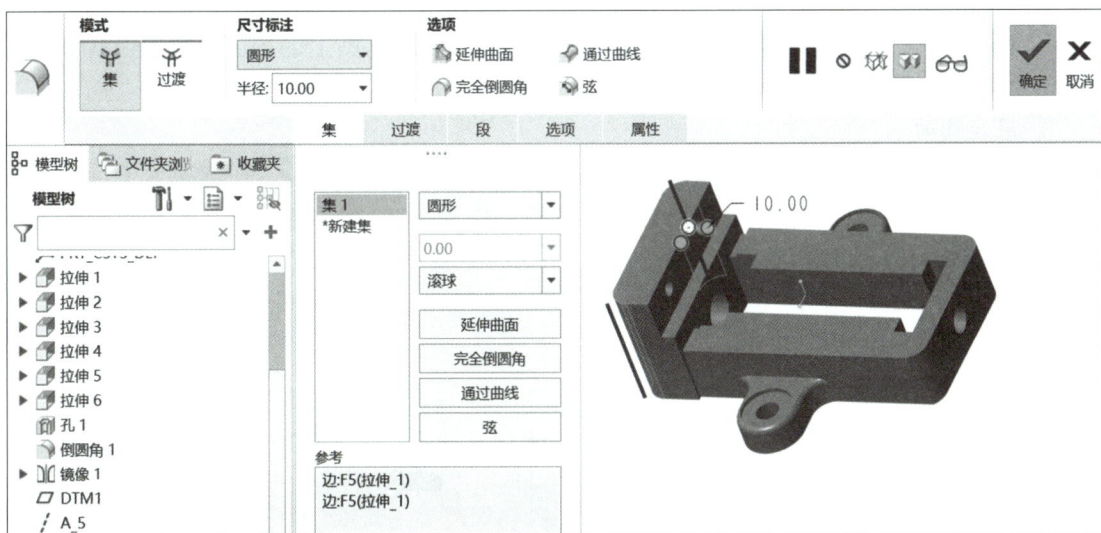

图 3-1-50　倒圆角特征 5

15．保存文件

将完成好的零件保存到"qianzuo01.prt"。

▼ **拓展训练**

1. 混合顶点

在建立混合特征的时候,系统要求每个混合截面的边数量是一样的。有时为了创建某种特殊形状的模型,不能用"打断"图元的方法保证各截面边的数量相同,此时,可以利用在边数量少的截面草图上添加"混合顶点"(该混合顶点充当了边的角色)的方法,使得各截面草图中的图元数相等,如图 3-1-51 所示。

图 3-1-51　在截面草图上添加"混合顶点"

混合顶点添加的位置不同,得到的混合特征形状也不同。对于由圆或椭圆截面组成的混合特征,在每个截面上没有起点,截面间通过顺序连接。

2. "椎体"混合特征

在建立由两截面生成"椎体"混合特征时,其中一个截面草图上的图元是一个"点",如图 3-1-52 所示。

3. 混合曲面

若建立混合曲面特征,单击【模型】选项卡/【形状】组/【混合】指令 ⬚ ,在选项卡中选择类型为曲面 ⬚ ,按建立混合特征方法进入混合截面草绘工作界面,绘制的各截面为图元数相等的不封闭图形,如图 3-1-53 所示。

图 3-1-52　建立"椎体"混合特征

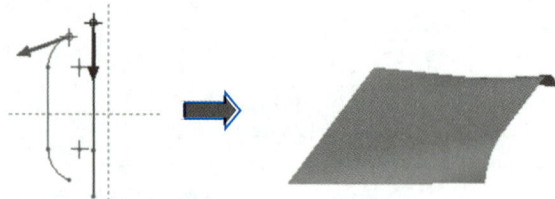

图 3-1-53　建立混合曲面特征

互动练习

项目三任务 1
在线测试

思考练习

1. 一般将混合特征分为(　　)三种类型。
   (A) 平行混合　　(B) 旋转混合
   (C) 一般混合　　(D) 拉伸混合
2. 若在特征中先后使用两关系①$d_1 = \sin 30$,②$d_2 = 4 * d_1$ 则 d_2 的值为(　　)。
   (A) 0.5　　(B) 1
   (C) 1.5　　(D) 2
3. 混合的属性有(　　)。
   (A) 规则　　(B) 扭转
   (C) 直的　　(D) 光滑
4. 按如图 3-1-54 所示的零件图,建立实体零件。
5. 按如图 3-1-55 所示的零件图,建立实体零件。

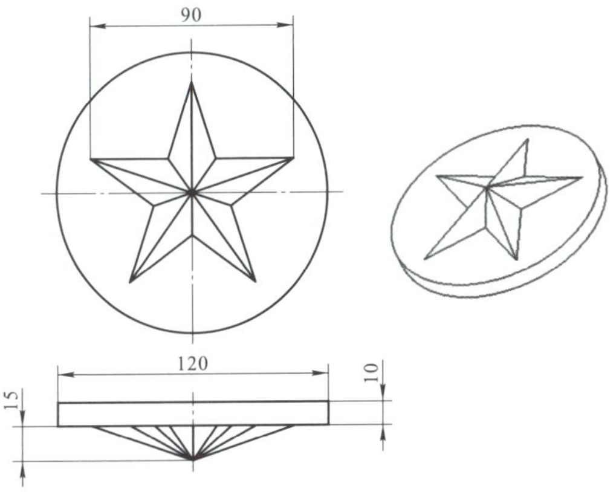

图 3-1-54　零件图

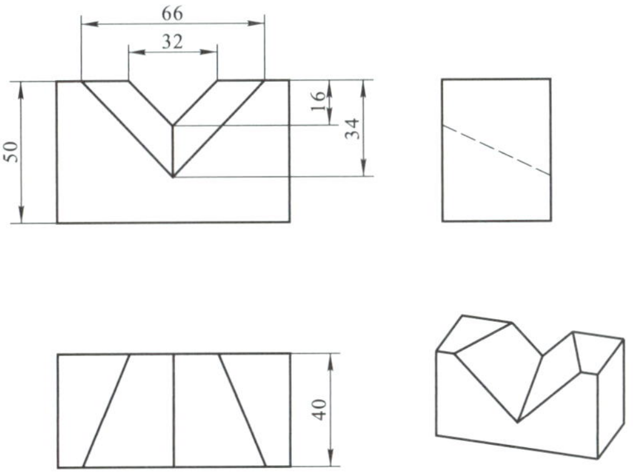

图 3-1-55　零件图

任务 2 活动钳口零件设计

学习目标

通过学习活动钳口零件设计任务,巩固【拉伸】【孔】【倒圆角】【镜像】【基准轴】【基准平面】等指令的使用方法。学习【扫描】【可变截面扫描】和【扫描混合】等指令建模方法。并学会三维零件建模思路,掌握三维模型特征分解及建模的注意事项。

任务引入

根据给出条件建立活动钳口的零件模型。零件图如图 3-2-1 所示。

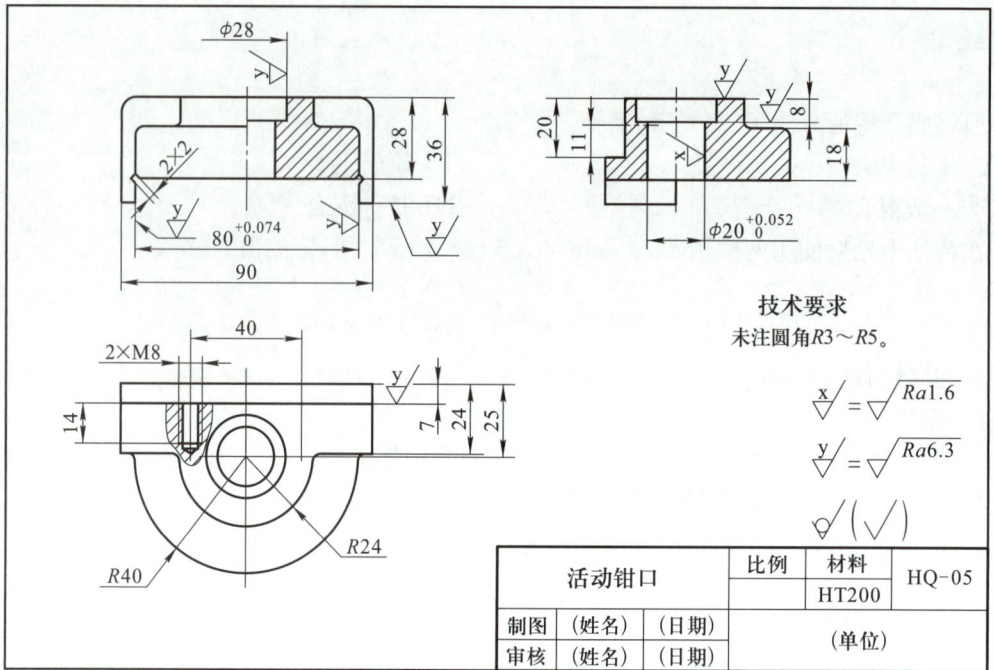

图 3-2-1　活动钳口零件图

▼ **任务分析**

　　首先利用拉伸特征建立叠加组成的活动钳口基体,然后再利用拉伸切除特征、孔特征、阵列特征及镜像特征建立基体上的孔,最后利用倒角特征完成活动钳口的创建。步骤见表 3-2-1。

表 3-2-1　活动钳口零件的建模步骤

1. 建立拉伸特征	2. 建立拉伸特征及镜像	3. 建立拉伸特征	4. 建立倒圆角
5. 建立拉伸特征及镜像	6. 建立螺纹孔及镜像	7. 建立孔特征	8. 建立活动钳口

▼ **知识链接**

1. 扫描特征介绍

扫描特征通过沿一个或多个轨迹扫描横截面草绘,同时控制截面的方向、旋转和几何来添加或移除材料,其中包括使用恒定截面和可变截面创建扫描。扫描几何表示可以是实体或曲面。【扫描】选项卡主要部分如图3-2-2所示。【扫描】选项卡上主要图标及含义见表3-2-2。

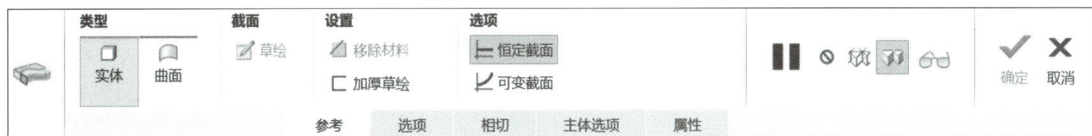

图3-2-2 【扫描】选项卡

表3-2-2 【扫描】选项卡上主要图标及含义

图标	含义	图标	含义
□ 实体	建立实体特征	◻ 曲面	建立曲面特征
✎ 草绘	打开内部草绘器以创建或编辑扫描横截面	▭ 加厚草绘	为草绘添加厚度以创建薄实体、薄实体切口或薄曲面修剪
◢ 移除材料	沿扫描移除材料,以便为实体特征创建切口或为曲面特征创建面组修剪	◪ 可变截面	建立可变截面扫描。将截面约束到轨迹,或使用带 trajpar 参数的截面关系来使草绘可变。
⊟ 恒定截面	建立恒定截面扫描		

扫引轨迹:扫描工具的主要组成是轨迹。草绘截面定位于附加至原点轨迹的框架上,并沿轨迹长度方向移动以建立特征。原点轨迹以及其他轨迹和其他参考(如平面、轴、边或坐标系的轴)可定义草绘扫描的方向。

2. 恒定截面扫描特征操作实例

步骤1:单击【模型】选项卡/【基准】组/【草绘】指令⬚,进入草绘工作界面,绘制如图3-2-3所示扫引轨迹草绘,单击确定按钮☑,退出草绘工作界面。

步骤2:选择扫引轨迹草绘,单击【模型】选项卡/【形状】组/【扫描】指令⬚,弹出【扫描】选项卡,单击【草绘】指令✎进入截面草绘工作界面,绘制如图3-2-4所示扫描截面草绘,单击【确定】按钮☑,退出草绘工作界面。

┌───┐
⚡ **知识点拨**

在绘制扫描轨迹时,若扫描轨迹为闭环,其扫描的起点可以在轨迹线中间任一点上,如扫描轨迹中有直线,则最好在轨迹线中的直线起点上。若扫描轨迹为开环的,其扫描的起点一定在轨迹线的端点上。
└───┘

步骤3:在【扫描】选项卡上单击【确定】按钮☑,建立扫描特征,如图3-2-5所示。

微视频

恒定截面
扫描特征

139

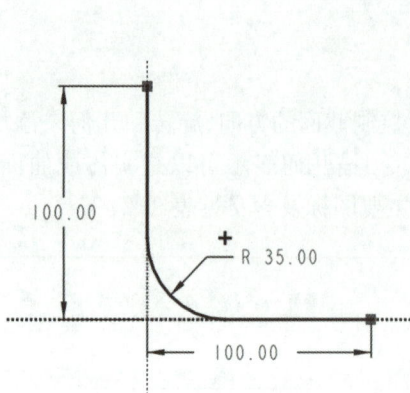

图 3-2-3　绘制扫引轨迹草绘

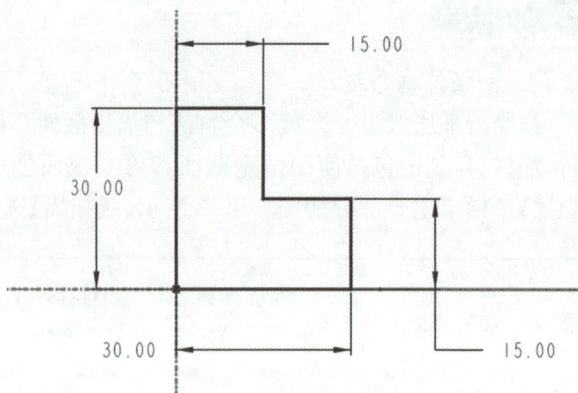

图 3-2-4　绘制扫描截面草绘

知识点拨

扫描特征与拉伸特征都是创建等截面的实体特征或曲面特征,其区别是:拉伸特征是拉伸截面草图沿草绘面的法向方向作直线运动而形成的特征,而扫描特征是截面草图沿着扫描轨迹运动所形成的特征。

图 3-2-5　建立扫描特征

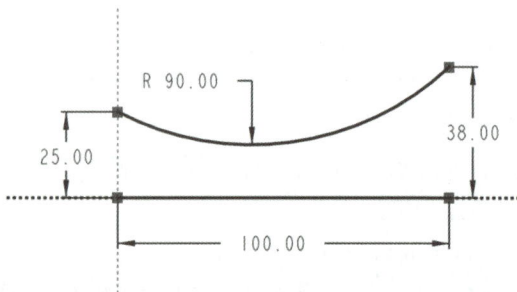

图 3-2-6　绘制扫引轨迹草绘

微视频

可变界面
扫描特征

3. 可变截面扫描特征操作实例

步骤1:单击【模型】选项卡/【基准】组/【草绘】指令，进入草绘工作界面,绘制如图3-2-6所示扫引轨迹草绘,单击【确定】按钮，退出草绘工作界面。

步骤2:选择扫引轨迹草图中的直线作为原点轨迹(原点轨迹上会显示有一个起点箭头),接着按住Ctrl键选择另一条曲线作为链轨迹,如图3-2-7所示。

步骤3:单击【模型】选项卡/【形状】组/【扫描】指令，进入【扫描】选项卡,单击【可变截面】指令，单击【草绘】指令进入截面草绘工作界面,绘制如图3-2-8所示扫描截面草绘,单击【确定】按钮，退出草绘工作界面。

步骤4:单击【扫描】选项卡上【确定】按钮建立变截面扫描特征,如图3-2-9所示。

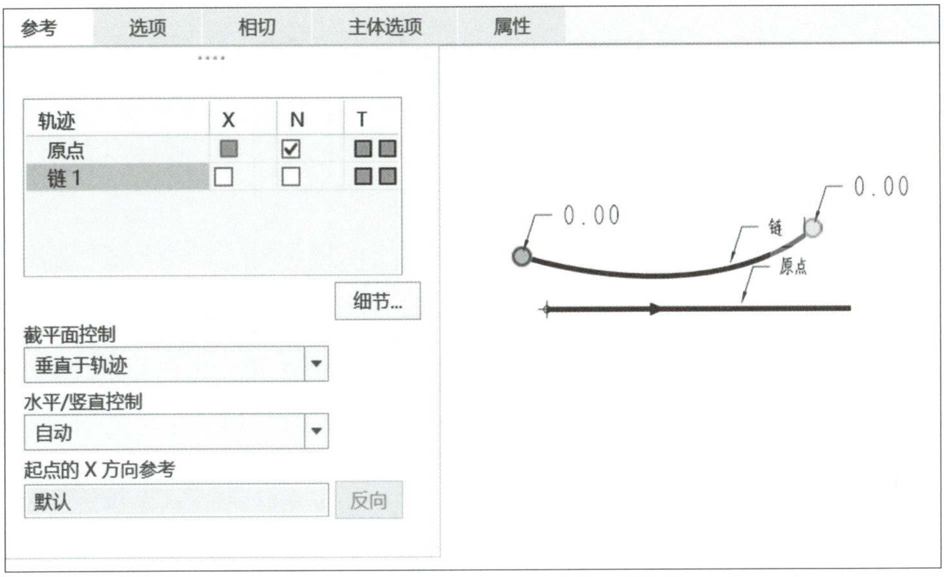

图 3-2-7　扫引轨迹选择

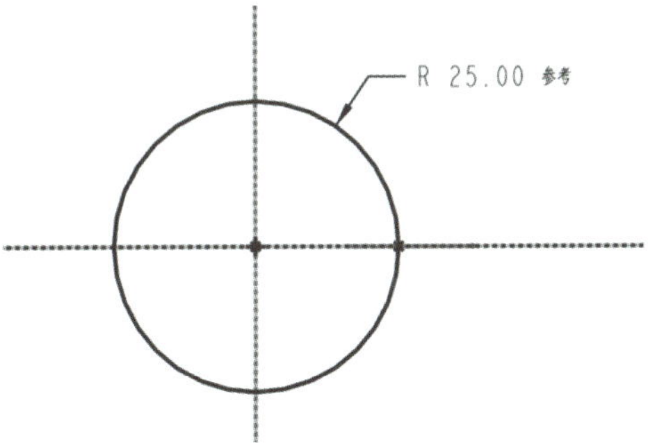

图 3-2-8　绘制扫描截面草绘

图 3-2-9　建立变截面扫描特征

▼ 任务实施

1. 进入建立实体零件工作界面

进入 Creo 软件后,使用绝对公制模板创建名为"qianshen01"文件。

2. 建立钳口拉伸特征 1

(1) 进入拉伸截面草绘工作界面

使用【拉伸】指令,在绘图区选择基准面 RIGHT 或在左侧模型树中选择基准面 RIGHT 作为草绘平面,进入拉伸截面草绘工作界面。

(2) 绘制钳口拉伸特征 1 草绘

利用指令,完成垫片截面草绘 1 的绘制,如图 3-2-10 所示。单击草绘图视工具"确定"☑按钮,退出草绘工作界面。

微视频

活动钳口零件
任务实施

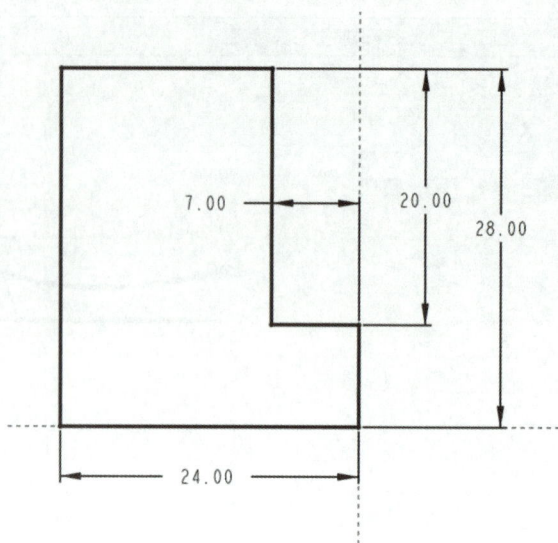

图 3-2-10　绘制钳口拉伸特征 1 草绘

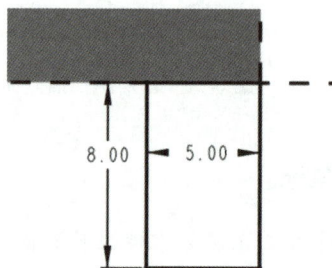

（3）设置拉伸特征参数

单击【拉伸】选项卡上指令⊞,并在后面的文本框中输入拉伸体厚度值"90",然后单击【拉伸】选项卡【确定】按钮☑,选择适当的显示类型,完成钳口拉伸特征 1 的建立,如图 3-2-11所示。

3. 建立钳口拉伸特征 2

重复上述步骤 2,以 FRONT 面为草绘平面,按如图 3-2-12 所示要求尺寸和位置,建立钳口拉伸切除特征 2,如图 3-2-13 所示。

图 3-2-11　钳口拉伸特征 1　　　　　图 3-2-12　绘制钳口拉伸特征 2 草绘

4. 建立镜像特征 1

点选导航视窗模型树内的拉伸 2,单击【模型】选项卡/【编辑】组/【镜像】指令🗏,弹出【镜像】特征选项卡,移动鼠标点选基准面 RIGHT 为镜像平面,单击【镜像】选项卡【确定】按钮☑,完成拉伸 2 特征的镜像特征 1,如图 3-2-14 所示。

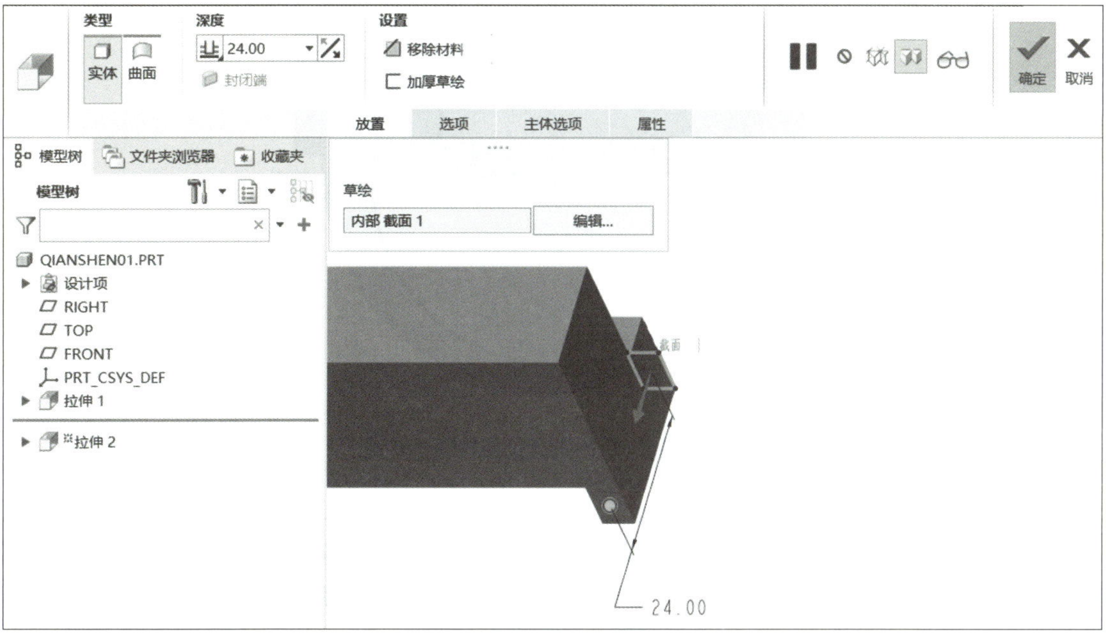

图 3-2-13　建立钳口拉伸特征 2

图 3-2-14　建立钳身镜像特征 1

5. 建立钳口拉伸特征 3

（1）进入拉伸截面草绘工作界面

使用【拉伸】指令，在绘图区选择基准面 TOP 或在左侧模型树中选择基准面 TOP 作为草绘平面，进入拉伸截面草绘工作界面。

（2）绘制拉伸特征 3 草绘

利用草绘指令，绘制拉伸特征 3 截面草绘，如图 3-2-15 所示。

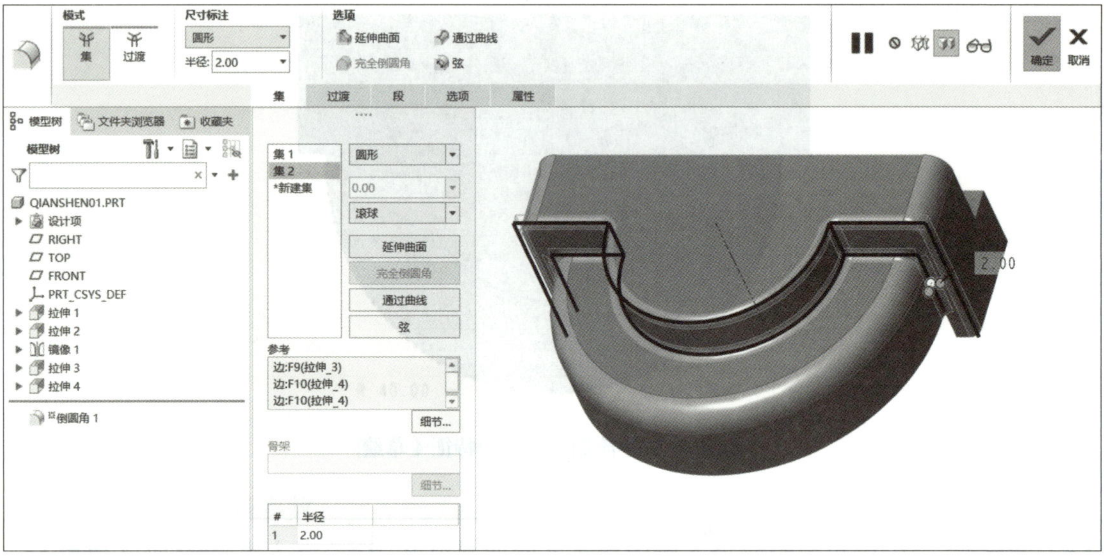

图 3-2-19　建立钳口倒圆角特征

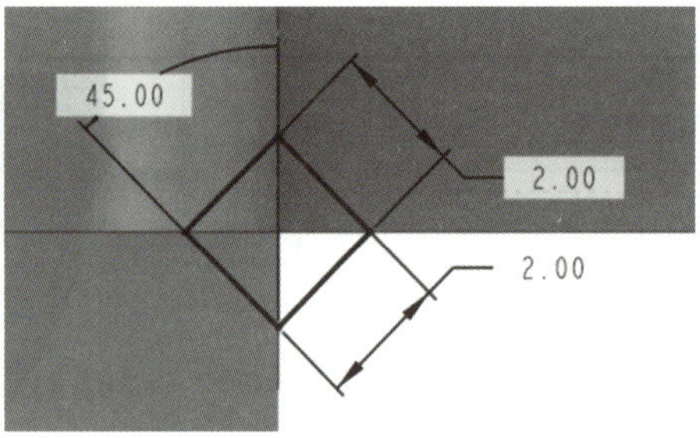

图 3-2-20　绘制钳身拉伸特征 5 草绘

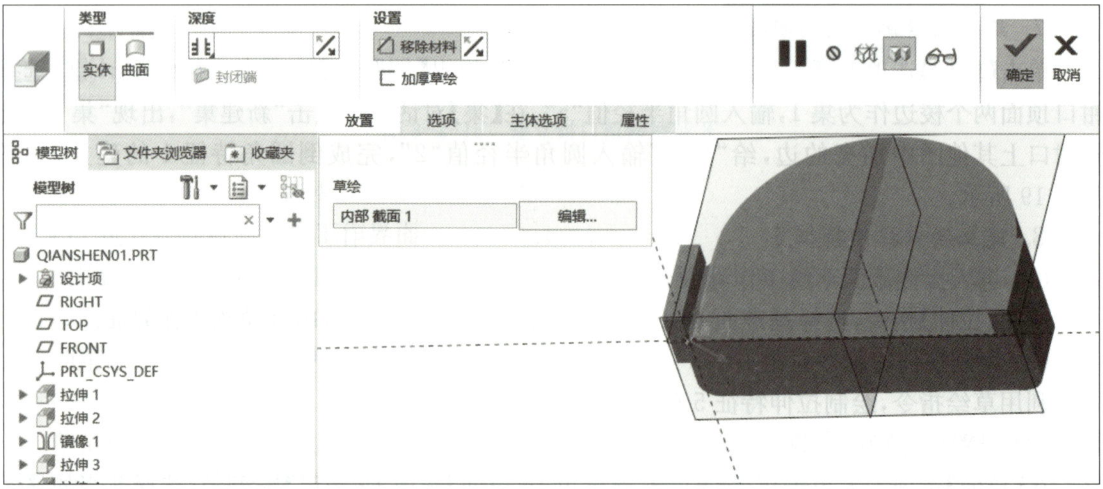

图 3-2-21　建立钳身拉伸特征 5

9. 建立镜像特征 2

点选导航视窗模型树内的拉伸 5,单击【模型】选项卡/【编辑】组/【镜像】指令▯▯,弹出【镜向】选项卡,移动鼠标点选基准面 RIGHT 为镜向平面,单击【确定】按钮✓,完成拉伸 5 特征的镜像特征 2 的建立,如图 3-2-22 所示。

图 3-2-22　钳身镜像特征 2

10. 建立钳口螺纹孔特征

（1）建立螺纹孔特征 1

单击【模型】选项卡/【工程】组/【孔】指令▯▯,然后按住 Ctrl 键移动鼠标单击孔放置面,依次单击【孔】选项卡类型▯▯、轮廓▯▯、▯▯指令,尺寸选项中螺纹类型▯▯选择"ISO",螺钉尺寸▯▯选择"M8X1",深度▯▯中输入"14",在【放置】选项卡中给定两个参考方向的偏移距离分别为"20"和"9"。切换到【形状】选项卡,输入螺纹段长度▯▯"12",单击【确定】按钮✓,完成钳口螺纹孔特征 1 的建立,如图 3-2-23 所示。

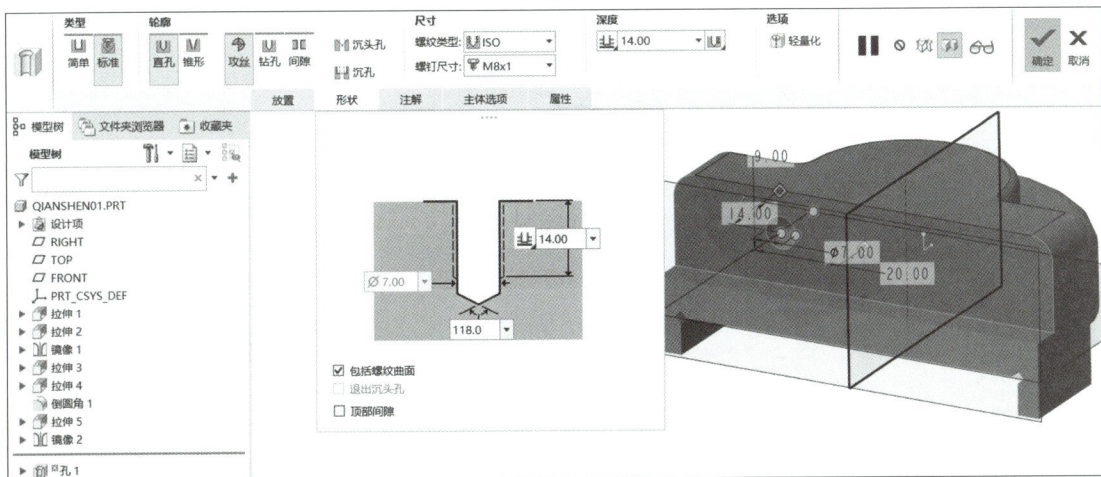

图 3-2-23　建立钳口螺纹孔特征 1

（2）镜像螺纹孔特征

选导航视窗模型树内的孔 1（螺纹孔），单击【模型】选项卡/【编辑】组/【镜像】指令，弹出【镜像】选项卡，移动鼠标点选基准面 RIGHT 为镜像平面，然后单击【镜像】选项卡【确定】按钮，完成螺纹孔镜像的建立，如图 3-2-24 所示。

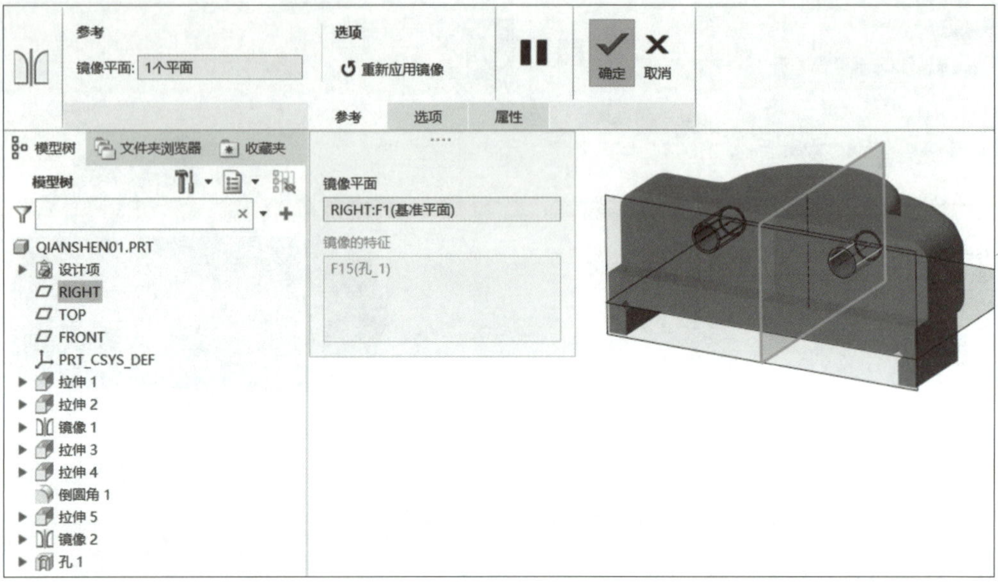

图 3-2-24　建立螺纹孔 1 的镜像

11. 建立钳口阶梯孔特征

单击【模型】选项卡/【工程】组/【孔】指令，然后按住 Ctrl 键移动鼠标依次单击孔放置面，依次单击【孔】选项卡类型、轮廓、指令，深度选择。在【放置】选项卡中按住 Ctrl 选择拉伸 4 的轴线和上表面，切换到【形状】选项卡，输入孔参数值，单击【孔】选项卡中【确定】按钮，完成钳口阶梯孔特征的建立，如图 3-2-25 所示。

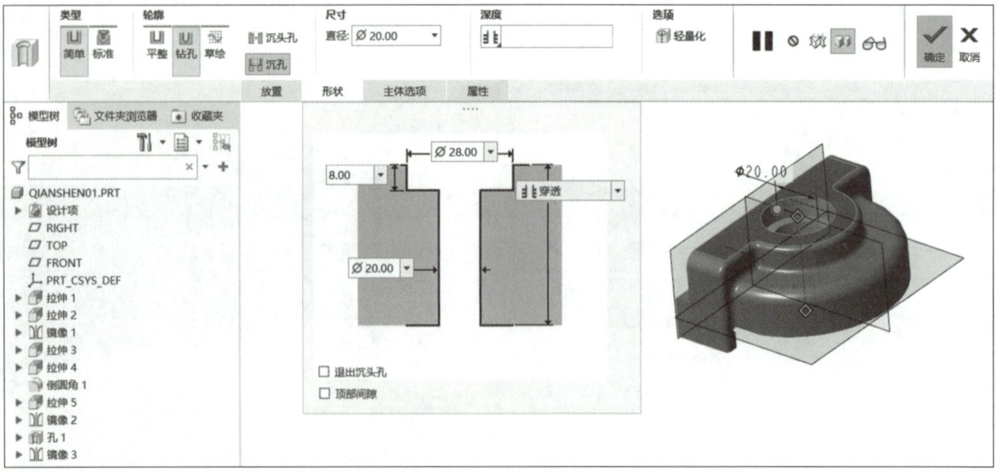

图 3-2-25　建立钳口阶梯孔特征

12. 保存文件

将创建好的零件保存到"qianshen01. prt"。

1. 扫描混合指令

扫描混合可以具有两种轨迹:原点轨迹(必需)和第二轨迹(可选)。每个扫描混合特征必须至少有两个截面,且可在这两个截面间添加截面。要定义扫描混合的轨迹,可选择一条草绘曲线、基准曲线或边。每次只有一个轨迹是活动的。在原点轨迹指定段的顶点或基准点处,草绘要混合的截面。要确定截面的方向,指定草绘平面的方向(Z 轴)以及该平面的水平/竖直方向(X 或 Y 轴)。使用"选定截面"选项来选择在进入扫描混合刀具之前草绘的截面。使用"草绘截面"选项在沿选定原点轨迹的点上草绘截面。

2. 扫描混合特征操作实例

利用【扫描混合】指令建立如图 3-2-26 所示模型。

(1) 单击【模型】选项卡/【基准】组/【草绘】指令，在绘图区选择基准面 FRONT 或在左侧模型树中选择基准面 FRONT 作为草绘平面,进入拉伸截面草绘工作界面。绘制如图 3-2-27 所示扫描轨迹草绘,单击【确定】按钮退出草绘工作界面。

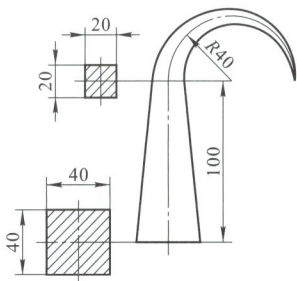

图 3-2-26　扫描混合模型

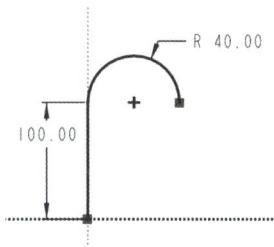

图 3-2-27　绘制扫描轨迹草绘

(2) 单击【模型】选项卡/【形状】组/【扫描混合】指令，弹出【扫描混合】选项卡。单击选中草绘 1 曲线作为原点轨迹。单击曲线上箭头,切换起始点到直线的端点,如图 3-2-28 所示。

图 3-2-28　选中扫描原点轨迹

（3）单击【截面】,进入【截面】选项卡。然后单击【截面】选项卡上的【草绘】,进入截面1草绘工作界面。在草绘工作界面中绘制以起点为中心40×40正方形作为截面1,单击【确定】按钮☑完成截面1的绘制,如图3-2-29所示。

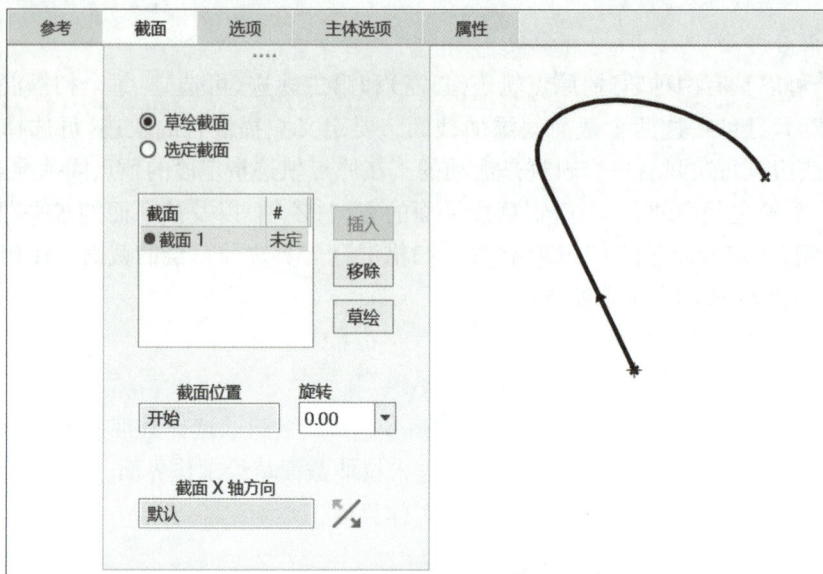

图 3-2-29　【截面】选项卡

（4）如图3-2-30所示,在【截面】选项卡中点击【插入】,在【截面】框中增加截面2,旋转视图,将轨迹摆放成三维模式,选择点1为截面位置,单击【草绘】按钮进入截面2草绘工作界面,在草绘工作界面中绘制以起点为中心20×20正方形作为截面2,单击【确定】按钮☑完成截面2的绘制。

图 3-2-30　绘制截面 2 草绘

（5）如步骤（4）所示，在【截面】选项卡中点击【插入】，在【截面】框中增加截面 3，旋转视图，将轨迹摆放成三维模式，单击【草绘】按钮进入截面 3 草绘工作界面，在草绘工作界面中的起点位置绘制一个点作为截面 3，单击【确定】完成 ☑ 截面 3 的绘制。单击【确定】按钮 ☑，完成该特征创建，如图 3-2-31 所示。

图 3-2-31　建立扫描混合特征

思考练习

1. 若要变更原有特征的属性和参照，应使用（　　）操作。

   （A）修改 　　　　　　　　　　（B）重新排序

   （C）重定义 　　　　　　　　　　（D）设置注释

2. 使用扫描来绘制伸出项时，若轨迹是封闭的，其截面（　　）。

   （A）一定要封闭 　　　　　　　　（B）一定不要封闭

   （C）不一定要封闭 　　　　　　　（D）一定要封闭且包围扫描起点

3. 建立扫描特征时，若扫描轨迹与已有实体表面接触，要使扫描特征与原有实体接合混成一体，应选择（　　）。

   （A）自由端点 　　　（B）合并端 　　　（C）开放轨迹 　　　（D）封闭轨迹

4. 按如图 3-2-32 所示的零件图，建立实体零件。

5. 按如图 3-2-33 所示的零件图，建立实体零件。

互动练习

项目三任务 2
在线测试

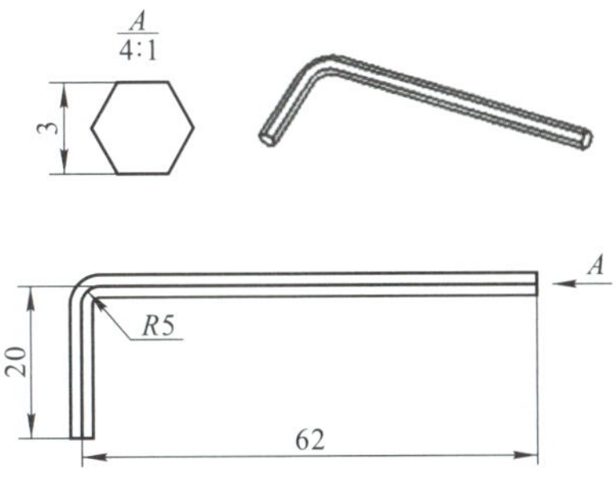

图 3-2-32　零件图

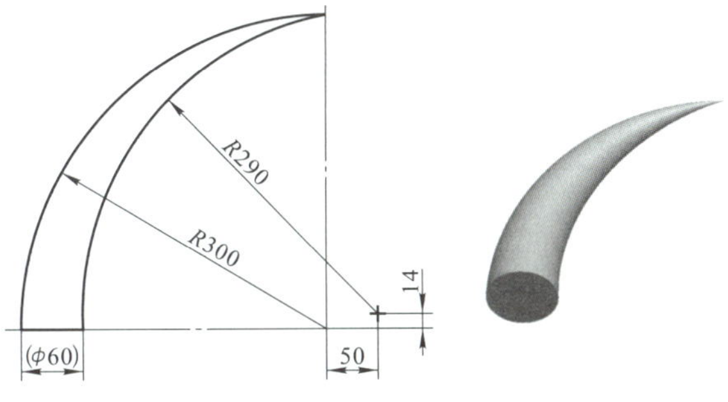

图 3-2-33　零件图

任务 3　螺杆零件设计

▼ 学习目标

通过学习螺杆零件设计任务，巩固【拉伸】【旋转】【孔】【倒角】【修饰螺纹】等指令的使用方法。学习【螺旋扫描】指令建模方法。训练三维零件建模思路，掌握三维模型特征分解及建模的要点。

▼ **任务引入**

按如图 3-3-1 所示的螺杆零件图，建立螺杆的零件模型。

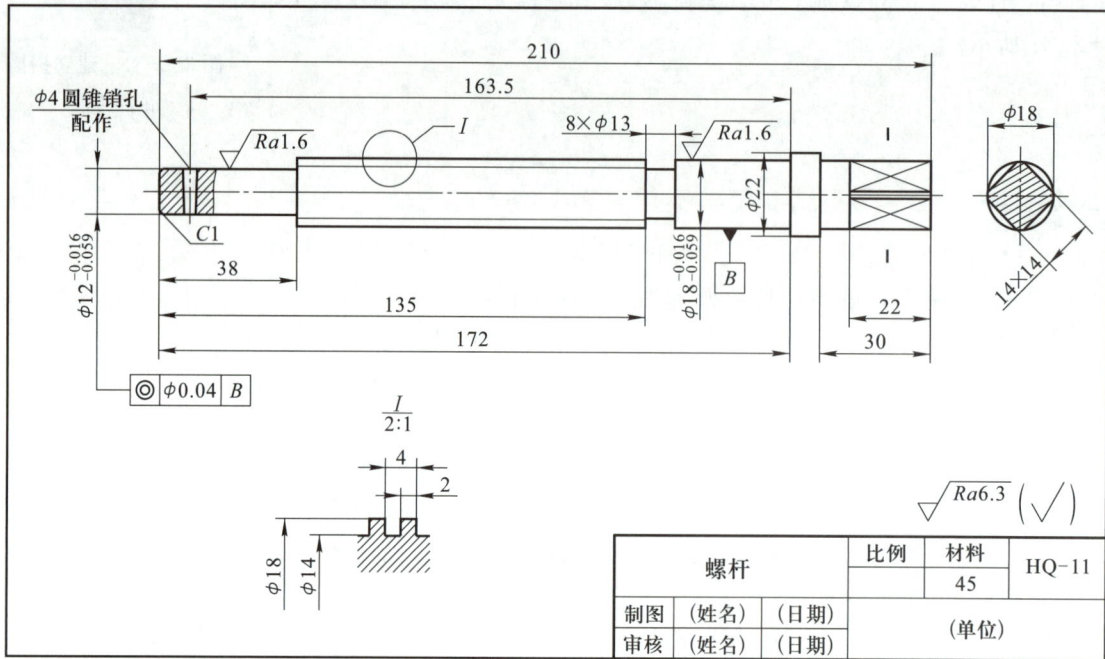

图 3-3-1 螺杆零件图

▼ **任务分析**

首先利用旋转特征建立螺杆基体，再使用拉伸特征完成螺杆头部的四棱柱，然后再利用螺旋扫描特征得到基体上的矩形螺纹，最后利用拉伸切除特征、倒角特征完成螺杆的建立，步骤见表3-3-1。

表 3-3-1 螺杆零件的建模步骤

1. 用旋转特征建立螺杆基体	2. 用拉伸特征建立螺杆头部的四棱柱	3. 用倒角和孔特征建立倒角和孔	4. 用螺旋扫描特征建立矩形螺纹

▼ **知识链接**

1. 螺旋扫描特征

扫描是将二维截面沿着指定的轨迹线扫描生成三维实体特征，使用扫描来建立增料或减料特征时，首先要有一条轨迹线，然后再建立沿轨迹线扫描的特征截面。螺旋扫描是用来建立螺旋特征的指令，是沿着一旋转面上的螺旋线轨迹扫描，以产生螺旋特征。实际上是一个特殊类型的扫描，特殊之处在于它的轨迹是螺旋线，所以就螺旋扫描的轨迹而言，有两个参数需要指定：螺距和螺旋线的直径;而对于螺旋扫描特征的截面要求和一般扫描特征的截面要求是一样的。螺旋扫描通常用于建立弹簧、螺纹连接件,如螺钉,螺母丝杠、蜗杆等机械零件。【螺旋扫描】选项卡如图 3-3-2 所示。【螺旋扫描】选项卡上主要图标及含义见表 3-3-2 所示。

图 3-3-2　【螺旋扫描】选项卡

表 3-3-2　【螺旋扫描】选项卡上主要图标及含义

图标	含义	图标	含义
实体	建立实体特征	加厚草绘	为草绘添加厚度以建立薄实体、薄实体切口或薄曲面修剪
曲面	建立曲面特征	移除材料	沿螺旋扫描移除材料,以便为实体特征建立切口或为曲面特征建立面组修剪
收集器	设置螺距值	左手定则	使用左手定则设置扫描方向
草绘器	打开草绘器以建立或编辑扫描横截面	右手定则	使用右手定则设置扫描方向

选项卡名称及主要功能如下:

【参考】选项卡:主要用来定义螺旋轮廓及相关属性。

【间距】选项卡:主要用来设置螺距值,并以表的形式显示间距点的编号列表。

【选项】选项卡:封闭端复选框,恒定截面和可变截面扫描定义。

【主体选项】选项卡:将特征创建为实体时可用。

2. 螺旋扫描操作实例

(1)使用【拉伸】指令,用鼠标选择基准面 RIGHT 作为草绘平面,进入拉伸截面草绘工作界面,绘制直径为 20 的圆。单击【确定】按钮,退出草绘工作界面。

(2)单击【模型】选项卡/【形状】组/【扫描】/【螺旋扫描】指令,弹出【螺旋扫描】选项卡,如图 3-3-3 所示。单击【实体】指令。选择【参考】选项卡/螺旋轮廓 定义... 指令,选择 FRONT 参考面作为草绘平面,进入螺旋扫描轮廓草绘工作界面。

(3)定义螺旋扫描轮廓。利用草绘指令,绘制如图 3-3-4 所示螺旋扫描轮廓草绘,包括一条螺旋扫描的中心线和一条螺纹小径的轨迹线,然后退出草绘工作界面。

微视频

螺旋扫描

153

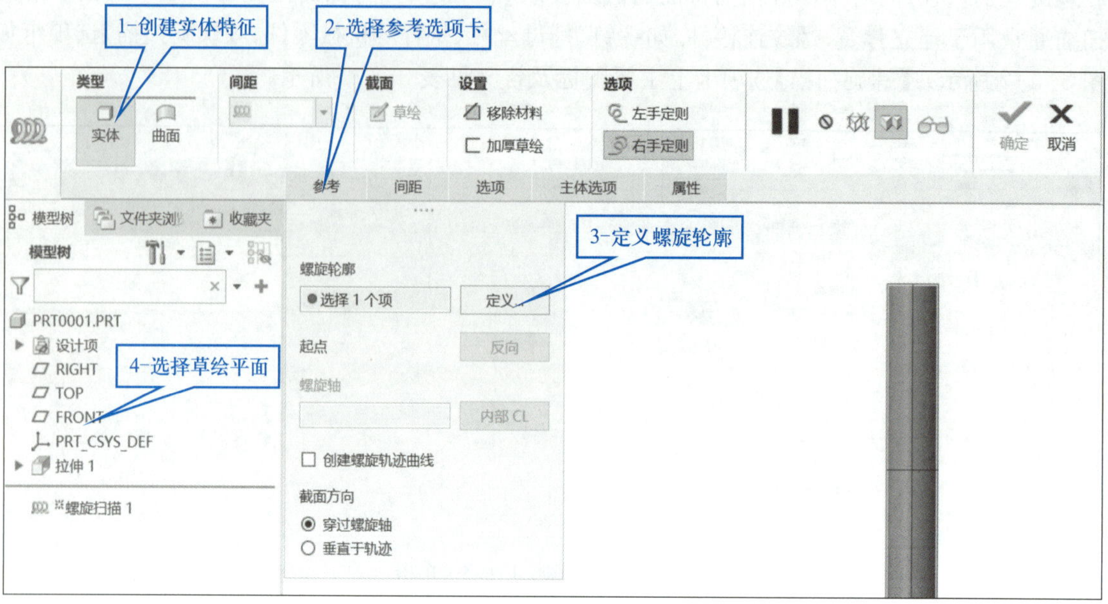

图 3-3-3 【螺旋扫描】选项卡

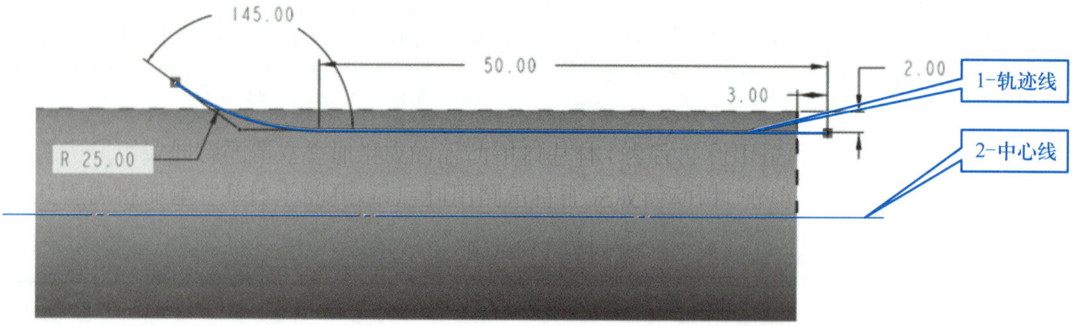

图 3-3-4 绘制螺旋扫描轮廓草绘

知识点拨

绘制螺旋扫描轮廓时,其螺旋扫描轮廓草绘中必须绘制一条中心线,作为螺旋扫描的旋转中心轴,再在螺纹所在的旋转面上绘制一条直线(与母线同一直线),其线长决定螺纹的长度。

建立三角螺纹时,其导引轨迹截面草绘中直线在开始部分可以延长一些在螺柱实体外部,以保证螺纹能够顺利渐变进入实体,结束部分添加一个向外离开的圆弧以构建螺纹的收尾部分。但要注意:圆弧尺寸要适当。

（4）定义螺旋扫描轮廓。在螺旋扫描特征操作工作界面上单击【草绘】指令 ，进入螺纹形状草图绘制工作界面,绘制如图 3-3-5 所示螺旋扫描截面草绘。单击【确定】按钮 ,退出草绘工作界面。

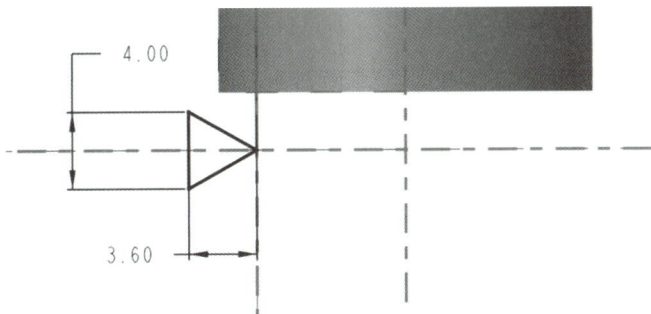

图 3-3-5　绘制螺旋扫描截面草绘

（5）定义螺旋扫描参数。如图 3-3-6 所示，在【间距】组文本框输入"4"，单击【移除材料】指令◿和【右手定则】指令◎，单击【确定】指令☑，完成螺纹的建立。

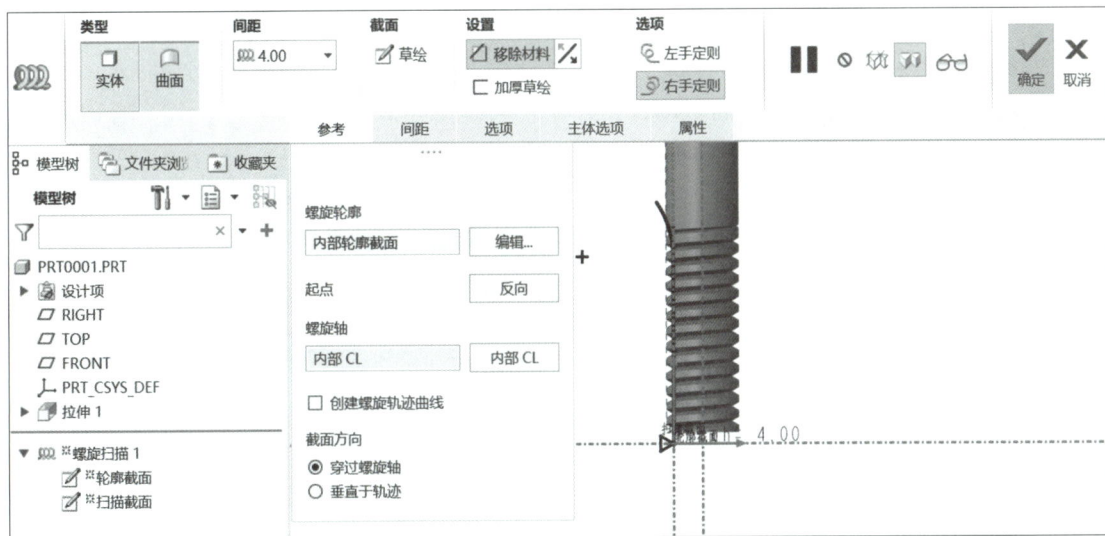

图 3-3-6　建立螺旋扫描特征

▼ **任务实施**

微视频

螺杆零件
任务实施

　1. 新建螺杆文件

进入 Creo 软件后，使用绝对公制模板创建名为"luogan01"文件。

　2. 建立螺杆旋转特征

单击【模型】选项卡/【形状】组/【旋转】指令◈，弹出【旋转】选项卡。用鼠标选择基准面 TOP 作为草绘平面，进入旋转截面草绘工作界面。

利用草绘指令，绘制螺杆截面草绘，如图 3-3-7 所示。

移动鼠标单击【旋转】选项卡指令⬚，并在文本框中输入旋转角度值"360"，然后单击【旋转】选项卡【确定】按钮☑，完成螺杆旋转特征的建立. 如图 3-3-8 所示。

图 3-3-7　绘制螺杆旋转截面草绘

图 3-3-8　建立螺杆旋转特征

3. 建立螺杆头部四棱柱拉伸特征

使用【拉伸】指令,选择基准面 RIGHT 或在左侧模型树中选择基准面 RIGHT 作为草绘平面,绘制螺杆头部四棱柱截面草绘,如图 3-3-9 所示。

单击【拉伸】选项卡上指令,并在后面的文本框中输入拉伸体厚度值"22",然后单击"确定"按钮,完成螺杆头部四棱柱拉伸特征的建立,如图 3-3-10 所示。

图 3-3-9　绘制螺杆头部
四棱柱截面草绘

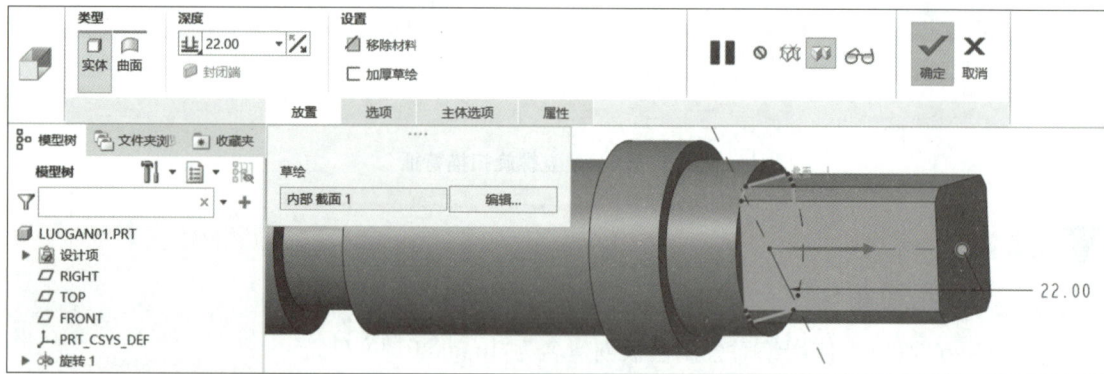

图 3-3-10　建立螺杆头部四棱柱拉伸特征

4. 建立螺杆螺旋扫描特征

(1) 单击【模型】选项卡/【形状】组/【扫描】/【螺旋扫描】指令,弹出【螺旋扫描】选项卡,如图 3-3-11 所示。单击【实体】指令,【移除材料】指令,【右手定则】指令。选择【参考】选项卡/螺旋轮廓 定义 指令,选择 FRONT 参考面作为草绘平面,进入螺旋扫描轮廓草绘工作界面。

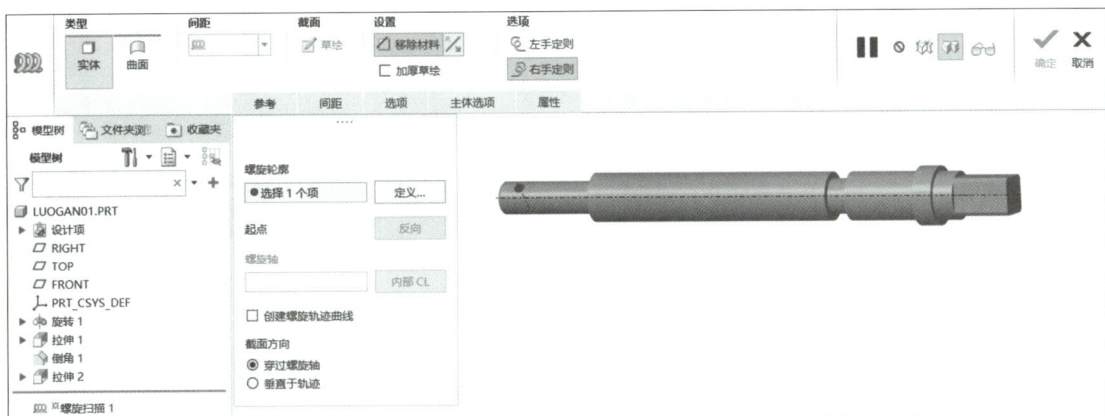

图 3-3-11　【螺旋扫描】选项卡

（2）定义螺旋扫描轮廓。利用草绘指令，绘制螺旋扫描轮廓草绘，包括一条螺旋扫描的中心线和一条螺纹小径的轨迹线，如图 3-3-12 所示。

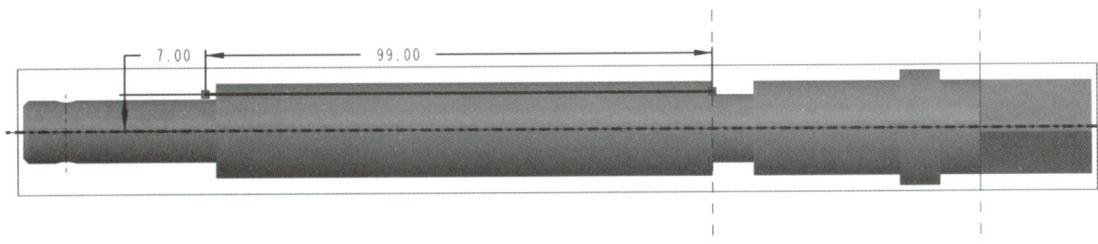

图 3-3-12　绘制螺旋扫描轮廓草绘

（3）定义螺旋扫描轮廓。在螺旋扫描特征操作界面上单击【草绘】指令，进入螺纹形状草绘工作界面，绘制如图 3-3-13 所示螺旋扫描截面草绘。

（4）定义螺旋扫描参数。如图 3-3-14 所示，在【间距】组后面文本框输入"4"，单击【移除材料】指令和【右手定则】指令，单击【确定】按钮，完成螺旋扫描特征的建立。

5. 创建螺杆倒角特征

单击【模型】选项卡/【工程】组/【倒角】指令，弹出【边倒角】选项卡，点选"角度×D"、并输入倒角参数"45""1"，移动鼠标依次点选要倒角的边，然后单击【边倒角】选项卡中【确定】按钮，完成螺杆倒角特征的建立。

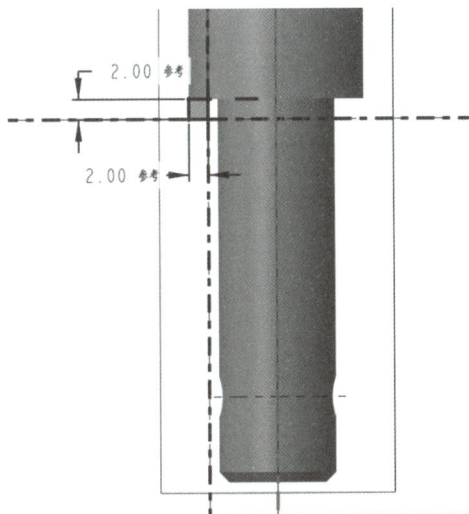

图 3-3-13　绘制螺旋扫描截面草绘

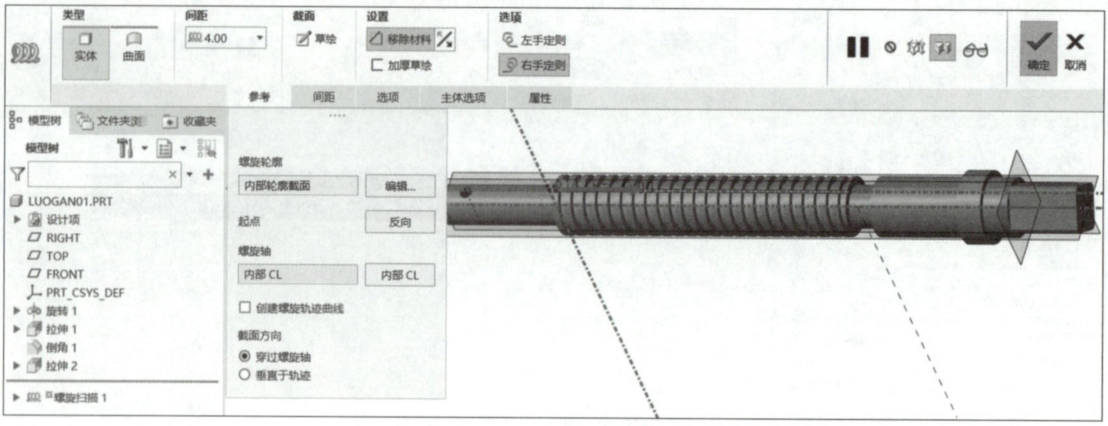

图 3-3-14　建立螺旋扫描特征

6. 创建螺杆孔特征

使用【拉伸】指令,单击 FRONT 为草绘面、接
受系统默认的基准面作为草绘参考面(底)。绘制直径为"4"的销孔草绘,完成草绘并选择为拉伸
深度方式□,输入拉伸切除值"12",单击【拉伸】选项卡中【确定】按钮☑,完成螺杆的拉伸切除特
征的建立,如图 3-3-15 所示。

图 3-3-15　建立螺杆的拉伸切除特征

7. 保存文件

将完成好的零件保存到"luogan01.prt"。

▼ 拓展训练

微视频

导向螺母
零件设计

1. 导向螺母零件设计

设计如图 3-3-16 所示的导向螺母。参考步骤如下:

(1)建立导向螺母拉伸特征 1

进入 Creo 软件后,使用绝对公制模板创建名为"luomu01"文件。

使用【拉伸】指令,在绘图区选择基准面 FRONT 或在左侧模型树中选择基准面 FRONT 作为草绘
平面,进入拉伸截面草绘工作界面。利用草绘指令,绘制导向螺母拉伸 1 草绘,如图 3-3-17 所示。

设置拉伸生成参数。单击【拉伸】选项卡上指令□,并在文本框中输入拉伸体厚度值"38",
单击【确定】按钮☑,完成导向螺母拉伸特征 1 的建立,如图 3-3-18 所示。

(2)建立导向螺母拉伸特征 2

使用【拉伸】指令。在绘图区选择拉伸特征 1 上表面作为草绘平面,进入拉伸截面草绘工作
界面。利用草绘指令,绘制导向螺母拉伸 2 草绘,如图 3-3-19 所示。

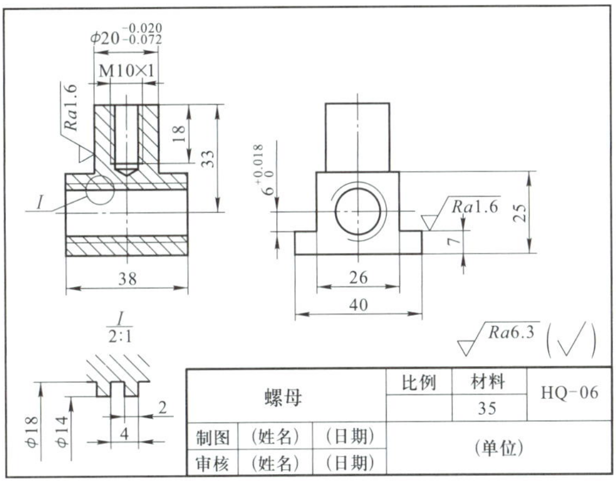

图 3-3-16　导向螺母零件图

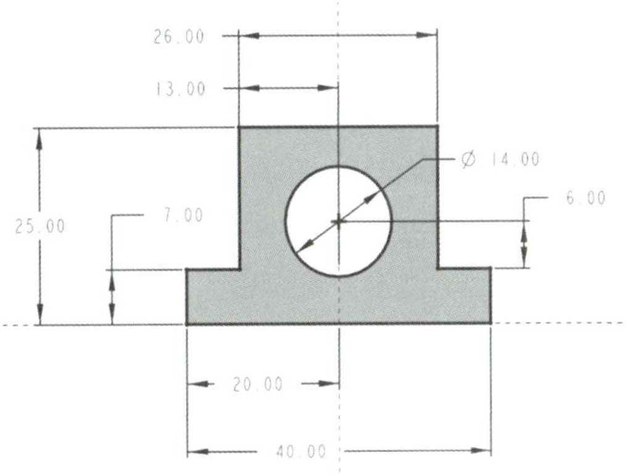

图 3-3-17　绘制导向螺母拉伸 1 草绘

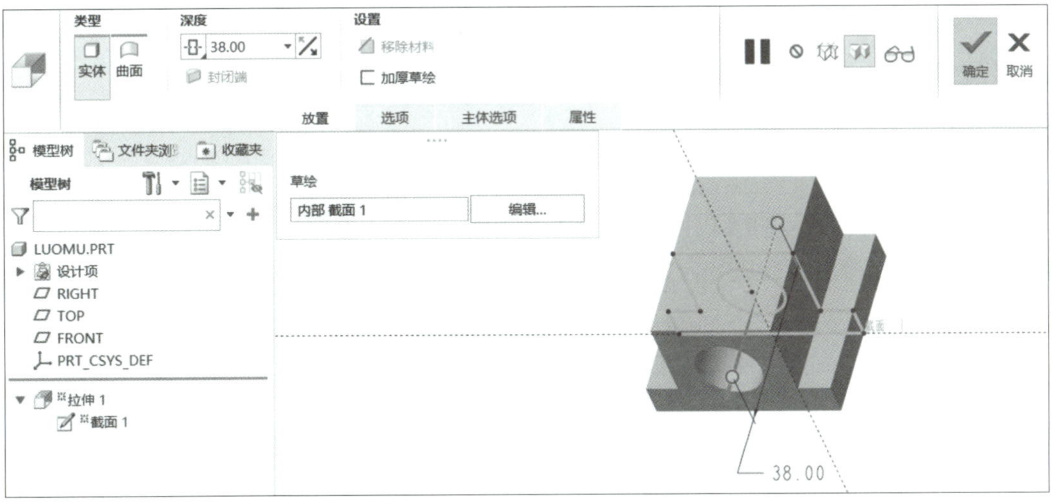

图 3-3-18　建立导向螺母拉伸特征 1

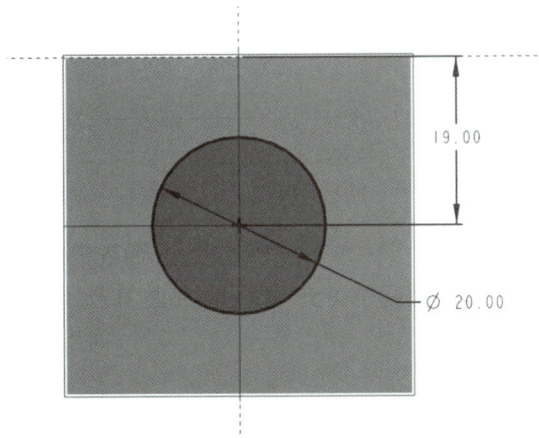

图 3-3-19　绘制导向螺母拉伸 2 草绘

（3）建立螺纹孔特征

单击【模型】选项卡/【工程】组/【孔】指令，按住 Ctrl 键移动鼠标依次单击拉伸 2 上表面和拉伸 2 的轴线，依次单击【孔】选项卡类型、轮廓、指令，尺寸选项中螺纹类型选择"ISO"，螺钉尺寸选择"M10×1"，深度中输入"18"。单击【确定】按钮，完成螺母螺纹孔特征的建立，如图 3-3-20 所示。

图 3-3-20　建立螺纹孔特征

设置拉伸特征参数。单击【拉伸】选项卡上指令，并在后面的文本框中输入拉伸体厚度值"21"，单击【确定】按钮，完成导向螺母拉伸特征 2 的建立，如图 3-3-21 所示。

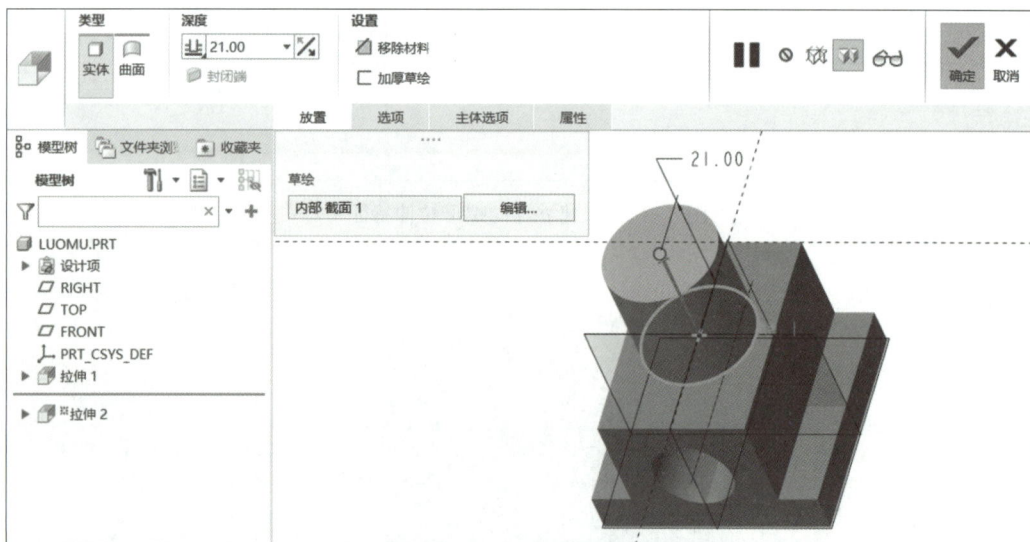

图 3-3-21　建立导向螺母拉伸特征 2

（4）建立螺杆螺旋扫描特征

① 单击【模型】选项卡/【形状】组/【扫描】/【螺旋扫描】指令，弹出【螺旋扫描】选项卡。单击【实体】指令，【移除材料】指令，【右手定则】指令。在【参考】选项卡中单击螺旋轮廓

定义指令,选择 RIGHT 参考面作为草绘平面,进入螺旋扫描轮廓草绘工作界面。

② 定义螺旋扫描轮廓。利用草绘指令,绘制螺旋扫描轮廓草绘,包括一条螺旋扫描的中心线和一条螺纹小径的轨迹线,如图 3-3-22 所示。

③ 定义螺旋扫描轮廓。在螺旋扫描特征操作界面上单击【草绘】指令,进入螺纹形状草绘工作界面,绘制如图 3-3-23 所示螺旋扫描截面草图。单击【确定】按钮,退出草绘工作界面。

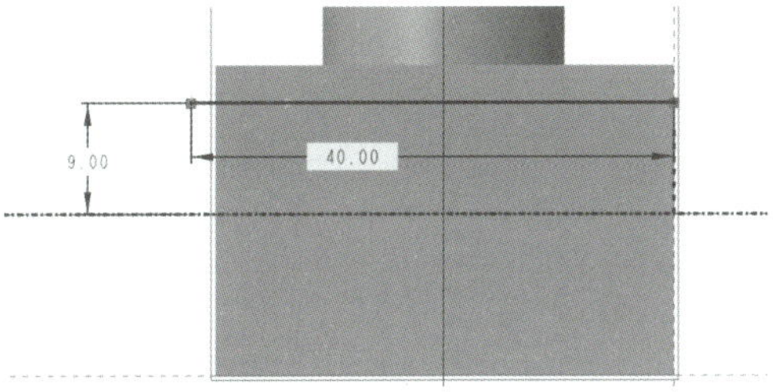

图 3-3-22　绘制螺旋扫描轮廓草绘

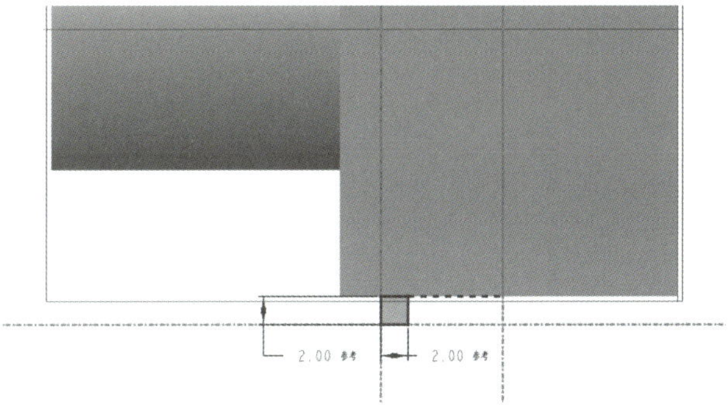

图 3-3-23　螺旋扫描截面草图

④ 定义螺旋扫描特征参数。如图 3-3-24 所示,在【间距】组后面文本框输入"4",单击【确定】按钮,完成螺杆扫描切除特征的建立。

（5）保存文件

将完成好的零件保存到"luomu01.prt"。

2．利用螺旋扫描特征建立弹簧

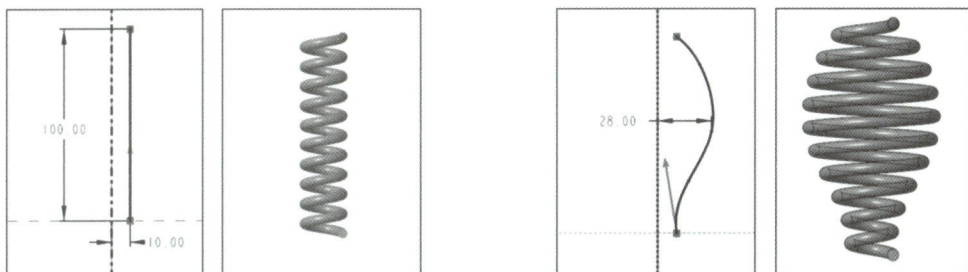

（1）等节距弹簧

在利用螺旋扫描特征创建弹簧时,所绘制的扫描轨迹截面草绘中必须绘制一条中心线,作螺旋扫描的旋转中心轴,再绘制扫描截面的中心轨迹所在的旋转面的旋转截面(不能封闭)。

图 3-3-24　建立螺杆扫描切除特征

例如,扫描轨迹是一条中心线加一条直线段(圆柱面的旋转截面)可建立圆柱弹簧。有时,扫引轨迹也可以是一条中心线加一条曲线段来构成。如图 3-3-25 所示,扫引轨迹可以控制螺旋扫描特征的结构形状。

图 3-3-25　扫引轨迹控制螺旋扫描特征的结构形状

（2）可变节距弹簧

① 在利用螺旋扫描特征建立弹簧时，在【螺旋扫描】选项卡上【间距】选项卡中定义间距来设置可变螺距。

②【间距】选项卡中1♯螺距点始终从螺旋轮廓的起点投影到螺旋旋转轴；2♯螺距点从螺旋轮廓的终点投影到螺旋旋转轴。应沿螺旋旋转轴在第一个和最后一个螺距点之间定义任何螺距点的位置。可以使用参考设置位置，参考可以是沿旋转轴从起点的比例，或从起点的实际尺寸（值），如图3-3-26所示。

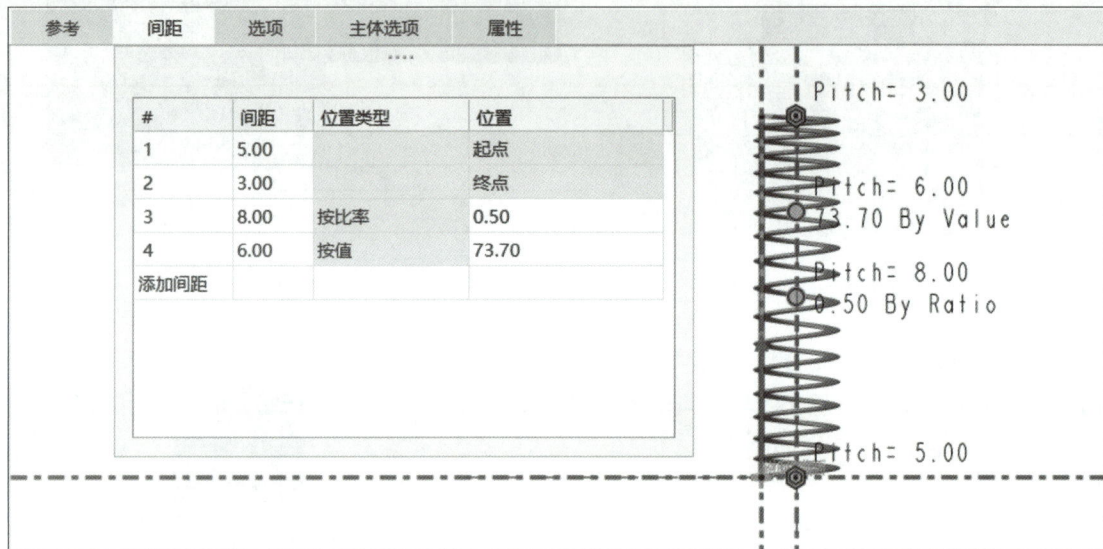

图 3-3-26　定义间距

3. 利用螺旋扫描特征创建双线螺纹

利用螺旋扫描还可以建立双线螺纹和多线螺纹，创建方法如下：

利用复制、平移或阵列螺旋扫描特征的方法。创建第二条螺旋扫描时，其扫描轨迹线起点与第一条扫描轨迹线起点相距一个螺距即可。

思考练习

互动练习

项目三任务3
在线测试

1. 约束"＝"可用来指定（　　）。

（A）相同半径　　　　　　　　　（B）相同长度

（C）相同角度　　　　　　　　　（D）相同曲率

2. 关系最常见的应用是（　　）。

（A）2D草绘截面　　　　　　　（B）零件特征

（C）基准曲线从方程　　　　　　（D）可变例面扫描

3. 建立螺旋扫描时（　　）。

（A）只要求螺旋轮廓

（B）只需扫描截面

（C）要螺旋轮廓和扫描截面
4. 按如图 3-3-27 所示的零件图,建立实体零件。
5. 按如图 3-3-28 所示的零件图,建立实体零件。

螺距：1.5
螺纹底孔：ϕ11.6

图 3-3-27 零件图

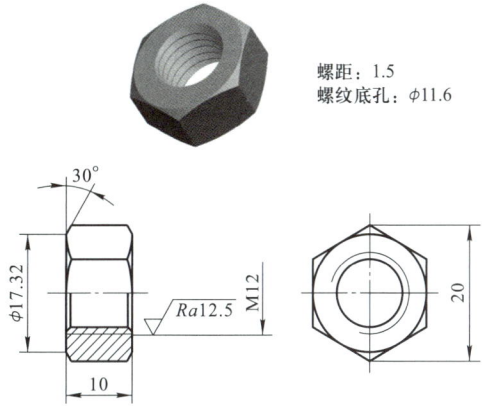

图 3-3-28 零件图

项目四
齿轮泵及虎钳整体设计

延伸阅读

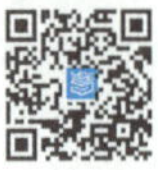

蛟龙号载人潜水器

本项目要求完成齿轮泵(图 4-0-1)和虎钳(图 4-0-2)的产品装配和零件工程图绘制，通过本项目每个任务的完成，学习并掌握零件装配的基本方法和一般流程，以及建立装配体分解视图(爆炸视图)的方法，掌握由三维模型创建二维工程图的方法。

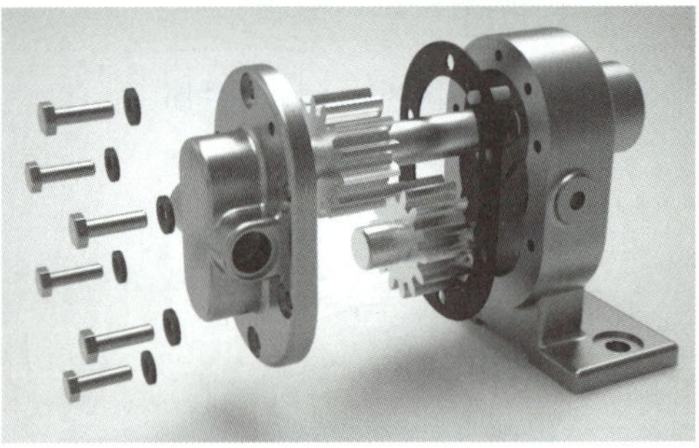

图 4-0-1 齿轮泵

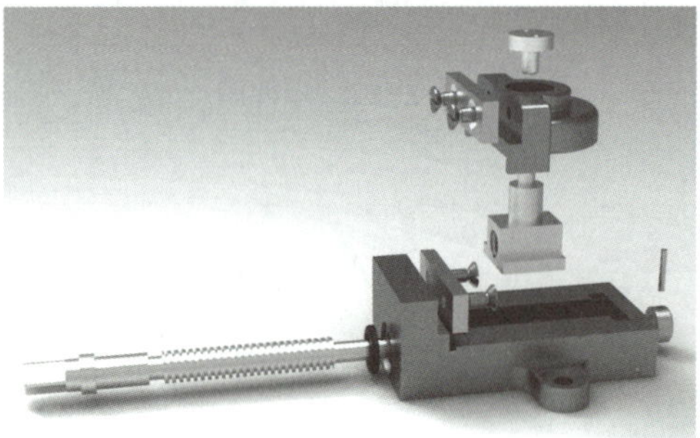

图 4-0-2 虎钳

学习目标

1. 能创建装配文件，熟悉装配工作界面。
2. 熟悉装配的约束类型，能选用恰当的约束方式正确装配元件。
3. 能通过分解或组合的不同方式显示装配组件模型。
4. 能正确建立工程图文件并对绘图环境进行简单设置。
5. 能利用一般视图、投影视图、剖视图等多种视图准确表达零件的结构形状。
6. 掌握标注各种图素的方法和技巧，能正确对图形进行尺寸及其他技术标注。

▼ 知识拼图

```
                                    项目四
    ┌──────────┬──────────┬──────────┬──────────┬──────────┬──────────┐
 基本操作    二维草图    基准特征    基础特征    工程特征    编辑特征
```

基本操作	二维草图	基准特征	基础特征	工程特征	编辑特征
启动及工作界面	绘制草图	基准平面	拉伸	孔	镜像
文件管理操作	尺寸标注	基准轴	旋转	壳	移动
模型视图基础	几何约束	基准点	扫描	倒圆角	缩放
模型树与层树的应用	草图编辑	基准曲线	混合	倒角	阵列
自定义屏幕要素	解决草图冲突	基准坐标系		筋	
				拔模	
				修饰螺纹	

数控编程	曲面设计	工程图设计	装配设计	高级特征
元件	基本曲面	工程图配置	装配概述	扫描混合
机床设计	— 拉伸曲面	工程图类型	装配元件	旋转混合
工艺	— 旋转曲面	尺寸标注	创建元件	螺旋混合
制造几何	— 恒定界截面扫描曲面	添加注释	操作元件	
铣削	— 混合曲面	视图布局	处理元件	
— 粗加工	— 扫描混合曲面	图框模板创建	— 复制	
— 重新粗加工	— 可变界面扫描曲面	剖视图绘制	— 镜像	
— 精加工	填充曲面		— 重复	
— 曲面铣削	边界混合		创建爆炸视图	
— 集体块粗加工	曲面编辑		两种装配方法	
— 轮廓铣削	— 修剪		— 自上而下	
— 腔槽加工	— 复制粘贴		— 自下而上	
— 孔加工循环	— 偏移			
校验和输出	— 合并			
— 播放路径	— 加厚			
— 保存CL文件	— 实体化			
— CL文件后处理	— 投影曲线			
	— 交截曲线			
	造型设计			

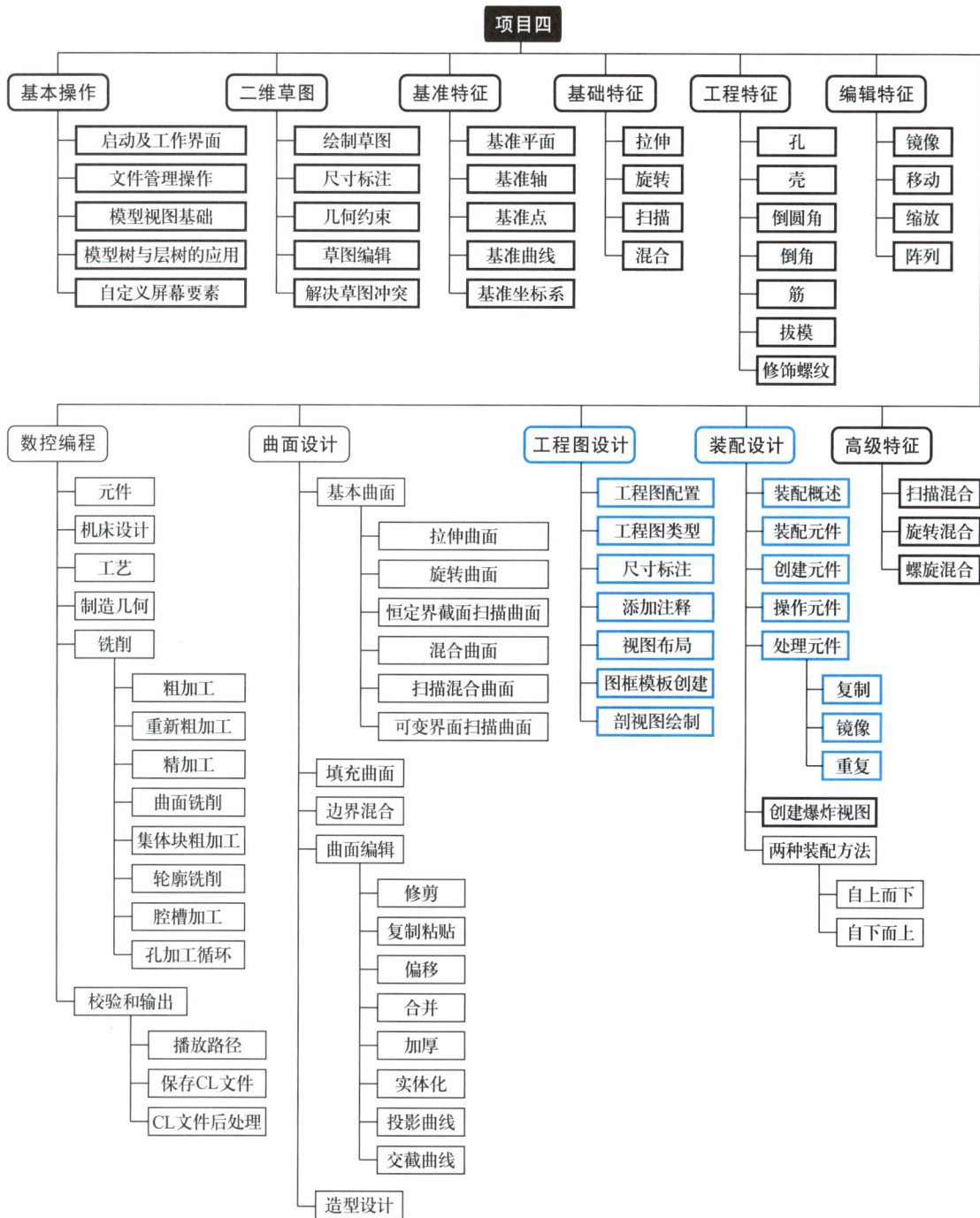

注：红色标记知识点为本项目涉及的新指令。

任务 ① 齿轮泵装配设计

▼ **学习目标**

通过学习齿轮泵装配设计,掌握【组装】指令 组装元件,【创建】指令 创建元件,装配元件的阵列等,能熟练使用元件放置界面、约束类型、显示窗口、显示拖动器(3维球)进行装配。

▼ **任务引入**

齿轮泵装配图主要由泵盖、泵体、垫片、齿轮轴 1、齿轮轴 2、螺钉、垫圈和销钉等零件装配而成,如图 4-1-1 所示。利用组合模块完成齿轮泵的装配。

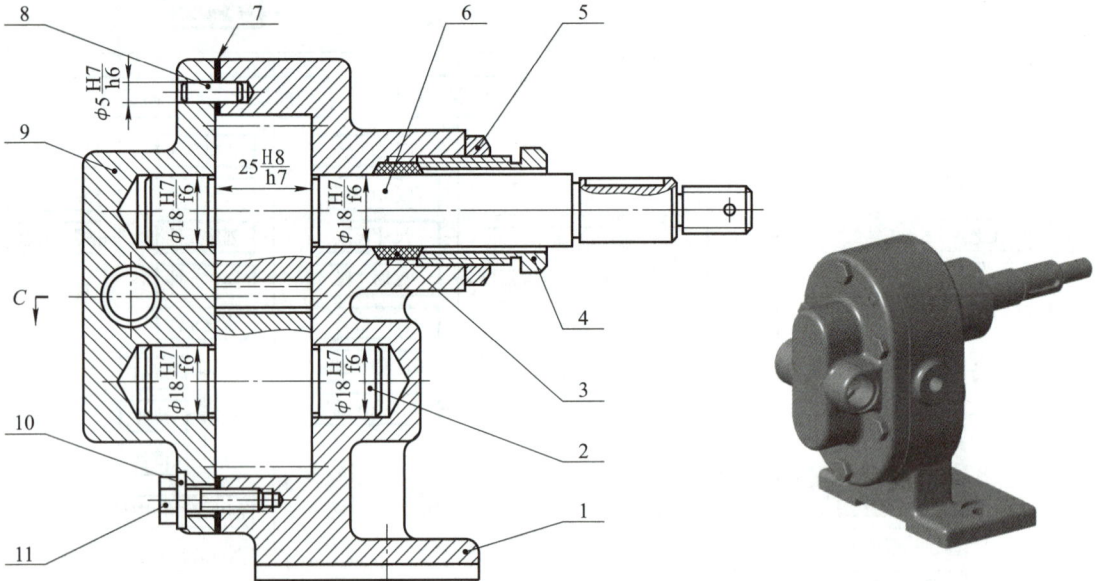

1—泵体;2—齿轮轴 2;3—填料;4—填料压盖;5—锁紧螺母;6—齿轮轴 1;
7—垫片;8—销钉;9—泵盖;10、11—垫圈、螺钉。

图 4-1-1　齿轮泵装配图

▼ **任务分析**

齿轮泵的装配就是将构成齿轮泵的各个零件,按照一定的装配顺序进行配合和连接的组合体。根据齿轮泵装配图要求(填料、填料压盖、锁紧螺母略),可以选择泵体作为基体零件,然后再按零件的配合关系,依次装配上齿轮轴 1、齿轮轴 2、垫片、泵盖、销钉、垫圈、螺钉,完成齿轮泵的装配。步骤见表 4-1-1。

表 4-1-1　齿轮泵装配建模步骤

1. 载入泵体	2. 装配齿轮轴 1	3. 装配齿轮轴 2
4. 装配垫片	5. 装配泵盖	6. 建立并阵列螺钉

▼ 知识链接

零件装配需要在专门的装配设计模式下进行。需要在建立文件时通过指定的文件类型和子类型进行建立。在装配设计中，主要有两种设计思路，即自底向上设计和自顶向下设计。自底向上设计是指将设计好的零部件按照一定的装配方式添加到装配文件中；而自顶向下设计是指从顶层的产品结构入手，由顶层的产品结构传递设计规范到所有相关子系统，从而有利于高效地对整个设计流程及子设计项目进行协作管理。

1. 组装

组装元件就是将已经建立的元件插入到当前装配文件中，并执行多个约束设置以限制元件的自由度，从而准确定位元件在装配体中的位置。一个元件相对于装配模型（组件）中其他元件（或装配环境中基准特征）的放置方式和位置，称为装配约束。一个元件通过装配约束添加到装配模型中后，它的位置会随着与其有约束关系的元件的改变而相应改变，而且约束设置作为参数可随时修改，并可与其他参数建立关系方程，这样整个装配模型实际上是一个参数化的装配模型。

进入装配模式后，单击【模型】选项卡/【元件】组/【组装】指令🔩，通过【打开】对话框来选择并打开要添加的元件，此时出现如图 4-1-2 所示的【元件放置】选项卡。

"当前约束"列表　单击箭头可查看适用于选定连接集的约束。单击约束时，该约束将显示为选定状态。当选择用户定义的集时，默认设置为"自动"⚡。对于具有偏移的约束，值框变为可用，可为偏移值输入一个数值，详见表 4-1-2。

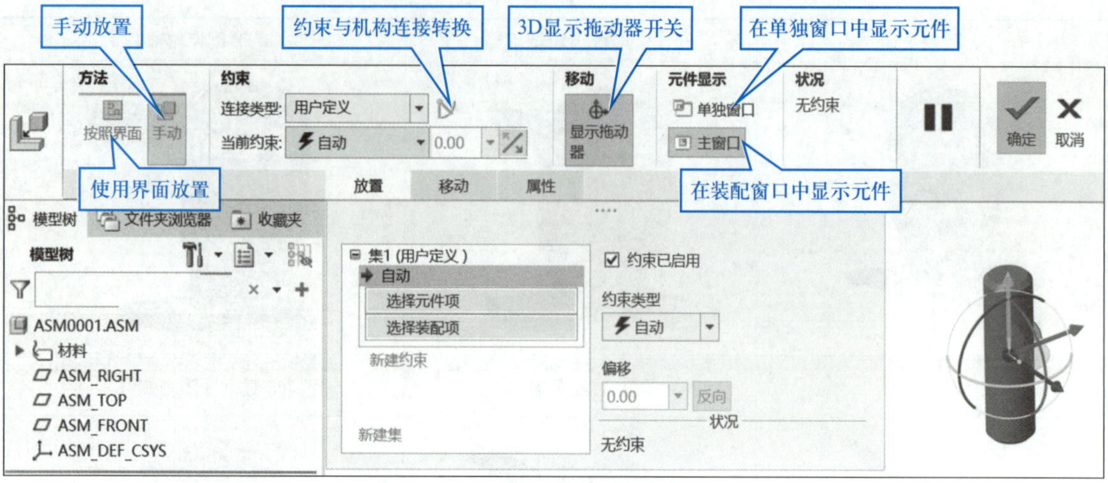

图 4-1-2　【元件放置】选项卡

表 4-1-2　约束列表中约束类型一览表

序号	图标	名称	说明
1		距离	从装配参考偏移元件参考
2		角度偏移	以某一角度将元件定位至装配参考
3		平行	将元件参考定向为与装配参考平行
4		重合	将元件参考定位为与装配参考重合
5		垂直	将元件参考定位为与装配参考垂直
6		共面	将元件参考定位为与装配参考共面
7		居中	居中元件参考和装配参考
8		相切	定位两种不同类型的参考使其彼此相对,接触点为切点
9		固定	将被移动或封装的元件固定到当前位置
10		默认	用默认的装配坐标系对齐元件坐标系
11		自动	选取参考后,显示列表中的可用约束

"连接类型" 包含预定义约束集列表,又称为"机构连接",它定义了元件在装配中的运动,包含用于定义连接类型(有或无运动轴)的约束。连接定义特定类型的运动。在确定了所需的运动类型后,在列表中选择,随之将出现相应的约束。不能删除、更改或移除这些约束,不能添加新的约束,详细说明见表 4-1-3。

表 4-1-3　常见预定义约束集列表

序号	图标	名称	说明
1		刚性	在装配中不允许任何移动
2		销	包含旋转移动轴和平移约束
3		滑块	包含平移移动轴和旋转约束
4		圆柱	包含360°旋转移动轴和平移移动
5		平面	包含平面约束,允许沿着参考平面旋转和平移
6		球	包含用于360°移动的点对齐约束
7		焊缝	包含一个坐标系和一个偏距值,以将元件"焊接"在相对于装配的一个固定位置上
8		轴承	包含点对齐约束,允许沿直线轨迹进行旋转
9		常规	建立有两个约束的用户定义集
10		6DOF	包含一个坐标系和一个偏移值,允许在各个方向上移动
11		万向节	包含零件上的坐标系和装配中的坐标系,允许绕枢轴按各个方向旋转
12		槽	包含点对齐,允许沿一条非直轨迹旋转

【放置】选项卡　可启用并显示元件放置和连接定义。它包含两个区域:【导航】和【收集】区域用于显示集和约束。【约束属性】区域用于与在导航区域中选定的约束或运动轴上下文相关。

【移动】选项卡　可移动正在组装的元件。当"移动"选项卡处于活动状态时,将暂停所有其他元件的放置操作。

下面一个通过典型的操作实例来介绍约束放置的一般组装(装配)方法。

(1)新建一个装配文件

① 单击【文件】选项卡/【新建】指令，打开【新建】对话框。如图 4-1-3a 所示,在对话框中选择"类型"为"装配","子类型"为"设计",输入文件名称"zp_fz01",取消选择"使用默认模板"复选框,单击【确定】按钮。

② 在系统弹出的【新文件选项】对话框中选择模板为"mmns_asm_design_abs"(公制装配设计绝对单位),如图 4-1-3b 所示,单击【确定】按钮。此时进入建立装配模型工作界面。

(2)增加装配模型树显示项目

① 在导航区的【模型树】选项卡中,单击位于模型树上方的【设置】按钮，打开【设置】下拉菜单,如图 4-1-4 所示。

② 在该下拉菜单中选择【树过滤器】选项，弹出【模型树项】对话框。在【显示】区域下增加勾选"放置文件夹"和"特征"复选框。单击【确定】按钮退出设置。

微视频

一般装配
方法

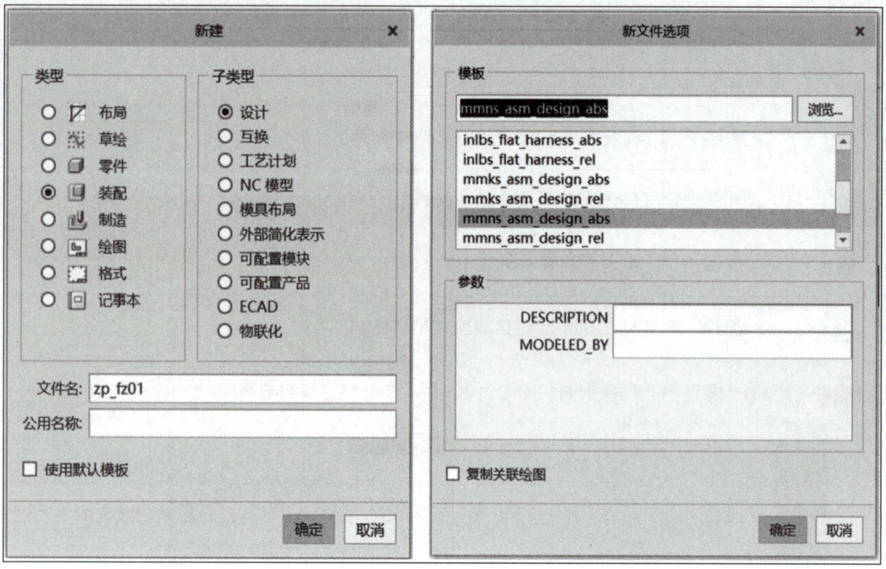

(a)　　　　　　　　　　　　　　　　(b)

图 4-1-3　建立装配文件

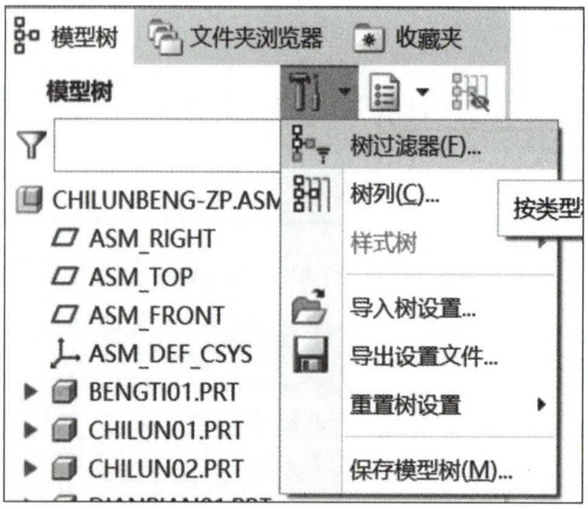

图 4-1-4　【设置】下拉菜单

（3）装配第一个零件

① 单击【模型】选项卡/【元件】组/【组装】指令，弹出【打开】对话框。如图 4-1-5 所示，在配套素材文件中选择要装配的零件"模型＞项目 4＞4-1-1＞fangzhi_zp01.prt"，单击【打开】按钮，此时装配模型中的第一个零件载入窗口，同时在功能区出现【元件放置】选项卡。

② 在【约束】下拉选项中选择【默认】约束（用默认的装配坐标系对齐元件坐标系）。系统提示"状况：完全约束"。在【元件放置】选项卡中单击【确定】按钮，在默认位置完成第一个零件的装配，如图 4-1-6 所示。

（4）装配第二个零件

① 单击【模型】选项卡/【元件】组/【组装】指令，弹出【打开】对话框，在同一素材目录下，选择要装配的零件"fangzhi_zp02.prt"，单击【打开】按钮，此时装配模型中的第二个零件载入窗口，同时系统在功能区出现【元件放置】选项卡。

② 在【元件放置】选项卡中单击【单独窗口】和【主窗口】指令。在【约束类型】列表框中选中【重合】约束，分别选中如图 4-1-7 所示的两个实体平面。

③ 在【元件放置】选项卡下的【放置】选项卡中单击【新建约束】，然后在【约束类型】列表框中选择【重合】约束，完成【重合】约束 2 的建立如图 4-1-8 所示。

④ 在图形窗口中分别选择【重合】约束的元件参考和装配参考的两个轴线，如图 4-1-9 所示。

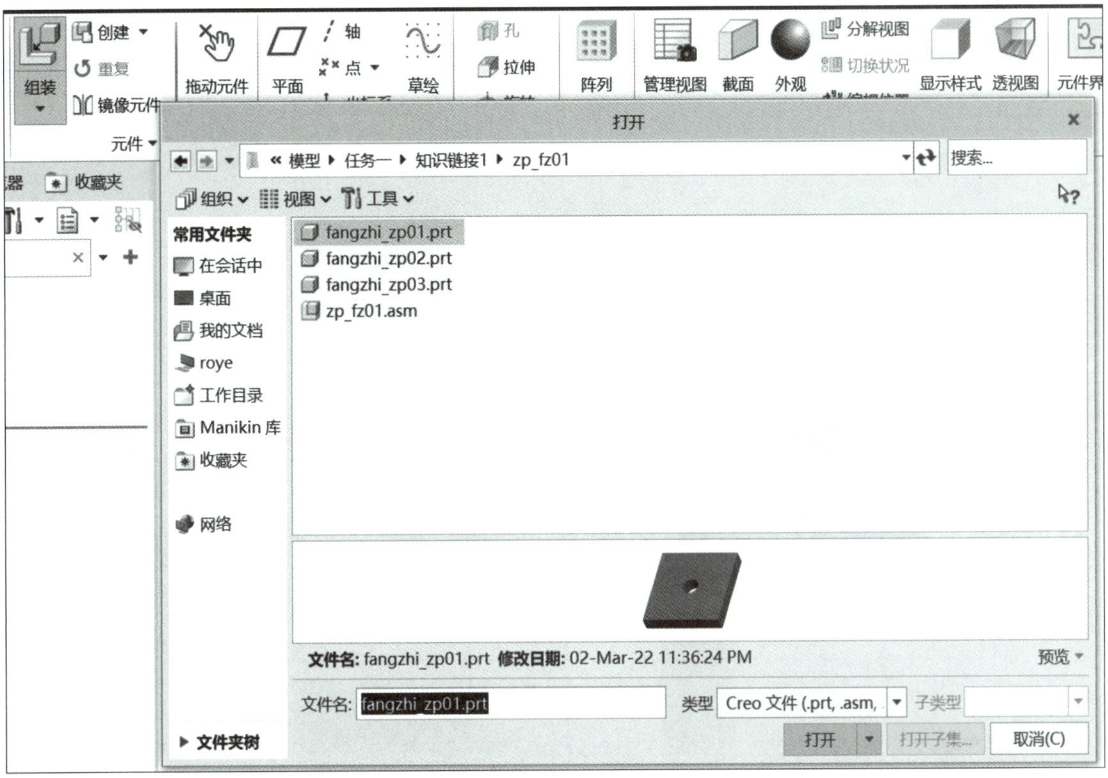

图 4-1-5 【打开】对话框

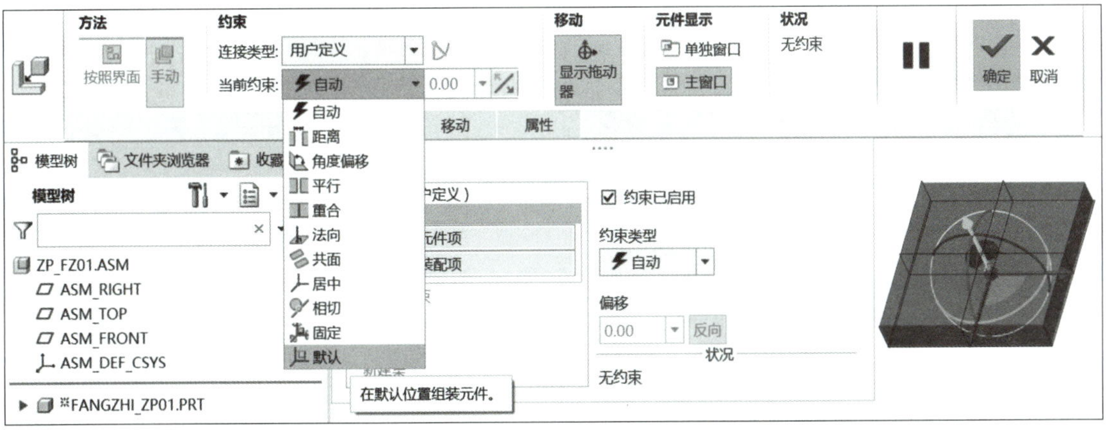

图 4-1-6 装配第一个零件

图 4-1-7 建立【重合】约束 1

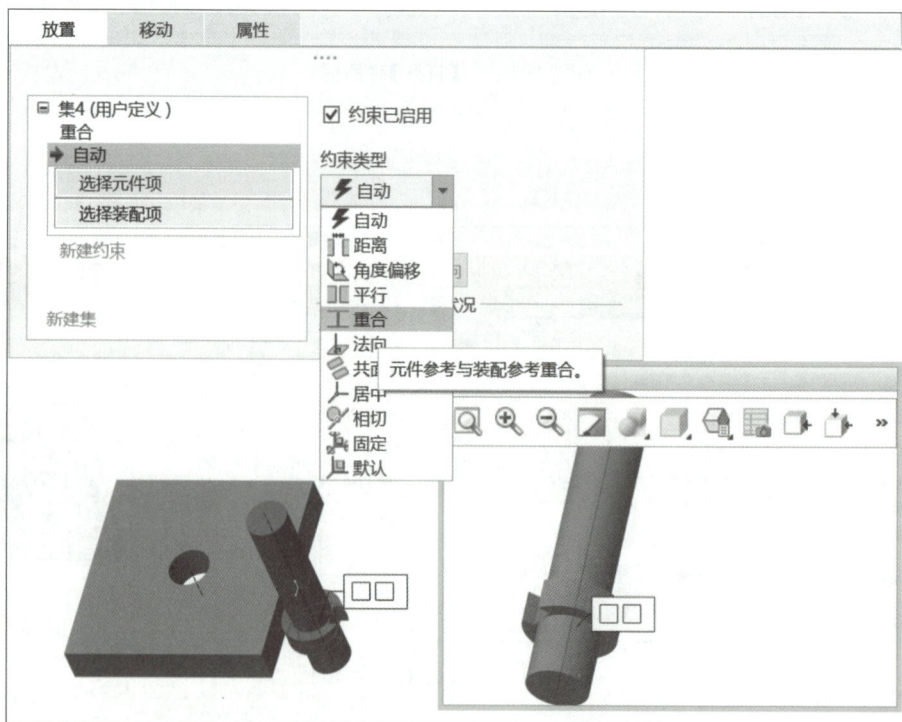

图 4-1-8 建立【重合】约束 2

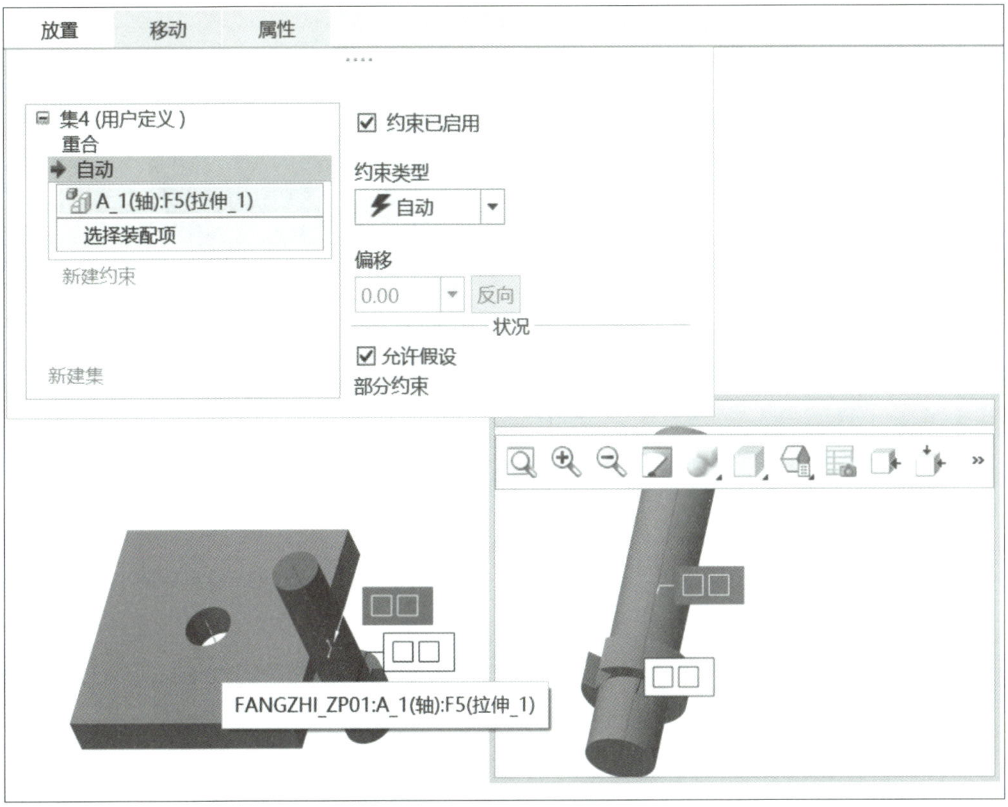

图 4-1-9　指定重合约束的两个轴线

⑤ 在允许假设的条件下，系统提示"状况：采用假设完全约束"。在【元件放置】选项卡中单击【确定】按钮☑，完成第二个零件的装配，如图 4-1-10 所示。

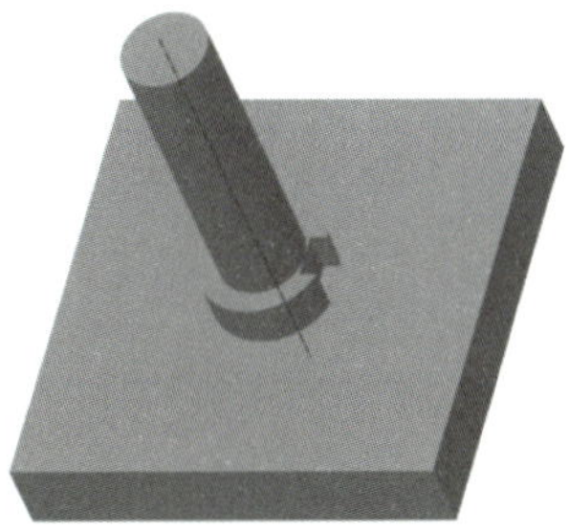

（5）装配第三个零件

① 单击【模型】选项卡/【元件】组/【组装】指令，弹出【打开】对话框，在同一素材目录下，选择要装配的零件"fangzhi_zp03.prt"，单击【打开】按钮，此时装配模型中的第三个零件载入窗口，同时系统在功能区出现【元件放置】选项卡。

图 4-1-10　装配第二个零件

② 在【约束类型】列表框中选中【重合】约束。分别选中如图 4-1-11 所示的元件参考面和装配参考面。单击【放置】选项卡中的【反向】按钮切换重合方向。

③ 在【放置】选项卡中单击【新建约束】，然后在【约束类型】列表框中选择【重合】约束，在元件中选择如图 4-1-12 所示参考面。

④ 在【元件放置】选项卡下的【放置】选项卡中单击【新建约束】，然后在【约束类型】列表框中选择【重合】约束，在元件中选择如图 4-1-13 所示参考面。

⑤ 系统提示"状况：完全约束"。在【元件放置】选项卡中单击【确定】按钮☑，完成第三个零件的装配，如图 4-1-14 所示。

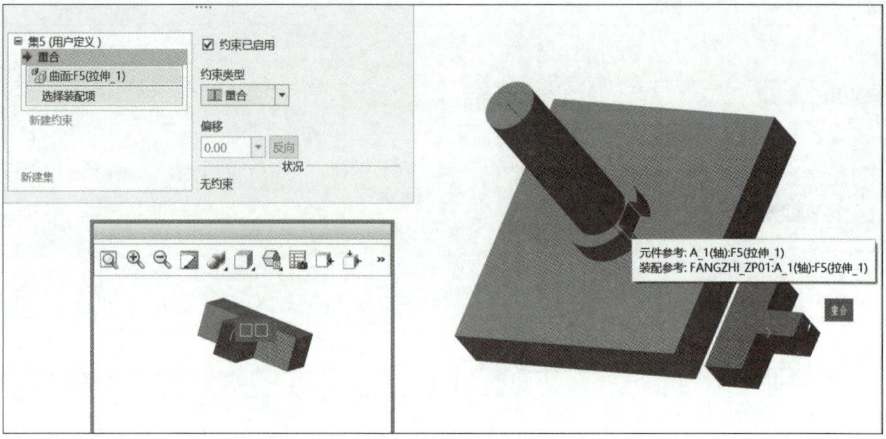

图 4-1-11　指定第一对重合参考面

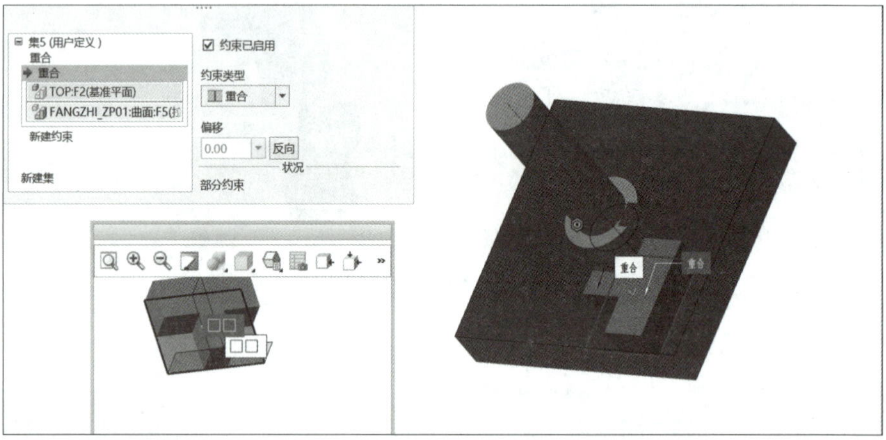

图 4-1-12　指定第二对重合参考面

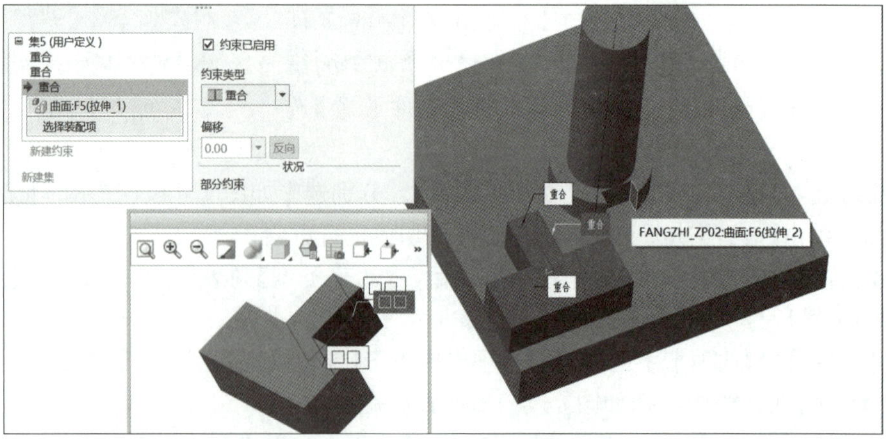

图 4-1-13　指定第三对重合参考面

（6）保存文件

单击【文件】选项卡/【保存】指令🔲，将完成好的装配文件保存。

2. 建立元件

（1）建立元件方式

单击【模型】选项卡/【元件】组/【创建】指令在装配中建立新实体零件。在装配中建立新零件时，该零件与该装配具有外部相关性。可通过以下四种方式建立新零件：

图 4-1-14 装配第三个零件

"建立特征" 建立新零件的第一个特征。此初始特征从属于装配。新零件即建立完毕，然后进入特征建立工作界面。新零件是装配中的活动模型，在激活另一个子模型或顶层装配前其将始终保持活动状态。

"定位默认基准" 建立元件并自动将其组装到装配中。系统将建立约束以相对于选定装配参考定位新元件的默认基准平面。新零件即建立完毕，进入特征建立工作界面。新零件是装配中的活动模型，在激活另一个子模型或顶层装配前其将始终保持活动状态。

"从现有项复制" 建立现有零件的副本并将其放置在装配中。新零件被放置在装配中，或作为未放置元件包括在装配中。

"空" 建立空零件。新零件被放置在装配中，或作为未放置元件包括在装配中。

（2）建立实体零件及其特征

① 在打开的装配中，单击【模型】选项卡/【元件】组/【创建】指令。弹出【创建元件】对话框，如图 4-1-15 所示。

② 单击"零件"，然后再单击"实体"。接受默认文件名，或输入新的文件名，然后单击【确定】，弹出【创建选项】对话框，如图 4-1-16 所示。

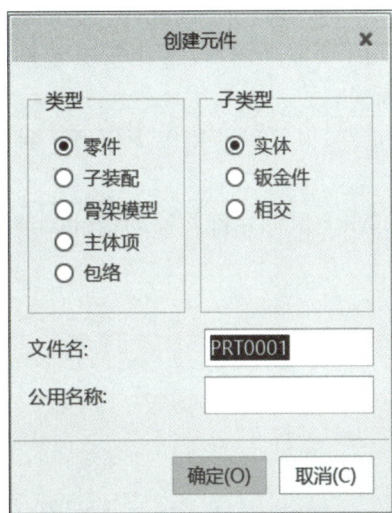

图 4-1-15 【创建元件】对话框

图 4-1-16 【创建选项】对话框

175

③ 单击"创建特征",【创建选项】对话框切换成图 4-1-17 所示界面,然后单击"确定"。进入建立新模型工作界面,可以使用【模型】选项卡中的【形状】或【曲面】指令建立特征。

④ 在新零件中建立所需特征后,通过选择模型树中的顶层节点将焦点切换回顶层装配,然后单击并选取【激活】指令◈或使用 Ctrl＋A 在顶层装配中激活同一窗口,如图 4-1-18 所示。

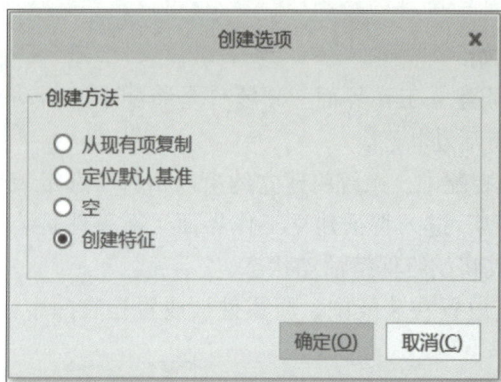

图 4-1-17　【创建选项】对话框

图 4-1-18　激活顶层装配

图 4-1-19　【拖动器】

3. 使用拖动器和键盘快捷方式移动元件

(1) 在装配中放置元件时可以使用【拖动器】调节元件的位置,如图 4-1-19 所示,拖动中心点以自由拖动元件。拖动箭头 1 以沿轴平移元件。拖动旋转弧 2 以旋转元件。拖动平面 3 以移动平面上的元件。拖动器连接到元件的默认坐标系。"拖动器"仅适用于选定约束的方向箭头、弧和平面。

(2) 要移动元件,也可以使用以下任意一种鼠标和按键组合:

① 按 Ctrl＋Alt＋鼠标左键并移动指针以绕默认坐标系旋转元件。

② 按 Ctrl＋Alt＋鼠标中键并移动指针以旋转元件。

③ 按 Ctrl＋Alt＋鼠标右键并移动指针以移动元件。

微视频

齿轮泵装配
任务实施

▼ 任务实施

1. 设置工作目录

建立一个名为"齿轮泵装配设计"的文件夹,启动 Creo 软件,设置该文件夹为工作目录。将配套资源中的子零件复制到工作目录。

2. 进入建立装配模型工作界面

移动鼠标单击单击【文件】选项卡/【新建】 指令,弹出【新建】对话框。如图 4-1-20 所示,在对话框中选择类型为"装配",子类型为"设计",输入文件名称"chilunbeng-zp",取消选择"使用默认模板"复选框,单击【确定】按钮。弹出【新文件选项】对话框,选择模板为"mmns_asm_design_abs"(公制装配设计绝对单位),再单击【确定】按钮。此时进入建立装配模型工作界面。

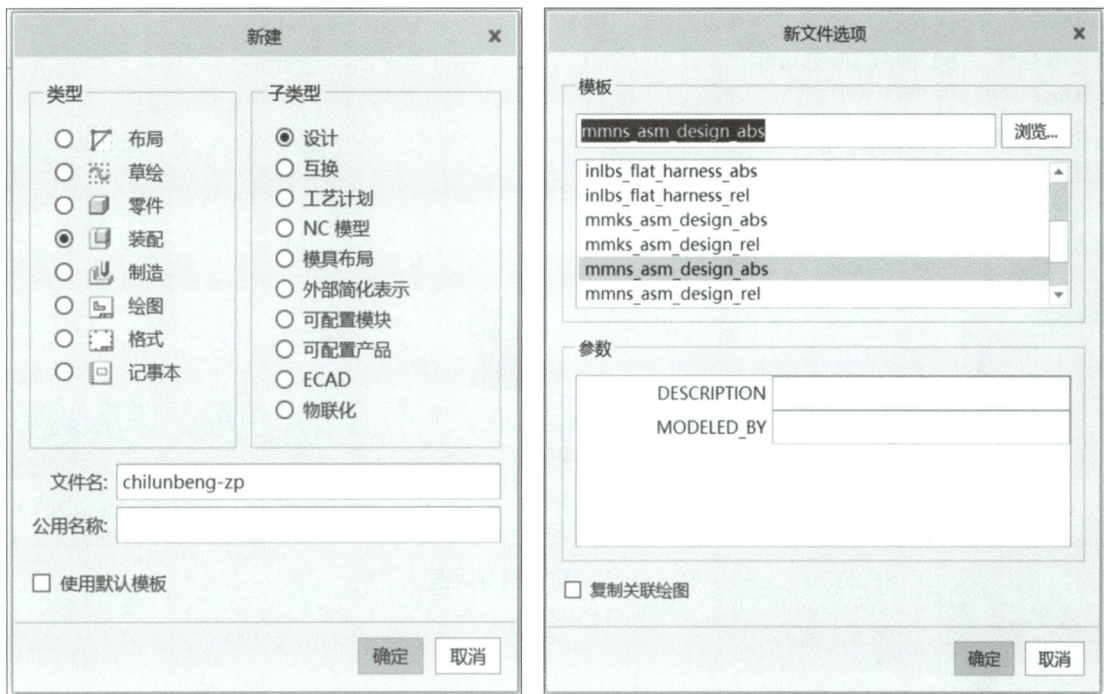

图 4-1-20　建立装配文件

3. 装配泵体零件

单击【模型】选项卡/【元件】组/【组装】指令 ,弹出【打开】对话框。如图 4-1-21 所示,在配套素材目录"模型＞项目 4＞4-1-2"中选择要装配的零件"bengti01.prt",单击【打开】按钮,装配模型中的第一个零件进入窗口,同时系统在功能区弹出【元件放置】选项卡。在【当前约束】下拉选项中选择【默认】约束 ,完成泵体零件载,如图 4-1-22 所示。

4. 装配齿轮轴 1 零件

（1）载入装配零件齿轮轴 1

单击【模型】选项卡/【元件】组/【组装】指令 ,在系统弹出的【打开】对话框中,同一素材目录下,选择要装配的齿轮轴 1 零件"chilun01",单击【打开】按钮,齿轮轴 1 零件载入窗口,如图 4-1-23 所示。

（2）建立【重合】约束关系 1

在【元件放置】选项卡上【放置】选项卡【约束类型】列表框选择【重合】约束 ,依次单击齿轮轴 1 的轴线、泵体上孔轴线,建立【重合】约束 1,如图 4-1-24 所示。

图 4-1-21 【打开】对话框

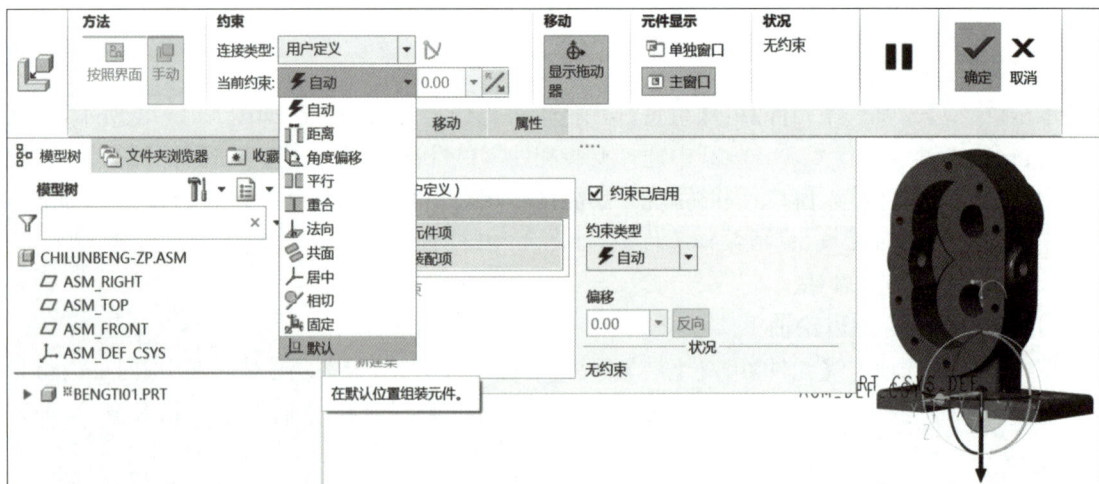

图 4-1-22 载入泵体零件

图 4-1-23　载入齿轮轴 1

图 4-1-24　建立【重合】约束 1

（3）建立【重合】约束关系 2

若齿轮轴 1 嵌入泵体内，可先选择"拖动器"上的箭头，拖动箭头以沿轴平移元件，将其移出到适当的位置，再在【放置】选项卡单击【新建约束】，选择【约束类型】为【重合】约束▥，在工作区依次单击齿轮轴 1 的左端面、泵体内端面，建立【重合】约束 2，如图 4-1-25 所示。

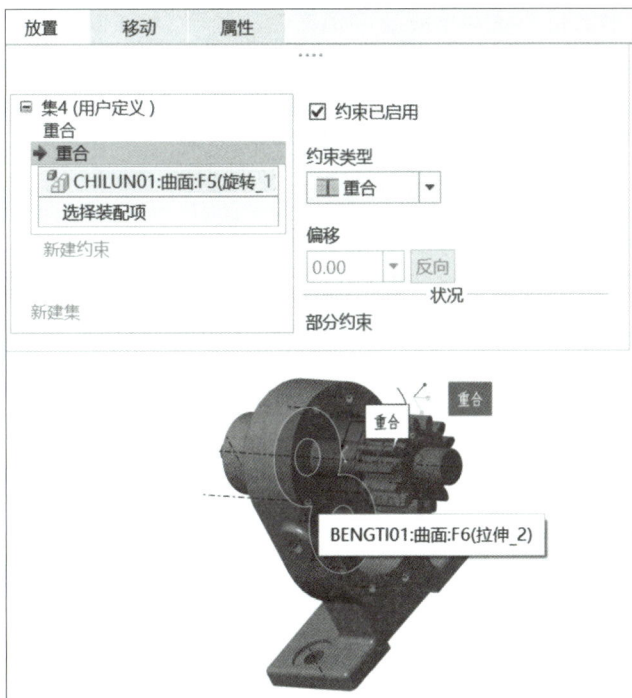

图 4-1-25　建立【重合】约束 2

如图 4-1-26 所示,在【元件放置】选项卡上单击【确定】按钮☑,完成齿轮轴 1 零件的装配。

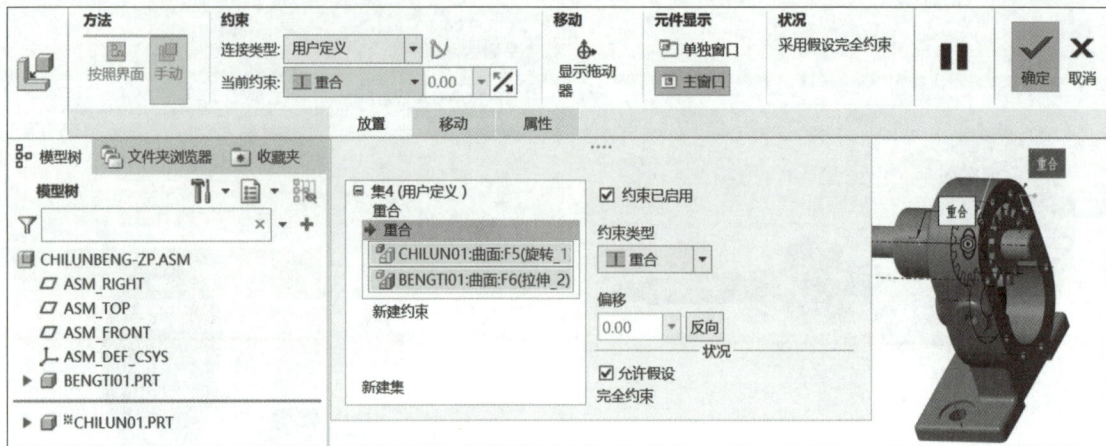

图 4-1-26　装配齿轮轴 1 零件

✍ **操作技巧**

　　约束方向假设:当在元件装配过程中选择"允许假设"复选框时(默认情况),系统会自动做出约束定向假设。例如,仅需要两个重合约束即可将一个螺栓完全约束到平板中的某个孔。在孔和螺栓的轴之间定义了"重合"约束,并在螺栓底面和平板的顶面之间定义了"重合"约束后,系统将假设第三个约束。该约束控制轴的旋转,这样就完全约束了该元件。元件将仍位于其在图形窗口中的当前位置。在清除"允许假设"复选框后,必须要定义第三个约束,才会将元件视为完全约束。可以将螺栓保持封装状态,也可以建立另一个约束,明确地约束螺栓旋转的自由度。

---

5. 装配齿轮轴 2 零件

(1) 载入装配零件齿轮轴 1

单击【模型】选项卡/【元件】组/【组装】指令🗐,在系统弹出的【打开】对话框中,同一素材目录下,选择要装配的齿轮轴 2 零件"chilun02",单击【打开】按钮,齿轮轴 1 零件载入窗口,如图 4-1-27 所示。

(2) 建立【重合】约束关系 1

在【元件放置】选项卡上【放置】选项卡【约束类型】列表框选择【重合】约束▥,依次单击齿轮轴 2 的右端面、泵体内端面,建立【重合】约束 1,如图 4-1-28 所示。

(3) 建立【重合】约束关系 2

在【元件放置】选项卡上【放置】选项卡单击【新建约束】,选择【约束类型】为【重合】约束▥,依次单击齿轮轴 2 的轴线、泵体上孔轴线,建立【重合】约束 2,如图 4-1-29 所示。

(4) 建立【相切】约束关系 3(附加约束)

此时虽然齿轮轴 2 已完全约束,但为了保证两个齿轮的位置关系,在【元件放置】选项卡上

【放置】选项卡单击【新建约束】,选择【约束类型】为【相切】约束,如图 4-1-30 所示,依次单击齿轮轴 1 齿面、齿轮轴 2 齿面(两齿面相对),建立【相切】约束 3。齿轮轴 2 在装配模型中显示"完全约束",装配完成。

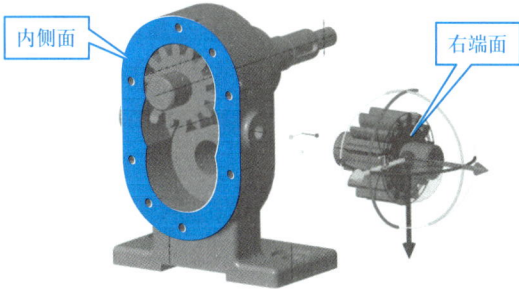

图 4-1-27　载入齿轮轴 2

图 4-1-28　建立【重合】约束 1

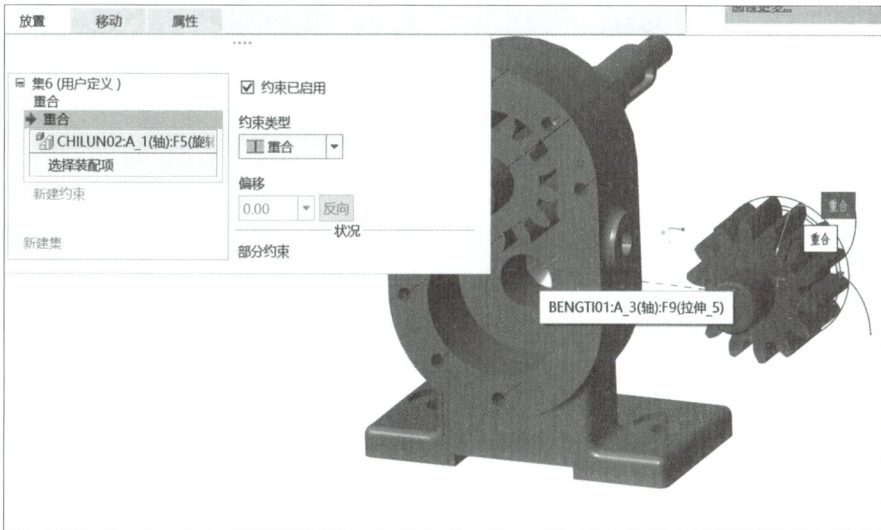

图 4-1-29　建立【重合】约束 2

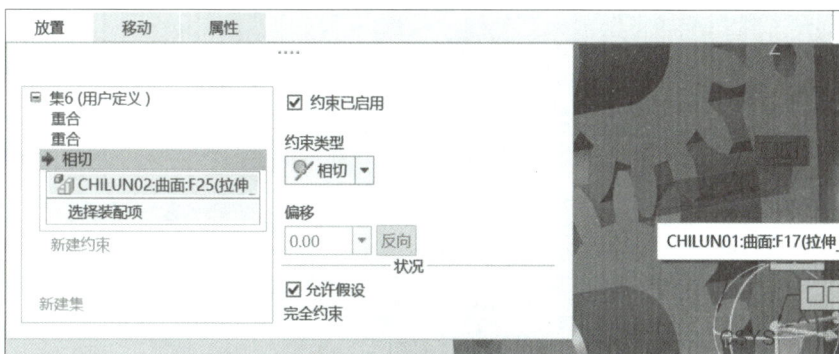

图 4-1-30　建立【相切】约束 3

在【元件放置】选项卡上单击【确定】按钮☑，完成齿轮轴2零件的装配，如图4-1-31所示。

6. 装配垫片零件

（1）载入装配零件垫片

单击【模型】选项卡/【元件】组/【组装】指令🖼，在系统弹出的【打开】对话框中，同一素材目录下，选择要装配的齿轮轴1零件"dianpian01"，单击【打开】按钮，垫片零件载入窗口，如图4-1-32所示。

图4-1-31　装配齿轮轴2零件　　　　　　　　图4-1-32　载入垫片

（2）建立【重合】约束1

在【元件放置】选项卡上【放置】选项卡【约束类型】列表框选择【重合】约束▣，依次单击垫片的端面、泵体端面，建立【重合】约束，如图4-1-33所示。单击【反向】按钮，切换重合方向。

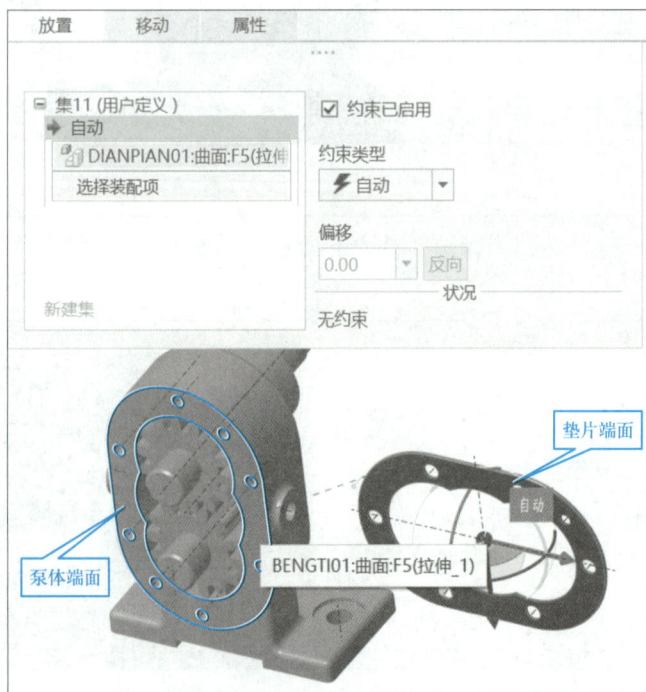

图4-1-33　建立【重合】约束1

（3）建立【重合】约束关系 2

在【元件放置】选项卡上【放置】选择卡单击【新建约束】，选择【约束类型】为【重合】约束▥，依次单击垫片的轴线、泵体上孔轴线，建立【重合】约束 2，如图 4-1-34 所示。

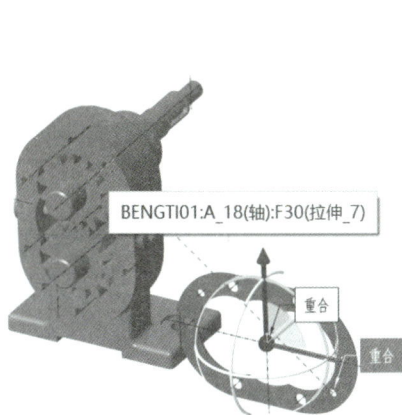

图 4-1-34　建立【重合】约束 2　　　　图 4-1-35　建立【重合】约束 3

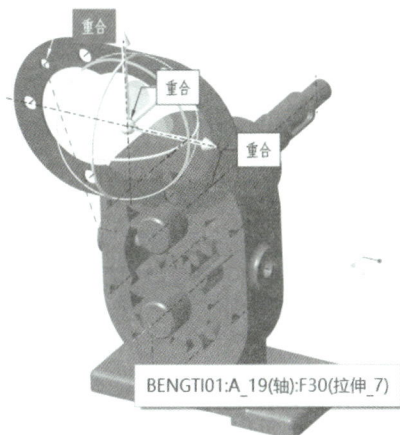

（4）建立【重合】约束关系 3

在【元件放置】选项卡上【放置】选择卡单击【新建约束】，选择【约束类型】为【重合】约束，依次单击垫片的轴线、泵体上孔轴线，建立【重合】约束 3，如图 4-1-35 所示。

在【元件放置】选项卡上单击【确定】按钮☑，完成垫片零件的装配，如图 4-1-36 所示。

图 4-1-36　装配垫片零件　　　　　　图 4-1-37　装配泵盖零件

操作技巧

在 Creo 软件装配模式中，不同的约束条件可以达到同样的效果，如选择两平面"重合"与定义两平面的"距离"为 0，均能达到同样的约束目的。

选择两平面"重合"与定义两平面的"距离"时，屏幕上出现的平面方向是系统默认的，如果实际的方向与默认方向相反，可单击【反向】按钮进行切换。

7. 装配泵盖零件

泵盖的装配方法与垫片的装配方法相同,建立 3 个约束关系,使得泵盖零件在装配模型中"完全约束",完成装配,如图 4-1-37 所示。

8. 建立销钉零件

(1) 进入零件建模工作界面

单击【模型】选项卡/【元件】组/【创建】指令，弹出【创建元件】对话框,如图 4-1-40a 所示,在对话框中选择类型为"零件",子类型为"实体",并在"名称"中输入销钉零件的名称"xiaoding01",单击【确定】按钮。在系统会弹出的【创建选项】对话框中选取"创建特征",如图 4-1-38b 所示,单击【确定】按钮,系统进入销钉零件的建模工作界面(此时销钉零件处于激活状态)。

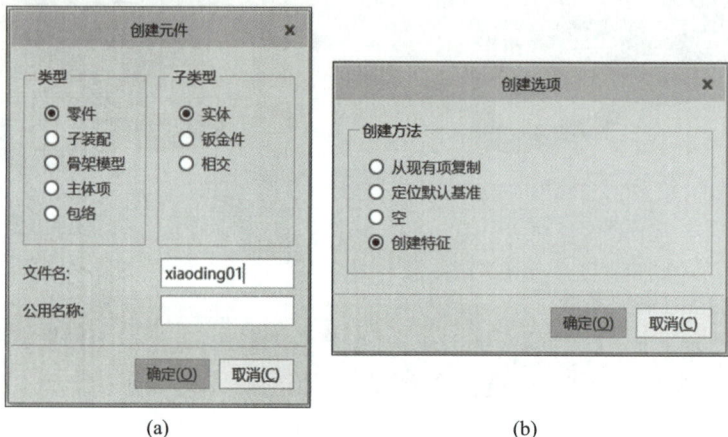

(a)　　　　　　　　　　　　　　(b)

图 4-1-38　【创建元件】对话框与【创建选项】对话框

(2) 建立拉伸特征

使用【拉伸】指令,选择泵盖前端面为草绘面,使用【草绘】选项卡指令"□",绘制销孔的形状,建立长度为"18"的拉伸特征,如图 4-1-39 所示。

(3) 建立倒角特征

单击【模型】选项卡/【工程】组/【倒角】指令,并在【边倒角】选项卡中选取"角度×D"、输入参数"45""0.5",点选要倒角的边,然后单击【边倒角】选项卡中【确定】按钮，完成倒角特征的创建,如图 4-1-40 所示。单击模型树中"chilunbeng-zp.asm",在弹出的【特征编辑】选项卡中单击【激活】，关闭销钉零件的激活状态。

图 4-1-39　建立拉伸特征　　　　　　　图 4-1-40　建立倒角特征

（4）建立销钉阵列特征

单击建立的销钉零件，再单击【阵列】指令▦，在【阵列】选项卡上选择类型"Piont"，设置"来自草绘"，单击【参考】选项卡，单击【定义】，如图 4-1-41 所示。系统弹出【草绘】对话框，点选装配模型前端面为草绘平面，默认系统缺省草绘参照面，单击【草绘】进入草绘工作界面。

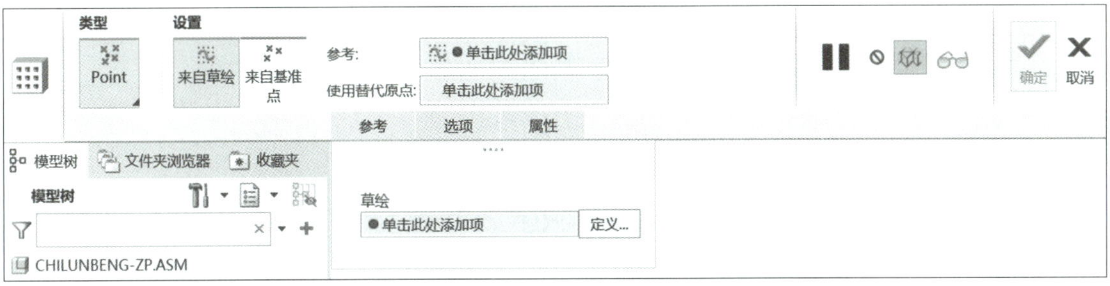

图 4-1-41　【阵列】选项卡

单击【模型】选项卡/【基准】组/【点】指令，在左下角销钉孔圆心处绘制一个基准点，单击【确定】按钮☑完成草绘。在【阵列】选项卡上单击【确定】按钮☑完成销钉阵列特征的建立。如图 4-1-42 所示。

9. 建立垫圈零件

同销钉创建方法相同，建立厚度为 2 的垫圈零件，如图 4-1-43 所示。

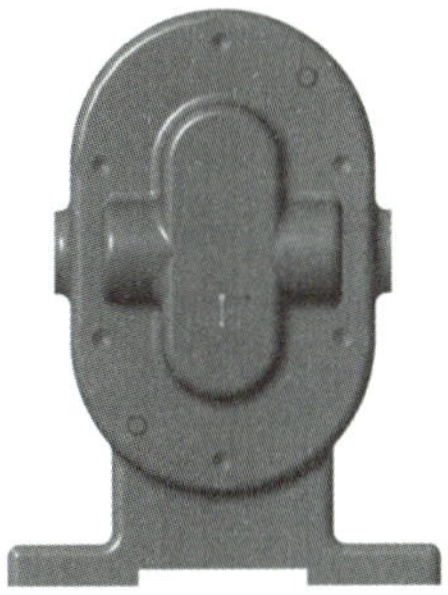

图 4-1-42　建立销钉阵列特征

图 4-1-43　建立垫圈零件

10. 建立螺钉零件

（1）建立螺钉旋转特征

单击【模型】选项卡/【元件】组/【创建】指令🖼，弹出【创建元件】对话框，在对话框中选择类型为"零件"，子类型为"实体"，并在"名称"中输入螺钉零件的名称"luoding01"，单击【确定】。在系统弹出的【创建选项】对话框中选取"创建特征"，再单击【确定】，系统进入螺钉零件的建模工作界面。

单击【模型】选项卡/【形状】组/【旋转】指令🔄，选择 RIGHT 基准面为草绘面，使用【草绘】选择卡指令，绘制螺钉杆的草绘，建立旋转角"360"的旋转特征，完成螺钉旋转特征的建立，如图 4-1-44 所示。

图 4-1-44　建立螺钉旋转特征

（2）建立拉伸特征

使用【拉伸】指令，选择泵盖前端面为草绘面，使用【草绘】选择卡"调色板"指令 调用正六边形，约束并修改尺寸，如图 4-1-45 所示，建立高度为"4"的拉伸特征。

（3）建立倒角特征

单击【模型】选项卡/【工程】组/【倒角】指令 ，在【边倒角】选项卡中选取"角度×D"、并输入倒角参数"45""0.5"，依次点选要倒角的边，然后单击【边倒角】选项卡中【确定】按钮 ，完成螺钉倒角特征的建立，如图 4-1-46 所示。

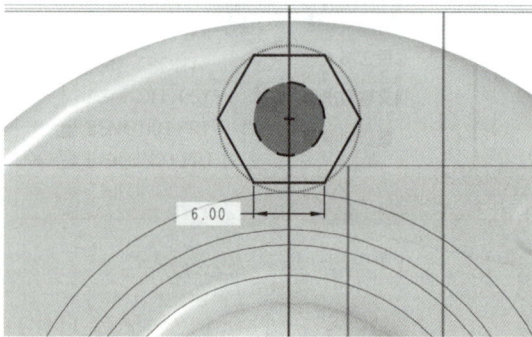

图 4-1-45　绘制拉伸特征草绘

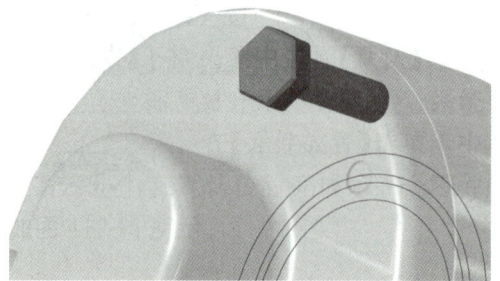

图 4-1-46　建立螺钉倒角特征

（4）创建修饰螺纹

使用【模型】选项卡/【工程】组/【修饰螺纹】指令，系统弹出【修饰螺纹】对话框，按信息区提示，依次选择螺钉杆柱面为修饰螺纹的圆柱面、螺钉杆端面为螺纹起始面，确定螺纹方向，给定螺纹深度到螺钉头底面，输入主直径"5.2"后，可建立修饰螺纹特征。

（5）建立螺钉阵列特征

单击模型树中"chilunbeng-zp. asm"，在弹出的【特征编辑】选项卡中选择【激活】 ，关闭螺钉零件的激活状态。单击建立的螺钉零件，在弹出的【特征编辑】选项卡单击【阵列】指令 ，选择基准轴"点"为阵列参照,在装配模型前端面绘制阵列点位置草图,完成螺钉零件阵列特殊的建立,如图4-1-47所示。

11. 保存文件

单击【文件】选择卡/【保存】指令 ![save]，将装配文件保存到"模型>项目4>4-1-2"目录下。

▼ 拓展训练

虽然重复装配可以快速地在组件中重复装配同一个元件,但该操作需要一步步地定义组件参照。当某一个主件需要大量的重复装配,且组件参照也有特征的排布规律时,可以通过阵列装配的方法来完成大量重复元件的装配。装配元件阵列一般方法集步骤如下。

(1) 新建一个装配零件

① 单击【文件】选项卡/【新建】指令 ![new],弹出【新建】对话框,选择类型为"装配",子类型为"设计",输入文件名称"zp_zl01",取消选择"使用默认模板"复选框,单击【确定】按钮。在系统弹出的【新文件选项】对话框中选择模板为"mmns_asm_design_abs"(公制装配设计绝对单位),再单击【确定】按钮。此时进入建立装配模型工作界面。

② 单击【模型】选项卡/【元件】组/【组装】指令 ![assemble],弹出【打开】对话框。如图4-1-48所示,在素材目录"模型\项目4\4-1-3"中选择要装配的零件"zl01.prt",单击【打开】按钮,此时装配模型中的第一个零件载入窗口,同时系统在功能区出现【元件放置】选项卡。

图 4-1-47　建立螺钉阵列特征

微视频

装配元件阵列

图 4-1-48　"打开"对话框

③ 在【当前约束】下拉选项中选择【默认】约束 回。系统提示"状况：完全约束"。在【元件放置】选项卡中单击【确定】按钮 ☑，在默认位置完成第一个零件的装配。

（2）装配第二个零件

① 单击【模型】选项卡/【元件】组/【组装】指令 📷，弹出【打开】对话框。在同一素材目录下，选择要装配的零件"zl02.prt"，单击【打开】按钮，此时装配模型中的第二个零件载入窗口，同时在功能区出现【元件放置】选项卡。

② 在【元件放置】选项卡中单击【单独窗口】📷 和【主窗口】回 指令。在【元件放置】选项卡的【约束类型】列表框中选中【重合】约束 目。分别选中如图 4-1-49 所示的两个实体平面。

图 4-1-49　设置【重合】约束

③ 在【元件放置】选项卡下的【放置】选项卡中单击【新建约束】，然后在【约束类型】列表框中选择【重合】约束，在图形窗口中分别选择重合约束的元件参考和装配参考，如图 4-1-50 所示。

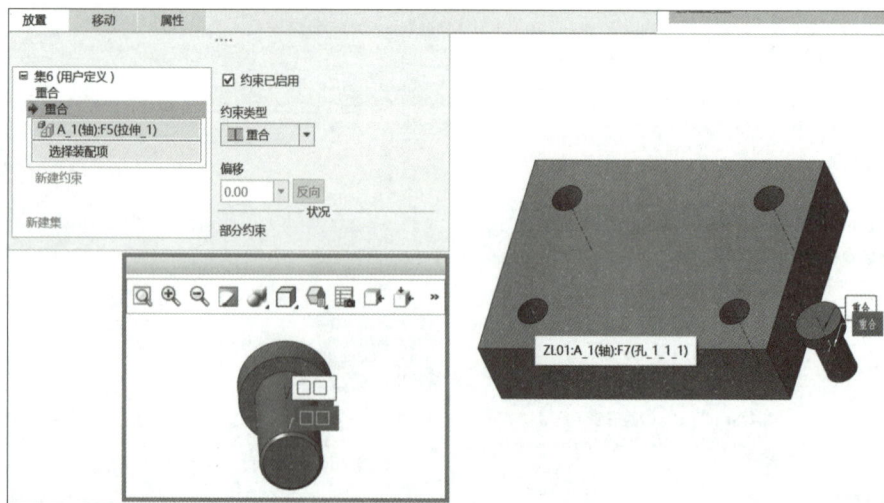

图 4-1-50　指定重合约束的两个轴线

④ 在允许假设的条件下,系统提示"状况:采用假设完全约束"。在【元件放置】选项卡中单击【确定】按钮☑,完成第二个零件的装配,如图 4-1-51 所示。

(3)阵列另外三个零件

① 在模型树中单击"zl02.prt",在弹出的【特征编辑】选项卡中点击【阵列】指令⚏,如图 4-1-52a 所示。在功能区出现如图 4-1-52b 所示【阵列】选项卡。

② 在【阵列】选项卡中单击【确定】按钮☑完成螺钉阵列装配的建立,如图 4-1-53 所示。

图 4-1-51　装配第二个零件

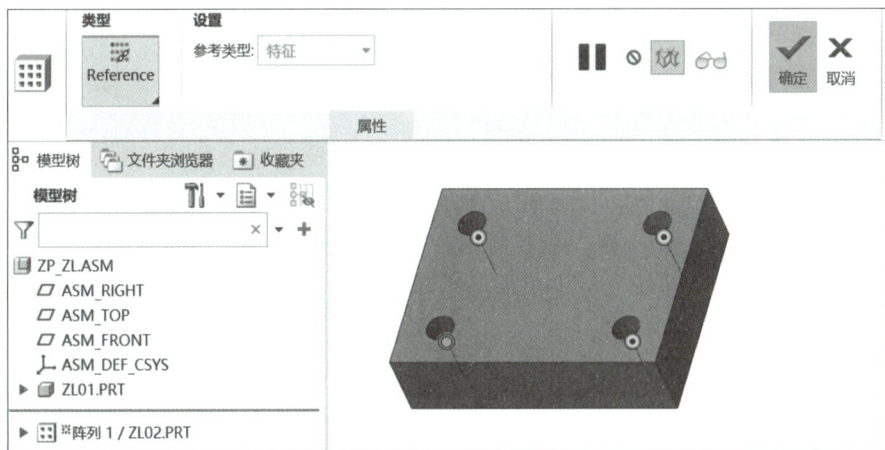

(a)

(b)

图 4-1-52　阵列零件

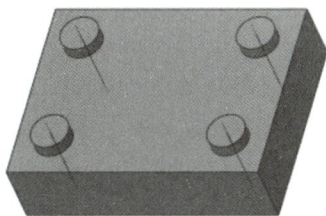

图 4-1-53　建立螺钉阵列装配

（4）保存文件

单击【文件】选项卡/【保存】指令▣,将完成好的装配模型保存在目录"模型\项目 4\4-1-3"下。

互动练习

项目四任务1
在线测试

思考练习

1. 装配里的"缺省"相当于默认（　　）对齐约束。

　　（A）基准面　　　　　　　　　　　　（B）点

　　（C）坐标系　　　　　　　　　　　　（D）坐标系和基准面

2. 在创建组合件时,使用（　　）约束类型即可一次将零件完全约束。

　　（A）对齐　　　　　　　　　　　　　（B）匹配

　　（C）插入　　　　　　　　　　　　　（D）坐标系

3. 下列（　　）不属于装配约束。

　　（A）对齐　　　　（B）中点　　　　（C）匹配　　　　（D）插入

4. 按如图 4-1-54 所示零件图完成零件建模,并完成装配。

5. 按如图 4-1-55 所示零件图完成 3 个零件的设计,并完成装配。

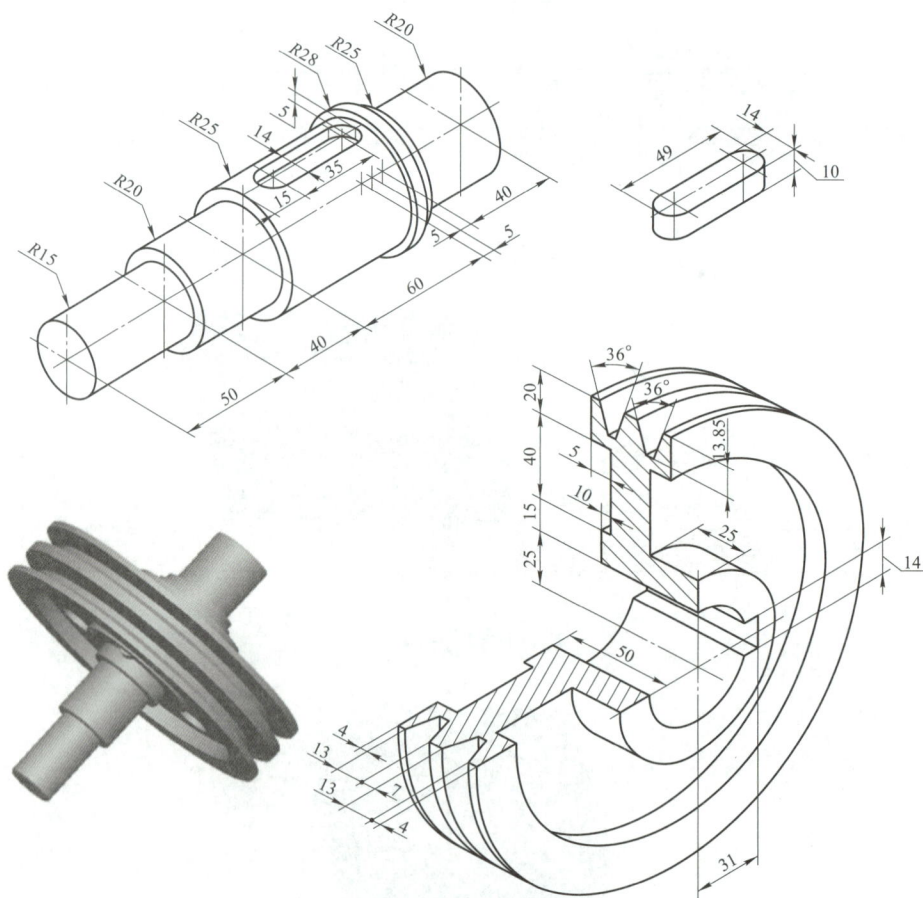

图 4-1-54　零件图

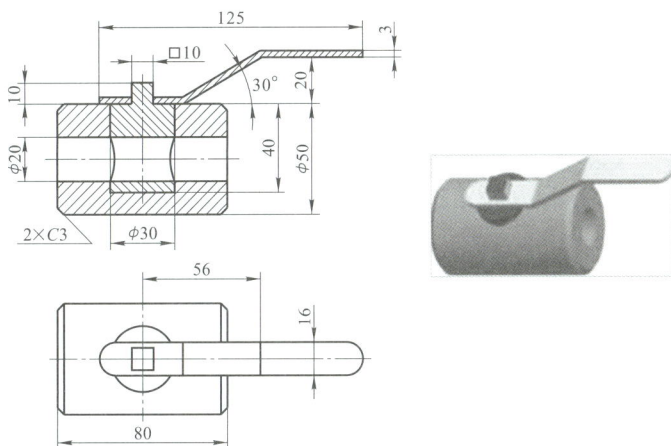

图 4-1-55　零件图

任务 ② 虎钳装配设计

▼ 学习目标

通过学习虎钳的装配设计,进一步掌握零件装配的基本方法和一般流程,以及学习"元件界面"装配,"重复元件"装配和建立装配体分解视图(爆炸视图)的方法。

▼ 任务引入

虎钳主要由钳座、活动钳身、螺杆、螺钉、螺母、垫圈和销钉等零件装配而成,如图 4-2-1 所示为虎钳装配图。利用 Creo 软件中零件的组合模块完成齿轮泵的装配。

▼ 任务分析

虎钳的装配就是将构成虎钳的各个零件,按照一定的装配顺序进行配合和连接的组合体。根据虎钳装配图要求,可以选择钳座作为基体零件,然后再按零件的配合关系,依次装配上垫片、螺杆、螺母、活动钳身、螺钉、护口板和圆环等,完成齿轮泵的装配。步骤见表 4-2-1。

图 4-2-1　虎钳装配图

表 4-2-1　虎钳装配建模步骤

1. 装配钳座零件	2. 建立垫圈零件	3. 装配螺杆零件	4. 装配螺母零件

续表

5. 装配活动钳身	6. 装配螺钉	7. 装配护口板	8. 装配螺钉和圆环

▼ 知识链接

微视频

元件界面装配

1. 使用元件界面进行装配

通常使用相同的约束类型和参考组装元件。通过自动放置，可更快地约束元件，并可以同时放置一个元件的多个实例。通过使元件界面自动与装配中的界面或几何相匹配，可将元件放置在装配中。定义元件界面可实现元件放置的自动化。各界面可在元件放置过程中进行定义。使用装配条件或规则可确保根据设计目的来放置元件。

下面通过一个典型的操作实例介绍元件界面使用的方法。

（1）单击【文件】选项卡/【打开】指令 📂，弹出【打开】对话框。在素材目录"Creo＞模型＞项目 4＞4-2-1"中选择零件"yuanjian_2.prt"文件，将其打开。

（2）单击【工具】选项卡/【模型意图】组/【元件界面】指令 📇，弹出【元件界面】对话框，如图4-2-2所示。

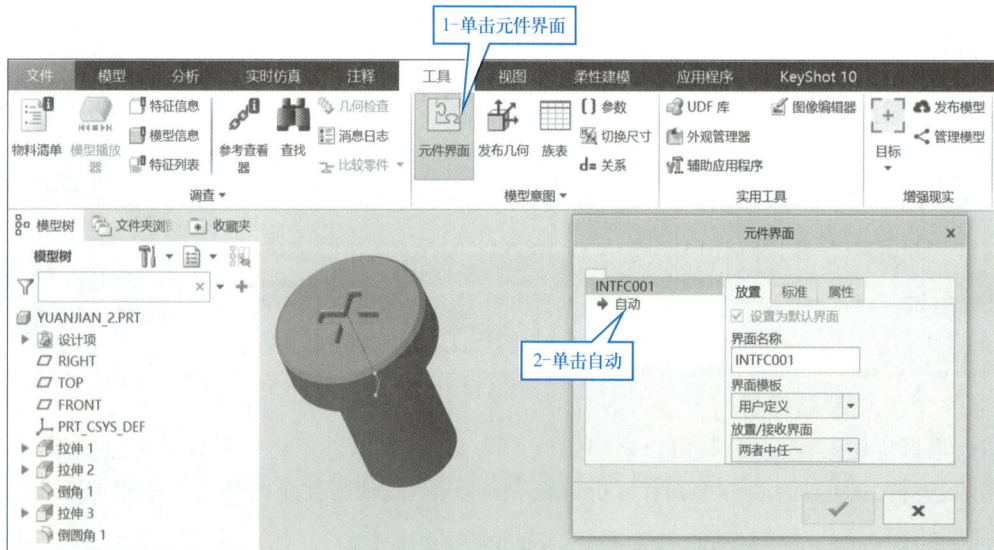

图4-2-2　【元件界面】对话框

（3）如图4-2-3所示，单击【元件界面】对话框内【自动】，在【约束类型】列表框中选择【重合】约束，然后在零件上选择面1，完成【重合】约束1的建立。

（4）如图4-2-4所示，在【元件界面】对话框中单击【新建约束】，单击【自动】，在【约束类型】列表框中选择【重合】约束，然后再零件上轴线1，单击【确定】按钮，完成【重合】约束2的建立。

图 4-2-3　建立【重合】约束 1

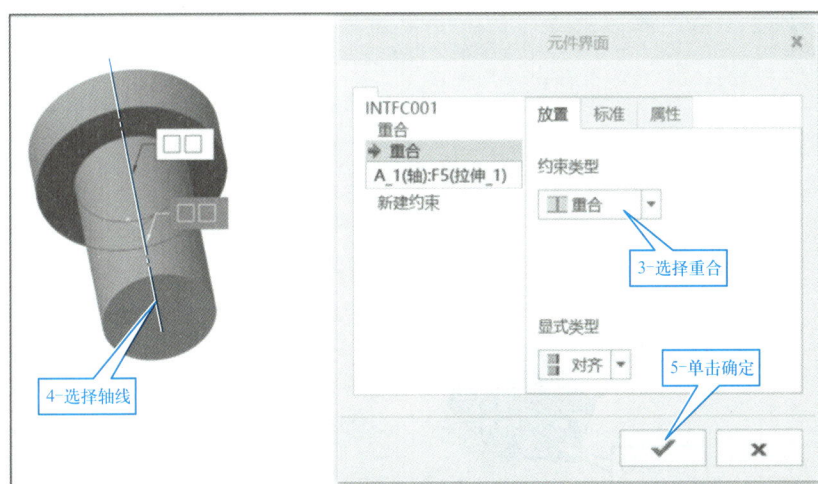

图 4-2-4　建立"重合"约束 2

（5）单击【文件】选项卡/【保存】指令![icon]，或在快速访问工具栏中单击指令![icon]，将完成好的文件保存。

（6）单击【文件】选择卡/【新建】指令![icon]，打开【新建】对话框。在对话框中选择类型为"装配"，子类型为"设计"，输入文件名称"yuanjian_zp"，选择模板为"mmns_asm_design_abs"，进入建立装配模型工作界面。

（7）单击【模型】选项卡/【元件】组/【组装】指令![icon]，弹出【打开】对话框。在素材目录"模型＞项目4＞4-2-1"中选择零件"yuanjian_1.prt"，单击【打开】按钮，装配模型中的第一个零件载入窗口，同时系统在信息区弹出【元件放置】选项卡。在【当前约束】下拉选项中选择【默认】约束![icon]，如图4-2-5所示。

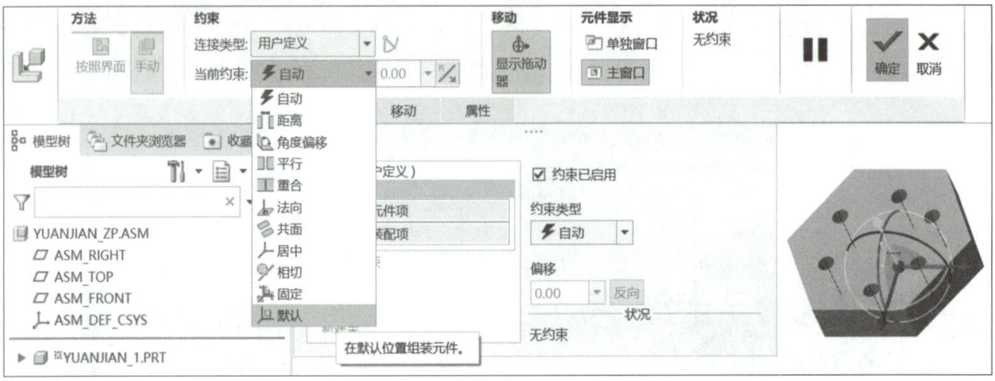

图4-2-5　载入元件

（8）单击【模型】选项卡/【元件】组/【组装】指令![icon]，弹出【打开】对话框，在同一素材目录中点选要装配的零件"yuanjian_2.prt"文件，单击【打开】按钮，装配模型中的第一个零件载入窗口，同时弹出【元件放置】选项卡，按图4-2-6所示进行装配，完成装配如图4-2-7所示。

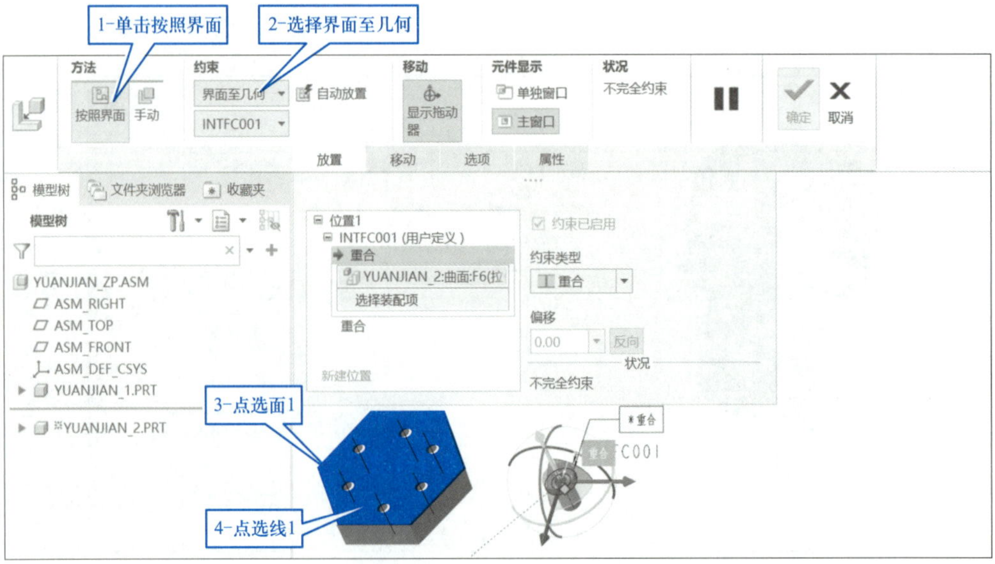

图4-2-6　使用元件界面进行装配

（9）单击【文件】选项卡/【保存】指令 ，或在快速访问工具栏中单击指令 ，将完成好的装配文件保存。

2．重复元件

在装配模式下，选择最后一个装配零件，单击【模型】选项卡/【元件】组/【重复】指令 可以灵活高效地装配一些相同零件，该命令的功能是使用现有的约束条件在当前装配中添加选定基准元件的另一个实例。下面是该命令的操作实例。

（1）单击【文件】选项卡/【打开】指令 ，弹出【打开】对话框，在素材目录"Creo＞模型＞项目 4＞4-2-2"中选择零件"chongfu_zp.asm"文件，将其打开。

图 4-2-7　完成装配

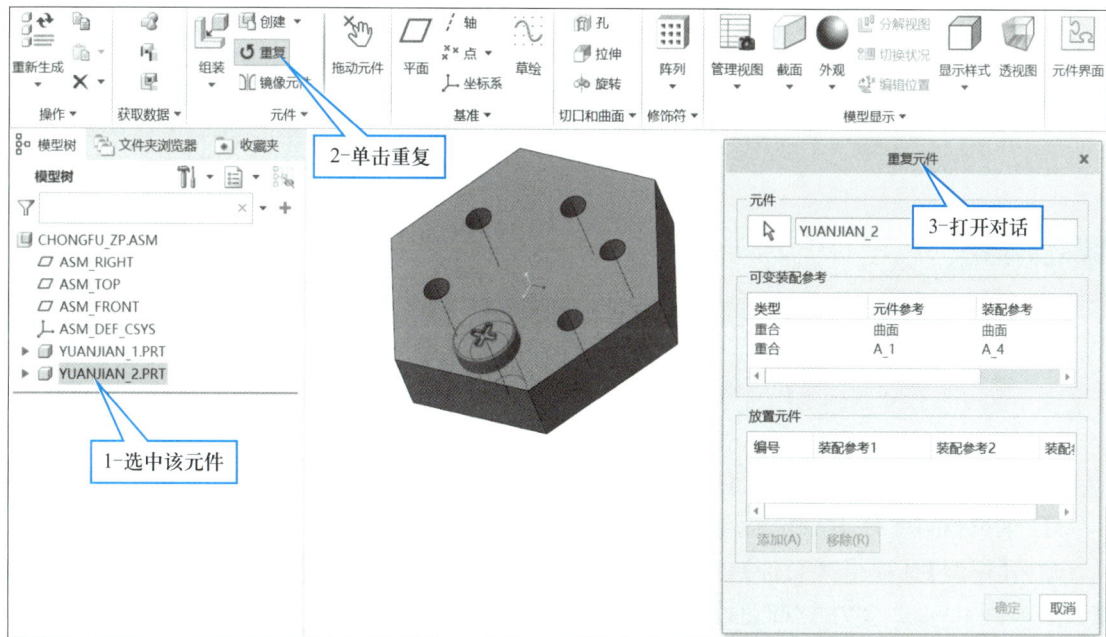

（2）在模型树中选中"yuanjian_2"，单击【模型】选项卡/【元件】组/【重复】指令 ，弹出【重复元件】对话框，如图 4-2-8 所示。

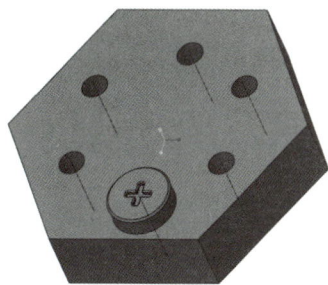

图 4-2-8　【重复元件】对话框

（3）如图 4-2-9 所示，在【重复元件】对话框中的"可变装配参考"下选择轴重合参考，单击【添加】按钮，在"yuanjian_1"零件上点选其余 5 个轴线，系统自动重复添加 5 个相同的零件，在重复元件对话框上单击【确定】按钮，完成元件添加。

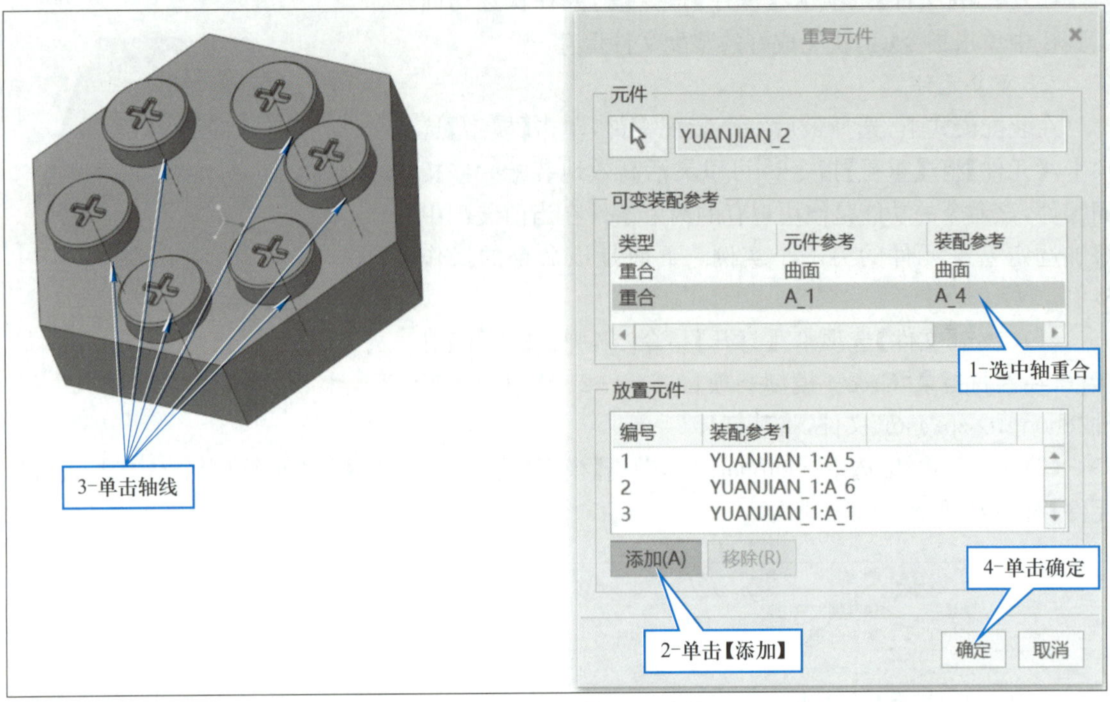

图 4-2-9　重复添加元件

微视频

虎钳装配
任务实施

▼ **任务实施**

1. 设置工作目录

建立一个名为"虎钳装配设计"的文件夹,启动 Creo 软件,设置该文件夹为工作目录。将配套资源中的子零件复制到工作目录。

2. 进入建立装配模型界面

新建装配文件"huqian_zp",使用"mmns_asm_design_abs"模板。

3. 装配钳座零件

单击【模型】选项卡/【元件】组/【组装】指令，弹出【打开】对话框,在素材目录"Creo＞模型＞项目 4＞4-2-3"中,点选要装配的钳座零件"qianzuo01.prt"如图 4-2-10 所示。单击【打开】按钮,装配模型中的第一个零件载入窗口,同时系统在信息区弹出【元件放置】选项卡。在【当前约束】下拉选项中选择【默认】约束，如图 4-2-11 所示。单击【元件放置】选项卡中的【确定】按钮，完成钳座零件载入。

4. 建立垫圈零件

（1）进入零件建模界面

单击【模型】选项卡/【元件】组/【创建】指令，系统弹出【创建元件】对话框,如图 4-2-12a 所示,在对话框中选择类型为"零件",子类型为"实体",并在"名称"中输入垫圈零件的名称"dianquan01",单击【确定】按钮。在系统会弹出的【创建选项】对话框中选取"创建特征",如图 4-2-12b 所示,再单击【确定】按钮,系统进入垫圈零件的建模工作界面(此时垫圈零件处于激活状态)。

图 4-2-10　【打开】对话框

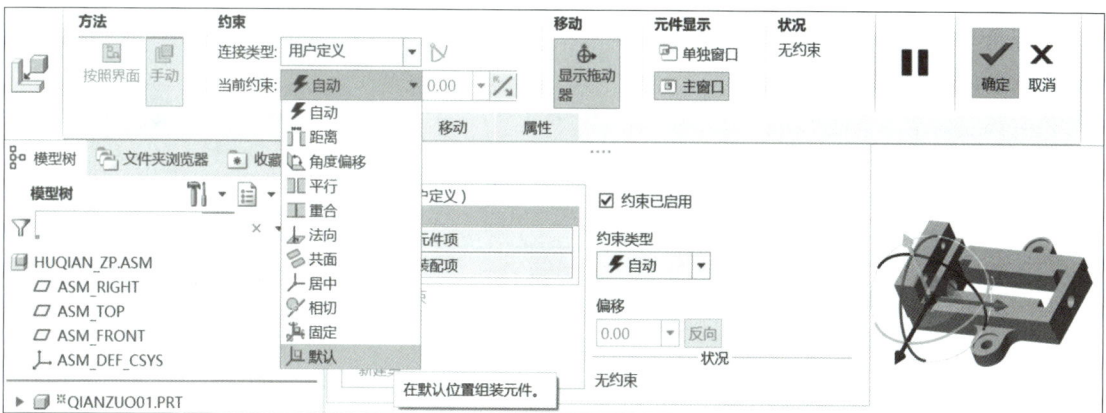

图 4-2-11　载入钳座零件

图 4-2-12　【创建元件】对话框与【创建选项】对话框

（2）建立拉伸特征

使用【拉伸】指令，选择钳座沉头孔底面为草绘面，如图 4-2-13 所示。使用【草绘】选项卡指令，绘制如图 4-2-14 所示垫圈，建立高度为"4"的拉伸特征。

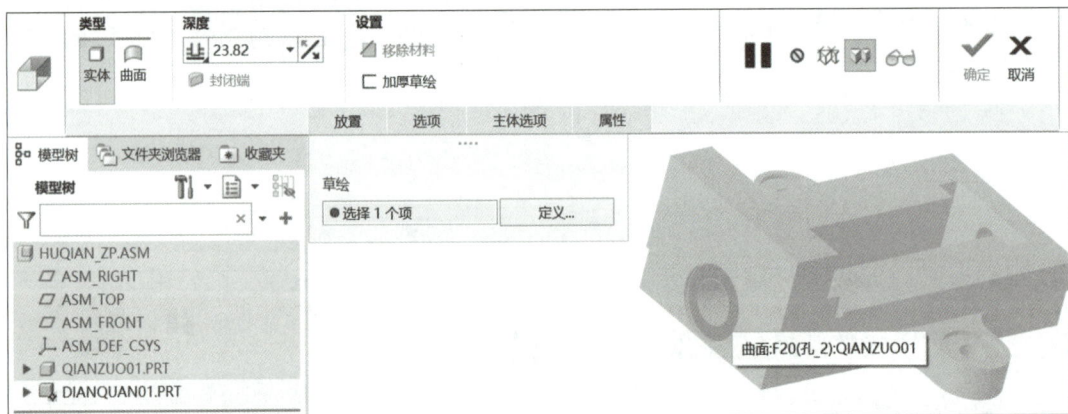

图 4-2-13　选择草绘面

图 4-2-14　建立拉伸特征

（3）建立倒角特征

单击【模型】选项卡/【工程】组/【倒角】指令 ，在【边倒角】选项卡中选取"角度×D"、输入倒角参数"45""1"，点选要倒角的边，单击【确定】按钮 ，完成垫圈零件的创建，如图 4-2-15 所示。单击模型树中"huqian_zp.asm"，在弹出的【特征编辑】选项卡菜单中单击【激活】 ，关闭垫圈零件的激活状态。

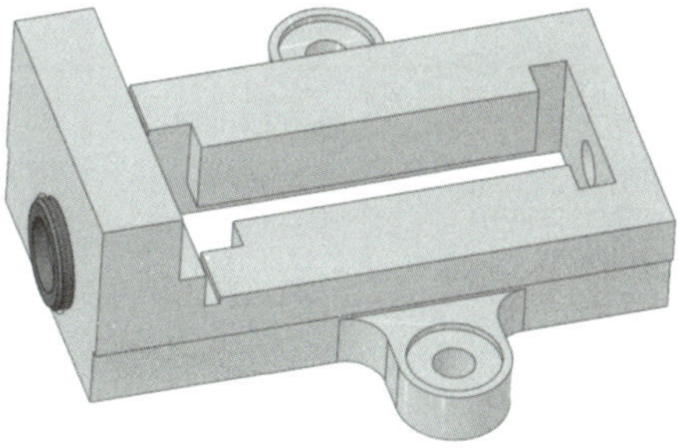

5. 装配螺杆零件

（1）载入装配零件螺杆

图 4-2-15　建立倒角特征

单击【模型】选项卡/【元件】组/【组装】 指令，弹出【打开】对话框，在素材目录"Creo＞模型＞项目 4＞4-2-3"中，选择要装配的螺杆零件"luogan01"，单击【打开】按钮，螺杆零件载入窗口。

（2）建立【重合】约束关系 1

在【元件放置】选项卡中单击"单独窗口"指令 和"主窗口"指令 。在【约束类型】列表框中选中【重合】约束 。依次单击"单独窗口"中螺杆的轴线和"主窗口"中钳座上孔的轴线，建立【重合】约束 1，如图 4-2-16 所示。

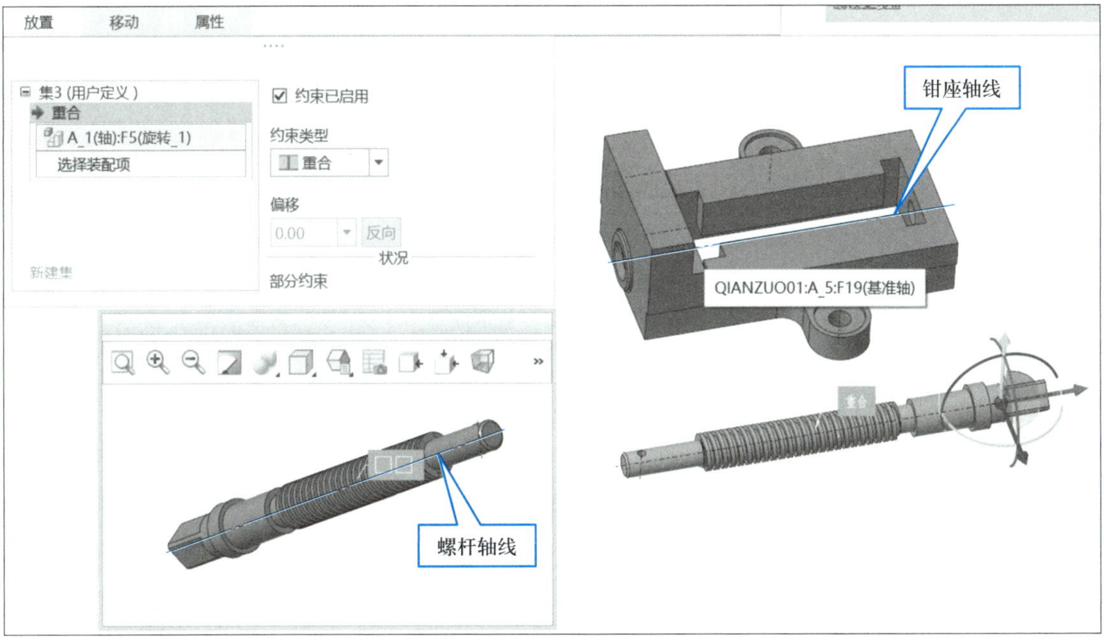

图 4-2-16　建立"重合"约束 1

（3）建立【重合】约束关系 2

若螺杆嵌入钳座内，可先选择"拖动器"上的箭头，拖动箭头以沿轴平移元件，将其移出到适当的位置，再在【放置】选项卡单击【新建约束】，选择【约束类型】为【重合】约束 ，在"单独窗口"选中螺杆端面，在"主窗口"中选中垫圈端面，建立【重合】约束 2，如图 4-2-17 所示。

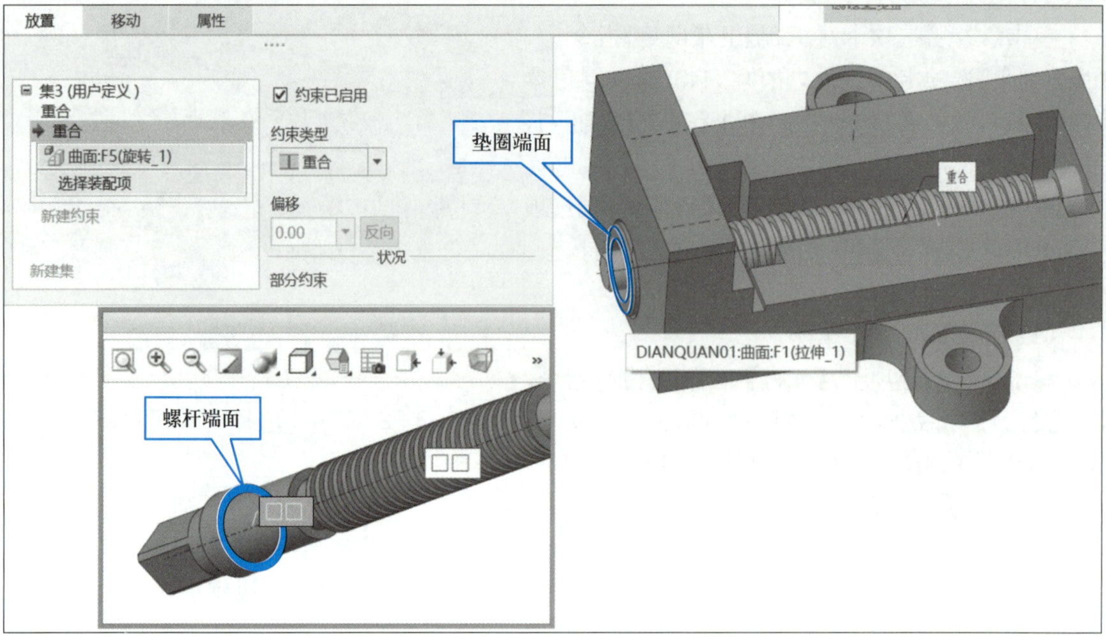

图 4-2-17　建立【重合】约束 2

（4）切换重合方向

如图 4-2-18 所示，单击【放置】选项卡/【反向】按钮，切换面重合方向。在允许假设被勾选的情况下，系统提示"状况：采用假设完全约束"。在【元件放置】选项卡中单击【确定】按钮☑，完成螺杆的装配。

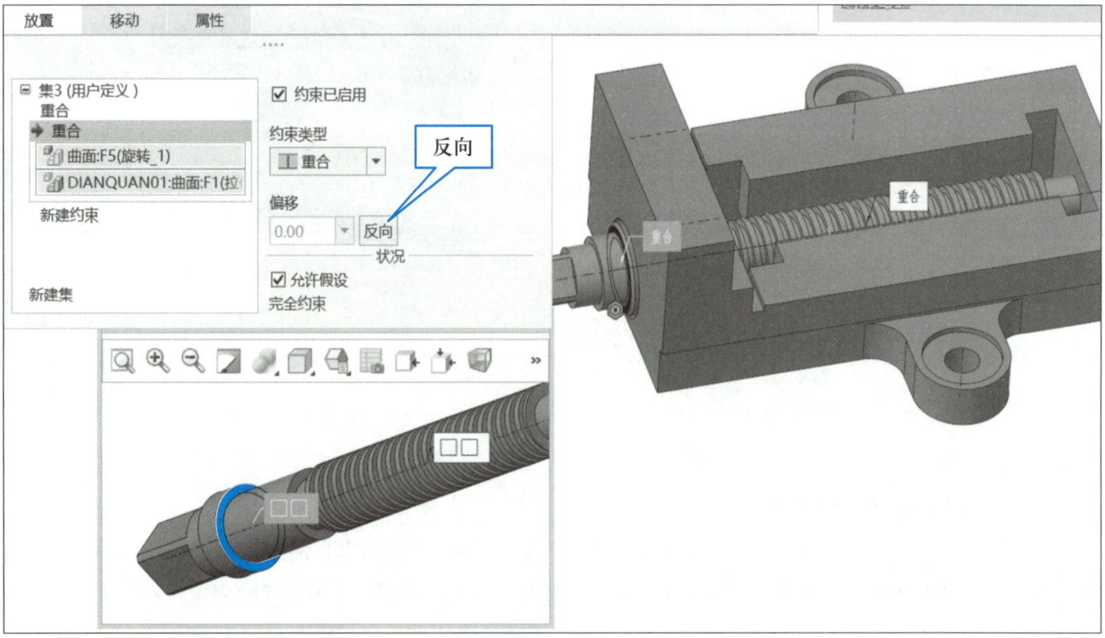

图 4-2-18　切换面重合方向

6. 装配螺母零件

(1) 载入装配零件螺母

单击【模型】选项卡/【元件】组/【组装】指令，弹出的【打开】对话框，在素材目录"Creo＞模型＞项目 4＞4-2-3"中选择要装配的螺杆零件"luomu"，单击【打开】按钮，螺母零件载入窗口。

(2) 建立【重合】约束关系 1

在【元件放置】选项卡中选中"单独窗口"指令和"主窗口"指令。在【约束类型】列表框中选中【重合】约束。依次单击"单独窗口"中螺杆的轴线和"主窗口"中钳座上孔的轴线，建立【重合】约束 1，如图 4-2-19 所示。

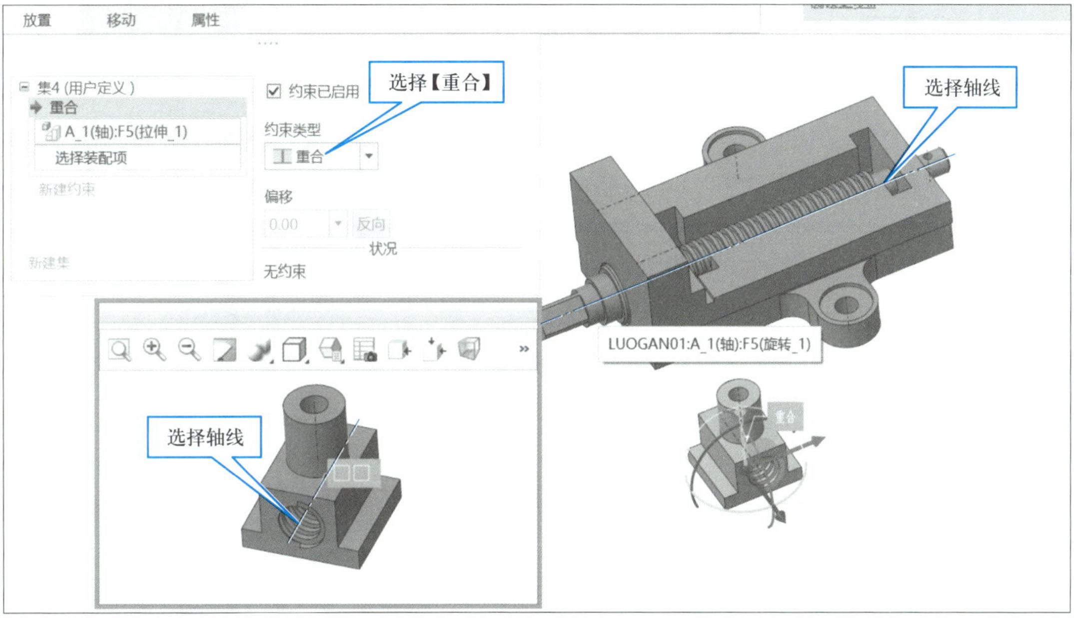

图 4-2-19 建立【重合】约束 1

(3) 建立【平行】约束关系 2

若螺母嵌入钳座内，可先选择"拖动器"上的箭头，拖动箭头以沿轴平移元件，将其移出到适当的位置，再在【放置】选项卡单击【新建约束】，选择【约束类型】为【平行】约束，在"单独窗口"选中螺母上表面，在"主窗口"中选中钳座上表面，建立【平行】约束 2，如图 4-2-20 所示。

(4) 建立【距离】约束关系 3

在【放置】选项卡单击【新建约束】，选择【约束类型】为【距离】约束，在"单独窗口"选中螺母端面，在"主窗口"中选中钳座端面，建立【距离】约束了，通过拖动"拖动点"将螺母移动到合适位置，在【偏移】中输入距离"36"，如图 4-2-21 所示。

(5) 完成螺母装配

系统提示"状况：完全约束"。在【元件放置】选项卡中单击【确定】按钮，完成螺母的装配。

7. 装配活动钳身

(1) 载入装配零件活动钳身

单击【模型】选项卡/【元件】组/【组装】指令，弹出的【打开】对话框，在素材目录"Creo＞模

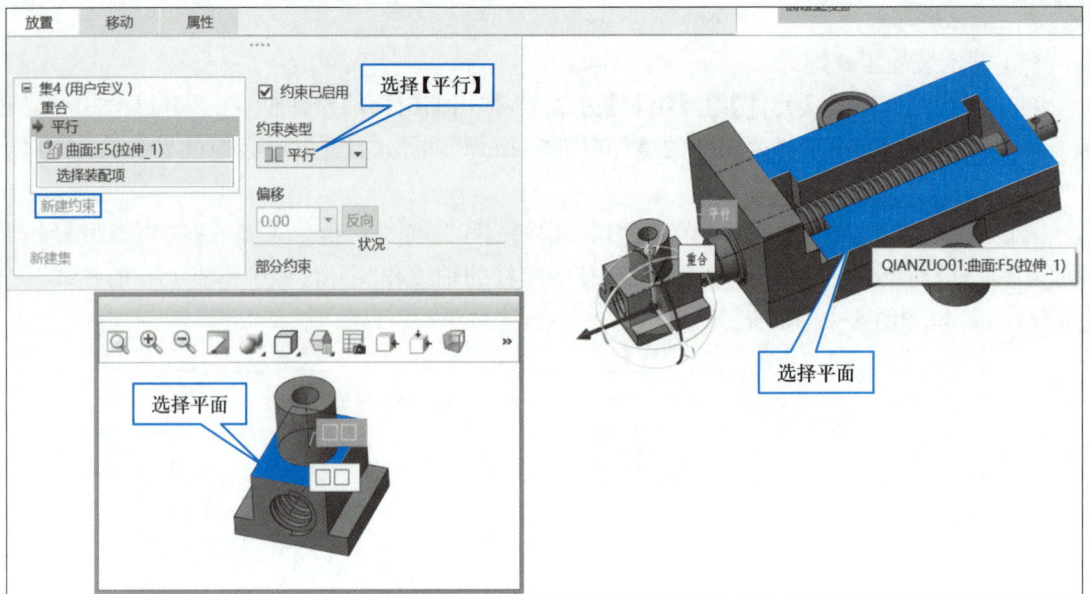

图 4-2-20　建立【平行】约束 2

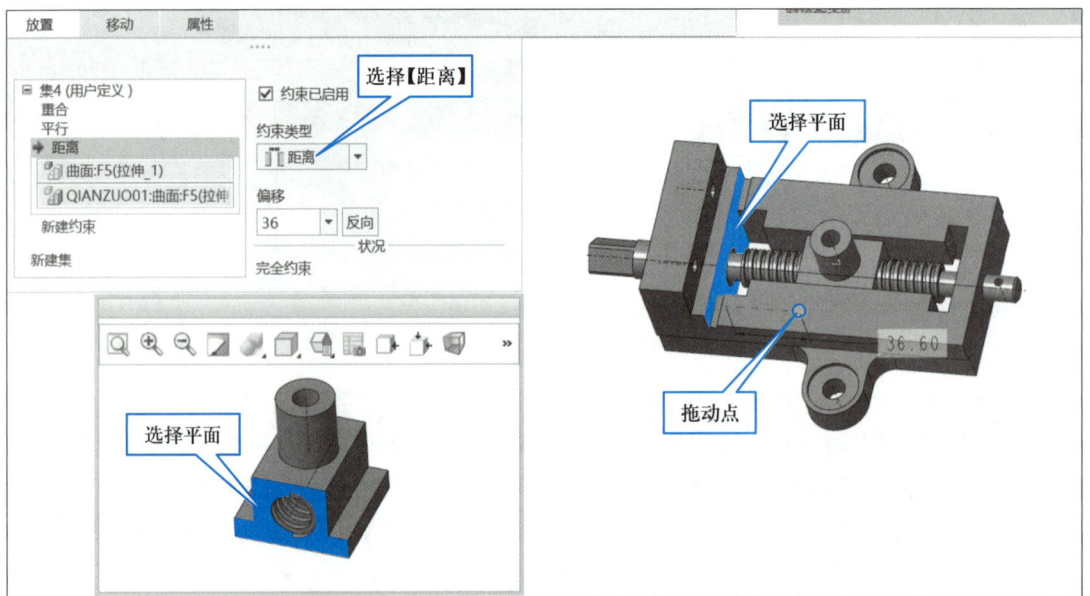

图 4-2-21　建立【距离】约束 3

型＞项目 4＞4-2-3"中选择要装配的钳身零件"qianshen01",单击【打开】按钮,活动钳身零件载入窗口。

（2）建立【重合】约束关系 1

在【元件放置】选项卡中单击"单独窗口"指令🔳和"主窗口"指令🔳。在【约束类型】列表框中选中【重合】约束🔳。依次单击"单独窗口"中活动钳身下底面 1 和"主窗口"中钳座上的平面 2,建立【重合】约束 1,如图 4-2-22 所示。

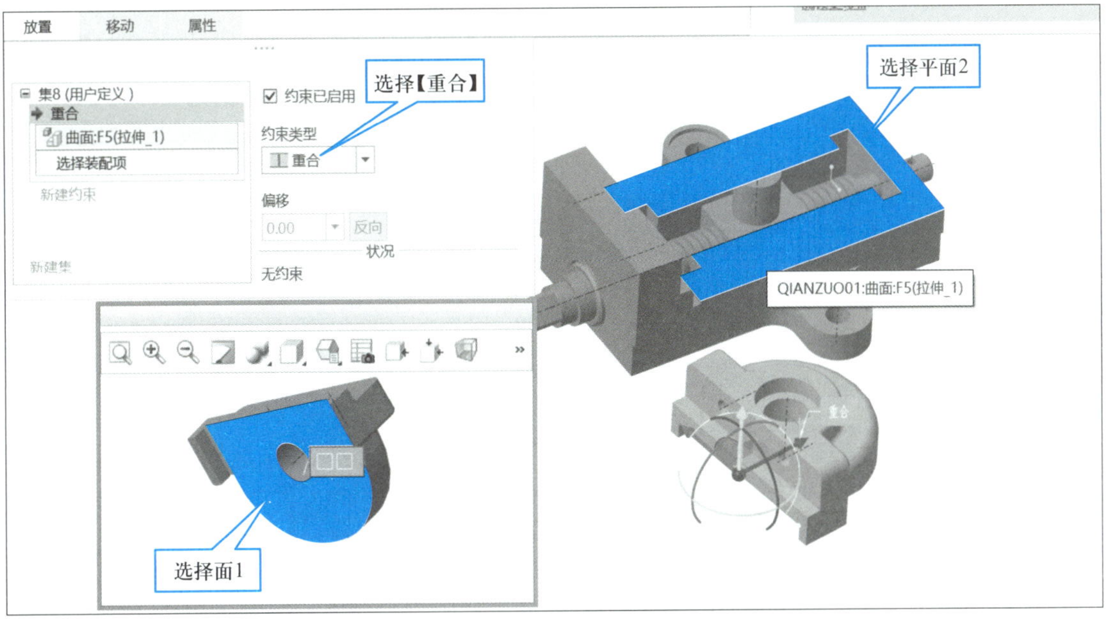

图 4-2-22　建立【重合】约束 1

（3）建立【平行】约束关系 2

使用"拖动器"将其移动到适当的位置，再在【放置】选项卡单击【新建约束】，选择【约束类型】为【平行】约束▐▌，在"单独窗口"选中钳身内侧面 1，在"主窗口"中选中钳座侧面 2，建立【平行】约束 2，如图 4-2-23 所示。

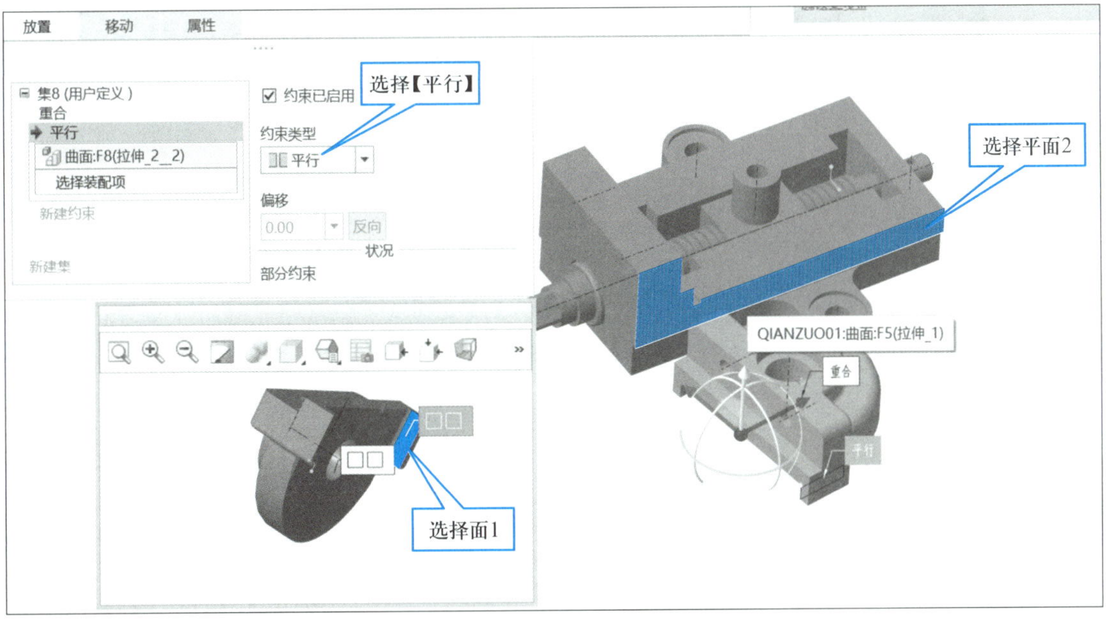

图 4-2-23　建立【平行】约束 2

（4）建立【重合】约束关系 3

在【放置】选项卡单击【新建约束】，选择【约束类型】为【重合】约束▥，在"单独窗口"选中钳身轴线 1，在"主窗口"中选中钳座轴线 2，建立【重合】约束 3，如图 4-2-24 所示。

图 4-2-24　建立【重合】约束 3

图 4-2-25　完成螺母装配

（5）完成螺母装配

系统提示"状况：完全约束"。在【元件放置】选项卡中单击【确定】按钮☑，完成螺母的装配，如图 4-2-25 所示。

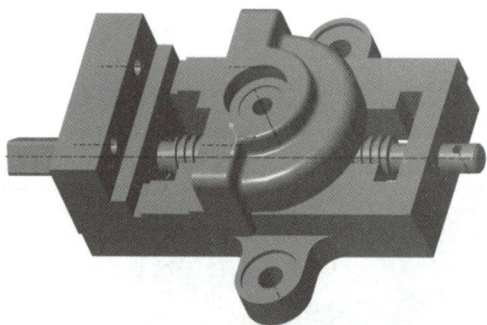

8. 装配螺钉

（1）载入装配零件螺钉

单击【模型】选项卡/【元件】组/【组装】指令🖳，弹出的【打开】对话框，在同一素材目录中选择要装配的螺钉零件"luoding"，单击【打开】按钮，螺钉零件载入窗口。

（2）建立【重合】约束关系 1

在【元件放置】选项卡中单击"单独窗口"指令🖾和"主窗口"指令🔲。在【约束类型】列表框中选中【重合】约束▥。依次单击"单独窗口"中螺钉上的平面 1 和"主窗口"中钳身上的平面 2，建立【重合】约束 1，如图 4-2-26 所示。

（3）建立【重合】约束关系 2

在【放置】选项卡单击【新建约束】，新建一个约束，选择【约束类型】为【重合】约束▥，在"单独窗口"选中螺钉轴线 1，在"主窗口"中选中钳身轴线 2，建立【重合】约束 2，如图 4-2-27 所示。

图 4-2-26　建立【重合】约束 1

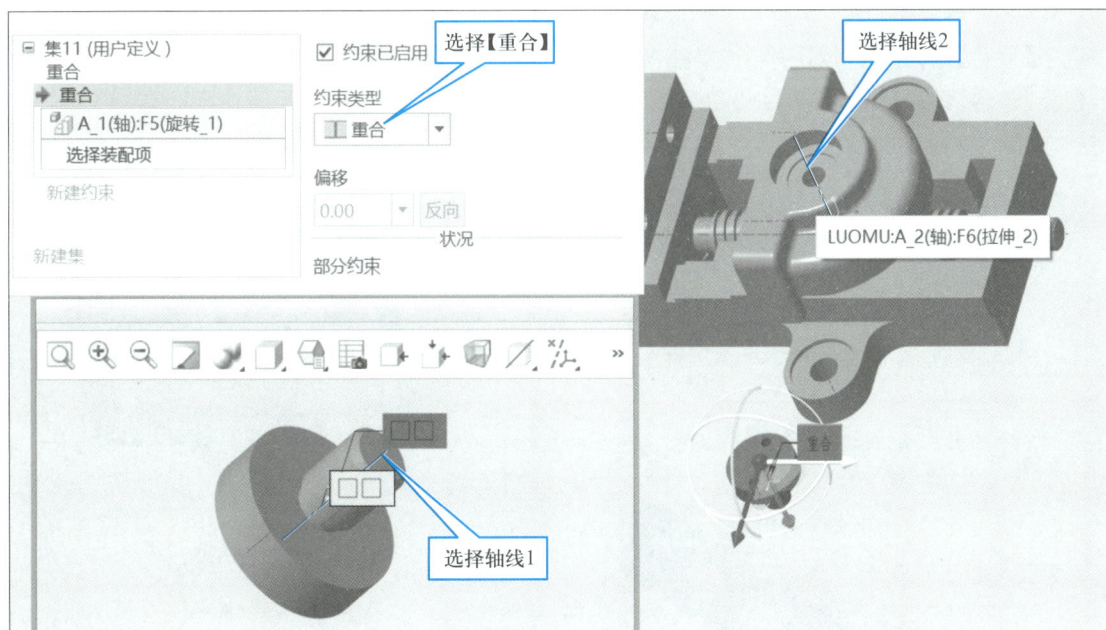

图 4-2-27　建立【重合】约束 2

（4）完成螺钉装配

在允许假设被勾选的情况下，系统提示"状况：采用假设完全约束"。在【元件放置】选项卡中单击【确定】按钮☑，完成螺钉的装配，如图 4-2-28 所示。

图 4-2-28　完成螺钉装配

9. 装配护口板

（1）载入装配零件护口板

单击【模型】选项卡/【元件】组/【组装】指令 ，弹出【打开】对话框，在同一素材目录中选择要装配的护口板零件"hukouban01"，单击【打开】按钮，护口板零件载入窗口。

（2）建立【重合】约束关系 1

在【元件放置】选项卡中单击"单独窗口"指令 和"主窗口"指令 。在【约束类型】列表框中选中【重合】约束 。依次单击"单独窗口"中护口板上的平面 1 和"主窗口"中钳身上的平面 2，建立"重合"约束 1，如图 4-2-29 所示。

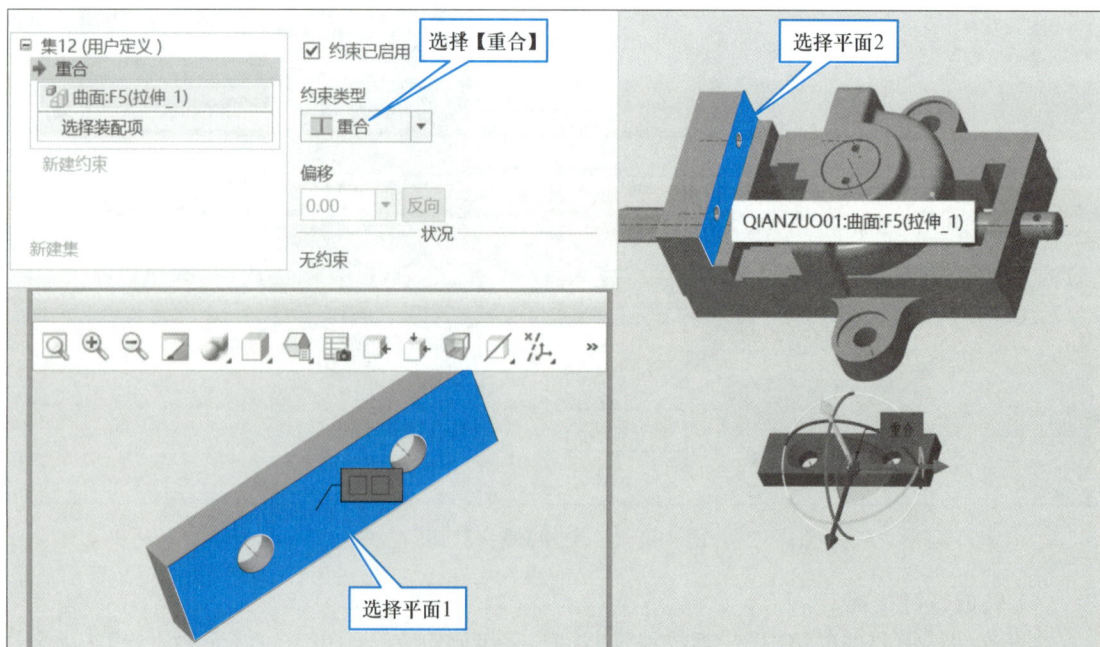

图 4-2-29　建立【重合】约束 1

（3）建立【重合】约束关系 2

在【放置】选项卡单击【新建约束】，新建一个约束，选择【约束类型】为【重合】约束 ⬜，在"单独窗口"选中护口板轴线 1，在"主窗口"中选中钳身轴线 2，建立【重合】约束 2，如图 4-2-30 所示。

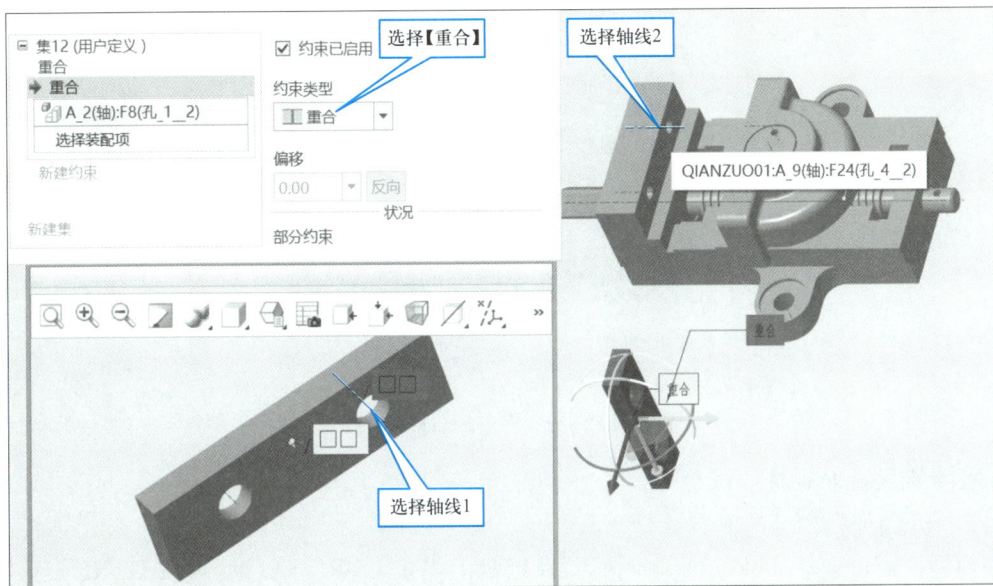

图 4-2-30　建立【重合】约束 2

（4）建立【重合】约束关系 3

在【放置】选项卡单击【新建约束】，新建一个约束，选择【约束类型】为【重合】约束 ⬜，在"单独窗口"选中护口板轴线 1，在"主窗口"中选中钳身轴线 2，建立【重合】约束 3，如图 4-2-31 所示。

图 4-2-31　建立【重合】约束 3

（5）完成护口板装配

在允许假设被勾选的情况下，系统提示"状况：采用假设完全约束"。在【元件放置】选项卡中单击【确定】按钮☑，完成护口板的装配，如图 4-2-32 所示。

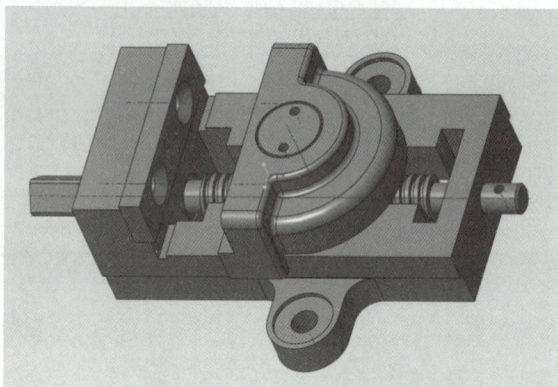

图 4-2-32　完成护口板装配

10．复制装配护口板

（1）打开【复制装配】选项卡

在模型树窗口选择"hukouban01.prt"，在键盘上先按 CTRL＋C 键，再按 CTRL＋V 键，这时系统打开【复制装配】选项卡，单击打开【单独窗口】，单击关闭【主窗口】，单击关闭【显示拖动器】，如图 4-2-33 所示。

图 4-2-33　【复制装配】选项卡

（2）定义装配选择项

如图 4-2-34a 所示，在"主窗口"中单击平面 1 作为第 1 个约束的装配项；如图 4-2-34b 所示，在"主窗口"中单击轴线 1 作为第 2 个约束的装配项；如图 4-2-34c 所示，在"主窗口"中单击轴线 2 作为第 3 个约束的装配项；如图 4-2-34d 所示，单击【复制装配】选项卡上"主窗口"，打开元件在主窗口中的显示。

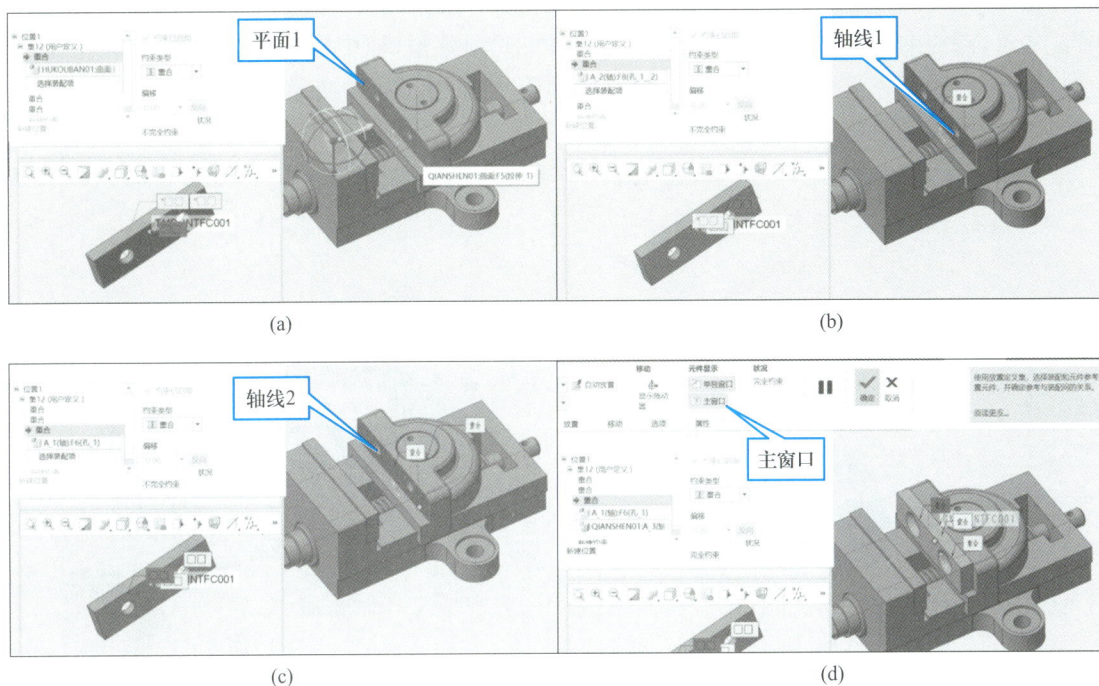

(a)
(b)
(c)
(d)

图 4-2-34　定义装配选择项

（3）完成护口板复制装配

系统提示"状况：完全约束"。在【元件放置】选项卡中单击【确定】按钮，完成护口板的复制装配，如图 4-2-35 所示。

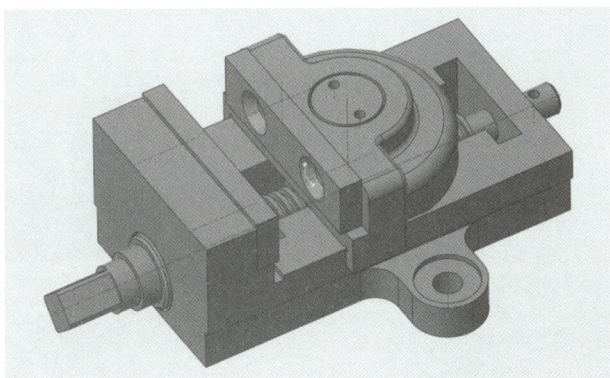

图 4-2-35　完成护口板复制装配

11. 装配护口板螺钉

（1）载入装配零件护口板螺钉

单击【模型】选项卡/【元件】组/【组装】指令，弹出的【打开】对话框，在同一素材目录中选择要装配的护口板螺钉零件"luoding02"，单击【打开】按钮，零件载入窗口。

(2) 建立【重合】约束关系1

在【元件放置】选项卡中单击"单独窗口"指令图和"主窗口"指令回。在【约束类型】列表框中选中【重合】约束□。如图4-2-36所示，依次单击"单独窗口"中螺钉上的平面1和"主窗口"中护口板上的平面2，建立【重合】约束1，单击"偏移"下的"反向"切换螺钉方向。

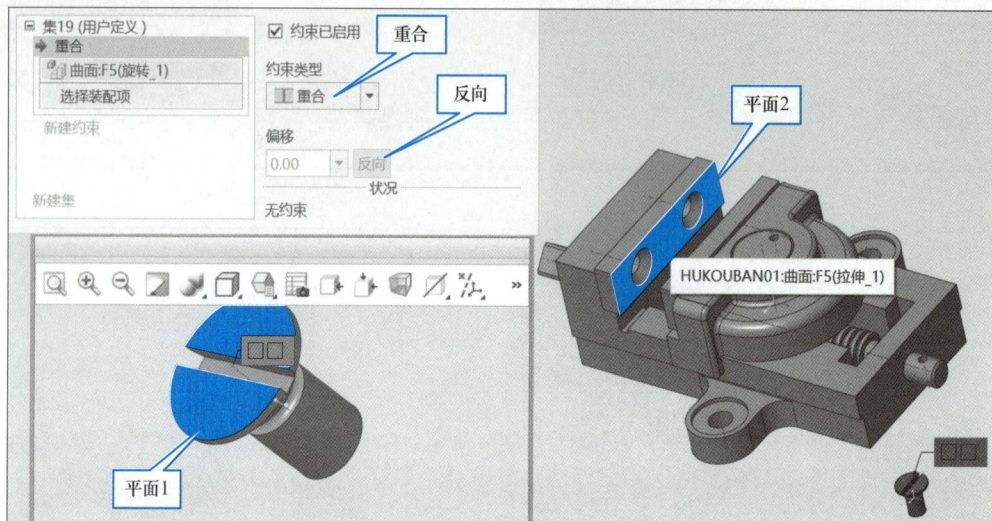

图4-2-36　建立【重合】约束1

(3) 建立【重合】约束关系2

在【放置】选项卡单击【新建约束】，新建一个约束，选择【约束类型】为【重合】约束□，在"单独窗口"选中护口板轴线1，在"主窗口"中选中钳身轴线2，建立【重合】约束2，如图4-2-37所示。

图4-2-37　建立【重合】约束2

（4）完成螺钉装配

在允许假设被勾选的情况下，系统提示"状况：采用假设完全约束"。在【元件放置】选项卡中单击【确定】按钮☑，完成护口板螺钉的装配，如图4-2-38所示。

（5）完成另外3个螺钉装配

重复操作上述操作步骤，完成另外3个护口板螺钉的装配，结果如图4-2-39所示。

图4-2-38　装配一个护口板螺钉

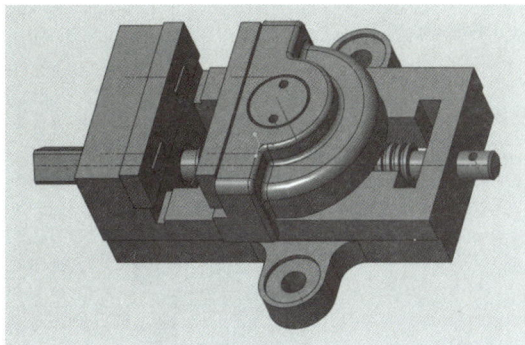

图4-2-39　装配另外3个护口板螺钉

12. 装配圆环零件

（1）载入装配零件圆环

单击【模型】选项卡/【元件】组/【组装】指令，弹出的【打开】对话框，在同一素材目录中选择要装配的圆环零件"yuanhuan01"，单击【打开】按钮，零件载入窗口。

（2）建立【重合】约束关系1

在【元件放置】选项卡中单击"单独窗口"指令和"主窗口"指令。在【元件放置】选项卡的【约束类型】列表框中选中【重合】约束。如图4-2-40所示，依次单击"单独窗口"中圆环上的轴线1和"主窗口"中螺杆上的轴线2，建立【重合】约束1。

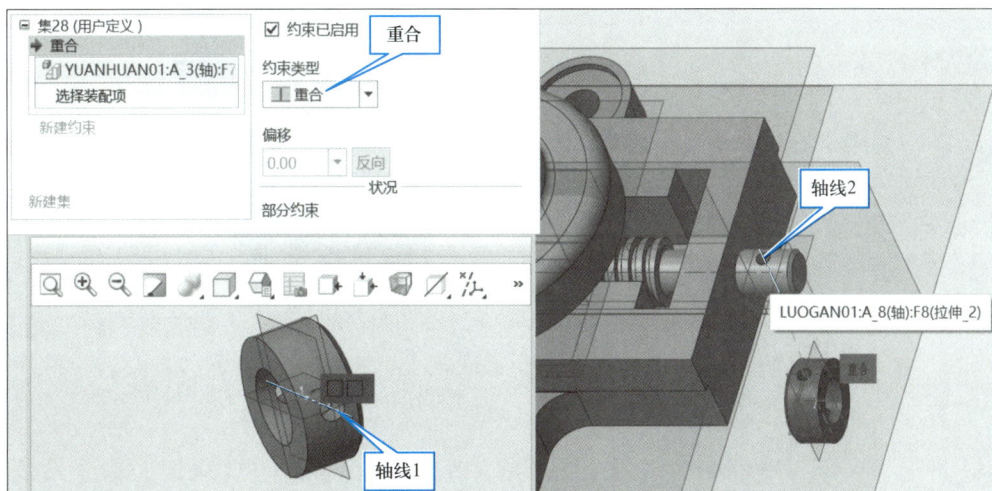

图4-2-40　建立【重合】约束1

（3）建立【重合】约束关系 2

在【放置】选项卡单击【新建约束】，新建一个约束，选择【约束类型】为【重合】约束，在"单独窗口"选中基准平面 1，在"主窗口"中选中螺杆上基准平面 2，建立【重合】约束 2，如图 4-2-41 所示。

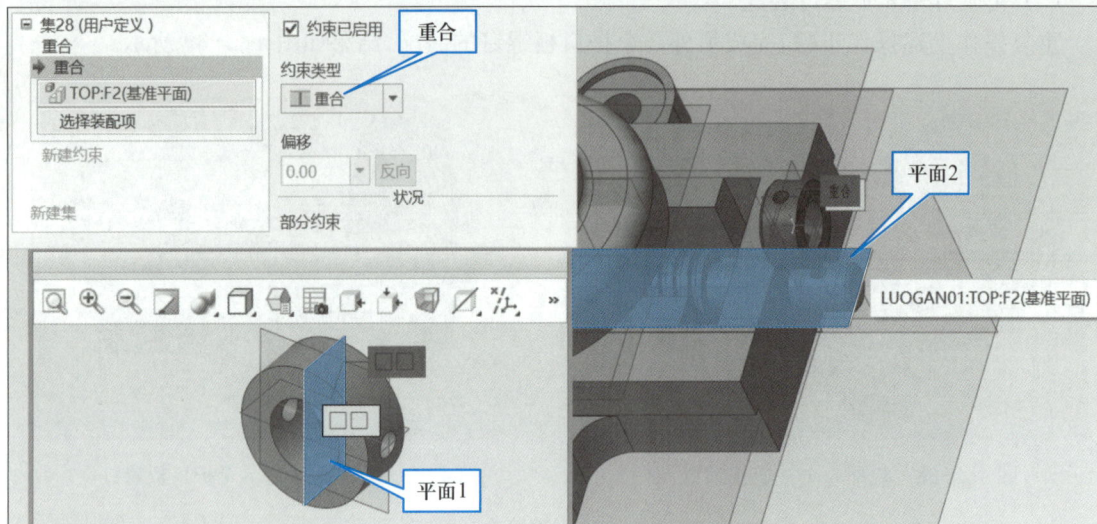

图 4-2-41　建立【重合】约束 2

（4）建立【平行】约束关系 3

在【放置】选项卡单击【新建约束】，选择【约束类型】为【平行】约束，在"单独窗口"选中圆环平面 1，在"主窗口"中选中钳座平面 2，建立【平行】约束 3，如图 4-2-42 所示。

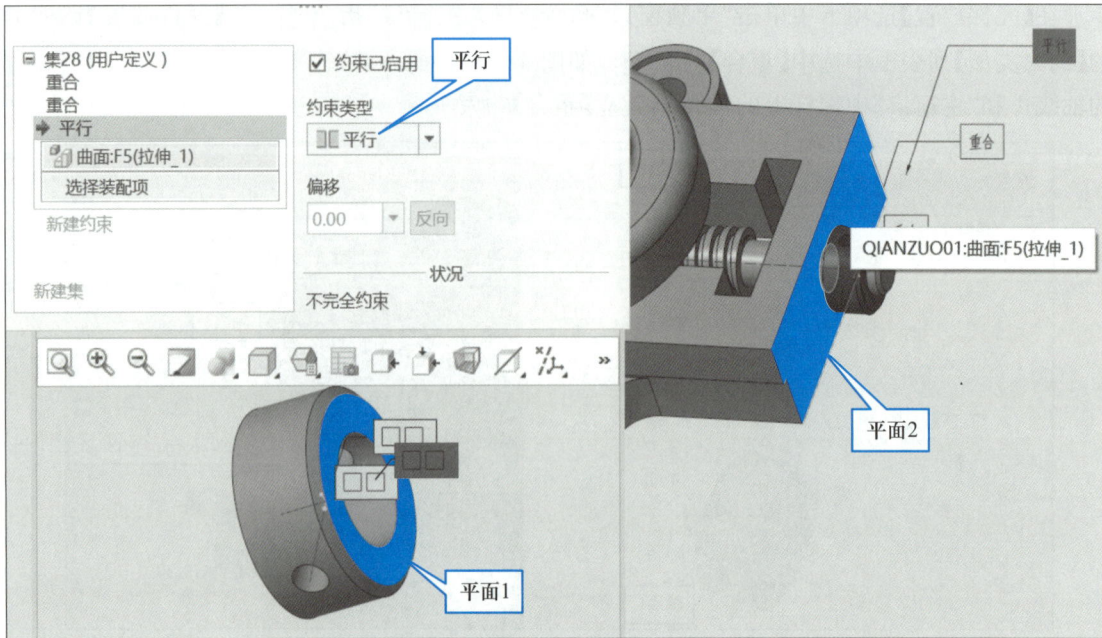

图 4-2-42　建立【平行】约束 3

（5）完成圆环装配

系统提示"状况：完全约束"。在【元件放置】选项卡中单击【确定】按钮☑，完成圆环的装配，如图 4-2-43 所示。

13. 装配销零件

（1）载入装配零件销

单击【模型】选项卡/【元件】组/【组装】指令，弹出的【打开】对话框，在同一素材目录中选择要装配的销零件"xiao01"，单击【打开】按钮，零件载入窗口。

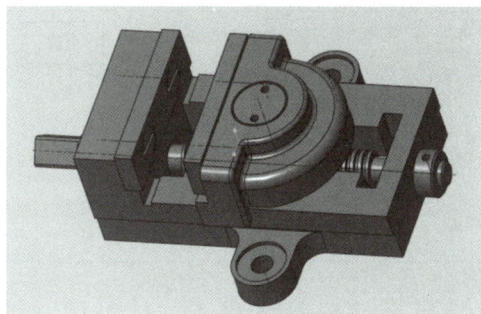

图 4-2-43　完成圆环装配

（2）建立【重合】约束关系 1

在【元件放置】选项卡中单击"单独窗口"指令和"主窗口"指令。在【元件放置】选项卡的【约束类型】列表框中选中【重合】约束。如图 4-2-45 所示依次单击"单独窗口"中销上基准平面 1 和"主窗口"中螺杆上基准平面 2，建立【重合】约束 1。

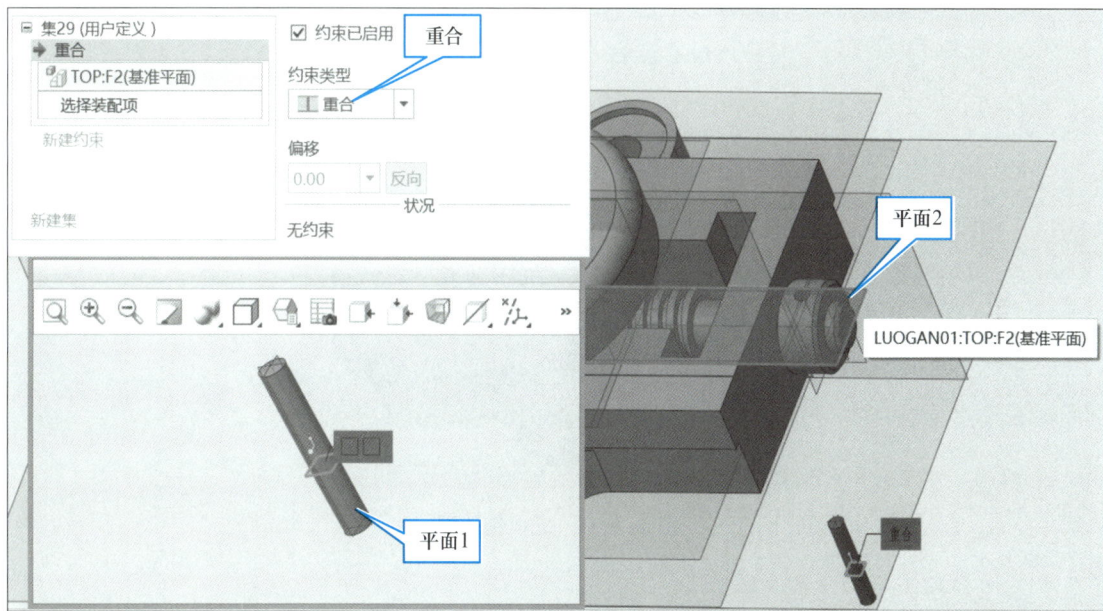

图 4-2-44　建立【重合】约束 1

（3）建立【重合】约束关系 2

在【放置】选项卡单击【新建约束】，新建一个约束，选择【约束类型】为【重合】约束，在"单独窗口"选中销上的轴线 1，在"主窗口"中选中螺杆上的轴线 2，建立【重合】约束 2，如图 4-2-45 所示。

（4）完成销装配

在允许假设被勾选的情况下，系统提示"状况：采用假设完全约束"。在【元件放置】选项卡中单击【确定】按钮☑，完成销的装配，如图 4-2-46 所示。

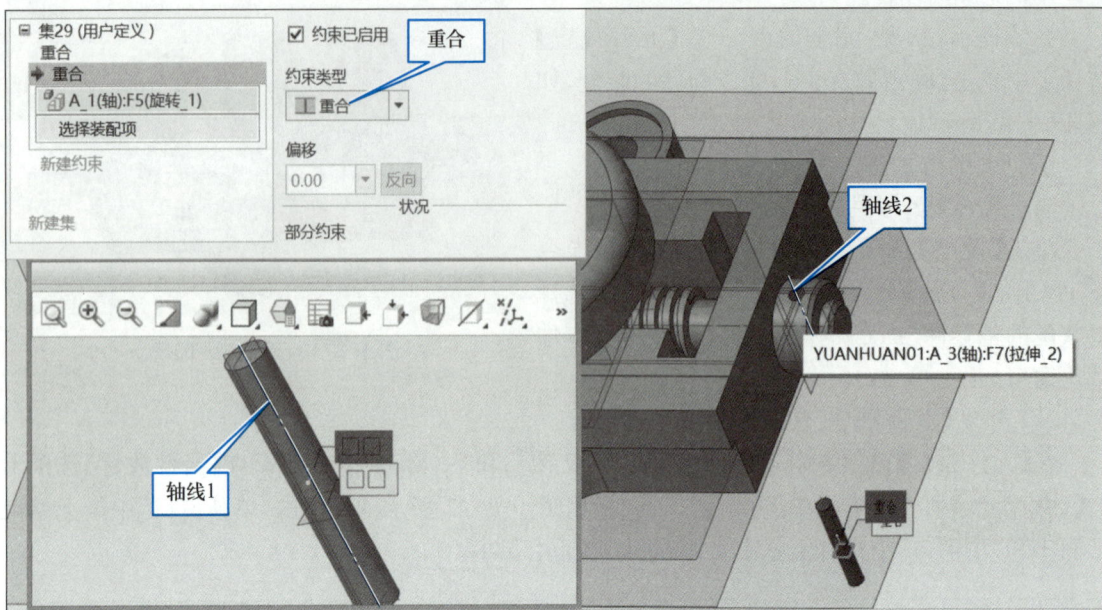

图 4-2-45　建立【重合】约束 2

图 4-2-46　完成销装配

14. 保存文件

单击【文件】选项卡/【保存】指令 ▣，将完成好的装配保存到"huqian_zp.asm"。

▼ 拓展训练

　　装配模型分解状态的视图，简称"分解视图"，该视图可以展示模型的装配关系和内部结构，常用于表达装配模型的装配过程以及装配模型的构成。可为每个装配定义并保存多个分解视图，然后在这些视图之间进行切换。可重新定义已保存的分解视图。下面通过实例介绍如何使用"视图管理"来创建和保存新的分解视图，并设置元件的分解位置。

　　（1）单击【模型】选项卡/【模型显示】组/【管理视图】指令 ▣，弹出【视图管理器】对话框。单击【分解】选项卡，点击【新建】按钮，创建新的分解视图并修改名称，如图 4-2-47 所示。

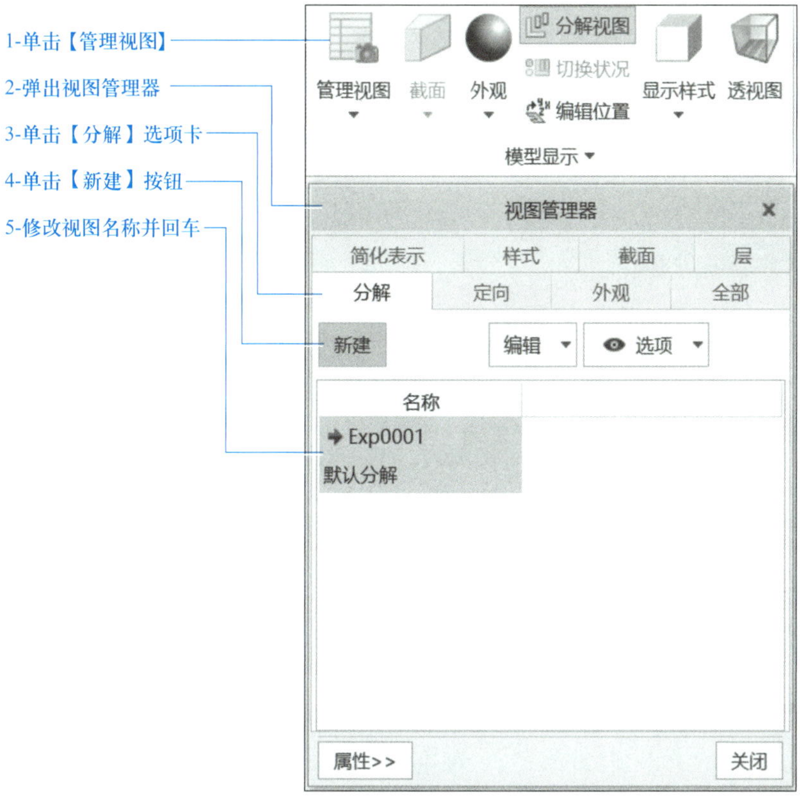

图 4-2-47　【视图管理器】对话框

（2）选中 Exp0001，单击【模型】选项卡/【模型显示】组/【编辑位置】指令，系统弹出【编辑位置】选项卡，如图 4-2-48 所示。

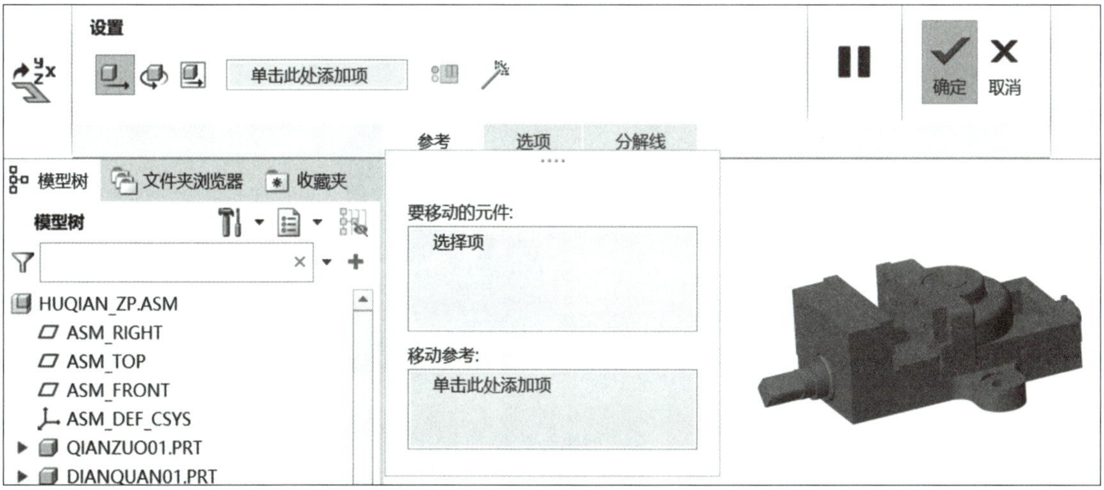

图 4-2-48　【编辑位置】选项卡

（3）如图4-2-49所示，在模型树中选中要调整位置的零件，选择平移，按住鼠标左键选择向下的箭头并向上拖动，将选中的零件调整到新的位置。

图4-2-49 调整选中零件位置

（4）重复步骤（3），通过单击和调整元件的位置，完成装配模型分解视图，如图4-2-50所示。在【编辑位置】选项卡中单击【确定】按钮☑️，退出编辑位置选项卡。

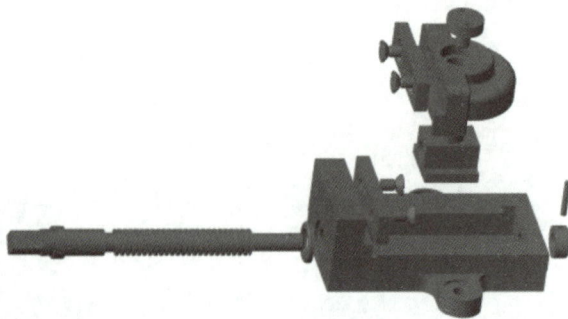

图4-2-50 虎钳装配模型分解视图

（5）在【视图管理器】对话框中单击【编辑】指令弹出下拉菜单，在下拉菜单中选择【保存】，弹出【保存显示元素】对话框，单击【确定】按钮。然后在【视图管理器】对话框中单击【关闭】按钮，如图4-2-51所示。

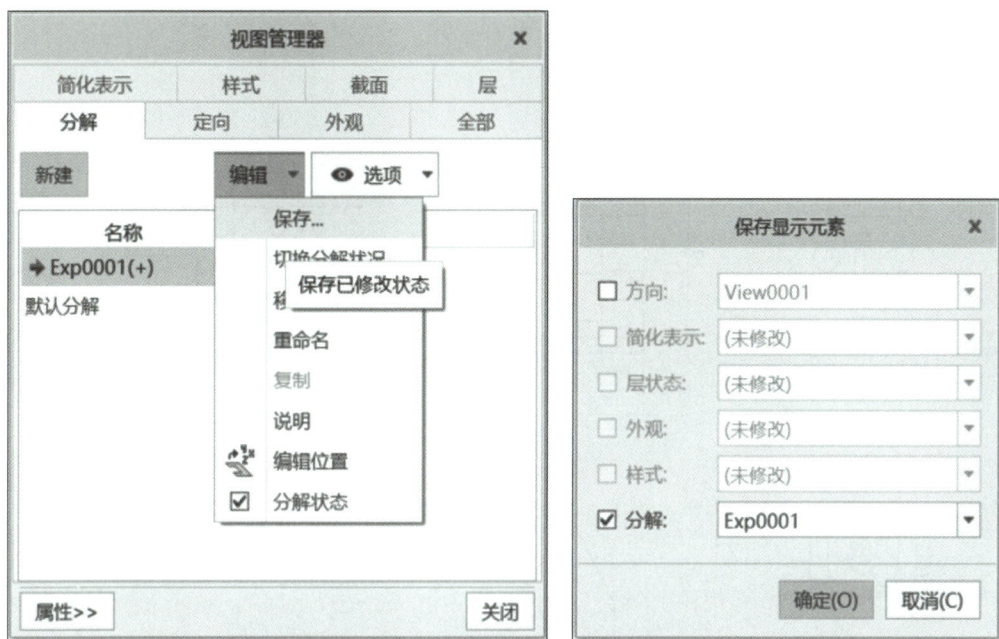

图 4-2-51　【保存显示元素】对话框

互动练习

项目四任务 2
在线测试

思考练习

1. 打开组装零件选项的方法是（　　　）。
   （A）模型/组装/元件
   （B）模型/元件/组装
   （C）模型/文件/组装
   （D）模型/组装/文件

2. 可以在装配环境下创建零部件。（　　）
   （A）正确
   （B）错误

3. 使用对齐约束装配元件与组件时,可选择不相同的几何条件,如轴对平面,点对轴。（　　）
   （A）正确
   （B）错误

4. 按如图 4-2-52 所示的零件图,建立实体零件,并完成装配。

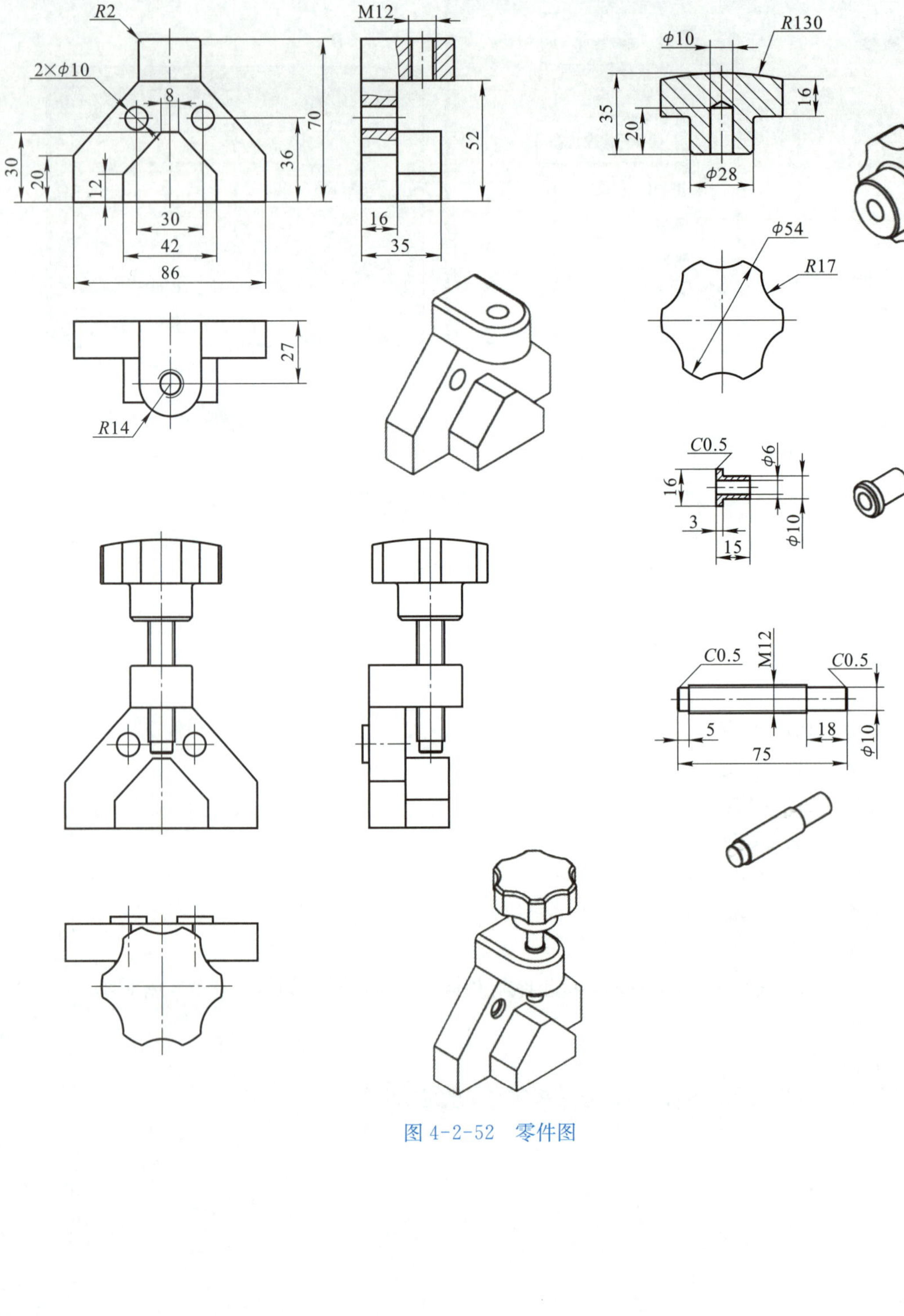

图 4-2-52　零件图

任务 ③ 虎钳螺杆零件工程图设计

▼ 学习目标

本任务将通过建立虎钳螺杆零件的工程图,学习由三维模型创建二维工程图的一般过程,掌握工程图主要选项卡界面、绘图环境的简单设置、基准特征、尺寸标注和公差标注的能力。

▼ 任务引入

按如图 4-3-1 所示的虎钳螺杆零件图,建立虎钳螺杆零件的工程图。

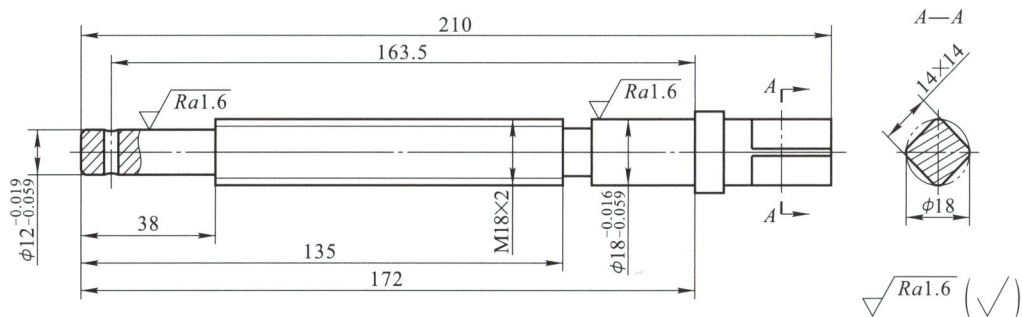

图 4-3-1　虎钳螺杆零件图

▼ 任务分析

虎钳螺杆工程图设计就是将虎钳螺杆模型在工程图环境中按照制图要求添加足够的表达视图,并添加上相应的尺寸标注、公差标注、技术要求等。设计步骤见表 4-3-1。

表 4-3-1　虎钳螺杆工程图设计步骤

1. 建立主视图	2. 添加尺寸和轴线	3. 手动添加其余尺寸	4. 添加尺寸公差
5. 添加表面粗糙度	6. 建立螺杆剖视图	7. 建立局部视图	8. 完成工程图

▼ 知识链接

1. 工程图常用功能

Creo 软件建立工程图常用选项卡如图 4-3-2~图 4-3-9 所示；常用的指令有【布局】【表】【注释】【草绘】【审阅】和【工具】等。

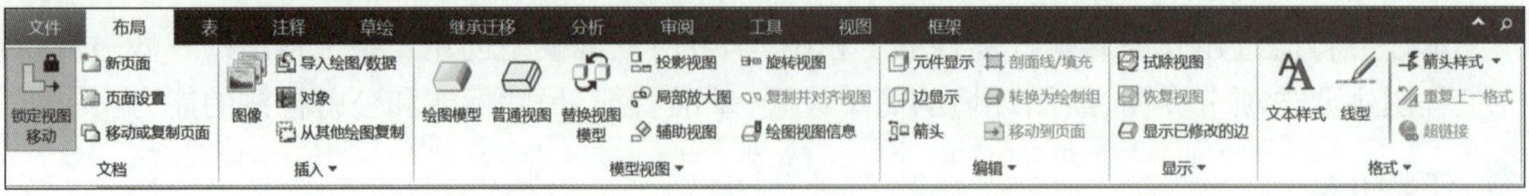

图 4-3-2 工程图【布局】选项卡

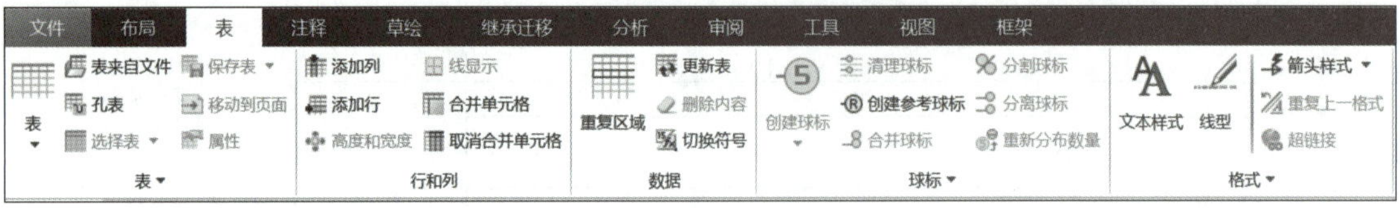

图 4-3-3 工程图【表】选项卡

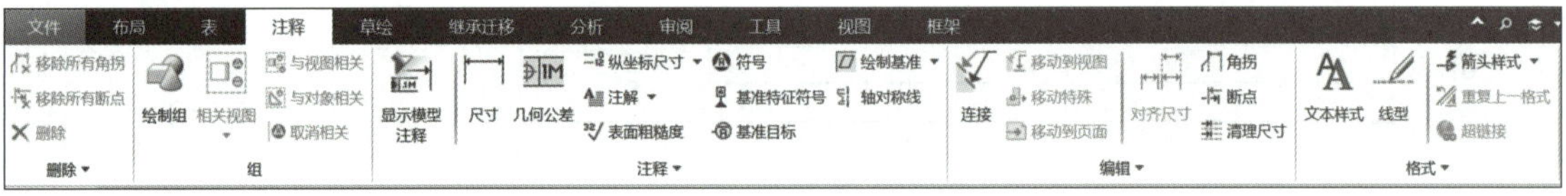

图 4-3-4 工程图【注释】选项卡

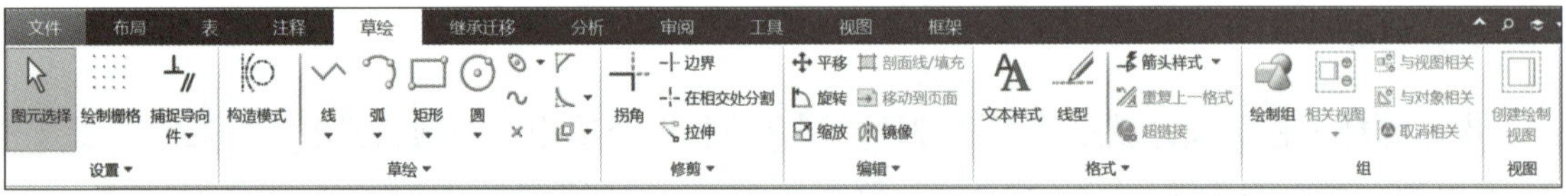

图 4-3-5 工程图【草绘】选项卡

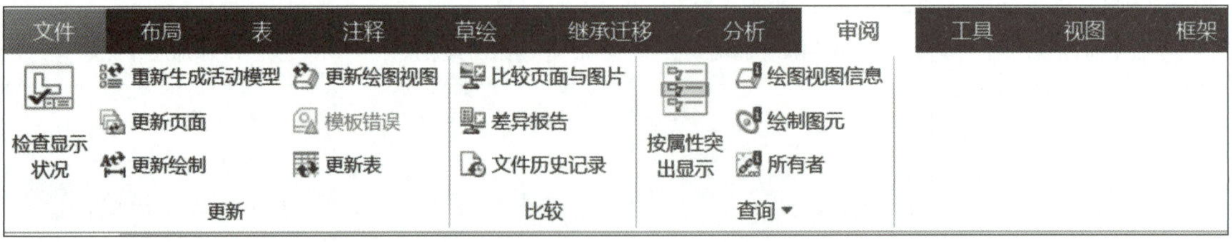

图 4-3-6 工程图【审阅】选项卡

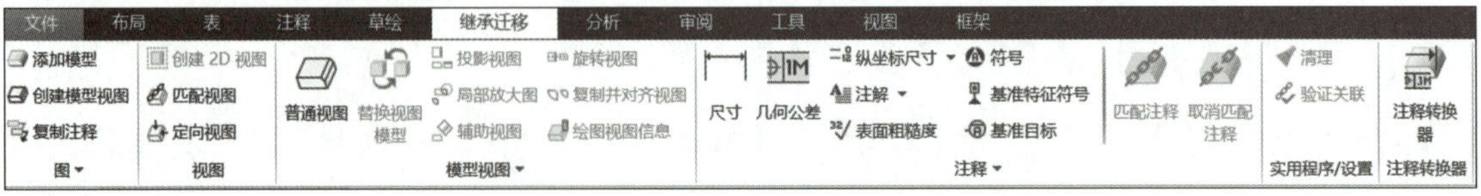

图 4-3-7 工程图【继承迁移】选项卡

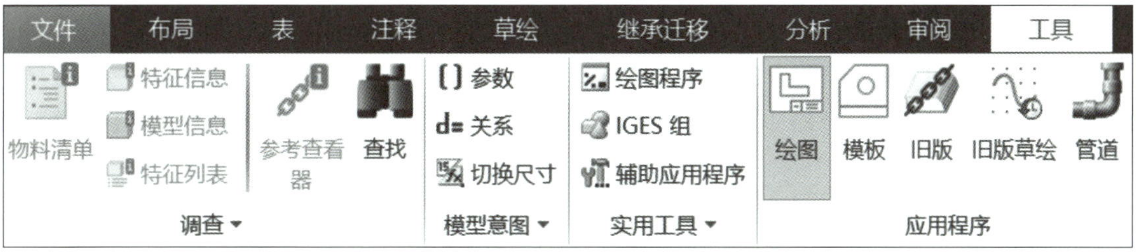

图 4-3-8　工程图【工具】选项卡

图 4-3-9　工程图【框架】选项卡

布局:绘图文档编辑、建立模型视图、设置视图线型及显示、插入绘图或数据。

表:建立与编辑表格、编辑文本与线型。

注释:标注与编辑尺寸、编辑视图与文本。

草绘:绘制与编辑制图图元。

审阅:查询与测量制图图元。

发布:打印出图、文件导出。

2. 视图类型

Creo 软件建立二维工程图时,视图的主要类型有:一般视图、投影视图、详细视图、辅助视图、旋转视图。此外,还有半视图、破断视图、区域视图(全剖面、区域剖面)、半剖视图、局部剖视图和展开剖面等。

通常为放置到页面上的第一个视图为一般视图,可按需要自定义模型视图的方向,与其他视图间没有从属关系,可以定制比例。

利用 Creo 软件创建工程图时,首先要在图纸中给定一个主视图,作为工程图的第一个视图,即一般视图,然后根据第一视图再去作其他视图。若要修改一般视图的属性,可单击建立的【一般视图】,在弹出的【特征编辑】选项卡上单击【属性】指令□即可。

投影视图是模型一个视图沿水平或垂直方向的正交投影视图。投影视图可放置在其父视图的上方、下方或位于其右边、左边。

若要修改投影视图的属性,可单击建立的"投影视图",在弹出的【特征编辑】选项卡上单击【属性】指令□即可。

详图视图:仅显示所划定边界中放大的模型视图。

辅助视图:垂直倾斜面、基准面或沿着轴的 90°方向建立的模型视图。

旋转视图:围绕剖面线旋转 90°并沿剖面线方向偏移的剖视图(断面图)。

半视图:仅显示所选择基准面一侧的模型视图。

221

破断视图：移除某区域中模型的截面，仅显示模型剩下部分的视图。

3. 尺寸标注及中心线显示

在 Creo 软件二维工程图中，单击【注释】选项卡中的【显示模型注释】指令，系统弹出【显示模型注释】对话框，如图 4-3-10 所示，通过单击对话框中的或，进行尺寸显示或中心线显示。

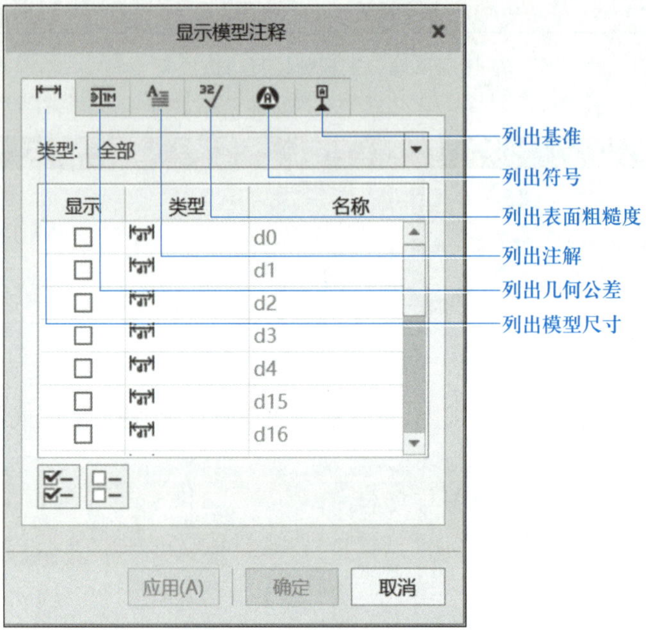
显示模型注释
类型:
全部
显示
类型
名称
d0
d1
d2
d3
d4
d15
d16
应用(A)
确定
取消
列出基准
列出符号
列出表面粗糙度
列出注解
列出几何公差
列出模型尺寸

图 4-3-10 【显示模型注释】对话框

在【显示模型注释】对话框中单击【尺寸】指令，点选要标注尺寸的视图，该视图上所有建模尺寸将显示出来。用鼠标点选保留尺寸后，单击对话框【应用】按钮或单击鼠标中键，即可完成主视图尺寸标注。

也可以单击【注释】选项卡/【注释】组/【尺寸】指令，在视图中进行线性尺寸、圆弧尺寸及角度尺寸的标注。注意：这样标注的尺寸不具备尺寸驱动功能。此外，标注的尺寸可以移动、删除和编辑。

微视频

虎钳螺杆零件工程图任务实施

任务实施

1. 进入创建工程图界面

进入 Creo 软件后，设置工作目录，单击【数据】组/【新建】指令，系统将弹出【新建】对话框，如图 4-3-11 所示。

在【新建】对话框中“类型”选择“绘图”，在“名称”文本框中输入文件名称“luogan_drw”，再取消选择“使用缺省模板”复选框，然后单击【确定】按钮，系统弹出【新建绘图】对话框，如图 4-3-12 所示。

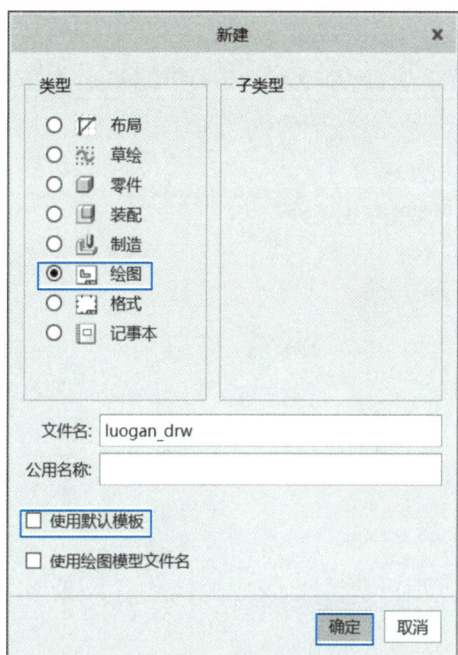

图 4-3-11　【新建】对话框

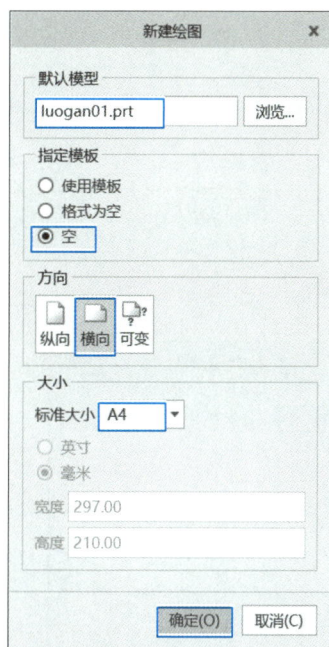

图 4-3-12　【新建绘图】对话框

在对话框"默认模型"选项中,单击【浏览】按钮,在素材目录"Creo＞模型＞项目4＞4-3-1"中,选择模型"luogan01.prt","指定模板"选项设置为"空","方向"选项设置为"横向","大小"选项设置为"A4",然后单击【确定】按钮,进入建立工程图工作界面,显示一张带边界的空图纸。

2．创建主视图——一般视图

(1)主视图方向确定

单击【布局】选项卡/【模型视图】组/【普通视图】指令◨,在工作区放置主视图位置单击,零件模型将显示在工作区,同时,系统弹出【选择组合状态】对话框,单击"无组合状态",然后点击【确定】按钮,系统弹出【绘图视图】对话框,在对话框中设置【比例】类别中"比例"为"1"后;再在对话框中【视图类型】类别中输入视图名称,在对话框中"模型视图名"框下选取零件模型的FRONT视图作为主视图的"视图方向"(基准方向与零件模型在建模时选取的草绘平面有关),单击【应用】,如图 4-3-13 所示,完成主视图方向的确定。

(2)设置"消隐"显示

在【绘图视图】对话框的"视图显示"类别中选择"显示样式"为"消隐"◻,选择"相切边显示样式"为"无"◻,默认其他选项,单击【确定】,关闭"绘图视图"对话框,结果如图 4-3-14所示。

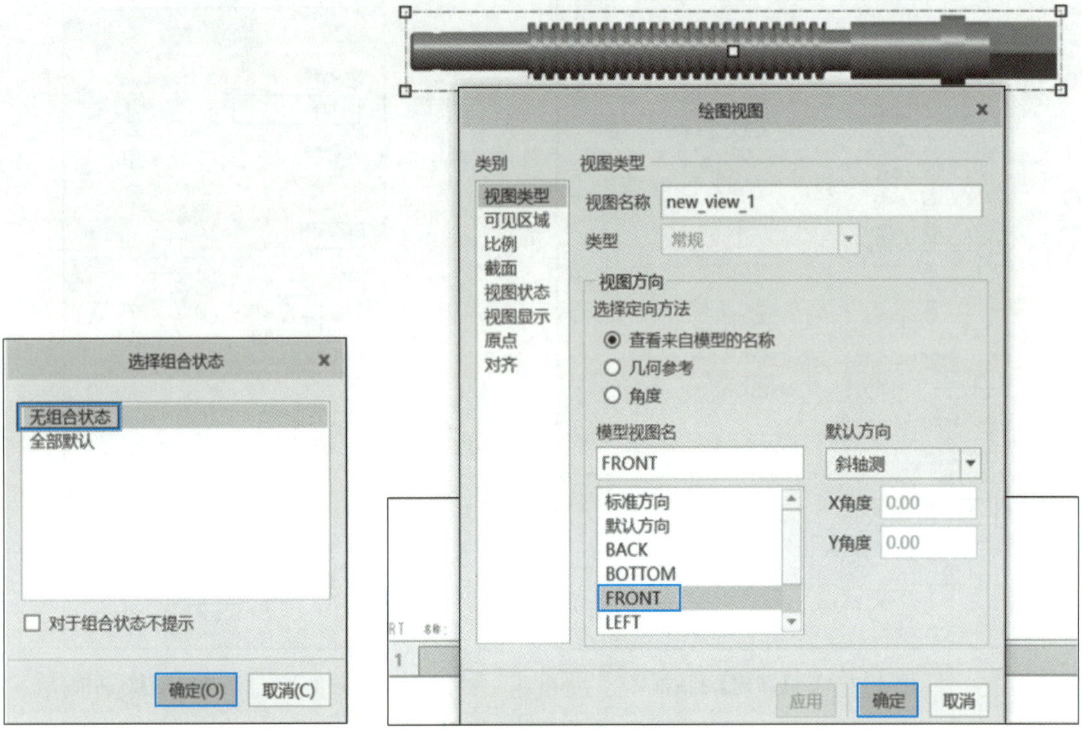

图 4-3-13 确定主视图方向

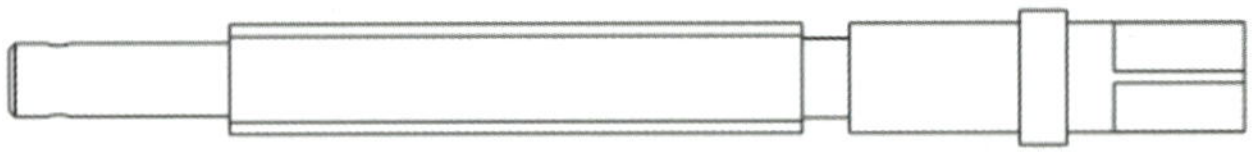

图 4-3-14 设置"消隐"显示

> **操作技巧**
>
> 主视图一般放置后位置处于锁定状态,如果要移动视图位置,可以在视图上单击右键,在弹出的快捷菜单中取消选择"锁定视图移动",这样可以解开视图锁定,然后就可以随意进行移动了。反之,如果想要某个视图不要移动,可以在视图上单击右键,在弹出的快捷菜单中选择"锁定视图移动"将视图位置固定下来。

3. 整理尺寸

(1) 显示尺寸与轴线

单击【注释】选项卡/【注释】组/【显示模型注释】指令 ，系统弹出【显示模型注释】对话框,选中主视图,选中对话框中的【显示模型尺寸】指令,勾选需要的尺寸;选中对话框中的【显示模型基准】指令,勾选需要的轴线,将主视图需要的尺寸和基准轴线显示出来,如图 4-3-15 所示。

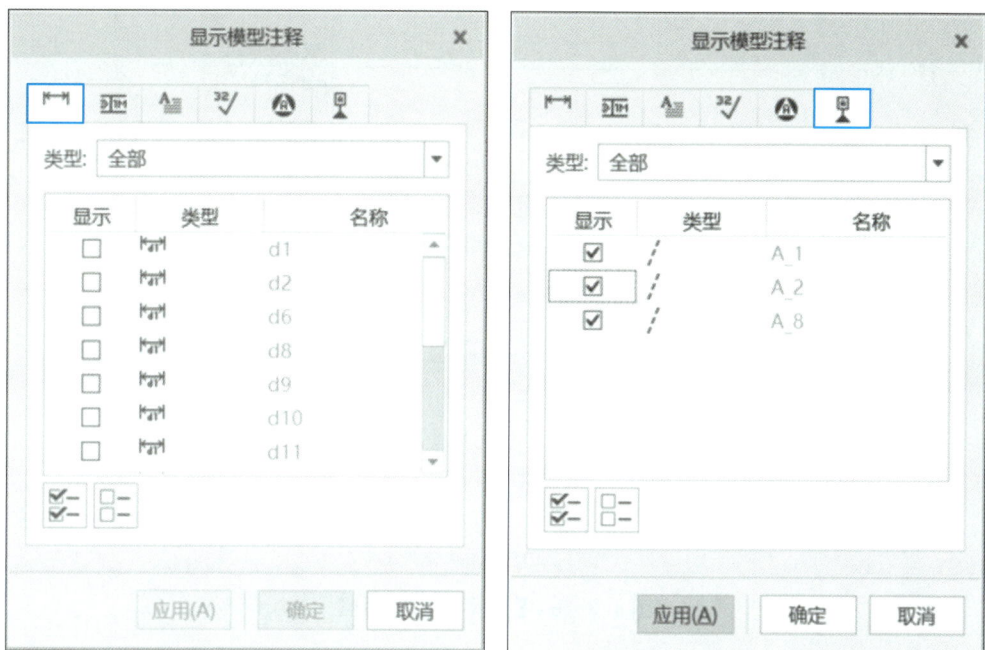

图 4-3-15　显示尺寸和轴线

（2）清理尺寸

选中视图中所有尺寸，在空白区域单击鼠标右键，在弹出的快捷菜单中单击【清理尺寸】指令，系统弹出的【清理尺寸】对话框，如图 4-3-16 所示。在对话框中输入"偏移""7"，"增量""7"，单击【应用】，完成尺寸整理，然后点击【关闭】。

（3）手动添加尺寸

在工程图中单击【注释】选项卡/【注释】组/【尺寸】指令，在视图中进行手动添加尺寸标注，如图 4-3-17 所示。

（4）添加尺寸公差

如图 4-3-18 所示，在工程图中选择要添加公差的尺寸，打开【尺寸编辑】选项卡，点击【公差】下拉菜单，选择，在后面公差输入文本框中输入上公差 -0.016 和下公差 -0.059，取消选择"四舍五入尺寸"复选框，单击鼠标中键完成公差添加，在绘图区空白处单击鼠标左键退出。

重复上面步骤，完成尺寸 2 的公差添加，如图 4-3-19 所示。

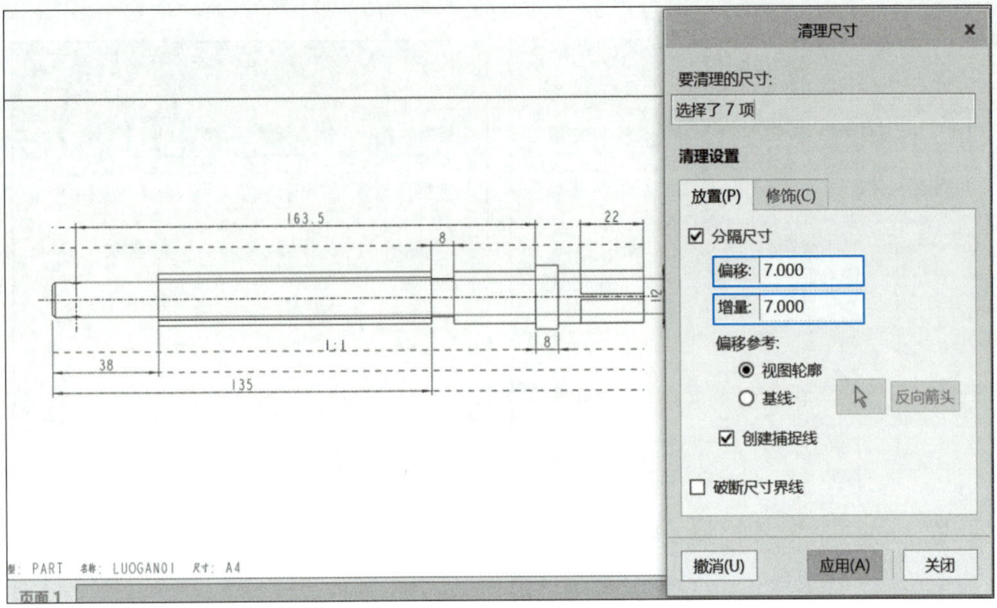

图 4-3-16　【清理尺寸】对话框

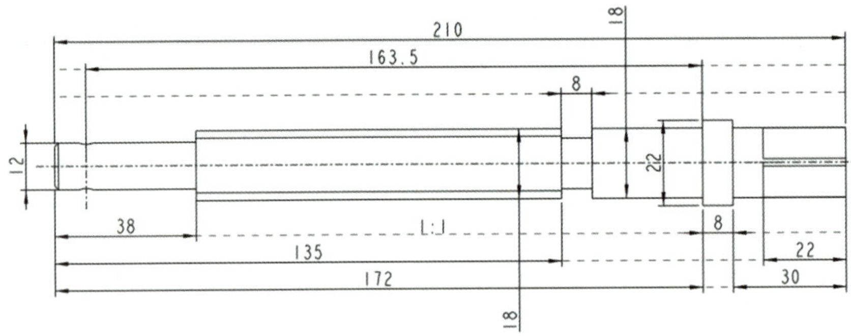

图 4-3-17　手动添加尺寸

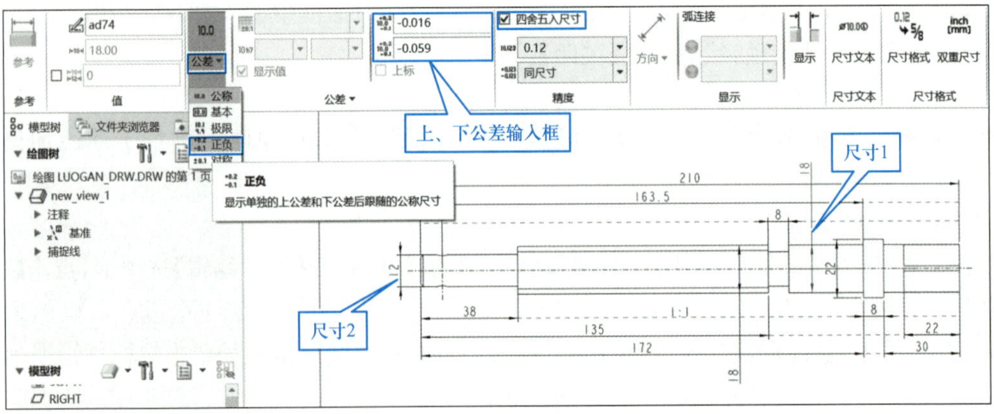

图 4-3-18　添加公差 1

图 4-3-19　添加尺寸 2 的公差

（5）添加尺寸公差

在工程图中选择要添加公差的尺寸，打开【尺寸编辑】选项卡，单击【尺寸文本】展开【尺寸文本】编辑框，单击前缀框，在下面"符号"框中选择直径符号"Φ"，在绘图区空白处单击鼠标左键退出。用同样的方法完成其他直径符号的添加，如图 4-3-20 所示。

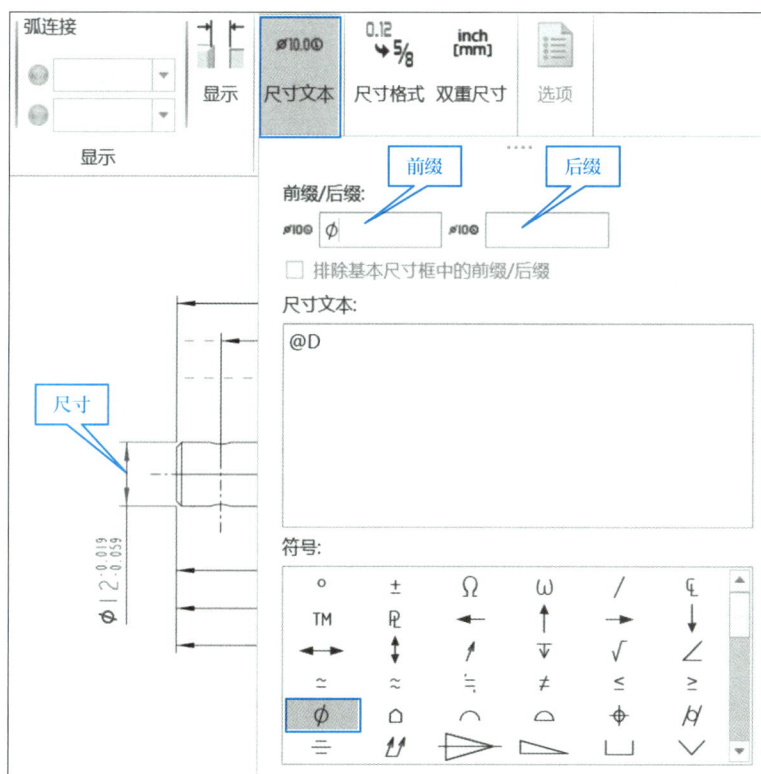

图 4-3-20　添加尺寸公差

4. 添加表面粗糙度

单击【表面粗糙度】指令，在【打开】对话框中选择"machined"目录下的"standard1.sym"，单击"打开"按钮，打开"表面粗糙度"符号，如图 4-3-21 所示。

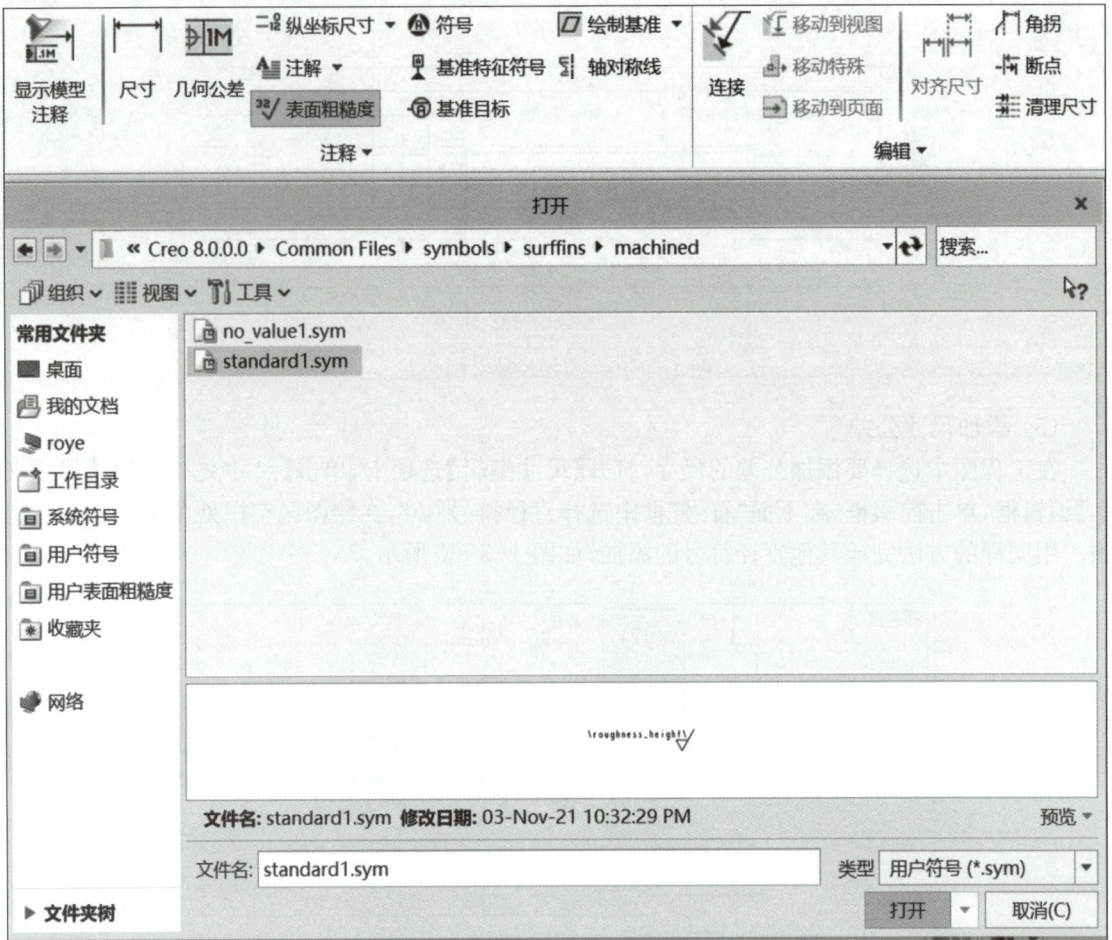

图 4-3-21 打开"表面粗糙度"符号

弹出【表面粗糙度】对话框,如图 4-3-22 所示,在"放置"下拉菜单中选择"垂直于图元",在绘图区选择要放置的图元,单击鼠标中间确认放置。切换到【可变文本】选项卡,在里面输入"1.6",单击【确定】按钮完成表面粗糙度添加。

用同样的方法,添加其他表面粗糙度,如图 4-3-23 所示。

5. 建立螺杆头部剖视图

(1)建立投影视图

点选主视图,单击【布局】选项卡/【模型视图】组/【投影视图】指令,或点选主视图,在弹出的快捷菜单中单击【投影视图】指令,在工作区中的合适位置单击鼠标左键放置投影视图,如图 4-3-24 所示。

(2)设置投影视图显示方式

点选投影视图,在弹出的快捷菜单中单击【属性】指令,弹出【绘图视图】对话框,在【绘图视图】对话框的【视图显示】类别中选择"显示样式"为"消隐",选择"相切边显示样式"为"无",默认其他选项,单击【应用】按钮,完成主视图显示设置。

图 4-3-22　添加表面粗糙度

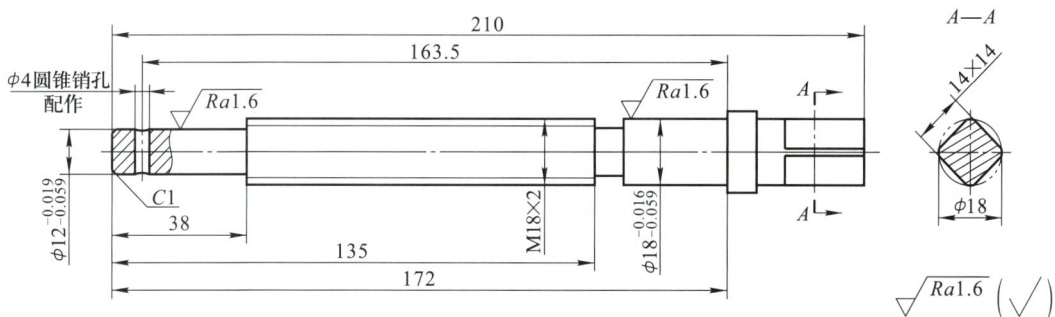

图 4-3-23　添加其他表面粗糙度

图 4-3-24　建立投影视图

（3）建立剖视图

在【绘图视图】对话框中单击【截面】，在【截面】类别卡中单击【2D 横截面】和添加截面命令 ⊞，弹出【横截面创建】菜单管理器，单击【平面】【单一】，点击【完成】，如图 4-3-25 所示。

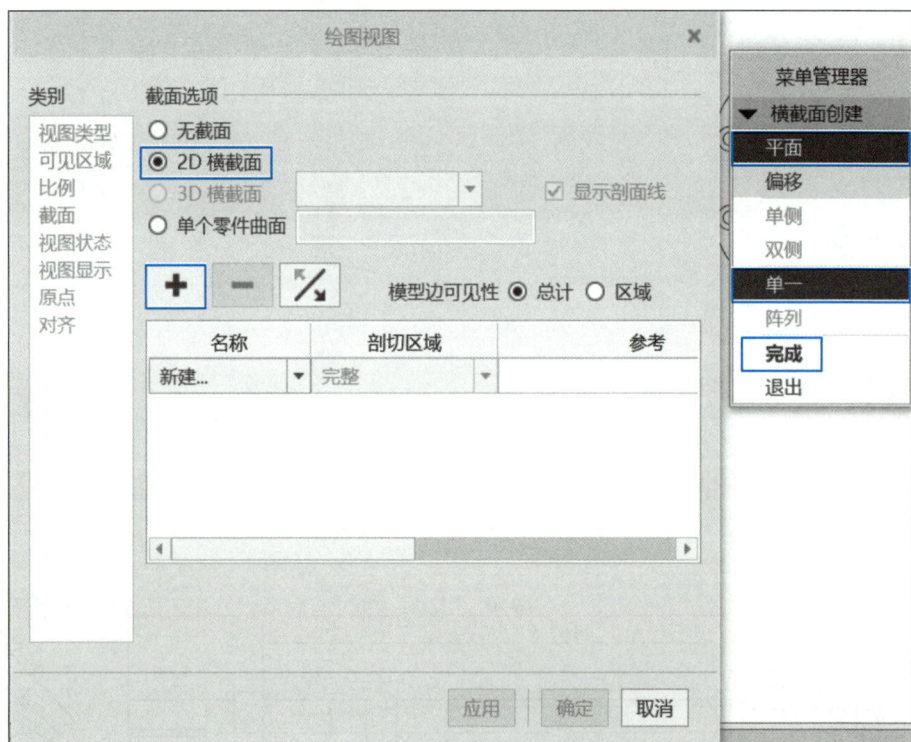

图 4-3-25　截面视图设置

在弹出的【输入截面名称】对话框中输入 A，单击【确定】按钮。弹出【基准面选择】对话框，在投影视图上选择基准面"DTM1"，单击【确定】按钮完成剖视图 A-A 建立，如图 4-3-26 所示。左键单击投影视图，在弹出的快捷菜单中点击【添加箭头】，选择主视图，完成投影箭头添加。

在投影视图上添加尺寸，如图 4-3-27 所示。

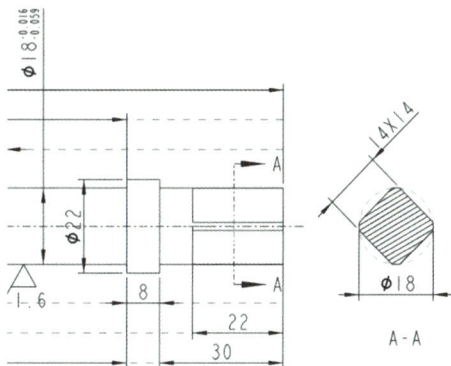

图 4-3-26　建立剖视图 A-A

图 4-3-27　添加投影视图尺寸

6. 建立局部视图

（1）单击下部视图，在弹出的快捷菜单中点击【属性】⬛指令，弹出【绘图视图】对话框。

（2）如图 4-3-28 所示，在【绘图视图】对话框中单击【截面】，在【截面】类别中单击"2D 横截面"，添加截面命令➕，弹出【横截面创建】菜单管理器，单击【平面】【单一】，单击【完成】按钮。

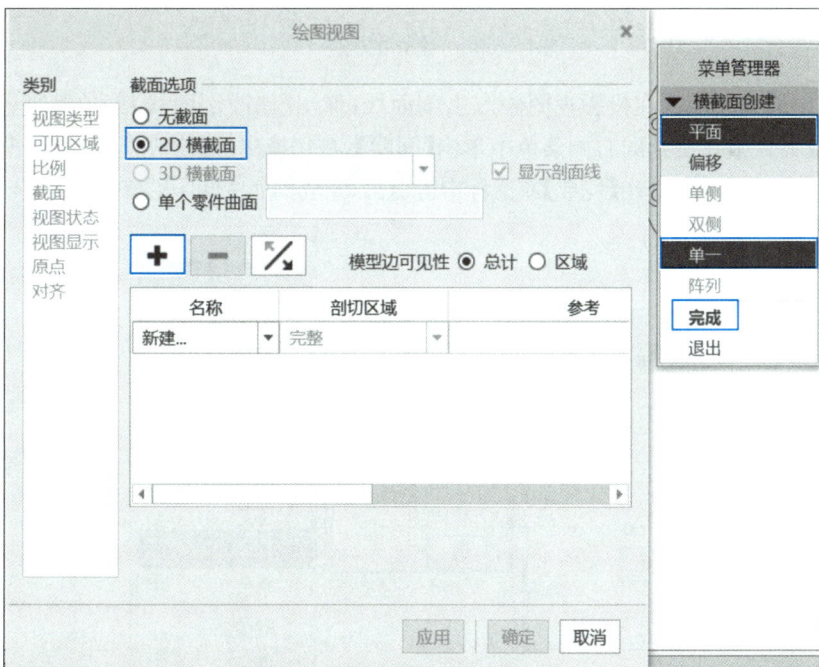

图 4-3-28　截面视图设置

（3）在弹出的【输入截面名称】对话框中输入 B，单击【确定】按钮。弹出【基准面选择】对话框，在投影视图上选择 FRONT 基准面，单击【确定】按钮完成剖视图 B—B 建立。

（4）如图 4-3-29 所示，在剖切区域下选择"局部"，在绘图区域点击局部剖的中间点，绘制一条样条曲线包含要剖切的区域和"中间点"，单击【确定】按钮退出。

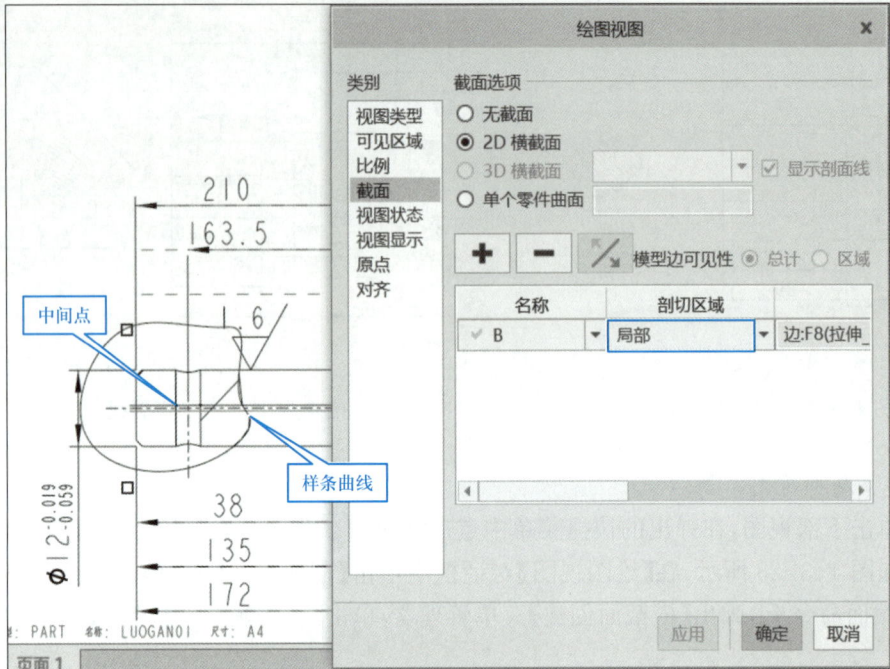

图 4-3-29　建立剖视图 B—B

（5）修改剖面线间距。在投影视图中双击剖面线，弹出【修改剖面线】菜单管理器，单击【修改剖面线】，单击【元件】，在展开的右侧菜单中单击【间距】，在切换出的【修改模式】中单击【值】，在弹出的对话框中输入间距值"2"，单击【完成】或鼠标中键退出，完成剖面线间距的修改，如图 4-3-30 所示。

图 4-3-30　修改剖面线间距

7．保存文件

完成工程图如图 4-3-31 所示，将完成好的零件保存到"luogan_drw"。

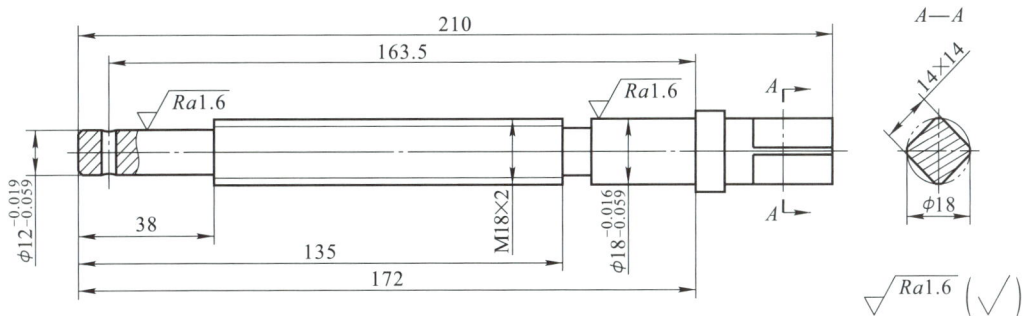

图 4-3-31　完成工程图

拓展训练

1. 基准特征符号

在机械制图中，为了确定被测要素方向或位置的参考对象，通常用一个大写字母来表示。这个大写字母通常标注在基准方框内如图标 A 所示。添加方法如下：

（1）打开位于本书配套资源模型里的"geo_tol01.drw"文件，该文件中内容如图 4-3-32 所示。

（2）在工程图中单击【注释】选项卡/【注释】组/【基准特征符号】指令，此时系统提示选择边、几何、轴、基准、曲线、顶点或曲面上的点来指定基准特征符号的连接点。基准特征符号将连接到选定图元。

（3）如图 4-3-33 所示，选择直径为 40 的尺寸的下尺寸界线，拖动光标来指定基准特征符号引线的长度。单击鼠标中键以放置基准特征符号。"基准特征"选项卡变为可用，在框后输入"A"，默认选择"直"按钮。

微视频

基准特征符号

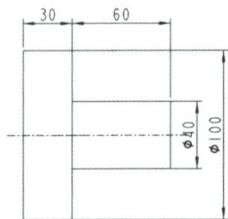

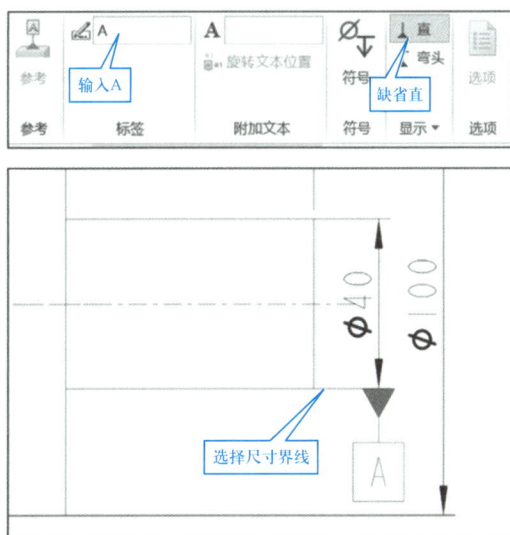

图 4-3-32　"geo_tol01.drw"文件内容

图 4-3-33　建立基准特征

233

（4）在绘图窗口的任意空白区域处单击鼠标左键，完成在视图中添加一个基准"A"符号。

2. 添加几何公差

微视频

添加几何
公差

几何公差是与模型设计中指定的确切尺寸和形状之间的最大允许偏差，可用于指定模型零件上的关键曲面；记录关键曲面之间的关系；提供有关如何正确检查零件以及何种程度的偏差可以接受等信息。在绘图中，可从实体模型中显示几何公差，也可添加几何公差。

可以显示在模型的"零件"和"装配"模式下所创建的几何公差。单击在【注释】选项卡/【注释】功能区/【几何公差】指令 进行标注。可拭除或删除绘图中显示的几何公差。如果删除显示的几何公差，则会同时在绘图和模型中将其删除。

例如，继续在上一个实例的基础上添加几何公差。

（1）在工程图中单击【注释】选项卡/【注释】组/【几何公差】指令 ，将显示未连接的几何公差框的动态预览。

（2）选中要添加几何公差的图元，然后单击鼠标中键，系统弹出【几何公差】对话框，在【几何特性】下拉菜单中选择【垂直度】，在【公差值】 输入框中输入"0.06"，单击第一行的基准参考1，如图4-3-34所示。

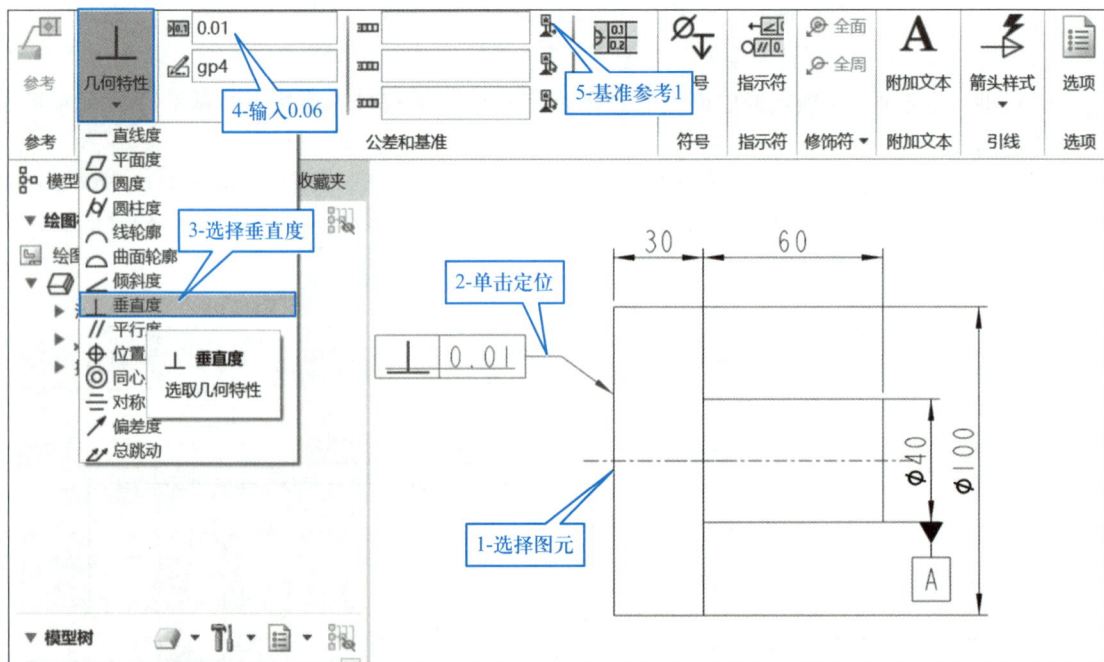

图4-3-34　添加几何公差

（3）系统弹出基准参考【选择】对话框，左键单击选择"基准特征符号"A ，对话框内出现选中的基准参考名称，如图4-3-35所示。

（4）最后，单击【选择】对话框中的【确定】按钮，此时几何公差框内出现基准字母"A"，在绘图窗口的任意空白区域处单击鼠标左键，完成垂直度几何公差的标注，如图4-3-36所示。

图 4-3-35　选择模型基准参考

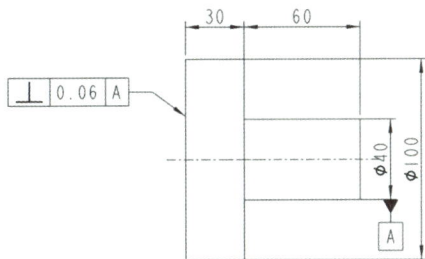

图 4-3-36　完成垂直度几何公差标注

互动练习

项目四任务 3
在线测试

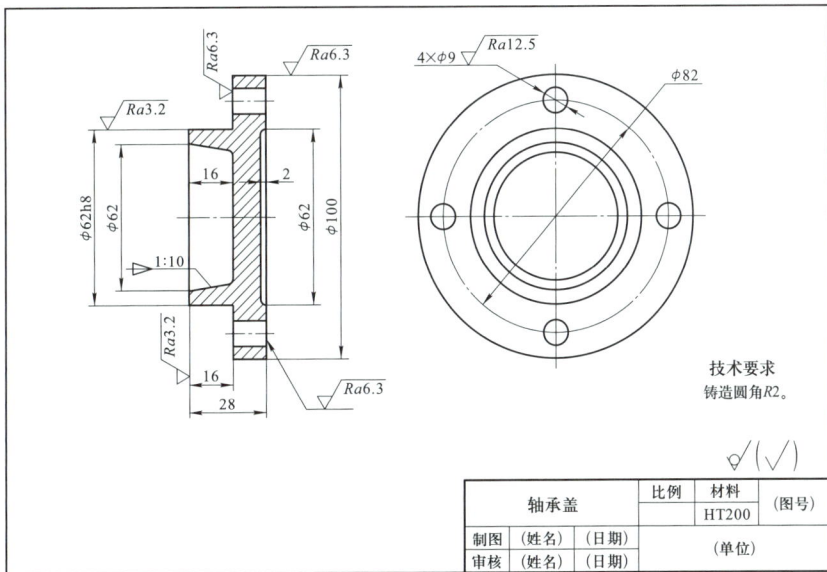

思考练习

1. 建立一张新的工程图时,首先要考虑的是(　　)。
   (A) ISO 的调用　　　　　　　　　　(B) 创建一般视图
   (C) 创建投影视图　　　　　　　　　(D) 创建剖面

2. 在工程图中,拖动主视图,其他视图会(　　)。
   (A) 一起移动　　　　　　　　　　　(B) 只有右视图移动
   (C) 只有左视图移动　　　　　　　　(D) 所有视图都不移动

3. 只有生成了一般视图后才可以根据此视图在适当的位置上建立投影视图、辅助视图等。(　　)
   (A) 对　　　　　　　　　　　　　　(B) 错

4. 按如图 4-3-37 所示零件图,建立实体零件,并完成工程图绘制。

5. 按如图 4-3-38 所示零件图,建立实体零件,并完成工程图绘制。

图 4-3-37　零件图

235

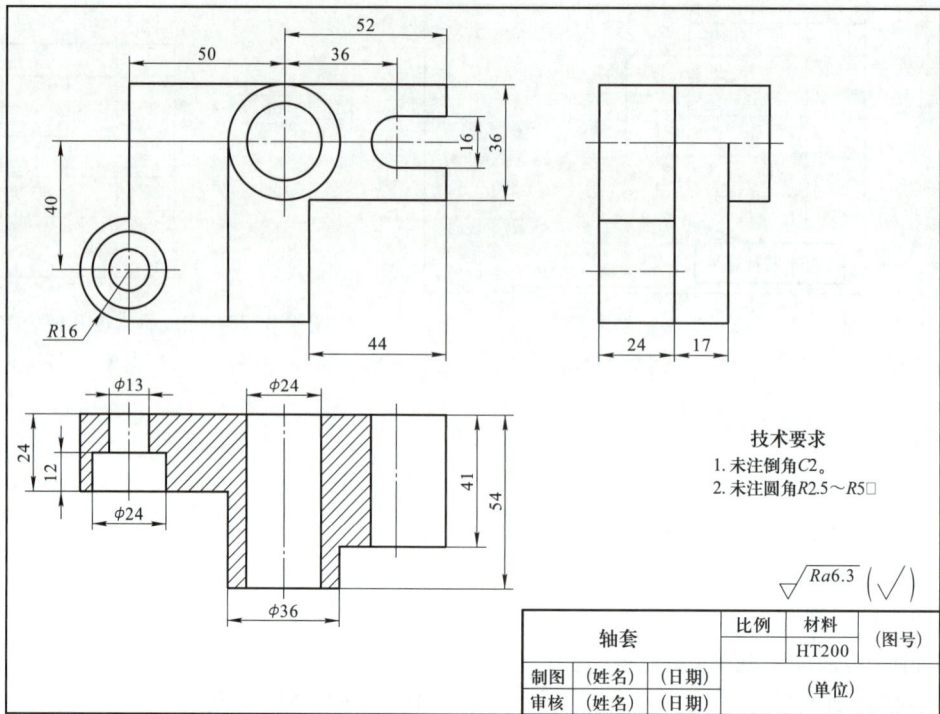

图 4-3-38　零件图

任务 ④ 齿轮泵泵盖零件工程图设计

▼ 学习目标

本任务将通过创建齿轮泵泵盖零件的工程图,深化学习由三维模型创建二维工程图的一般过程,掌握工程图必要的视图和模板的创建,熟悉注释(包括尺寸标注、技术要求等)、图框、标题栏等工程图要素的添加。

▼ 任务引入

按图 4-4-1 所示的齿轮泵泵盖零件图,创建齿轮泵泵盖零件的工程图。

▼ 任务分析

泵盖工程图设计就是将泵盖模型在工程图环境中按照制图要求添加足够的表达视图,并添加上相应的尺寸标注、公差标注、技术要求等。设计步骤见表 4-4-1。

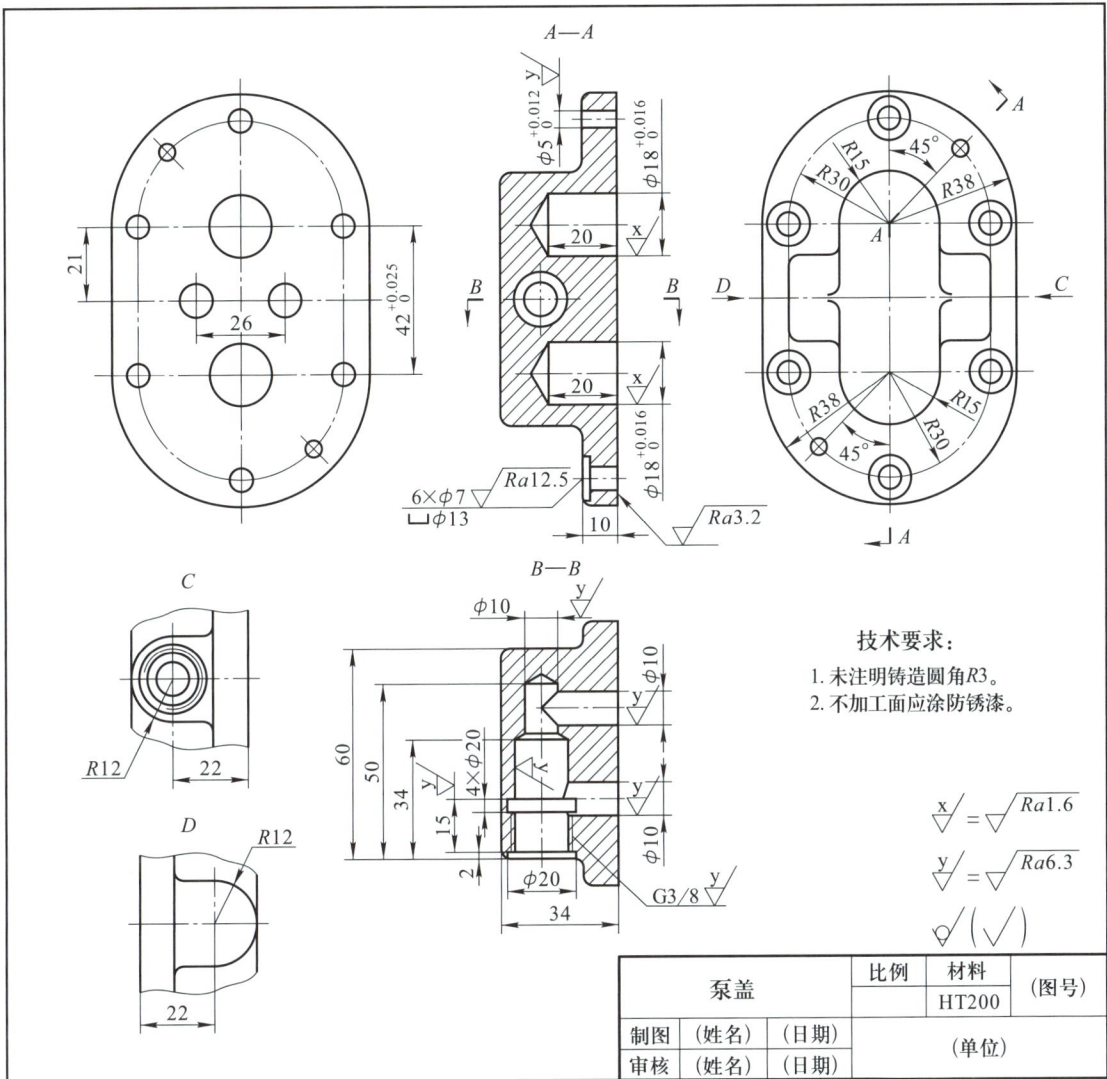

图 4-4-1 齿轮泵泵盖零件图

表 4-4-1 泵盖工程图设计步骤

1. 创建主视图	2. 建立投影视图	3. 建立视图截面	4. 建立两个一般视图

237

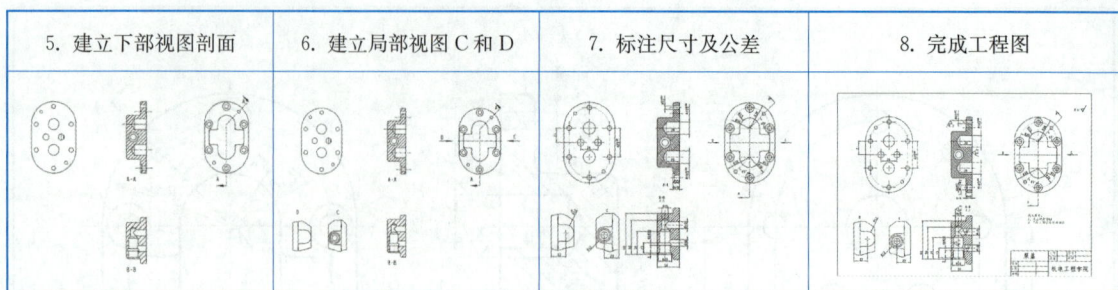

续表

5. 建立下部视图剖面	6. 建立局部视图 C 和 D	7. 标注尺寸及公差	8. 完成工程图

▼ 知识链接

微视频

A3 图幅边框及标题栏

绘制 A3 图幅边框及建立标题栏的操作如下：

（1）进入创建工程图界面。进入 Creo 软件后，设置工作目录后，单击【数据】组/【新建】指令，系统将弹出【新建】对话框，如图 4-4-2 所示。在对话框中"类型"选择"绘图"，在"名称"文本框中输入文件名称"A3_ZSPT"，再取消选择"使用缺省模板"复选框，然后单击【确定】按钮，系统弹出【新建绘图】对话框，如图 4-4-3 所示。

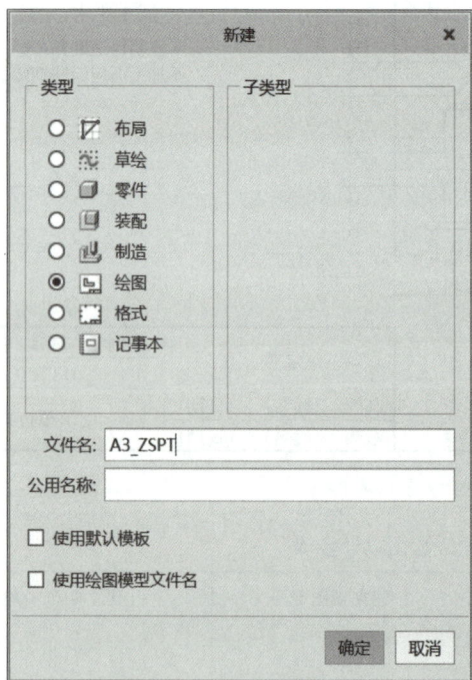

图 4-4-2　创建模板文件

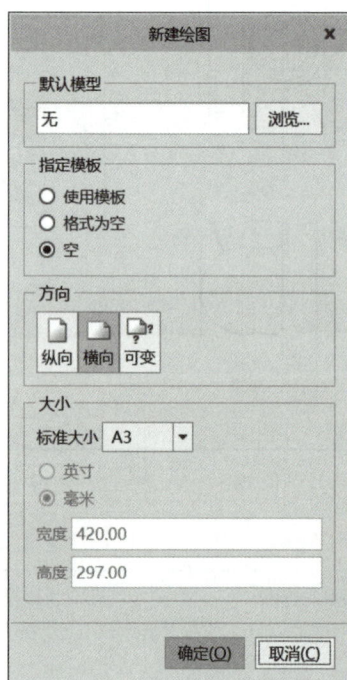

图 4-4-3　"新建绘图"对话框

在对话框"指定模板"选项设置为"空"，"方向"选项设置为"横向"，"大小"选项设置为"A3"，然后单击【确定】按钮，进入建立工程图工作界面，显示一张带边界的空图纸。

（2）建立图框。单击功能区上【草绘】选项卡，单击【直线】指令，在工作区内利用绝对坐标绘制如图 4-4-4 所示 410×287 的矩形框。

图 4-4-4　A3 矩形框　　　　　　　　　图 4-4-5　【插入表】下拉菜单

（3）单击功能区【表】选项卡，如图 4-4-5 所示，单击【表】展开【插入表】下拉菜单，在菜单中单击【插入表】，弹出【插入表】对话框，如图 4-4-6a 所示。

（4）在【插入表】对话框选择表的方向【向左升序】，输入行数"5"，列数"7"，高度"8"，然后单击【确定】按钮，弹出【选择点】对话框，如图 4-4-6b 所示。

（5）在【选择点】对话框中单击【绝对坐标值】，在下方的绝对坐标中输入 X："415"，Y："5"，然后单击【确定】按钮，完成表定位，如图 4-4-7 所示。

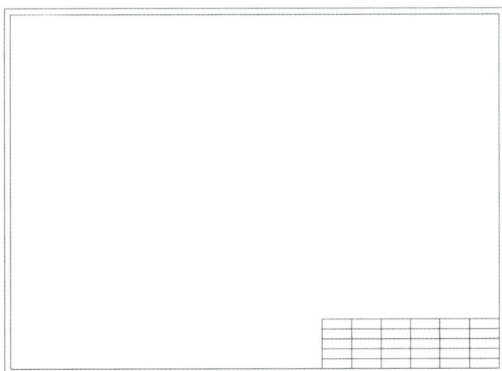

　　　　（a）　　　　　　　　（b）

图 4-4-6　【插入表】对话框与【选择点】对话框　　　　图 4-4-7　表定位

（6）按住 Ctrl 键利用鼠标单击选择要合并的单元格，完成单元格合并。在【表】选项卡上，单击"高度和宽度"指令，在弹出的【高度和宽度】对话框中输入如图 4-4-8 所示宽度。

（7）鼠标左键单击要添加内容的单元格，在弹出的快捷菜单中单击【属性】指令，系统弹出如图 4-4-9 所示【注解属性】对话框。

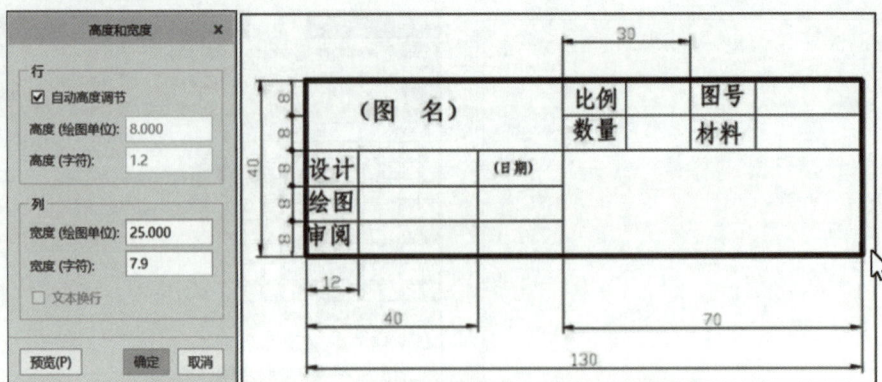

图 4-4-8　标题栏宽度调整

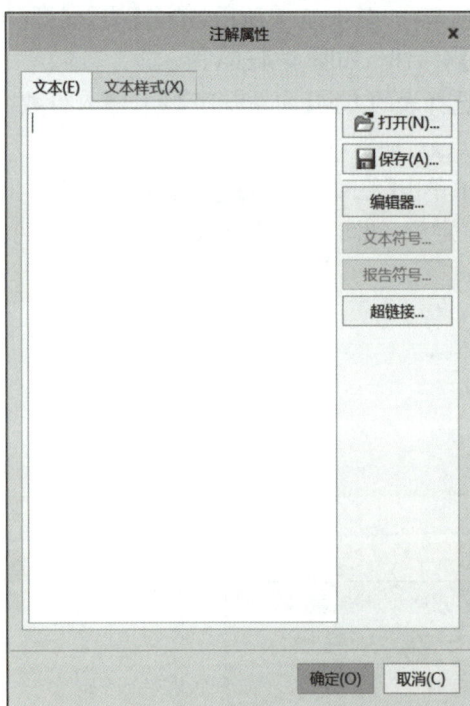

图 4-4-9　【注解属性】对话框

图 4-4-10　标题栏文本输入

（8）在【注解属性】对话框中输入要添加的文字，结果如图 4-4-10 所示。

（9）保存文件。将完成好的零件保存到"A3_ZSPT. drw"。

任务实施

1. 进入创建工程图界面

进入 Creo 软件后，设置工作目录后，单击【文件】组/【新建】指令，系统将弹出【新建】对话框，如图 4-4-11 所示。

在对话框中"类型"选择"绘图"，在"名称"文本框中输入文件名称"benggai_drw01"，取消选择"使用默认模板"复选框单击【确定】按钮，弹出【新建绘图】对话框，在"默认模型"选项中单击【浏览】按钮，在素材目录"Creo＞模型＞项目 4＞4-4-1"中选择文件"benggai01. prt"，如图 4-4-12 所示，在对话框"默认模型"选项中输入要创建工程图的零件模型名称，"指定模板"选项设置为"使用模板"，在"模板"选项下单击【浏览】，在素材目录"Creo＞模型＞项目 4"中选择之前创建的模板文件"A3_ZSPT. drw"，然后单击【确定】按钮，进入建立工程图工作界面。

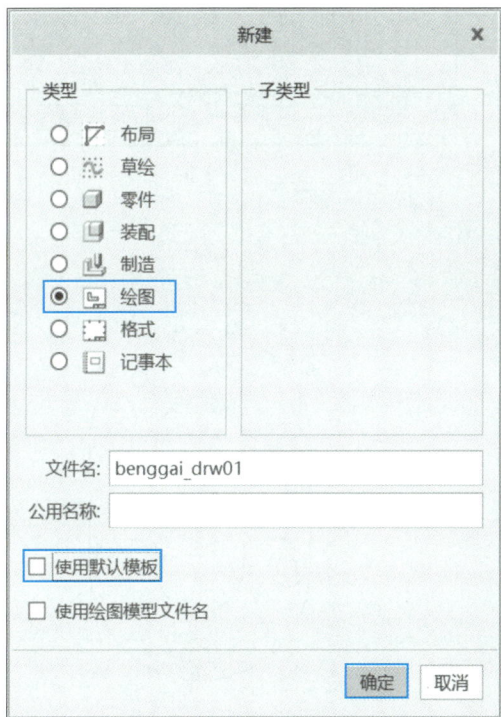

图 4-4-11　【新建】对话框　　　　　　图 4-4-12　【新建绘图】对话框

2. 建立主视图——一般视图

单击【布局】选项卡/【模型视图】组/【普通视图】指令，在工作区放置主视图位置单击，零件模型将显示在工作区，同时系统弹出【选择组合状态】对话框，单击"无组合状态"，单击【确定】按钮，系统弹出【绘图视图】对话框。

如图 4-4-13 所示，在对话框中【视图类型】类别中输入视图名"view_top"，选取零件模型的

TOP 视图作为主视图的"视图方向"（基准方向与零件模型在建模时选取的草绘平面有关），单击【应用】按钮。在"视图方向"类别中选择"角度"，输入角度值 90，单击【应用】按钮。在【视图显示】类别中选择"显示样式"为"消隐"，选择"相切边显示样式"为"无"，默认其他选项，单击【确定】按钮，完成主视图显示设置。关闭【绘图视图】对话框。

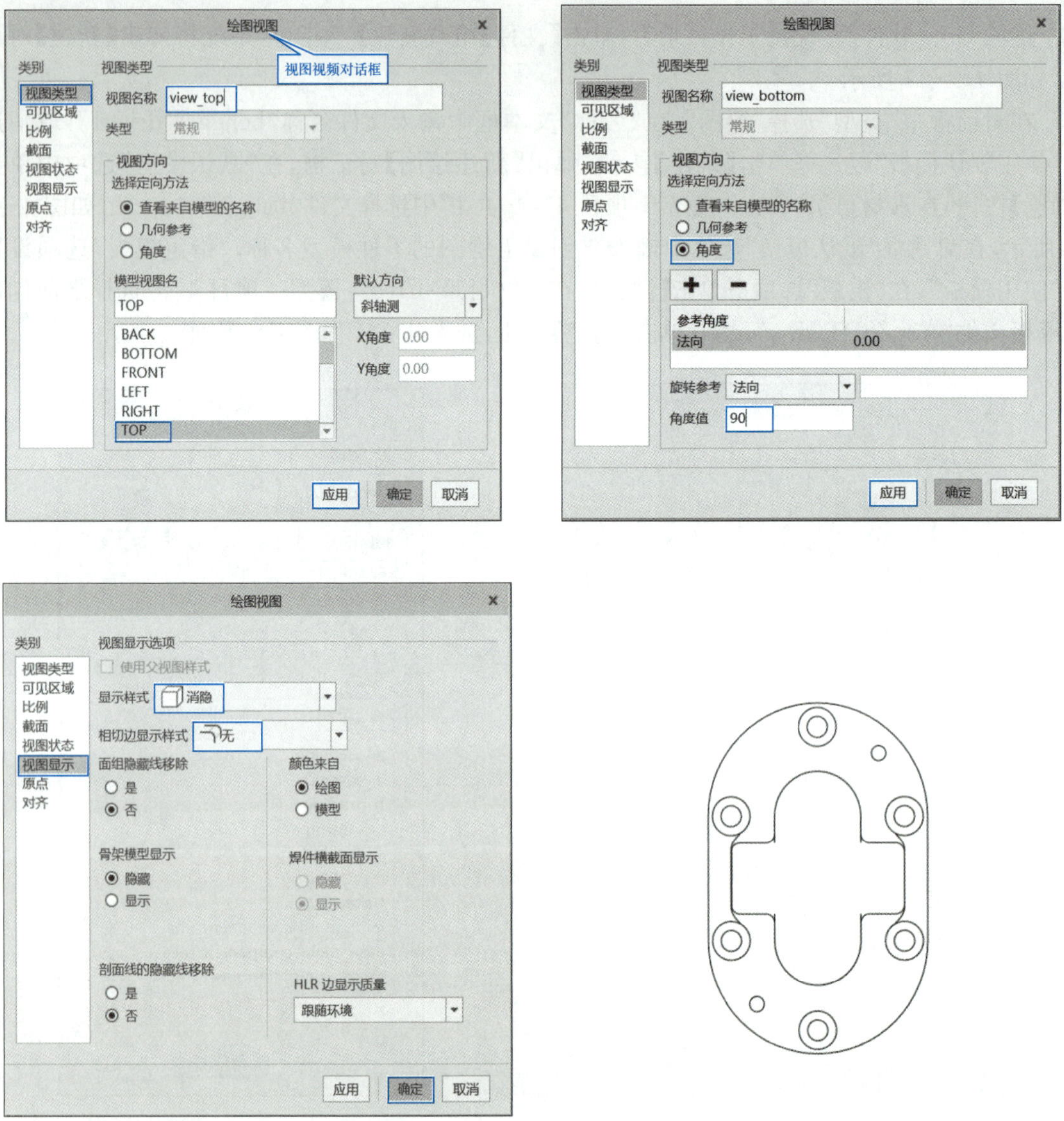

图 4-4-13　主视图放置和设置

3. 建立投影视图

（1）放置投影视图

点选主视图，单击【布局】选项卡/【模型视图】组/【投影视图】指令，或左键单击主视图，在弹出的快捷菜单中选择【投影视图】指令，在工作区中的合适位置单击鼠标左键放置投影视图，如图 4-4-14 所示。

图 4-4-14　放置投影视图

（2）设置投影视图显示方式

左键单击投影视图，在弹出的快捷菜单中单击【属性】指令，弹出【绘图视图】对话框，在【绘图视图】对话框的【视图显示】类别中选择"显示样式"为"消隐"，选择"相切边显示样式"为"无"，默认其他选项，单击【确定】按钮，完成主视图显示设置。关闭【绘图视图】对话框。

4．显示模型轴线

单击【注释】选项卡/【注释】组/【显示模型注释】指令，弹出【显示模型注释】对话框，选中中间视图，选中对话框中指令，出现可选择轴线，如图 4-4-15 所示，将中间投影视图的部分轴线显示出来。

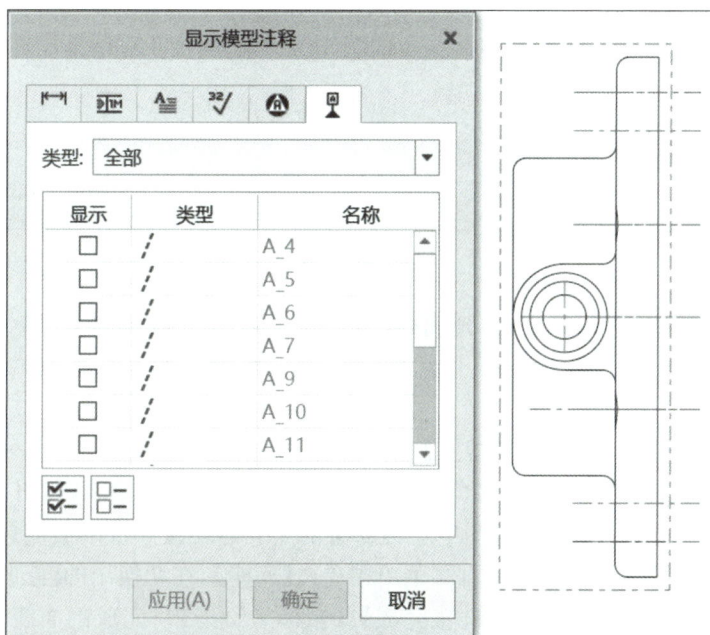

图 4-4-15　显示出中间视图的部分孔轴

5. 建立视图截面

（1）左键单击投影视图，在快捷菜单中单击【属性】指令，弹出【绘图视图】对话框。

（2）如图 4-4-16 所示，在【绘图视图】对话框中单击【截面】，在【截面】类别中单击"2D 横截面"，添加截面命令，弹出【横截面创建】菜单管理器，单击【偏移】【双侧】【单一】，单击【完成】。

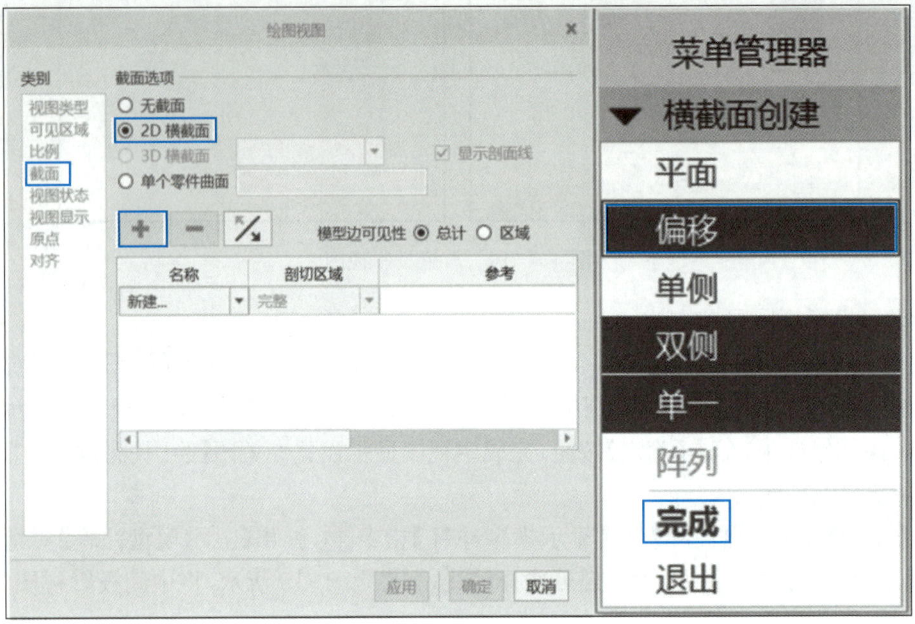

图 4-4-16　建立投影视图剖面

（3）此时弹出【输入横截面名称】对话框，如图 4-4-17 所示，在对话框中输入"A"后单击【确定】按钮。

图 4-4-17　输入横截面名称

（4）系统自动进入零件模式中，并弹出【设置草绘平面】菜单管理器，选择 TOP 面作为草绘平面，接受缺省设置，绘制如图 4-4-18 所示剖线。单击菜单【草绘】，在下拉菜单中选择【完成】，退出零件模式。

（5）再次进入绘图环境，在【绘图视图】对话框中的【截面】类别中将"剖切区域"选择为"全部（对齐）"，并选择轴"A_24"作为参考轴线，单击【确定】按钮完成剖面绘制，如图 4-4-19 所示。

（6）修改剖面线间距。在投影视图中左键双击剖面线，弹出【修改剖面线】菜单管理器，单击【修改剖面线】，单击【元件】，在展开的右侧菜单中单击【间距】，在切换出的【修改模式】单击【值】，在弹出的对话框中输入间距值"2"，单击【完成】或鼠标中键退出，完成剖面线间距的修改，如图 4-4-20 所示。

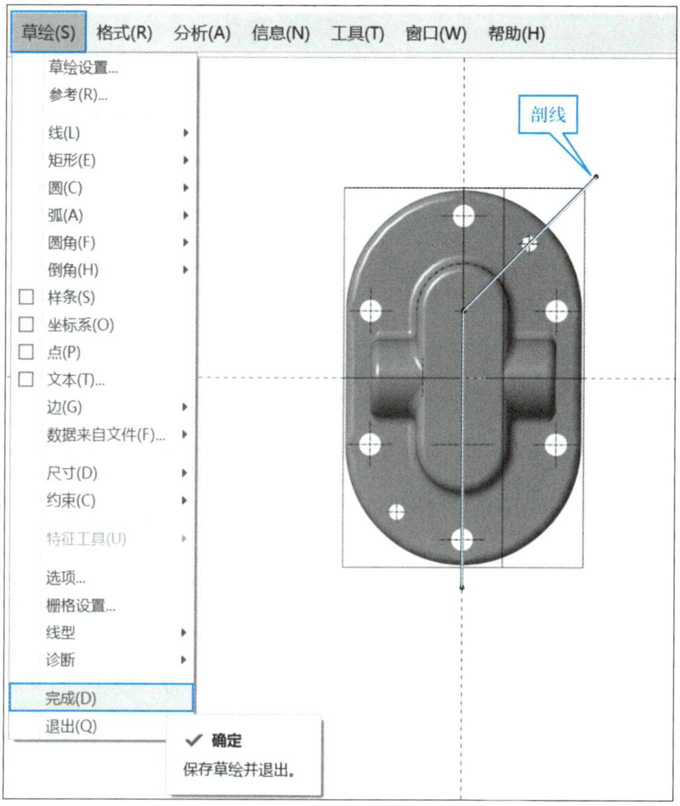

图 4-4-18　绘制剖线

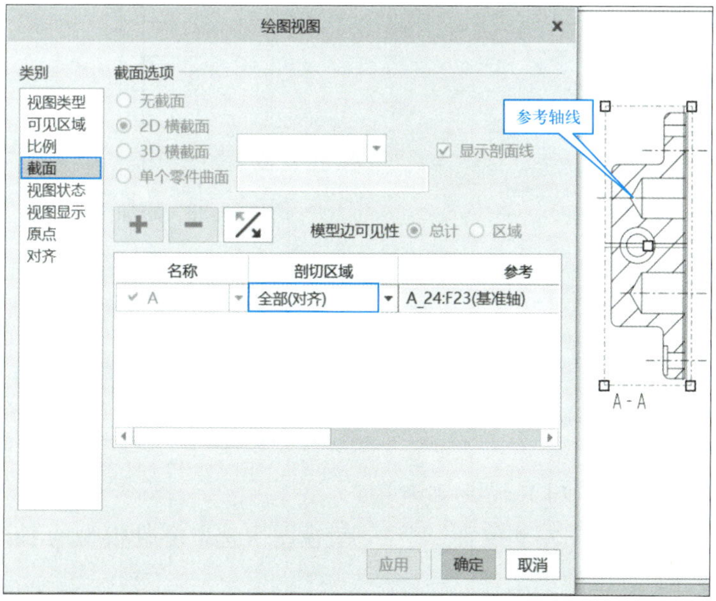

图 4-4-19　绘制剖面

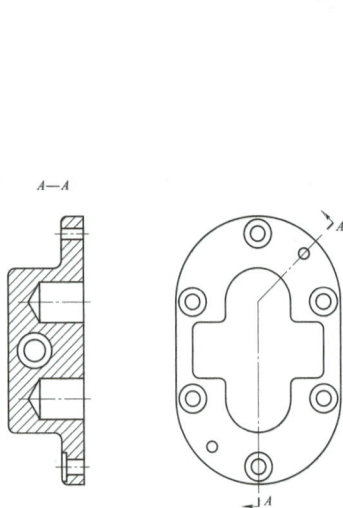

图 4-4-20　修改剖面线间距

（7）添加箭头。选中被剖的视图,单击鼠标右键,在弹出的快捷菜单中单击【添加箭头】,再单击第一个视图,即可完成添加箭头,如图 4-4-21 所示。

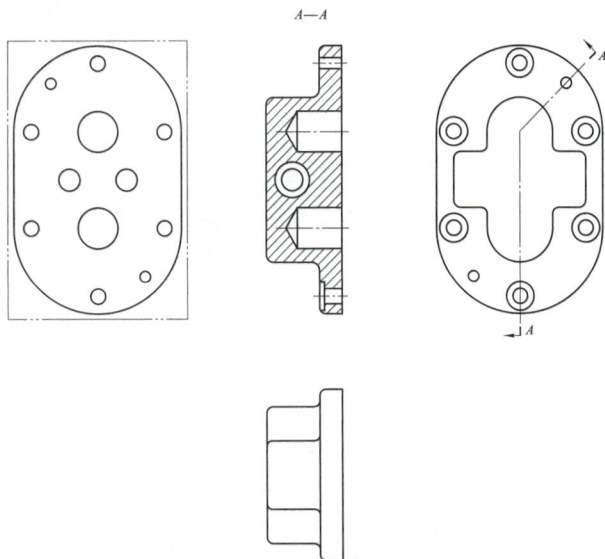

图 4-4-21　添加箭头　　　　　　　　　图 4-4-22　添加两个视图

✎ 操作技巧

　　箭头和文本位置可以进行移动。选中要移动的箭头或文本,然后按住鼠标左键进行拖动,到达合适的位置后松开左键,箭头和文本将随之移动。

　　6. 建立左侧"一般视图"和下部"一般视图"

　　按步骤 2 方法在投影视图左侧放置一个"一般视图",选取零件模型的 BOTTOM 视图作为左侧视图的"视图方向"。

　　按步骤 2 方法在投影视图下部放置一个"一般视图",选取零件模型的 LEFT 视图作为下部视图的"视图方向"。添加完的视图如图 4-4-22 所示。

7. 对齐视图

（1）左键单击下部视图（要对齐的视图），在弹出的快捷菜单中单击【属性】指令，弹出【绘图视图】对话框。

（2）如图 4-4-23 所示，在【绘图视图】对话框中单击【对齐】，在【对齐】类别中勾选"将此视图与其他视图对齐"，选择"水平"，最后选择要对齐参照视图，单击【确定】按钮完成对齐。

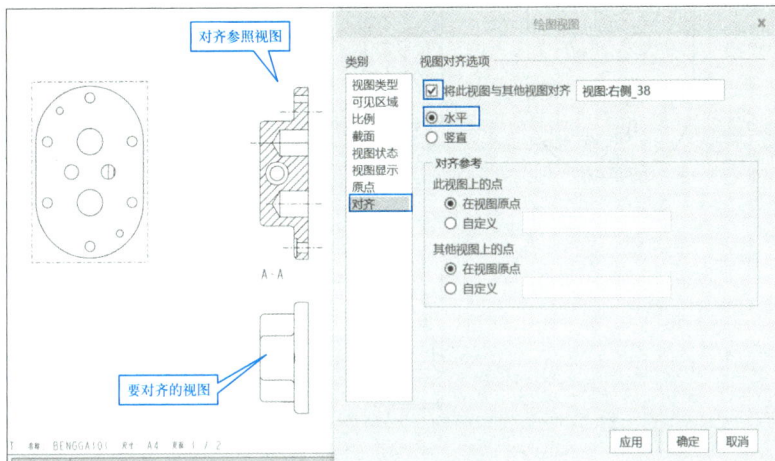

图 4-4-23　对齐视图

（3）重复上述步骤，完成最左侧视图与主视图的对齐。

8. 建立下部视图剖面

（1）左键单击下部视图，在弹出的快捷菜单中点击【属性】指令，弹出【绘图视图】对话框。

（2）如图 4-4-24 所示，在【绘图视图】对话框中单击【截面】，在【截面】类别中单击【2D 横截面】，添加截面命令，弹出【横截面创建】菜单管理器，单击【平面】【单一】，单击【完成】。

图 4-4-24　截面界面

（3）在弹出的【输入横截面名称】对话框中输入 B，单击【确定】按钮。弹出【基准面选择】对话框，在投影视图上选择 RIGHT 基准面，单击【确定】按钮完成剖视图 B 建立，如图 4-4-25 所示。

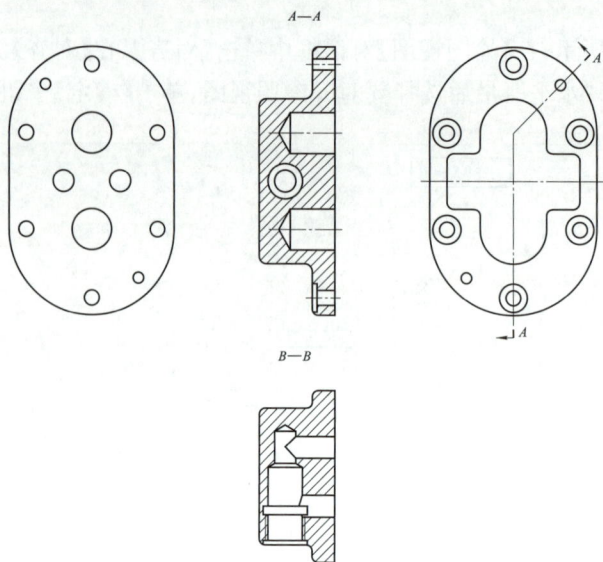

图 4-4-25　建立剖视图 B

9. 建立局部视图 C 和 D

（1）添加辅助视图

单击【布局】选项卡/【模型视图】组/【辅助视图】指令，在主视图上选择轴线 1，在工作区找个空白处单击鼠标左键放置辅助视图，如图 4-4-26 所示。

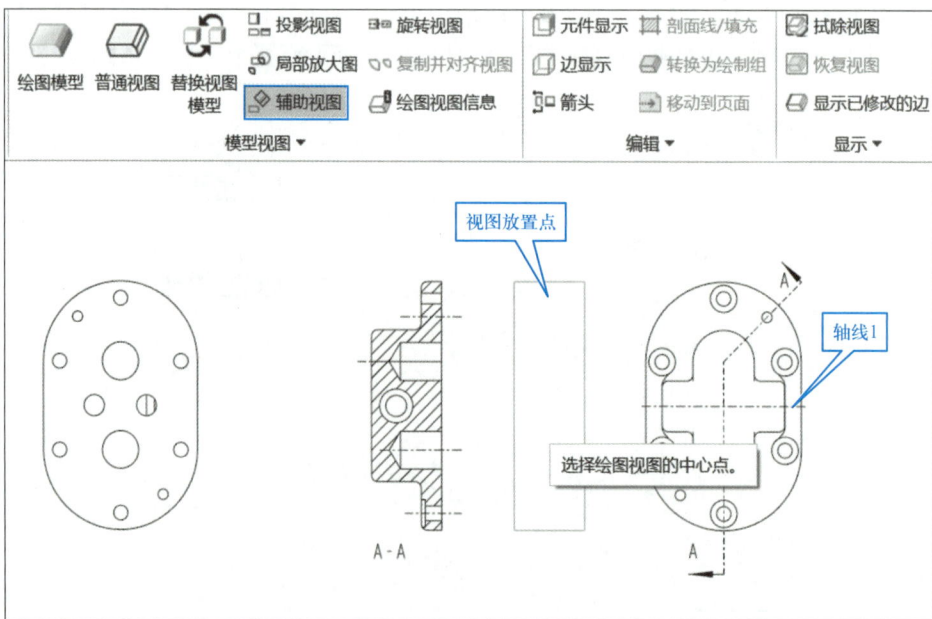

图 4-4-26　添加辅助视图

（2）取消辅助视图的自动对齐和建立局部视图

如图 4-4-27 所示，双击主视图，打开主视图【绘图视图】对话框。选择【视图类型】类别中"投影箭头"为"单箭头"，单击【应用】按钮。选择【可见区域】类别，在"视图可见性"中选择"局部视图"。

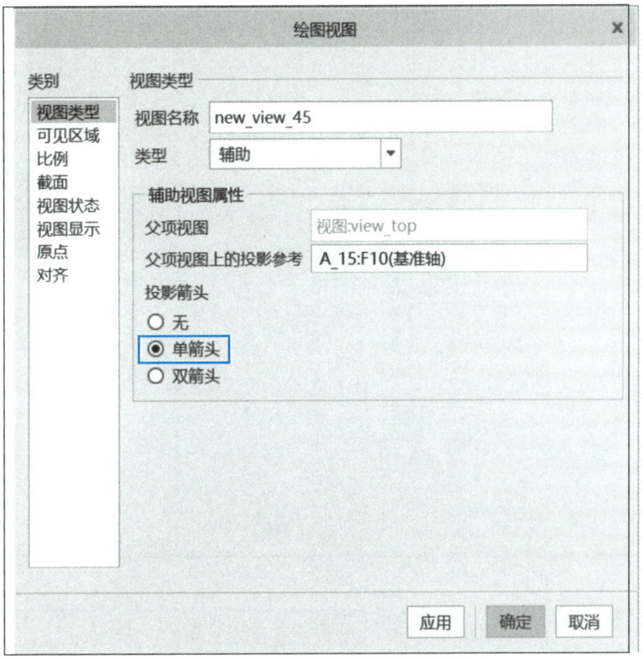

(a)

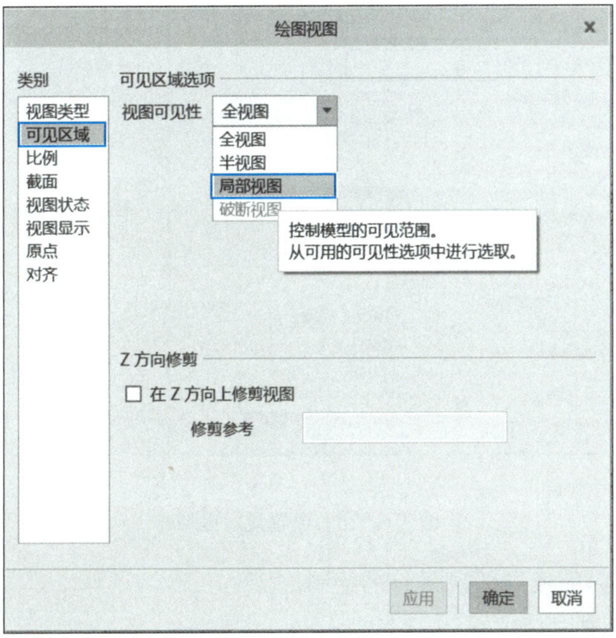

(b)

图 4-4-27　局部视图选择

（3）设置局部视图显示区域

系统切换至局部视图定义页面，选择几何上的参考点，然后定义样条边界，最后单击【确定】按钮完成显示区域设置，如图 4-4-28 所示。进行视图显示设置。

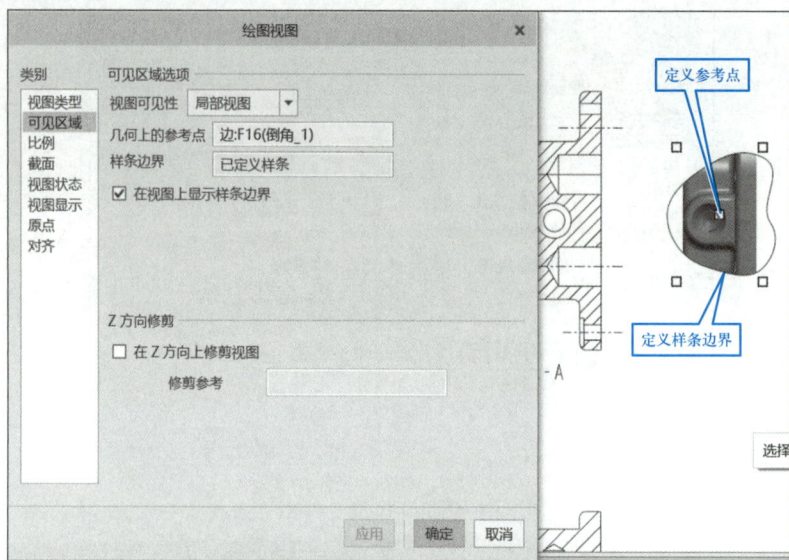

(a)

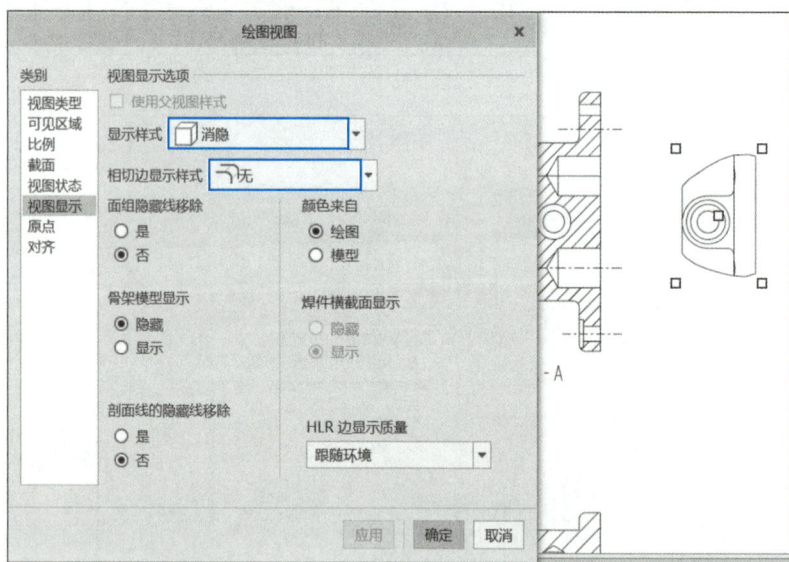

(b)

图 4-4-28　设置显示区域

重复（1）—（3）步骤，完成局部视图 D 的绘制。

（4）移动局部视图到合适位置

在【绘图视图】对话框中选择【对齐】类别，取消选择"将此视图与其他视图对齐"，单击【确定】按钮，即取消了辅助视图的自动对齐。将局部视图移动到合适的位置，如图 4-4-29 所示。

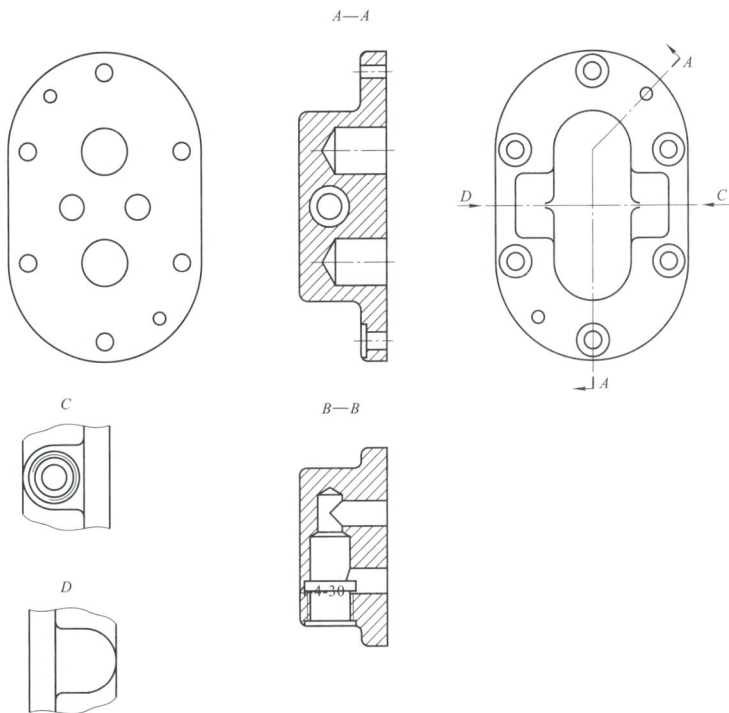

图 4-4-29　移动局部视图

10. 显示模型轴线

（1）选中左视图,单击【注释】选项卡/【注释】组/【显示模型注释】指令，系统弹出【显示模型注释】对话框,选中对话框中指令,出现可选择轴线,将中间投影视图的部分轴线显示出来,如图 4-4-30 所示。

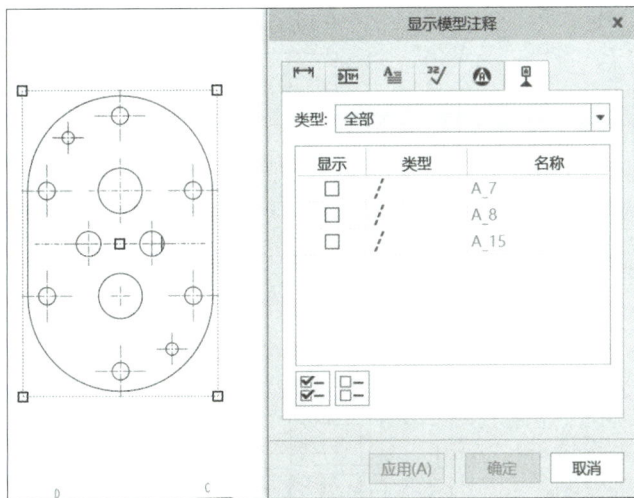

图 4-4-30　显示模型轴线

（2）按此方法,将所有视图的模型轴线加载出来,如图 4-4-31 所示。

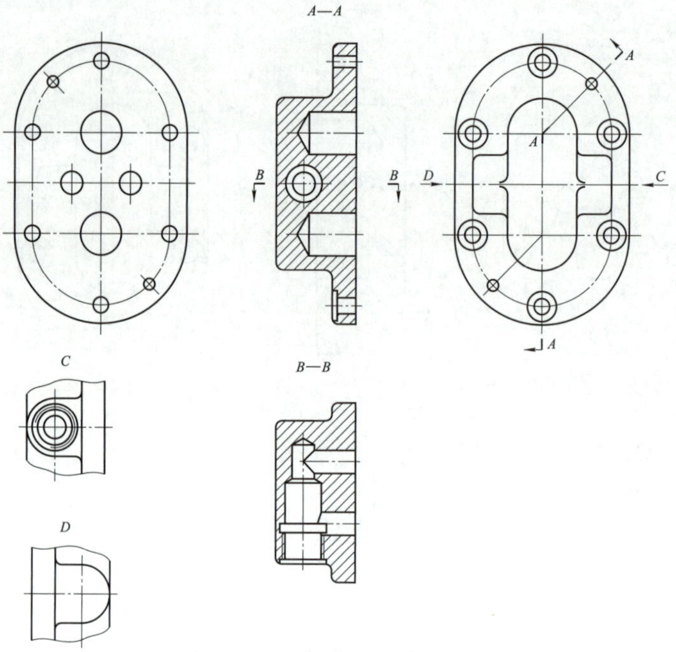

图 4-4-31 加载所有模型轴线

11. 标注尺寸及公差

（1）标注基本尺寸

在工程图中单击【注释】选项卡/【注释】组/【尺寸】指令，在视图中进行尺寸线性尺寸、圆弧尺寸及角度尺寸的标注。如图 4-4-32 所示。

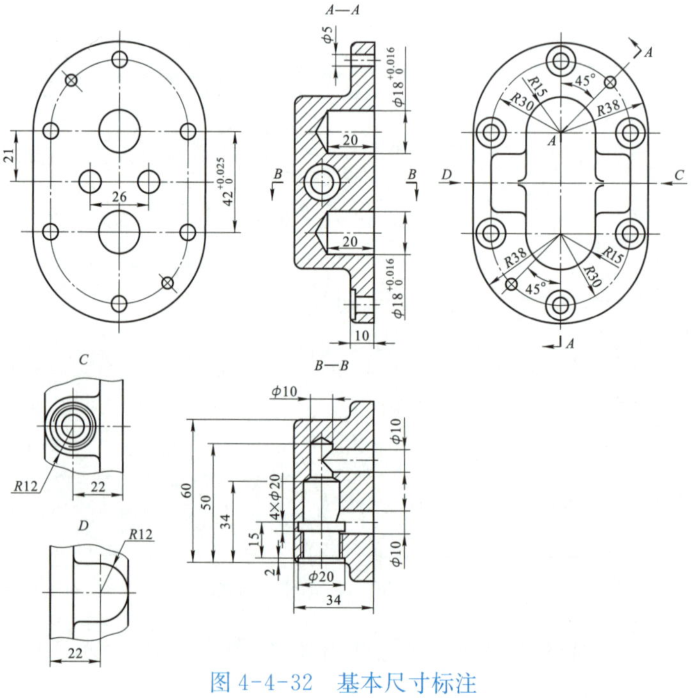

图 4-4-32 基本尺寸标注

（2）标注一个公差

如图 4-4-33 所示，左键单击尺寸 1，打开【尺寸编辑】选项卡，单击【公差】下拉菜单，选择【正负】![正负]，在后面公差输入文本框中输入上公差"0"和下公差"0.025"，取消选择"四舍五入尺寸"，单击鼠标中键完成公差添加。

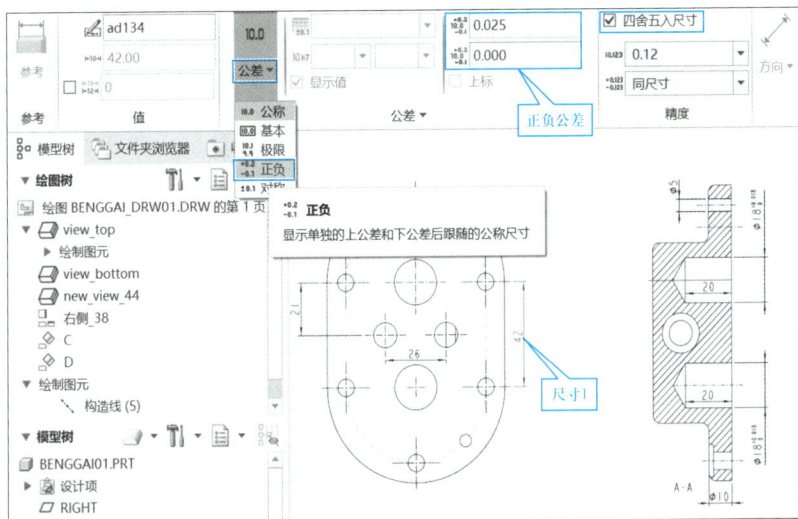

图 4-4-33　添加一个公差

（3）完成其他公差

按照上一步操作方法添加其他公差，如图 4-4-34 所示。

图 4-4-34　完成公差添加

（4）添加一个表面粗糙度

如图 4-4-35 所示，单击【表面粗糙度】指令，在打开的对话框中选择"machined"目录下的"standard1.sym"，单击【打开】按钮。

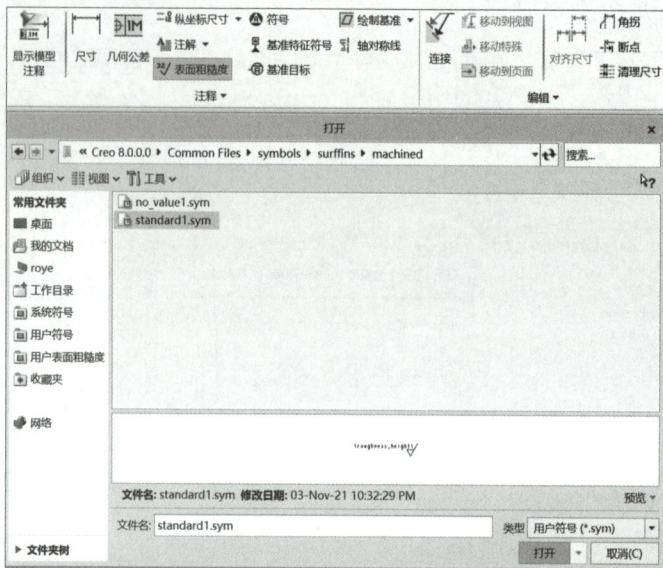

图 4-4-35　打开"表面粗糙度"符号

系统弹出【表面粗糙度】对话框，如图 4-4-36 所示，在【放置】下拉菜单中选择"垂直于图元"，在绘图区选择要放置的图元，单击鼠标中间确认放置。切换到【可变文本】选项卡，在里面输入"3.2"，单击【确定】按钮完成表面粗糙度添加。

图 4-4-36　添加一个表面粗糙度

（5）完成其他表面粗糙度

用同样方法，添加其他表面粗糙度，如图 4-4-37 所示。

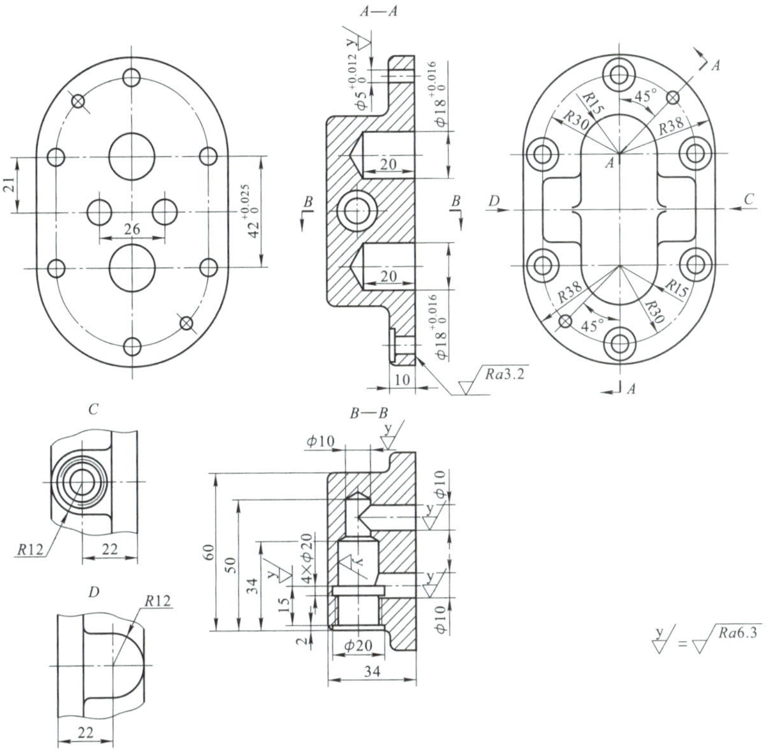

图 4-4-37　完成表面粗糙度添加

（6）添加沉头孔注释

双击尺寸 1，打开【尺寸编辑】选项卡，单击【尺寸文本】，在文本框中输入尺寸文本和前后缀，单击鼠标中键确认，如图 4-4-38 所示。

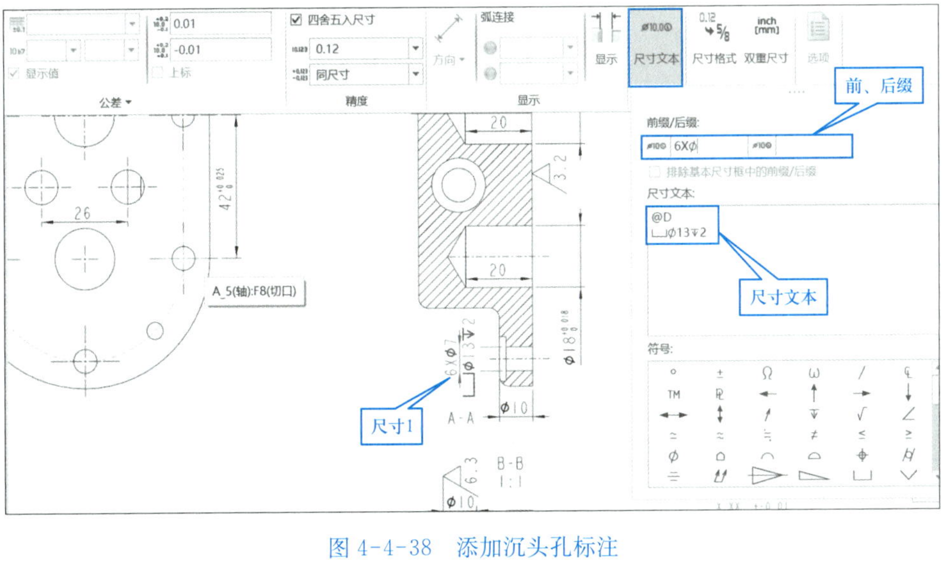

图 4-4-38　添加沉头孔标注

255

12. 标注技术要求

（1）在【格式】选项卡中，单击【注解】下拉列表中【独立注解】指令。【选择点】对话框随即打开。

（2）从【选择点】对话框中选择【在绘图上选择一个自由点】指令，在绘图区域内找到合适的位置单击以指定注解的位置。

（3）输入注释文本，并可以对注释文本里的选定文本进行样式和格式等进行编辑。然后再其他空余位置单击鼠标左键两次完成标注。插入的技术要求文本如图 4-4-39 所示。

技术要求：
1. 未注明圆角R3。
2. 不加工面应涂防锈油漆。

图 4-4-39　插入技术要求文本

13. 保存文件

完成工程图如图 4-4-40 所示，将完成好的零件保存到"benggai_drw01"。

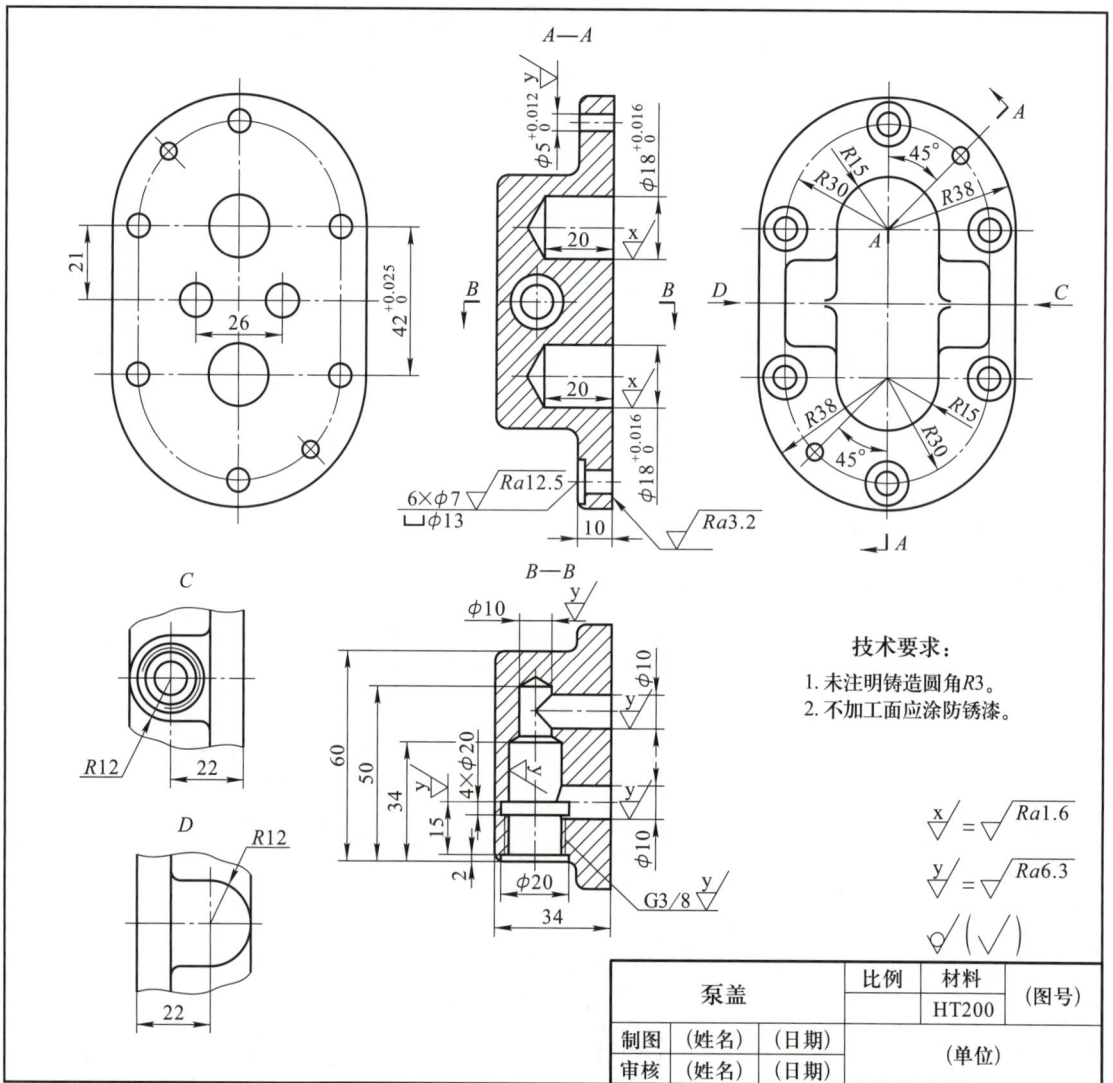

图 4-4-40　完成工程图

拓展训练

完成以下阶梯剖操作：

（1）在素材文件目录"Creo＞模型＞项目 4＞4-4-2"中打开"jieti01_drw"文件，该文件的内容如图 4-4-41 所示。

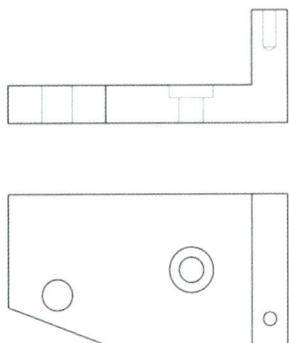

（2）左键单击主视图，在弹出的快捷菜单中点击【属性】指令，弹出【绘图视图】对话框。

（3）如图 4-4-42 所示，在【绘图视图】对话框中单击【截面】，在【截面】类别中单击"2D 横截面"，添加截面命令，弹出【横截面创建】菜单管理器，单击【偏移】【双侧】【单一】，单击【完成】。

（4）此时弹出【输入横截面名称】对话框，如图 4-4-43 所示，在对话框中输入"A"后单击【确定】按钮。

图 4-4-41　"jieti01_drw"文件内容

微视频

阶梯剖

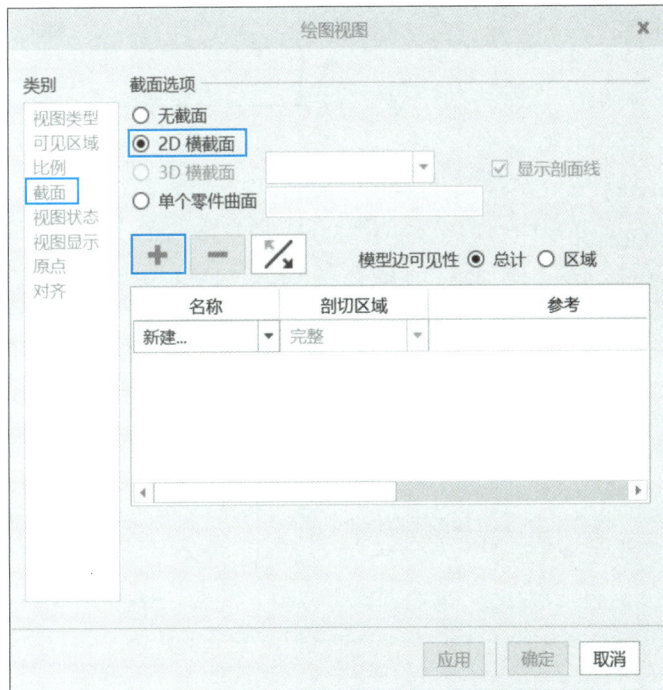

(a)

(b)

图 4-4-42　创建投影视图剖面

图 4-4-43　输入横截面名称

257

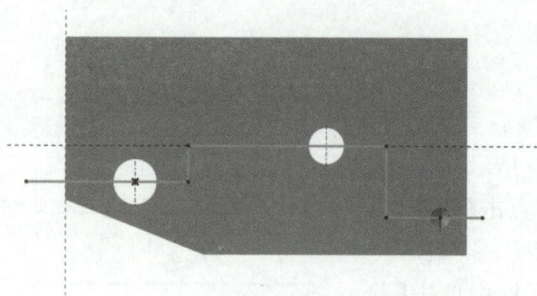

图 4-4-44　绘制剖线

（5）系统自动进入零件模式中，并弹出【设置草绘平面】菜单管理器，选择 TOP 面作为草绘平面，接受缺省设置，绘制如图 4-4-44 所示剖线。

（6）单击菜单【草绘】，在下拉菜单中单击【完成】，退出零件模式。在【绘图视图】中单击【应用】按钮，完成阶梯剖截面绘制，如图 4-4-45 所示，单击【确定】按钮。

（7）在投影视图中左键双击剖面线，弹出【修改剖面线】菜单管理器，单击【修改剖面线】，单击【元件】，在展开的菜单中单击【间距】，在切换出的【修改模式】中单击【值】，在弹出的对话框中输入间距值"3"，单击【完成】或鼠标中键退出，完成剖面线间距的修改，如图 4-4-46 所示。

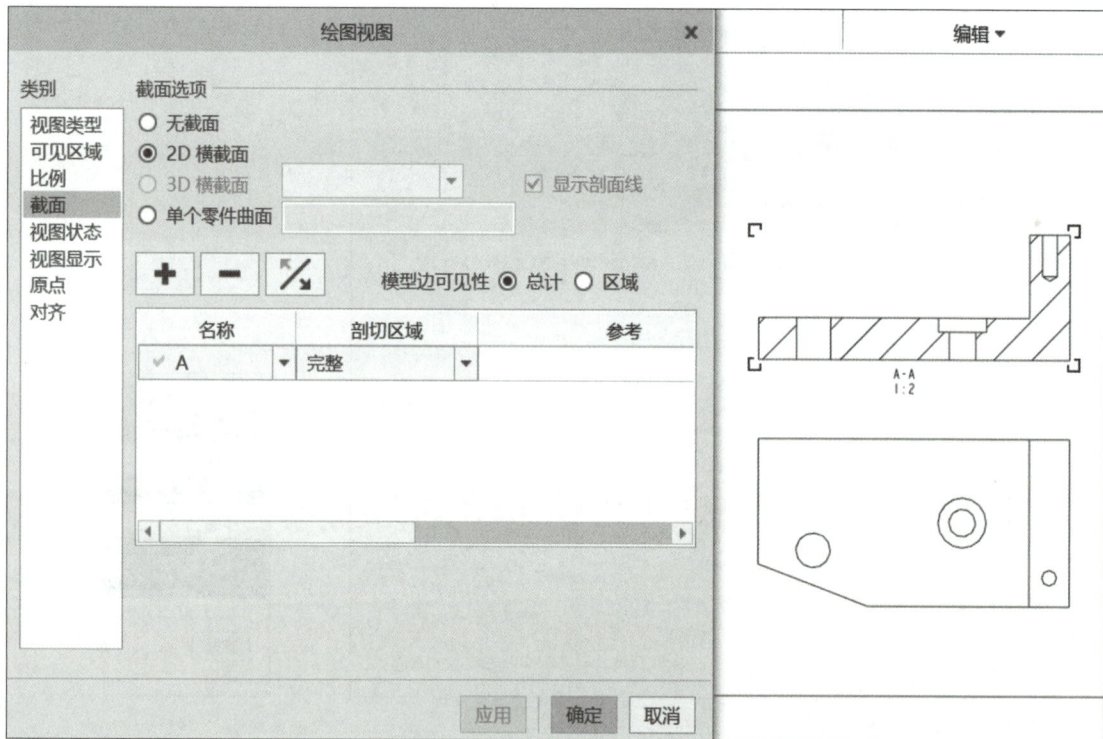

图 4-4-45　绘制阶梯剖截面

（8）如图 4-4-47 所示，选中被剖的视图，单击鼠标右键，在弹出的快捷菜单中点击【添加箭头】，单击第一个视图，即可完成添加箭头，如图 4-4-47 所示。

（9）单击【文件】选项卡/【保存】指令📁，将完成好的零件保存到"jieti01_drw.drw"。

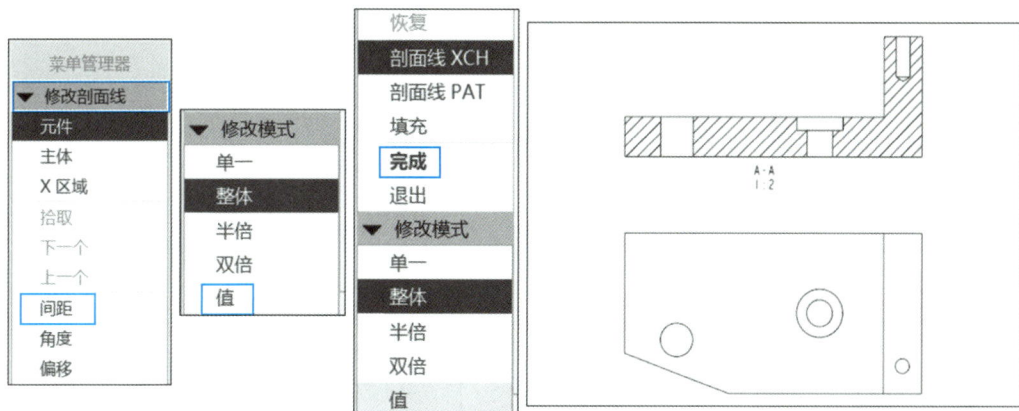

图 4-4-46　修改剖面线间距

图 4-4-47　添加箭头

互动练习

项目四任务 4
在线测试

思考练习

1. 在工程图中标注几何公差时,(　　)几何公差不需要定义基准参照。
   (A) 圆柱度　　　　　　　　　　　　(B) 垂直度
   (C) 平行度　　　　　　　　　　　　(D) 同心度
2. 在创建新绘图时可参考绘图模板,绘图模板能(　　)。
   (A) 基于模板自动创建视图　　　　　(B) 设置所需视图显示
   (C) 创建捕捉线　　　　　　　　　　(D) 显示模型尺寸
3. 将投影视图切换到其他页面,它(　　)丢失与父视图的关联。
   (A) 会丢失　　　　　(B) 不会　　　　　(C) 可能会也可能不会
4. 按如图 4-4-48 所示的零件图,建立实体零件,并完成工程图绘制。

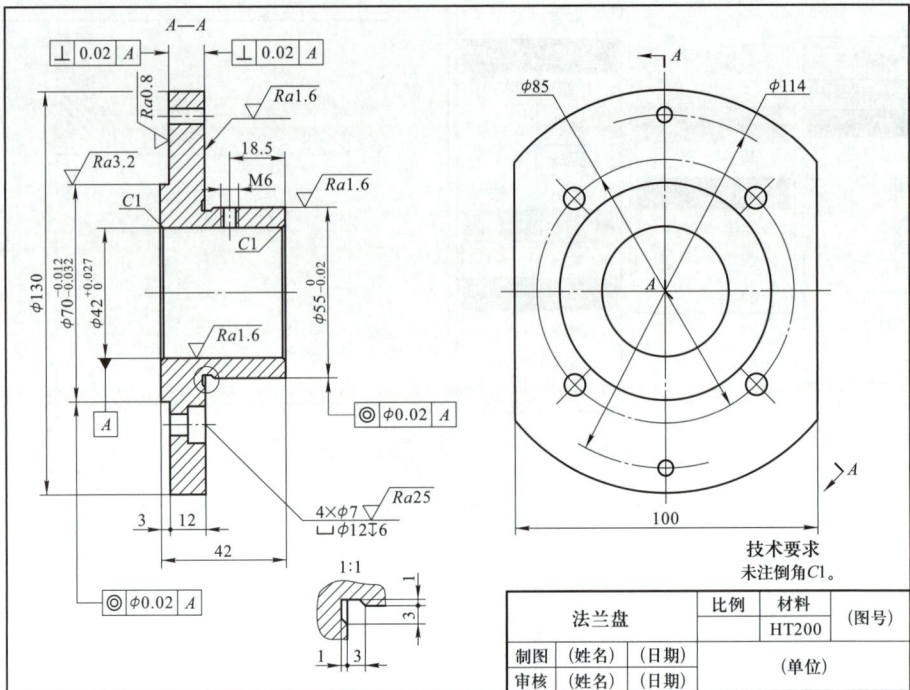

图 4-4-48　零件图

5. 按如图 4-4-49 所示的零件图，建立实体零件，并完成工程图绘制。

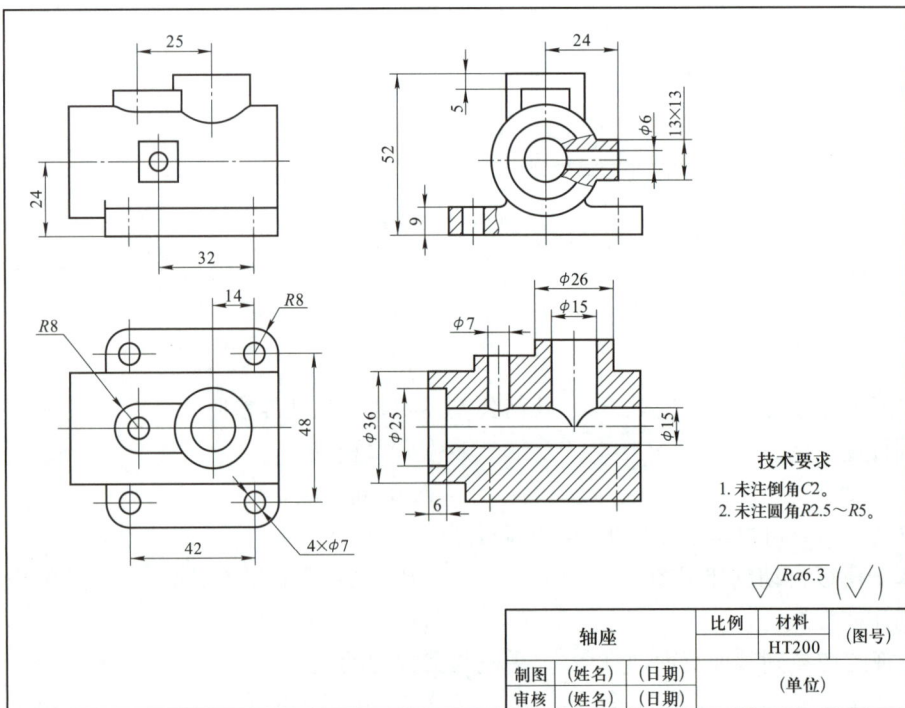

图 4-4-49　零件图

项目五
遥控器设计

遥控器,如图 5-0-1 所示,是一种利用远程信号对设备和机器进行控制的设备。遥控器分为红外线和无线电遥控器。它主要由上盖、装饰圈、按键、电路板、下盖、纽扣电池、电池盖等零件组成。

每个零件都由许多的实体特征组成的,如图 5-0-2 所示,这些实体特征可以用增料方式,通过对已绘制草图运用【草绘】【拉伸】【基准】【边界混合】【造型】【合并/继承】【复制/粘贴】等指令来建立,这些特征为零件实体的基本特征。还可以用减料方式,通过绘制草图从已有实体中运用【草绘】【拉伸】【基准】【边界混合】【造型】【合并/继承】【复制/粘贴】等指令来建立;或用【圆角过渡】(等半径或变半径)【倒斜角】【抽壳】【添加拔模斜度】等指令来建立,这些特征为零件实体的辅助特征,它们是建立在基本特征之上的。

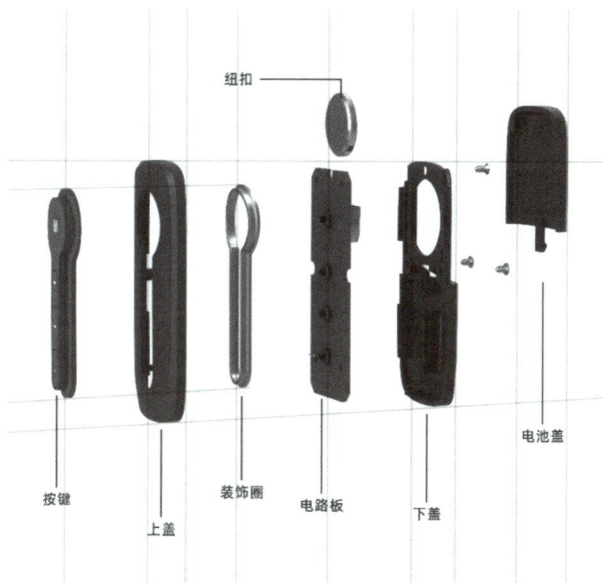

纽扣

按键   上盖   装饰圈   电路板   下盖   电池盖

图 5-0-1　遥控器图　　　　　　　　　图 5-0-2　遥控器分解图

通过本项目的学习和训练,熟悉并巩固草图绘制知识;学习 Creo 软件零件实体模块中的【合并/继承】【复制/粘贴】【偏移】等实体建模指令和 Creo 软件组件设计模块中的实体零件装配知识。

▼ 学习目标

1. 巩固基本图形绘制、草绘约束、尺寸标注等知识。

2. 巩固实体建模的拉伸特征、基准特征、倒圆角特征等知识。

3. 巩固装配图的绘制方法与步骤。

4. 掌握【合并/继承】【复制/粘贴】【偏移特征】等建模指令。

5. 能正确确定建模思路，选择正确的草绘平面，利用学习的实体建模知识完成零件的实体建模、零件装配。

6. 能够对完成的建模任务进行编辑和修改。

▼ 知识拼图

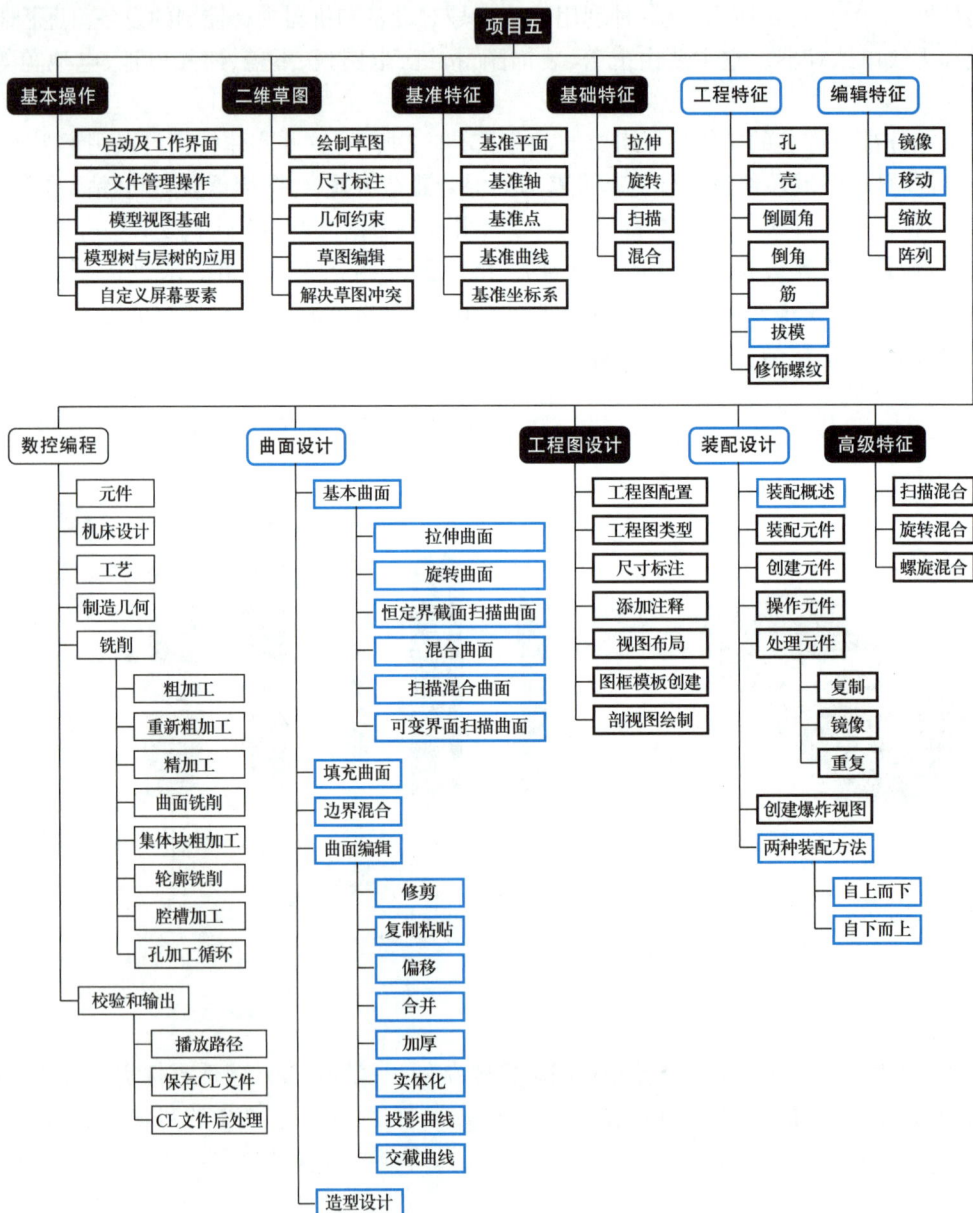

注：红色标记知识点为本项目涉及的新指令。

任务 ① 遥控器外观造型设计

▼ **学习目标**

通过学习遥控器外观造型设计,学会曲面特征中【样式】【边界混合】、编辑特征中【投影】【相交】【镜像】【合并】【修剪】、模型显示中【图像】、工程特征中【拔模】等指令建模方法。并学会三维曲面建模思路,进一步熟练掌握指令工具的组合使用及其注意事项。

▼ **任务引入**

遥控器外观造型设计用于外观零件设计拆分而作为基础模型。按如图 5-1-1 所示的外观平面图,建立遥控器外观造型模型(图纸未注倒圆角 0.8 mm)。

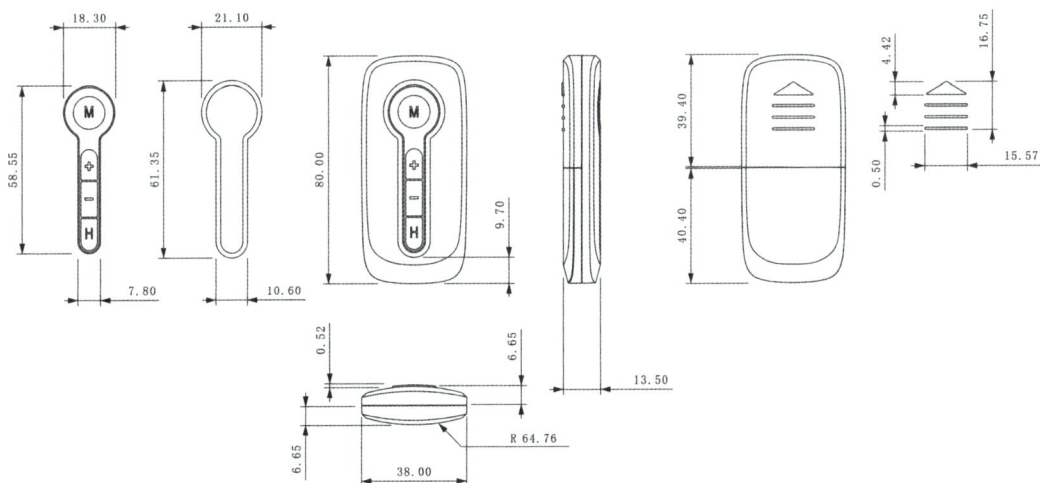

图 5-1-1 遥控器外观平面图

▼ **任务分析**

遥控器外观造型设计是将多个指令综合的使用,按照最大外围轮廓设计三维草绘,再根据三维草绘建立曲面完成外观造型设计。步骤见表 5-1-1。

表 5-1-1 遥控器外观造型设计的建模步骤

1. 确定长宽高尺寸	2. 用样式导入图片	3. 根据图片建立轮廓线

续表

4. 建立三维草绘线	5. 建立曲面造型	6. 将曲面造型镜像实体化
7. 实体抽壳和按键投影	8. 导入照片草绘摩擦筋	9. 建立电池盖摩擦筋

▼ **知识链接**

1. 图像

图像是将照片或者图片放置在平面上,根据需要调整合适的尺寸大小,再用草绘指令跟踪图片的轮廓形状进行草绘。图像跟踪草绘如图 5-1-2 所示。

微视频

导入图片

(a)　　　　　　　　　　　　　　　(b)

图 5-1-2　图像跟踪草绘

【图像】指令的操作步骤:

(1) 打开素材文件目录"Creo>模型>项目 5"中选择"5-1-1. prt",单击功能区【视图】选项卡/【模型显示】组/【图像】指令 ,图 5-1-3 所示。单击【图项】选项卡/【导入】指令,导入图片。

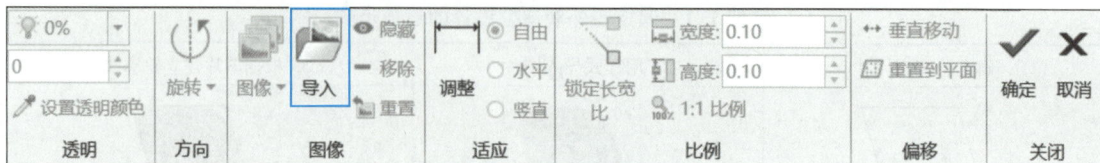

图 5-1-3　【图像】选项卡

(2) 信息栏提示:选择一个基准平面或平面曲面以放置图像。选择放置 TOP 平面,单击 TOP 平面,如图 5-1-4 所示。

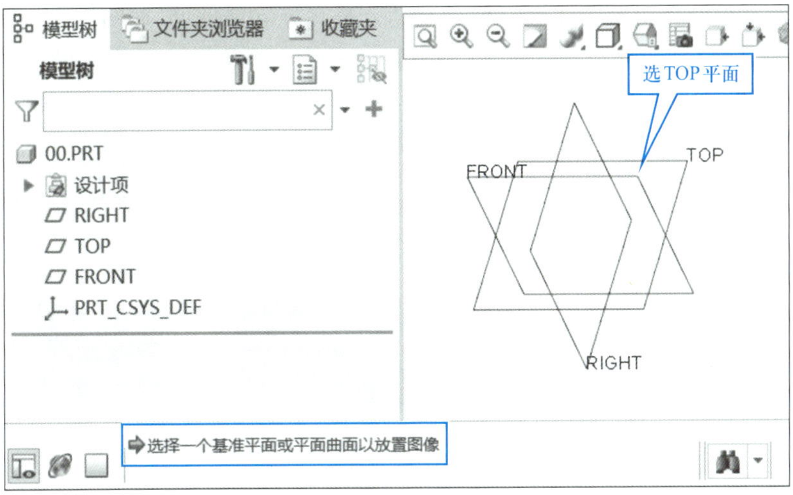

图 5-1-4　选择放置"TOP"平面

（3）在对话框素材文件目录"Creo＞模型＞项目 5"中选择"5-1-1top.jpg"照片文件，如图 5-1-5a 所示，导入图片，透明度调为 15%，将视图摆放为"TOP 视图"，单击【调整】按钮，选择【水平】调整，选择【锁定长宽比】，然后再单击图片处，出现高和低红色极限点，如图 5-1-5b 所示。

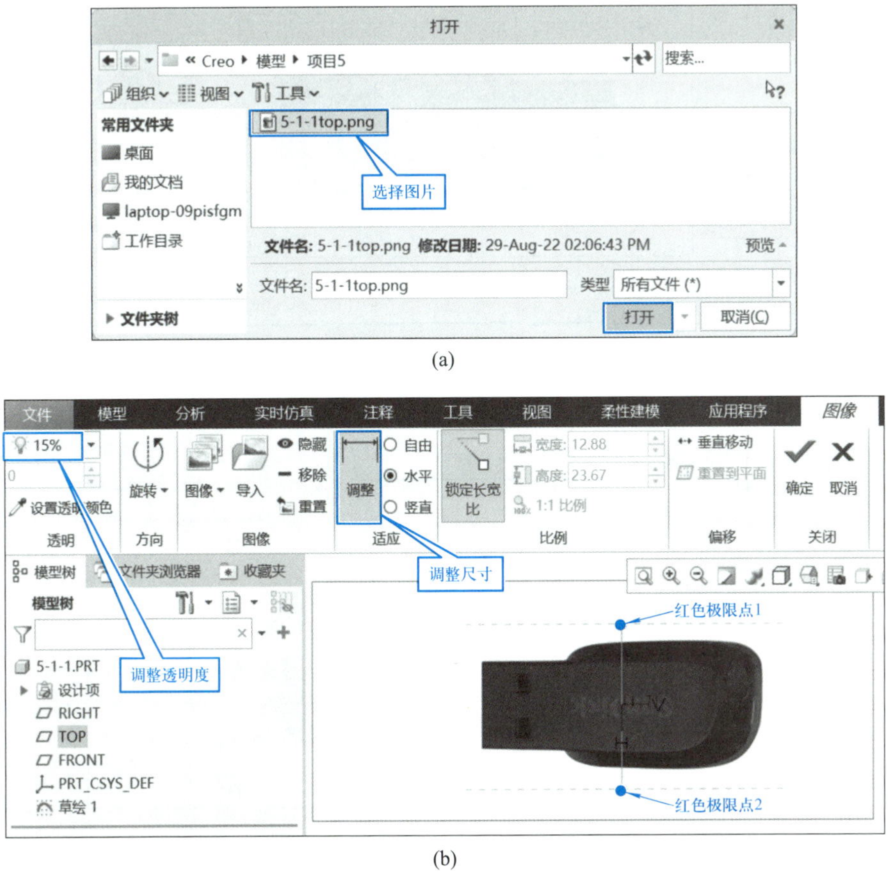

(a)

(b)

图 5-1-5　导入图片

（4）按住左键将红色极限点 1 和 2 拖动至图片最高处和最低处，如图 5-1-6a 所示。调整图片高度尺寸大小，将尺寸改成"17"。单击【调整】指令，结束图片尺寸调整，如图 5-1-6b 所示。调整视图观看，选择"TOP 视图"方向，选择图片按住左键拖动到草绘的区域内，如图 5-1-6c 所示。再单击图片进入调整状态，取消【锁定长宽比】按钮，单独调整长度尺寸，拖动小方块向右变动，如图 5-1-6d 所示。使图片靠边对齐草绘线，如图 5-1-6e 所示，单击【确定】按钮☑完成导入。

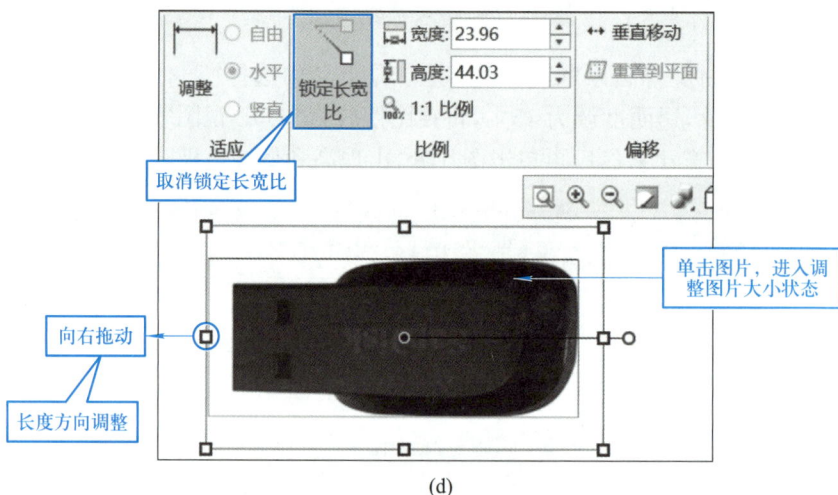

图 5-1-6　调整图片

知识点拨

调整图片属性和参数以达到需求,【图像】选项卡各图标的含义见表 5-1-2。

表 5-1-2 【图像】选项卡各图标的含义

图标	含义	图标	含义	图标	含义
50%	选择图片透明度比例	移除	移除图片		锁定长宽比
	设置图片透明度	重置	重置照片		图片宽度大小
	旋转或反转图片		调整图片真实大小		图片高度大小
	图片隐藏和显示管理	自由	自由调整图片大小		图片原始比例大小
	导入图片	水平	水平方向调整大小		垂直移动图片
	隐藏和显示图片	竖直	竖直方向调整大小		重置到平面
✓ ✕	确定与取消				

图片导入后,按照图片轮廓进行草绘跟踪,单击【模型】选项卡/【基准】组/【草绘】指令 ~,定义基准面 TOP 为草绘平面,单击【草绘】组/【样条】指令 ~,描绘出轮廓线,图 5-1-7 所示。

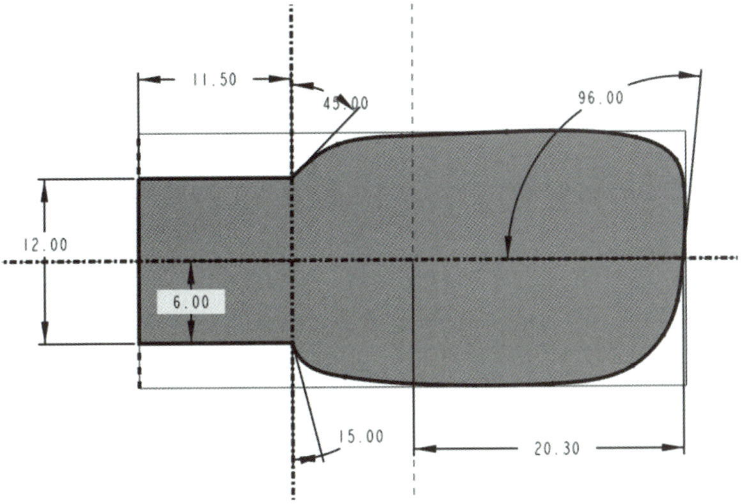

图 5-1-7 绘制轮廓线

微视频

绘制轮廓线

2. 投影

单击功能区【模型】/【编辑】组/【投影】指令 ~,可以在实体表面上和曲面、面组或基准平面上投影链、草绘或修饰草绘。草绘的投影方法有 3 种,分别为投影链、投影草绘和投影修饰草绘。【投影】选项卡如图 5-1-8 所示。

微视频

投影

投影链　投影草绘　投影修饰草绘　　　　投影修饰草绘　　投影修饰草绘

投影
链　草绘　修饰草绘　● 选择项　　　　投影目标　投影方向
　　　　　　　　　　　　● 单击此处添加　沿方向　　● 单击此处添加

参考　属性

选择投影对象　【参考】选项卡　投影命名　选择投影目标

图 5-1-8　【投影】选项卡

（1）投影链：是指通过选择要投影的曲线或链来在对象面上建立投影特征。在素材文件目录"Creo＞模型＞项目 5"中选择"5-1-2.prt"。单击【模型】选项卡/【编辑】组/【投影】指令 🖾，选择投影类型【链】，其指令的操作步骤：

① 打开【参考】选项卡，在【链】收集器中单击【选择项】，选择要进行投影的链 1。

② 在【曲面】收集器单击【添加项】选择曲面 1，如图 5-1-9 所示。

③ 在【方向参考】收集器单击【添加项】选择方向参考"TOP"，单击【确定】按钮☑，如图 5-1-9 所示。

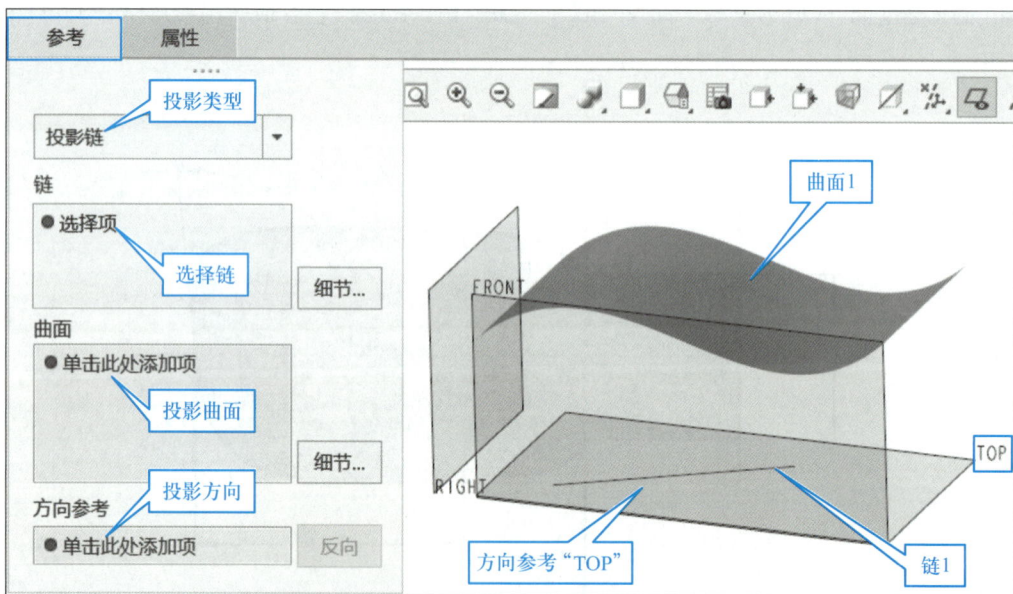

图 5-1-9　投影链

（2）投影草绘：是指通过建立草绘来进行投影到对象面上。在素材文件目录"Creo＞模型＞项目 5"中选择"5-1-3.prt"，单击【模型】选项卡/【编辑】组/【投影】指令 🖾，选择投影类型【草绘】，其指令的操作步骤：

① 打开【参考】选项卡，在【草绘】收集器中单击【定义】，选择 TOP 平面定义草绘，进行绘制所需要的草绘。

② 在【曲面】收集器单击【添加项】选择曲面 2。

③ 在【方向参考】收集器单击【添加项】选择"TOP"，单击【确定】按钮☑，如图 5-1-10 所示。

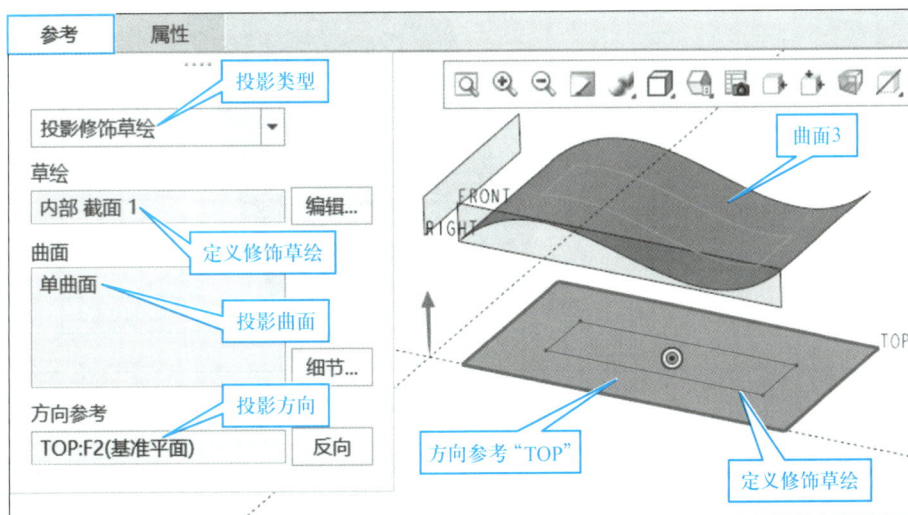

图 5-1-10　投影草绘

（3）投影修饰草绘：是指通过建立修饰草绘来进行投影到对象面上。在素材文件目录"Creo＞模型＞项目 5"中选择"5-1-4.prt"，单击【模型】选项卡/【编辑】组/【投影】指令，选择投影类型【修饰草绘】，其指令的操作步骤：

① 打开【参考】选项卡，在【草绘】收集器中单击【定义】，选择 TOP 平面定义草绘，进行绘制所需要的草绘。

② 在【曲面】收集器单击【添加项】选择曲面 3。

③ 在【方向参考】收集器单击【添加项】选择方向参考"TOP"，单击【确定】按钮☑，如图 5-1-11 所示。

图 5-1-11　投影修饰草绘

3. 相交

单击功能区【模型】选项卡/【编辑】组/【相交】指令回，可以在曲面与其他曲面或基准平面相交处建立曲线，也可以选择两个草绘建立相交曲线，所创建的曲线被称为"相交曲线"或"交截曲线"，【相交】选项卡如图 5-1-12 所示。

图 5-1-12　【相交】选项卡

（1）在曲面与其他曲面或基准平面相交处建立曲线。在素材文件目录"Creo＞模型＞项目 5"中选择"5-1-5.prt"。单击【模型】选项卡/【编辑】组/【相交】指令回，选择相交类型【曲面】，其指令的操作步骤：

① 打开【参考】选项卡，在【曲面】收集器单击【添加项】，选择需要的曲面 1。

② 在【曲面】收集器单击【添加项】，按住 Ctrl 键选择相交的曲面 2，并使其都保留在所选项目中。单击【确定】按钮☑，完成两个曲面的相交线创建，如图 5-1-13 所示。

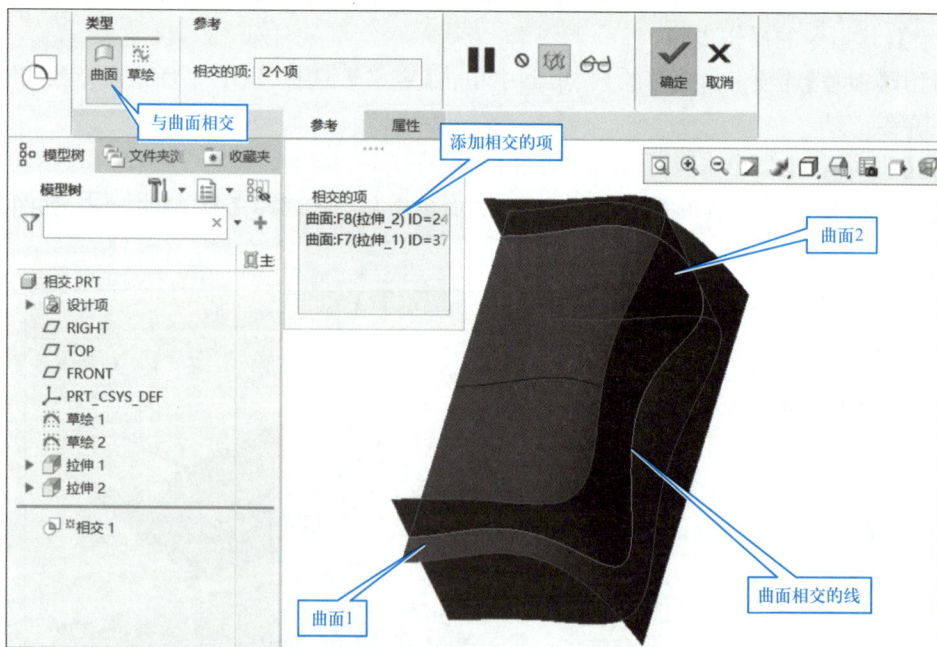

图 5-1-13　曲面与曲面的相交

（2）通过两个草绘建立相交的曲线。在素材文件目录"Creo＞模型＞项目 5"中选择"5-1-6.prt"。单击【模型】选项卡/【编辑】组/【相交】指令回，选择相交类型【草绘】，其指令的操作步骤：

① 打开【参考】选项卡，在【草绘】收集器中的第一草绘单击【草绘 1】，如图 5-1-14 所示。

② 在【草绘】收集器中的第二草绘单击【草绘 2】,如图 5-1-14 所示,单击【确定】按钮☑,完成两个草绘线的相交线建立。

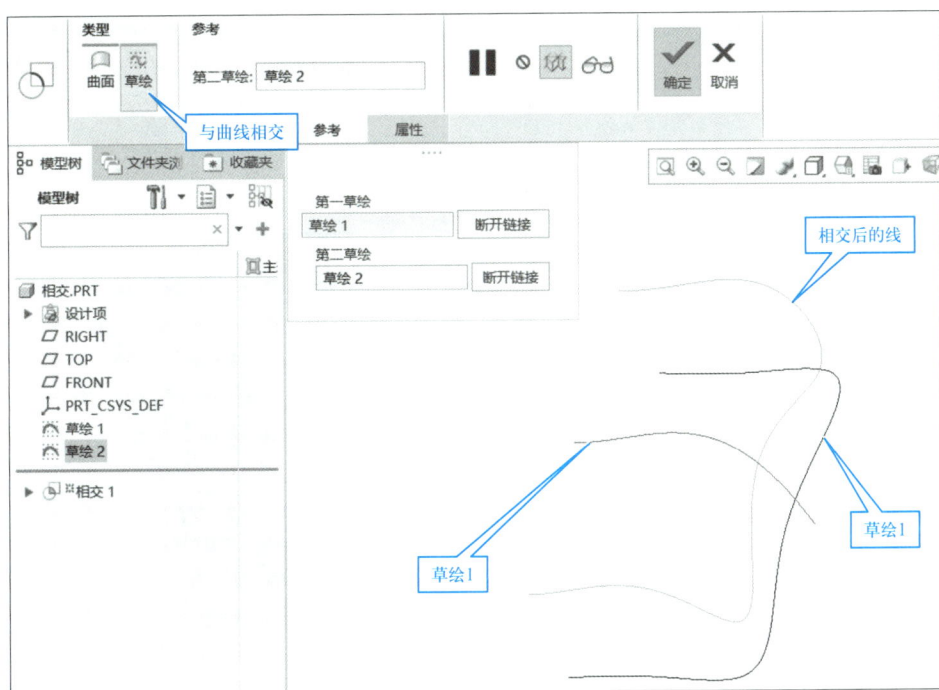

图 5-1-14　草绘线和草绘线的相交

4. 合并

单击功能区【模型】选项卡/【编辑】组/【合并】指令◙,可以通过"相交"或"连接"方式来合并两个面组,或是通过连接两个以上面组来合并两个以上面组。【合并】选项卡如图 5-1-15 所示。

微视频

合并

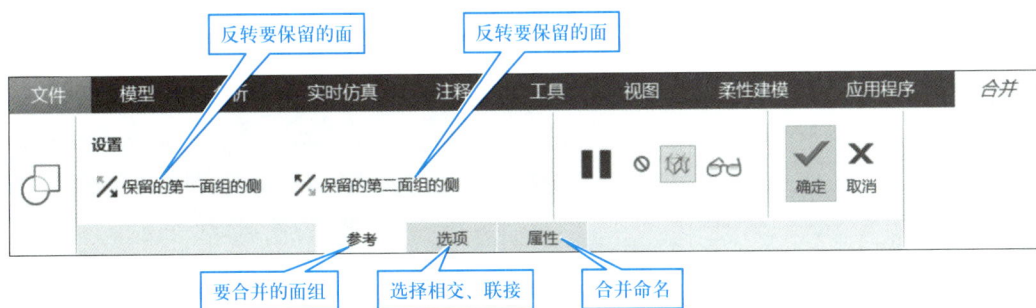

图 5-1-15　【合并】选项卡

(1) 曲面合并是指将若干个曲面或面组合并成一个面组。在素材文件目录"Creo＞模型＞项目 5"中选择"5-1-7.prt"。单击【模型】选项卡/【编辑】组/【合并】指令◙,其指令的操作步骤:

打开【参考】选项卡,在【面组】收集器中单击【选择 2 个或更多项】,选择要进行合并的曲面 1和曲面 2,调整箭头方向选择需保留的面组,单击【确定】按钮☑,完成曲面与曲面相交的合并建立,如图 5-1-16 所示。

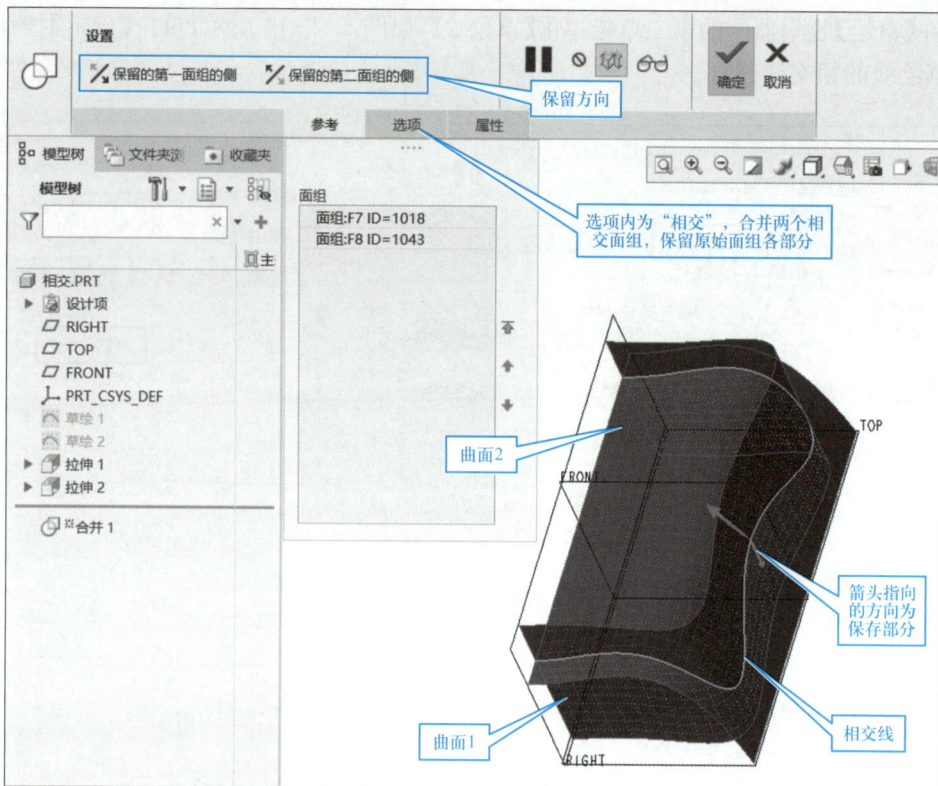

图 5-1-16　曲面与曲面相交合并

（2）在素材文件目录"Creo＞模型＞项目 5"中选择"5-1-8.prt"。单击【模型】选项卡/【编辑】组/【合并】指令◎，在【合并】选项卡中单击【参考】选项卡，在【面组】收集器中选择要进行合并的曲面 1 和曲面 2，打开【选项】选项卡，单击【联接】，单击【确定】按钮✓，完成曲面与曲面联接的合并建立，如图 5-1-17 所示。

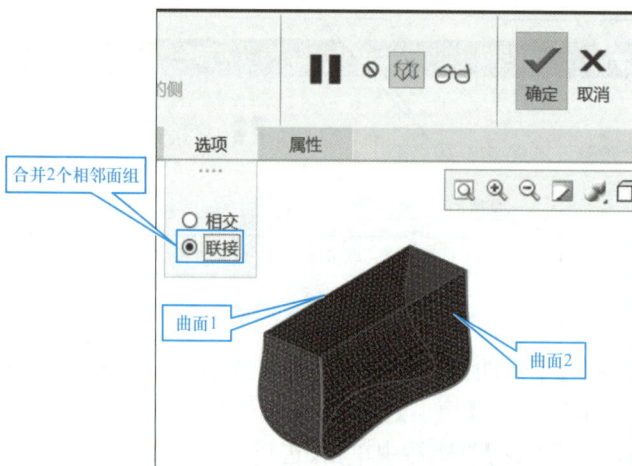

图 5-1-17　曲面与曲面联接合并

5. 修剪

（1）在素材文件目录"Creo＞模型＞项目 5"中选择"5-1-9.prt"，单击【模型】选项卡/【编辑】组/【修剪】指令，打开【修剪】选项卡，如图 5-1-18 所示。

图 5-1-18　【修剪】选项卡

（2）打开【参考】选项卡，单击【修剪的面组】，选择需要修剪的面组 1，再单击【修剪对象】，选择面组 2，可以调整修剪方向，面组 1 上显示网格线的曲面为保留的面组（方向箭头可调整面组要保留的部分），完成利用其他曲面对面组进行修剪，如图 5-1-19a 所示。单击【确定】按钮完成修剪，如图 5-1-19b 所示。

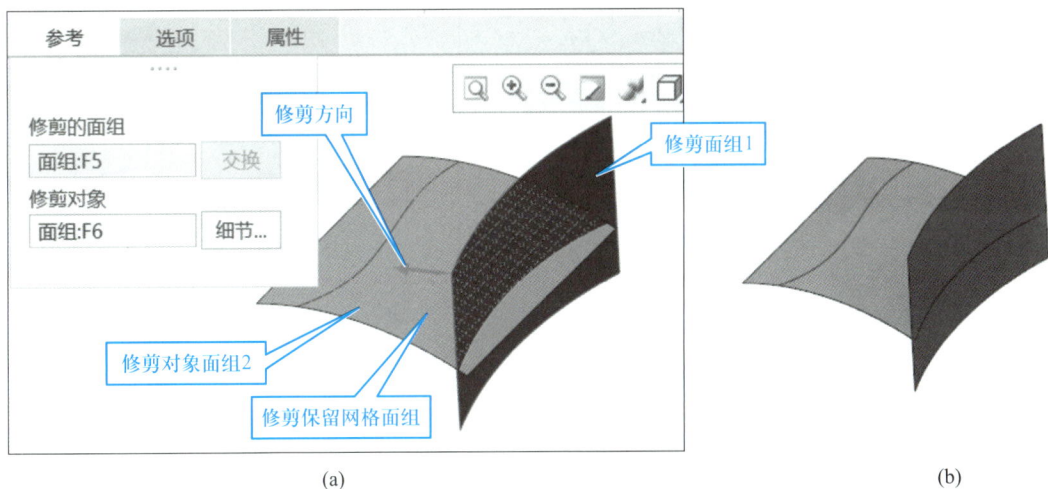

（a）　　　　　　　　　　　（b）

图 5-1-19　利用其他曲面修剪面组

（3）打开【参考】选项卡，选择需要修剪的面组 1，再单击【修剪对象】，选择基准面 RIGHT，面组 1 上显示网格线为保留的面组，完成利用基准平面对面组进行修剪，如图 5-1-20a 所示。单击【确定】按钮完成修剪，如图 5-1-20b 所示。

（4）打开【参考】选项卡，单击【修剪的面组】，选择需要修剪的面组 1，再单击【修剪对象】，选择面组上的曲线 1，可以调整修剪方向，面组 1 上显示网格线的曲面为保留的面组，完成利用面组上曲线对面组进行修剪，如图 5-1-21a 所示。单击【确定】按钮完成修剪，如图 5-1-21b 所示。

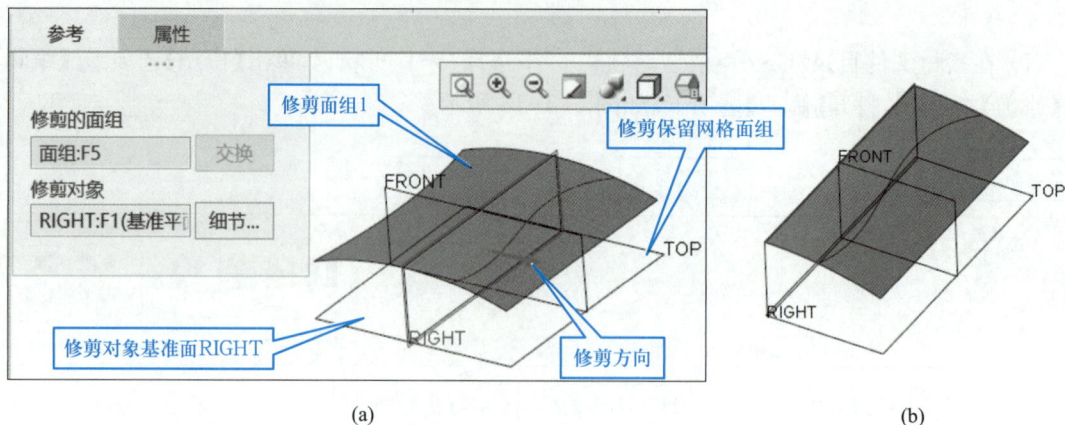

图 5-1-20 利用基准平面修剪面组

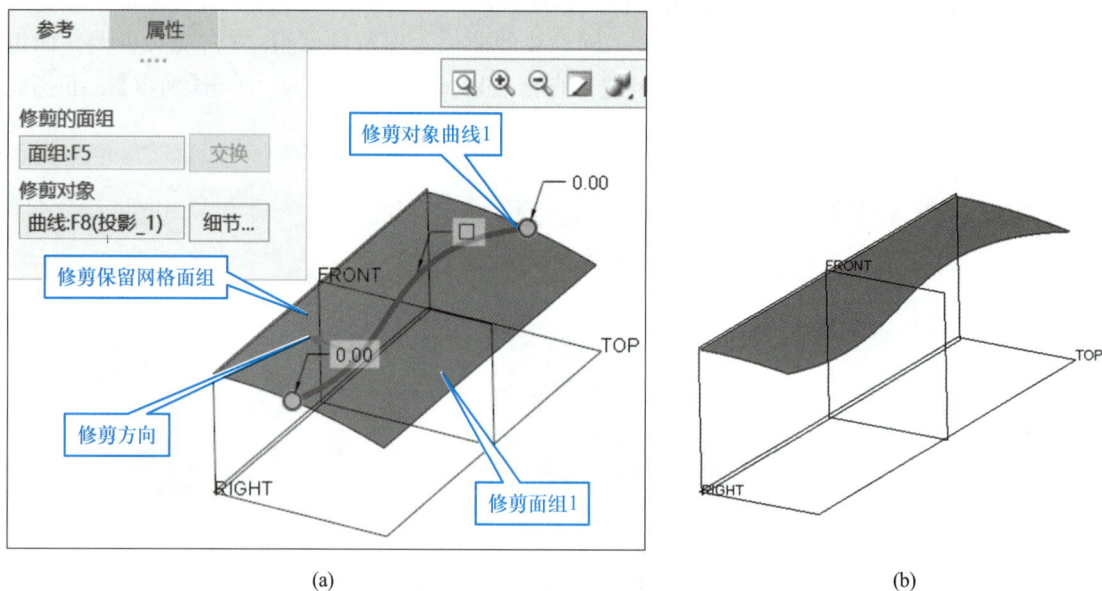

图 5-1-21 利用面组上的曲线修剪面组

6. 样式

单击功能区【模型】选项卡/【曲面】组/【样式】指令，便进入样式设计工作界面，打开【样式】选项卡如图 5-1-22 所示。

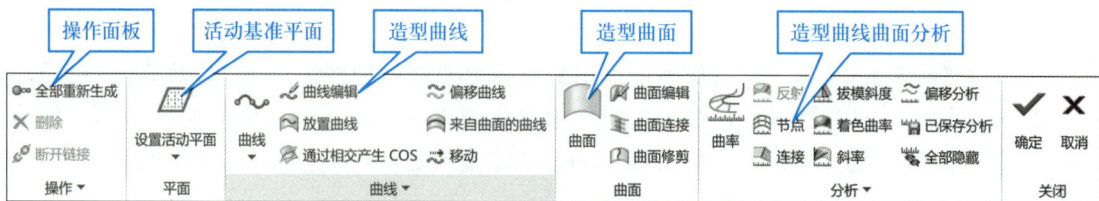

图 5-1-22 【样式】选项卡

274

【样式】选项卡各图标的含义见表 5-1-3。

表 5-1-3　【样式】选项卡各图标的含义

图标	含义	图标	含义	图标	含义
	全部重新生成		删除		断开链接
	设置活动平面		自由曲线		曲线编辑
	放置曲线		通过相交产生 COS		偏移曲线
	来自曲面的曲线		移动曲线		自由曲面
	曲面编辑		曲面连接		曲面修剪
	曲率分析		反射曲率		节点
	曲面连接		拔模斜度		着色曲率
	斜率		偏移分析		已保存分析
	全部隐藏		确定与取消		

（1）设置活动基准平面。进入到样式设计工作界面，系统会自动默认指定一个活动基准平面为工作平面，以网格形式显示，如图 5-1-23 所示。

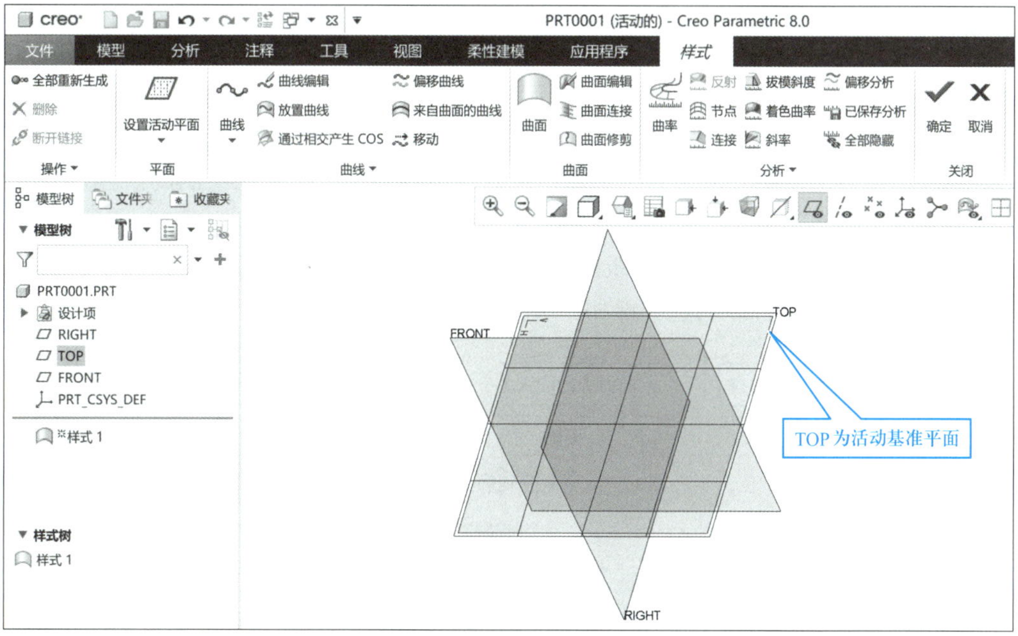

图 5-1-23　系统默认活动基准平面

如需重新设置新的活动基准平面，单击功能区【样式】选项卡/【平面】组/【设置活动平面】指令，然后选择一个基准平面或者零件平面或拉伸平面即可，如图 5-1-24 设置拉伸的平面为活动基准平面

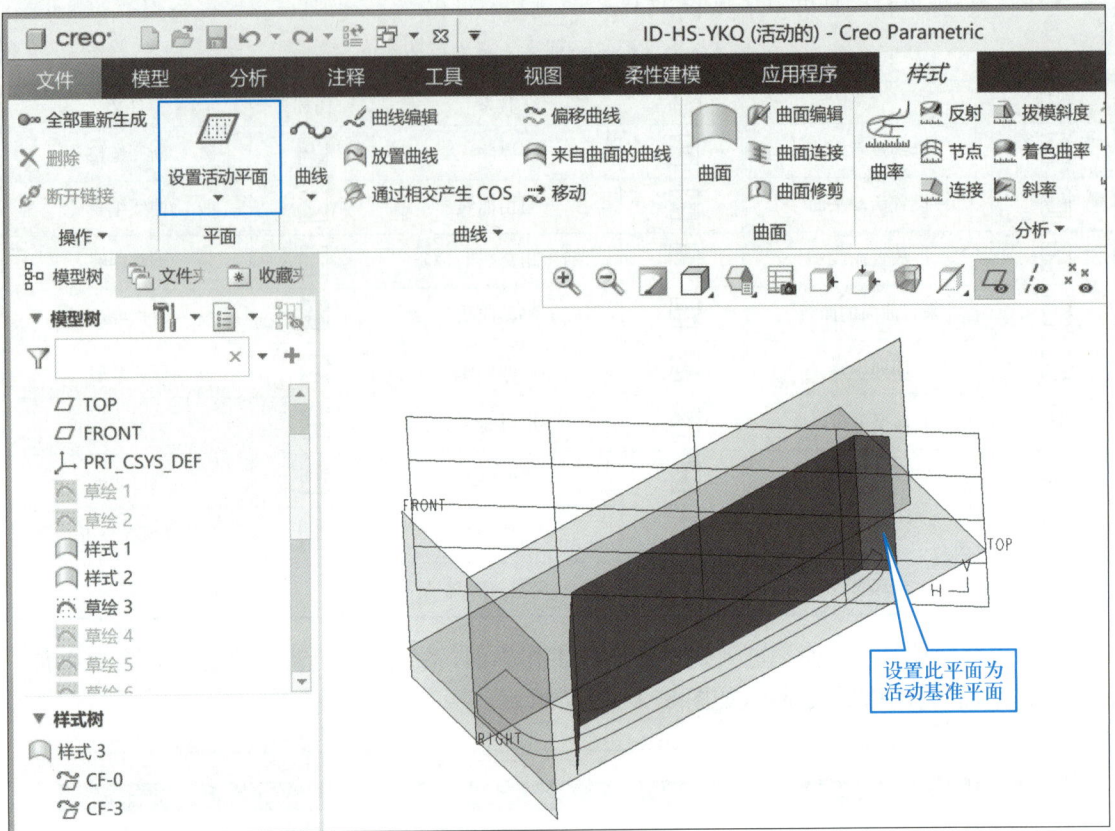

图 5-1-24　设置活动基准平面

（2）建立自由造型曲线。造型曲线是通过指定两个或多个定义点来绘制的，在造型曲面中，建立高质量的曲线是建立高质量曲面特征的关键。

① 单击功能区【样式】选项卡/【曲线】组/【曲线】指令 ∿，可以创建自由曲线、平面上的曲线或曲面上的曲线（COS）。【曲线】选择卡如图 5-1-25 所示。

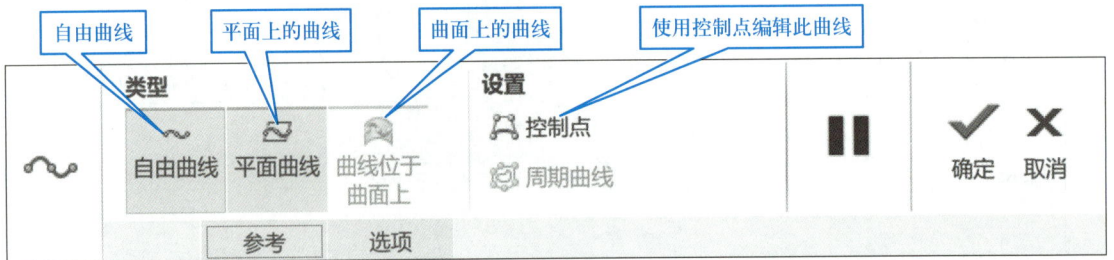

图 5-1-25　【曲线】选项卡

②【自由曲线】指令 ∿。建立位于三维空间中的曲线，且不受任何几何图元约束。

【平面曲线】指令 ⌢。在素材文件目录"Creo＞模型＞项目 5"中选择"5-1-10.prt"，并打开建立位于指定平面上的曲线，如图 5-1-26 所示。

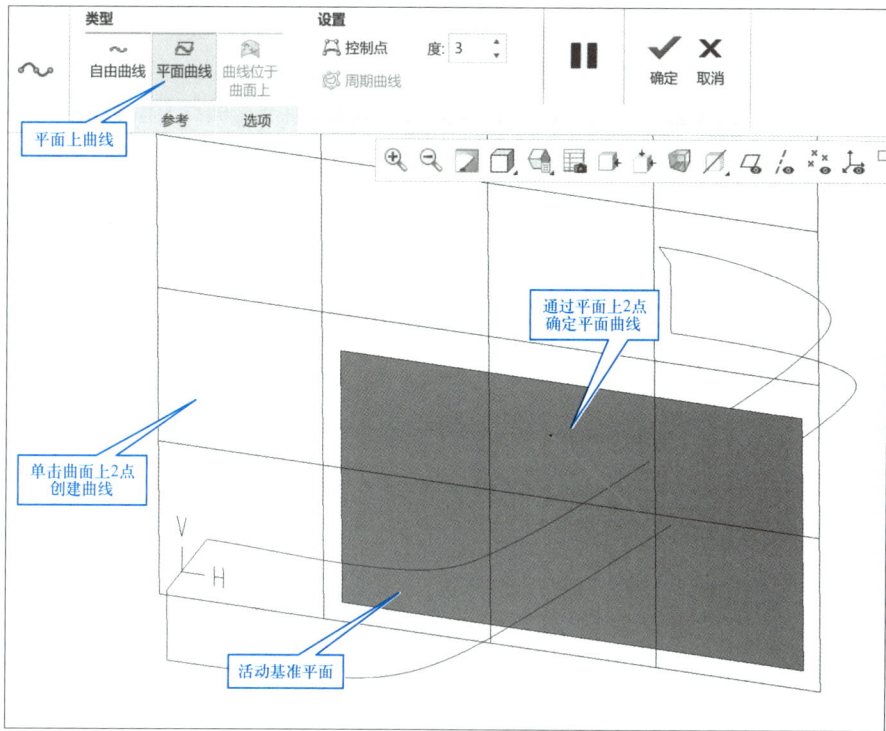

图 5-1-26　建立平面上曲线

【曲线位于曲面上】指令 🔲。建立一条被约束于指定单一曲面上的"曲面上的曲线",即在曲面上创建曲线,曲线点落在曲面上,在素材文件目录"Creo＞模型＞项目 5"中选择"5-1-11.prt",并打开建立位于圆柱面上的曲线,如图 5-1-27 所示。

图 5-1-27　建立曲面上曲线

③ 定义曲线上的点。通过鼠标单击定义平面或曲面上的点,建立曲线。

④ 单击【确定】按钮☑,完成曲线的建立。

(3) 曲线编辑。建立好造型曲线后,单击功能区【样式】选项卡/【曲线】组/【曲线编辑】指令📈,可以对选定的造型曲线进行编辑,以获得更好的造型曲线。【造型曲线编辑】选项卡如图 5-1-28 所示。

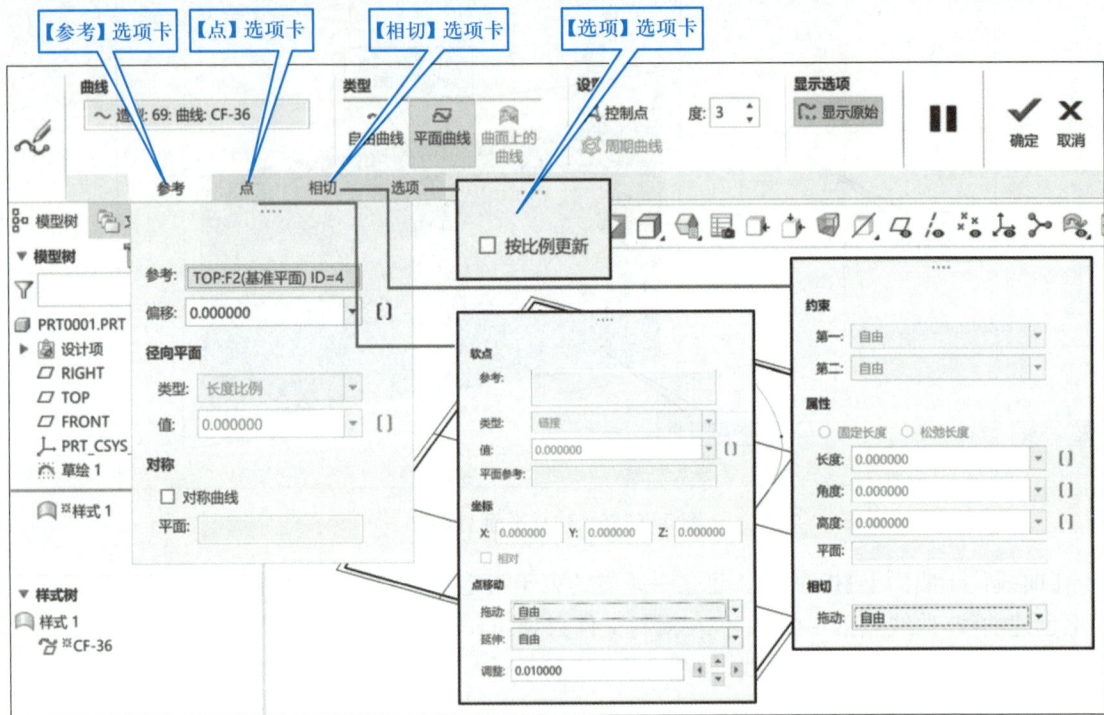

图 5-1-28 【造型曲线编辑】选项卡

①【参考】选项卡用于定义曲线的平面参考或曲面参考,设置平面曲线与其参考平面之间的距离,设置径向平面类型和值等;【点】选项卡用于设置选定软点的类型(可供选择的类型有"长度比例""长度""参数""自平面偏移""曲线相交""锁定到点""链接""断开链接"等)和相应的外部软点值,并可设置选定点的 X、Y 和 Z 坐标值,以及设置使用鼠标拖动点的约束类型和曲线的延伸类型等;【相切】选项卡则主要用于设置曲线端点处的相切约束条件(从"第一"下拉列表框中设置主约束的约束类型,并在某些情况下从"第二"下拉列表框中设置次约束类型),属性和相切拖动选项;【选项】选项卡则用于设置"按比例更新"复选框的状态。

② 在选择要编辑的曲线后,便可以对该曲线上的指定自由点、软点进行拖动编辑,拖动曲线端点同时按 Shift 键可进行捕捉,右键单击端点切线,可弹出【相切约束条件】对话框,并制定约束类型,如图 5-1-29 所示。

7. 边界混合

边界混合是指在参考对象(它们在一个或两个方向上定义曲面)之间建立的曲面特征,在每个方向上用选定的第一个和最后一个图元定义曲面的边界,还可添加更多的参考图元(如控制点和边界条件)来更完整地定义曲面形状。

微视频

边界混合

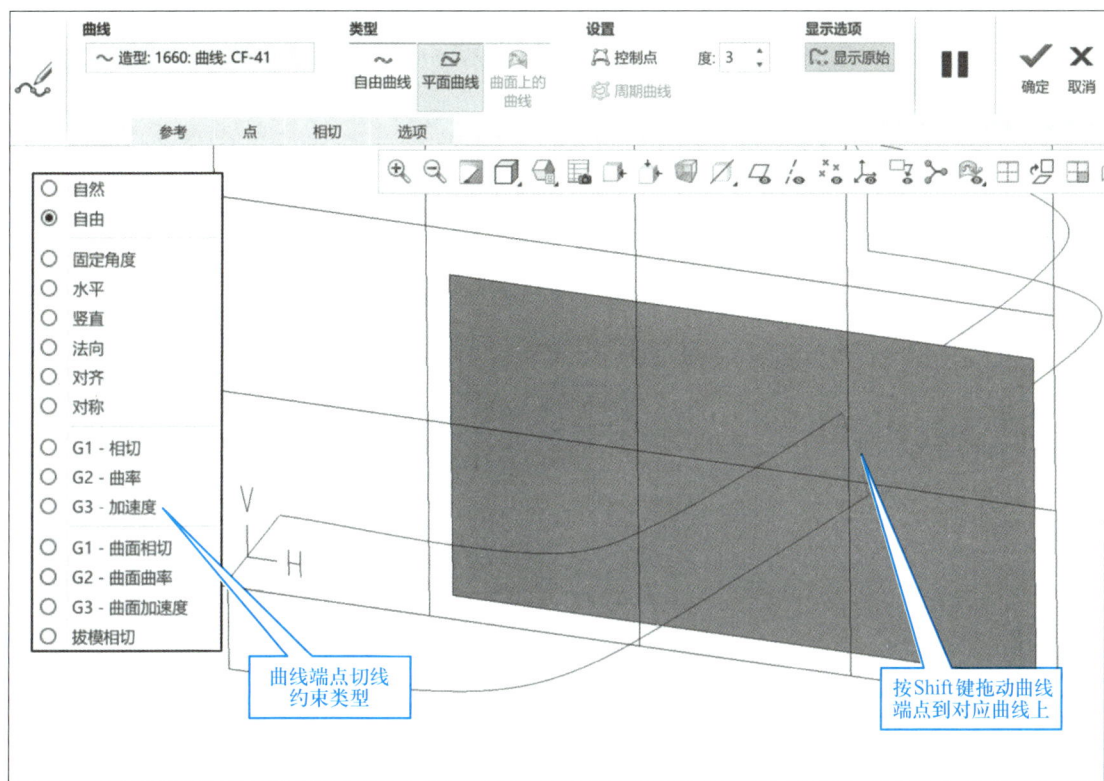

图 5-1-29   平面曲线的编辑

（1）在素材文件目录"Creo＞模型＞项目 5"中选择"5-1-12.prt"，单击功能区【模型】选项卡/【曲面】组/【边界混合】指令⬚。【边界混合】选项卡如图 5-1-30 所示。

图 5-1-30   【边界混合】选项卡

（2）打开【曲线】选项卡，分别选择第一方向的曲线链和第二方向的曲线链（注意选择同个方向的不同曲线要按 Ctrl 键加选），如图 5-1-31 所示。

（3）【约束】选项卡主要用来控制边界条件，包括边对齐的约束条件。为边界设置的可能约束条件有"自由""相切""曲率""垂直"。设置方向 1 第一条链为相切约束，第二条链也为相切约束，如图 5-1-32 所示。

（4）完成约束后，单击【确定】按钮☑，完成常规四边面的创建。

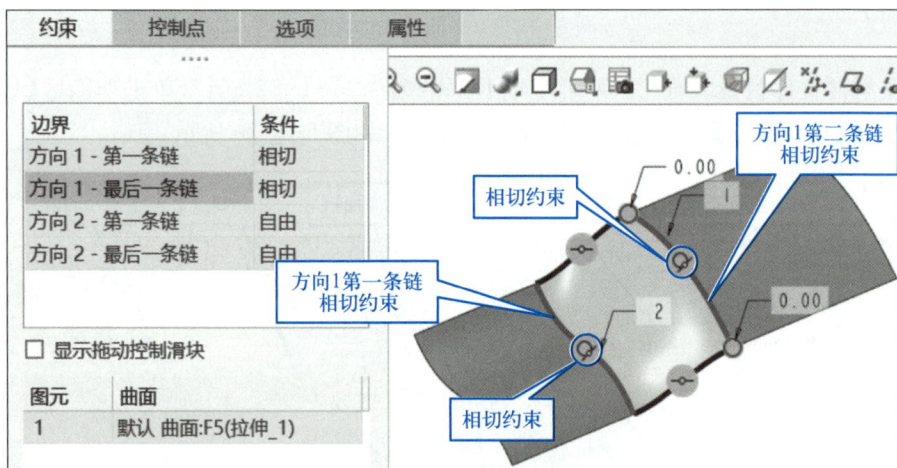

图 5-1-31　【曲线】选项卡

图 5-1-32　【约束】选项卡

微视频

拔模

8. 拔模

考虑到塑胶产品注塑成型工艺等因素,三维实体模型往往需要进行拔模处理。拔模角度的有效范围为 $-89.9°\sim 89.9°$。

(1) 在素材文件目录"Creo>模型>项目 5"中选择"5-1-13. prt",单击功能区【模型】选项卡/【工程】组/【拔模】指令,打开【拔模】选项卡,如图 5-1-33 所示。

280

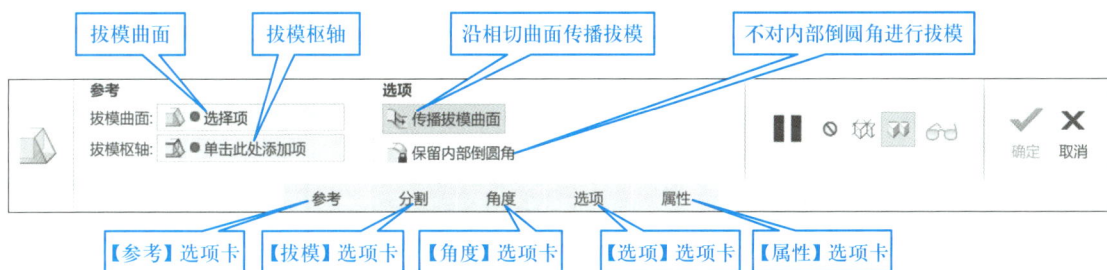

图 5-1-33　【拔模】选项卡

（2）打开【参考】选项卡，单击【拔模曲面】选择侧面为拔模曲面，单击【拔模枢轴】选择基准面 TOP 为拔模枢轴，单击【拖拉方向】选择基准面 TOP 为拔模方向，单击【角度】输入拔模角度为 "5.0"，单击【确定】按钮☑，完成拔模特征的建立，如图 5-1-34 所示。

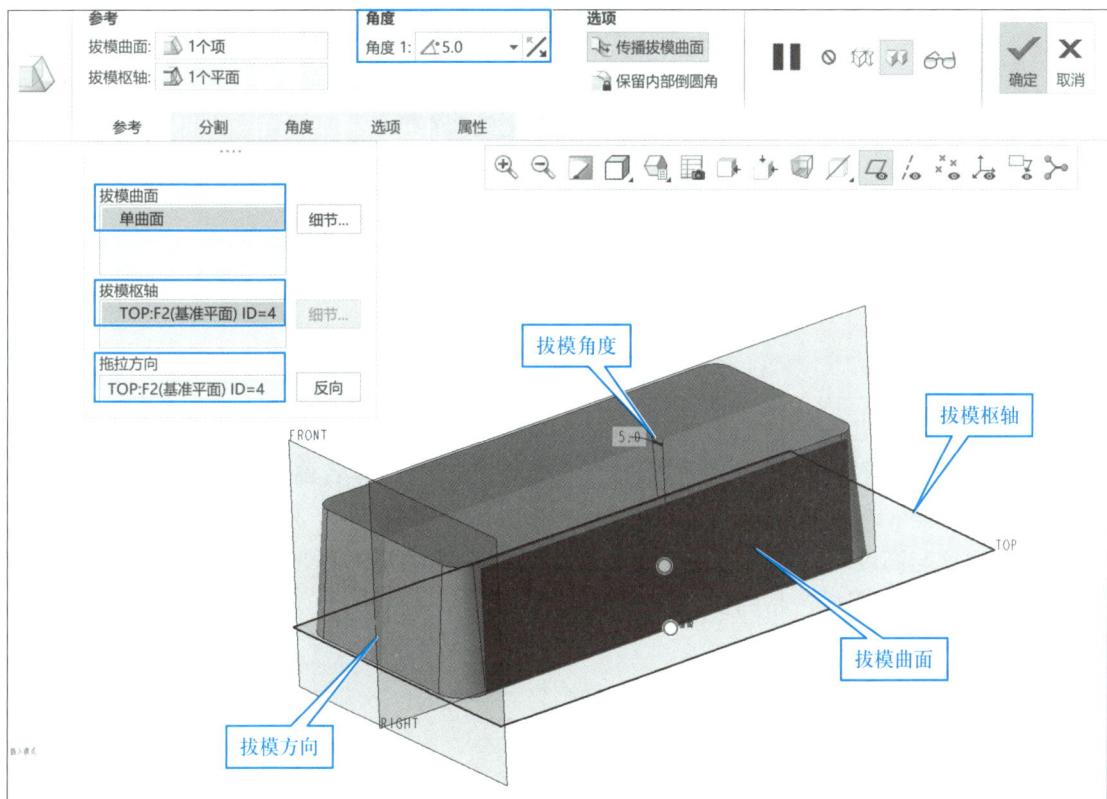

图 5-1-34　建立拔模特征

（3）若要建立分割拔模特征，在素材文件目录"Creo＞模型＞项目 5"中选择"5-1-14.prt"，打开【分割】选项卡，单击【分割选项】选择【根据拔模枢轴分割】，此时【角度】会变为【角度 1】和【角度 2】，分别设置为"5.0"，单击【确定】按钮☑，完成分割拔模特征的建立，如图 5-1-35 所示。

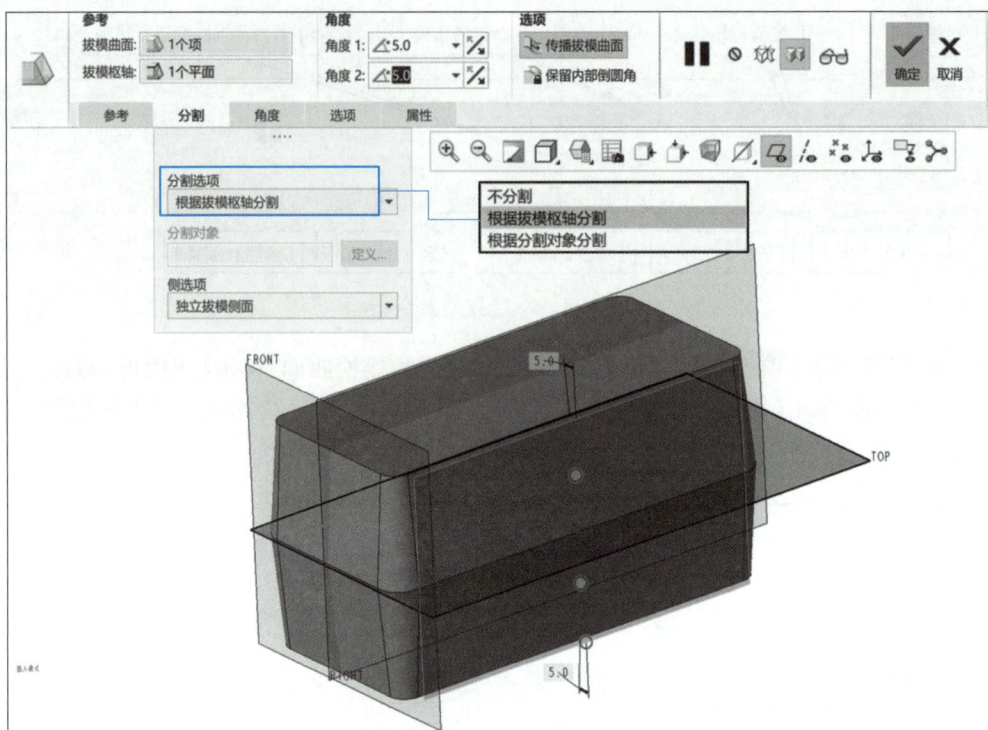

图 5-1-35　建立分割拔模特征

▼ 任务实施

微视频

创建产品
长宽高尺寸

1. 创建产品长宽高尺寸

　　设置工作目录指定路径,建立新零件,单击【新建】指令🗋,名称为"ID-红色遥控器",在 TOP 面绘制草绘 1,长度尺寸和宽度尺寸为 80×38 mm,如图 5-1-36a 所示;在 FRONT 面绘制草绘 2,宽度与高度均以水平中心线和竖直中心线对称的矩形,尺寸为 38×13.5 mm,如图 5-1-36b 所示;绘制完成产品的长宽高尺寸,如图 5-1-36c 所示。

(a) 草绘1长和宽尺寸　　　　(b) 草绘2宽和高尺寸　　　　(c) 长宽高尺寸

图 5-1-36　产品的长宽高

2. 导入图像,绘制产品轮廓线

(1) 建立产品外轮廓草绘线

① 单击【视图】选项卡/【模型显示】组/【图像】指令,单击【图像选项卡】/【导入】指令，选择要放置的基准面,在文件夹中选择图像素材,将"遥控器 TOP.png"图像放置在基准面 TOP,并将图像调整尺寸并放置于长宽尺寸矩形之内,如图 5-1-37a 所示。用相同方法将"遥控器 FRONT.png"图像放置在基准面 FRONT,如图 5-1-37b 所示。图像导入完成如图 5-1-37c 所示。

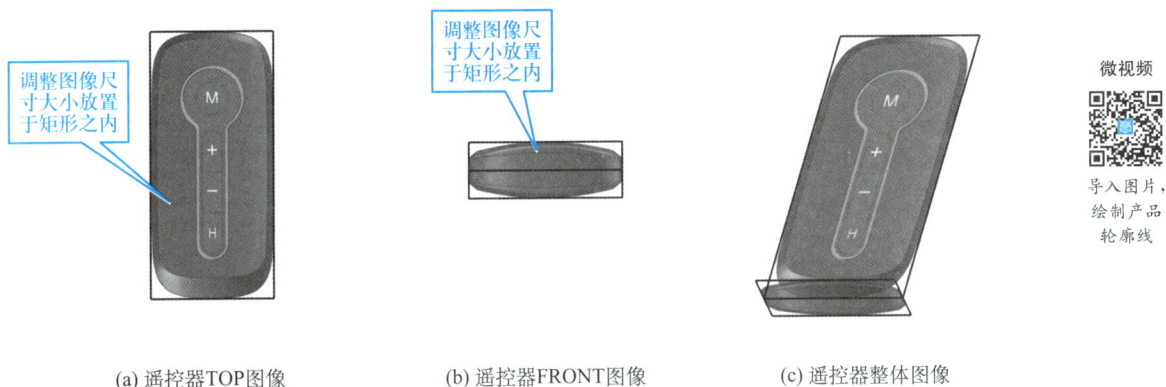

调整图像尺寸大小放置于矩形之内

调整图像尺寸大小放置于矩形之内

(a) 遥控器TOP图像　　　　　(b) 遥控器FRONT图像　　　　　(c) 遥控器整体图像

图 5-1-37　遥控器导入图像

微视频

导入图片,
绘制产品
轮廓线

② 在基准面 TOP 绘制内外轮廓线,进入草绘工作界面,使用【样条】指令 建立草绘 3 外轮廓线、草绘 4 内轮廓线,如图 5-1-38a、b 所示;在基准面 TOP 上分别绘制装饰圈和按键的轮廓线。进入草绘工作界面,使用【线】【圆弧】【文本】等指令建立草绘 5、草绘 6、草绘 7,如图 5-1-38c、d、e 所示;用相同方法在基准面 FRONT 绘制 FRONT 方向的轮廓线,进入草绘工作界面,使用【圆形和端点】指令 建立草绘 8、草绘 9,如图 5-1-38f、g 所示;全部完成后如图 5-1-38h 所示。

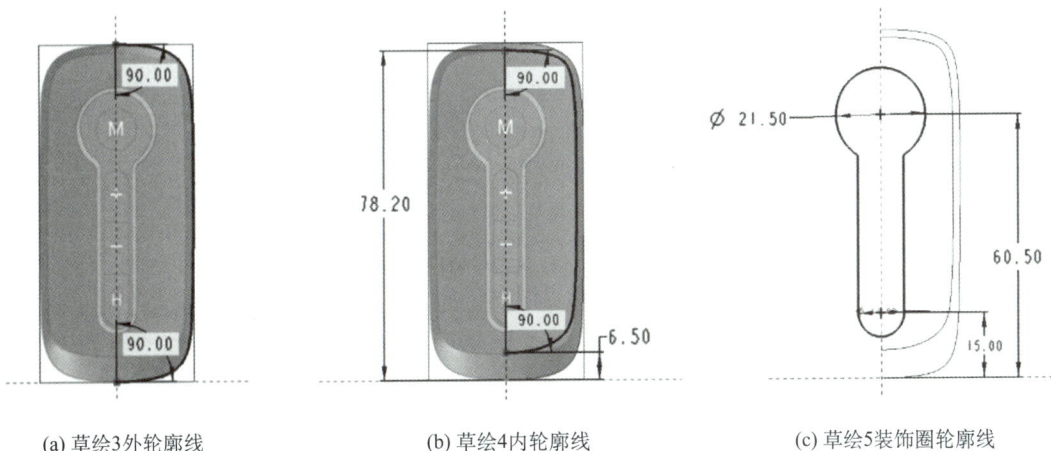

(a) 草绘3外轮廓线　　　　　(b) 草绘4内轮廓线　　　　　(c) 草绘5装饰圈轮廓线

(d) 草绘6按键轮廓线

(e) 草绘7按键符号

(f) 草绘8顶部轮廓线

(g) 草绘9底部轮廓线

(h) 草绘轮廓线完成

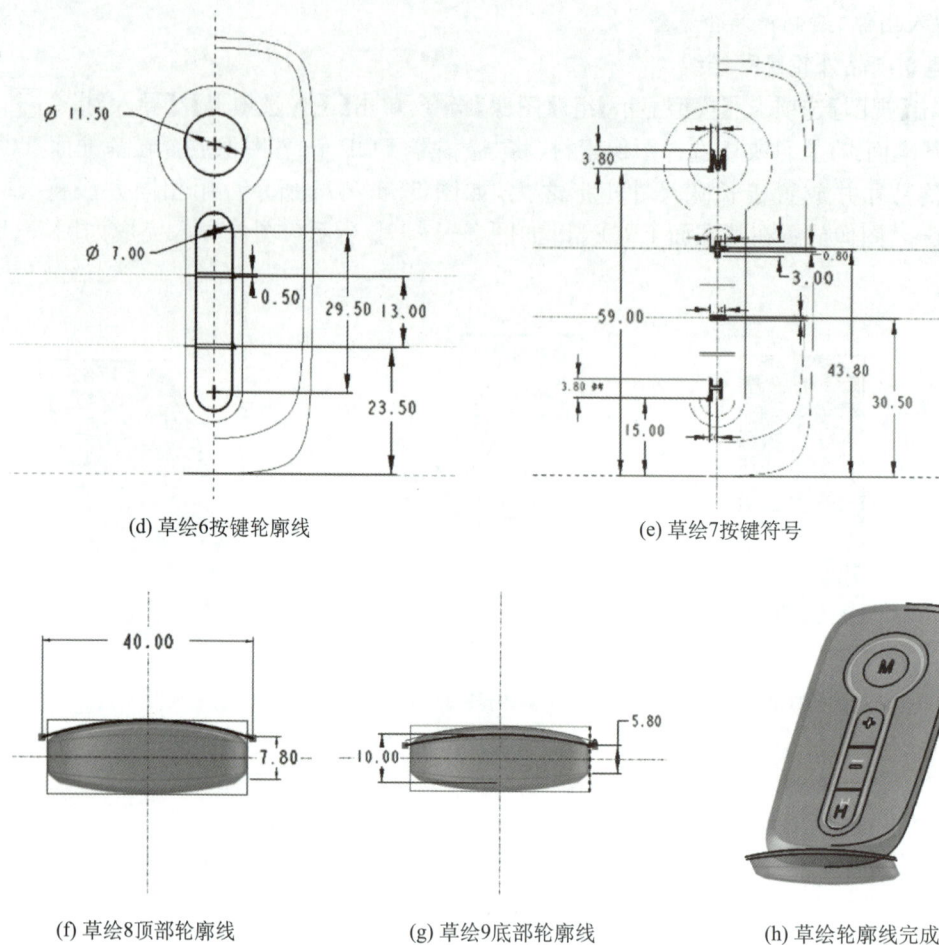

图 5-1-38　建立产品轮廓线

（2）建立内轮廓的相交线

① 用【拉伸】指令⬚，弹出【拉伸】选项卡，单击【曲面】⬚，用草绘4的曲线进行投影作为截面建立曲面拉伸1，深度输入"10"，如图5-1-39a所示。

② 同理①单击【拉伸】指令⬚，单击【投影】指令⬚，拾取草绘8的曲线进行投影，深度输入"85.00"，建立曲面拉伸2，如图5-1-39b所示。

③ 使用相交的方法创建产品的内轮廓相交线，单击【相交】指令⬚，选择拉伸1和拉伸2的曲面，建立相交1，如图5-1-39c所示。

④ 隐藏拉伸1和拉伸2的曲面，使用相同方法建立产品的外轮廓相交线，同步骤①和②建立曲面拉伸，用草绘9建立曲面拉伸3，用草绘3建立曲面拉伸4，如图5-1-39d所示；通过曲面拉伸3和曲面拉伸4建立曲线相交2，如图5-1-39e所示；隐藏曲面拉伸3和曲面拉伸4，如图5-1-39f所示。

（3）在基准面 RIGHT 建立草绘 10

单击【草绘】指令⬚，选取基准面 RIGHT 作为草绘平面，鼠标右键长按弹出草绘工具对话框，单击【参考】，选取相交1、相交2的相交线和草绘3的草绘轮廓线的端点作为参考点，如图5-1-40a所示，建立产品 RIGHT 方向的轮廓，如图5-1-40b所示。

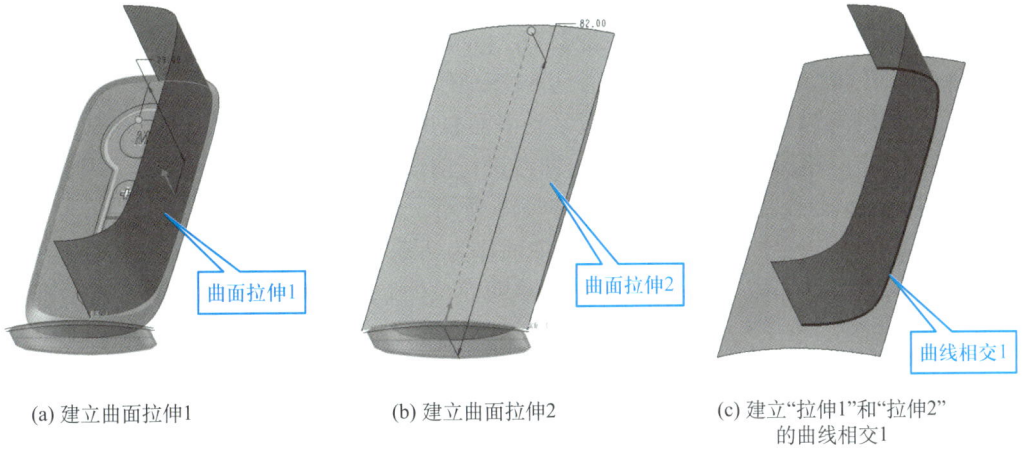

(a) 建立曲面拉伸1

(b) 建立曲面拉伸2

(c) 建立"拉伸1"和"拉伸2"
　　的曲线相交1

(d) 曲面拉伸3和曲面拉伸4

(e) 曲线相交2

(f) 完成内外轮廓相交线

图 5-1-39　建立轮廓相交线

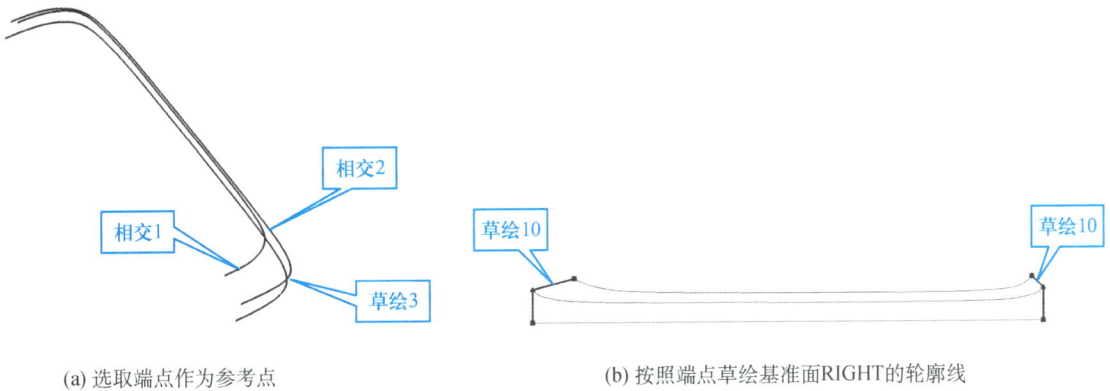

(a) 选取端点作为参考点

(b) 按照端点草绘基准面RIGHT的轮廓线

图 5-1-40　建立 RIGHT 方向的轮廓线

285

3. 建立产品边界混合曲面

（1）建立边界混合的方向线

① 单击【拉伸】指令 ，弹出【拉伸】选项卡，单击【曲面】 ，在基准面 TOP 建立拉伸曲面，输入深度"10"，建立曲面拉伸 5，如图 5-1-41a 所示。

② 单击【样式】指令 ，单击【设置活动平面】，选择曲面拉伸 5 的上段曲面作为活动平面，单击【曲线】指令 ，绘制平面曲线 1，双击曲线进行曲线编辑，按住 Shift 键拖动曲线端点分别连接到曲线相交 1 和曲线相交 2 上，如图 5-1-41b 所示。

③ 相同方法选择曲面拉伸 5 的下段曲面作为活动平面，绘制平面曲线 2 分别连接到曲线相交 1 和曲线相交 2，如图 5-1-41c 所示；隐藏曲面拉伸 5，完成后的曲线如图 5-1-41d 所示。

微视频

建立遥控器
曲面

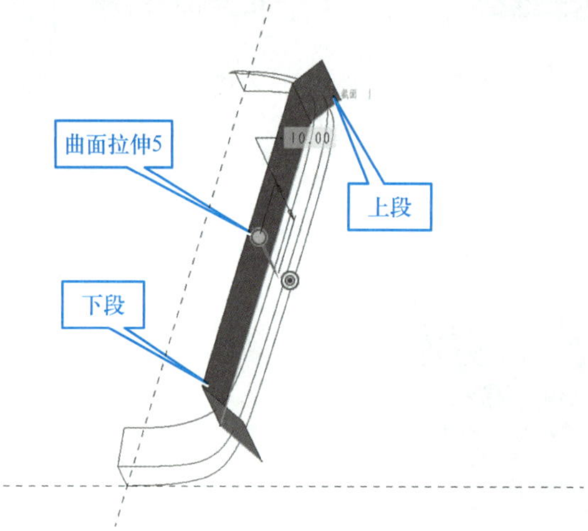

(a) 创建曲面拉伸5

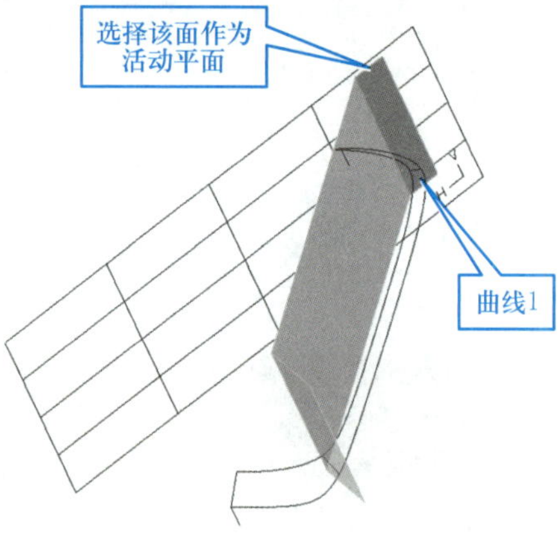

(b) 设置活动平面，绘制平面曲线1

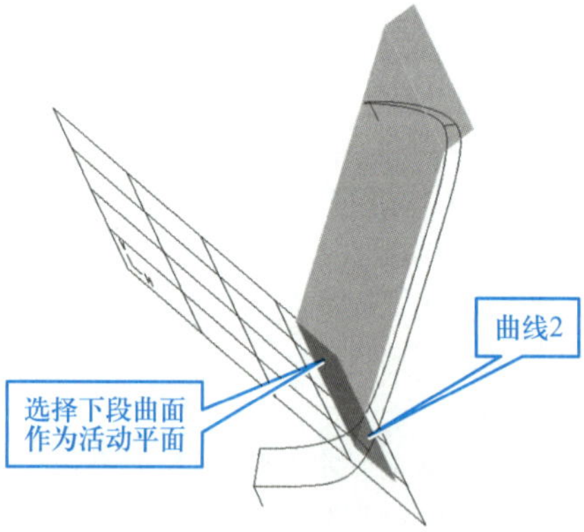

(c) 设置活动平面，绘制平面曲线2

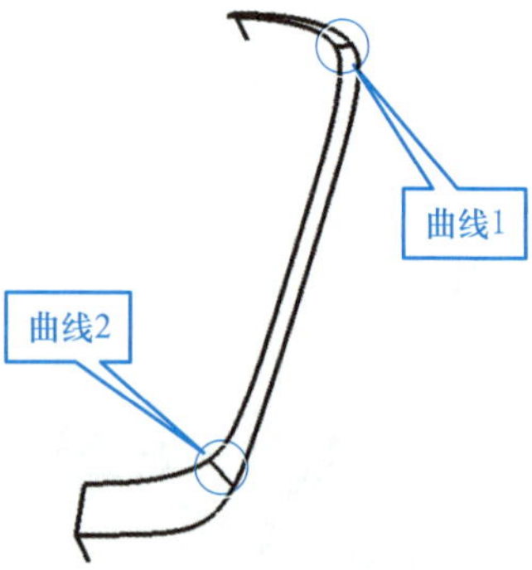

(d) 通过样式绘制好的曲线

图 5-1-41　建立边界混合的方向线

（2）建立边界混合特征

单击【边界混合】指令 ，在【曲线】选项卡/【第一方向】的方向链收集器按住 Ctrl 键，选择【曲线链】链 1 和链 2，如图 5-1-42a 所示；单击【曲线】选项卡/【第二方向】（或长按右键菜单单击

【第二方向曲线】),按住 Ctrl 键,依次选取链①②③④共 4 条曲线作为第二方向的【曲线链】,如图 5-1-42b 所示;其中链①和链④曲线中需要在曲线端点处鼠标长按右键选择【修剪位置】后单击相交 2 的相交线完成修剪(或在选择曲线时单击鼠标右键,切换选择的曲线,按左键选择),再单击约束关系将【自由】改为【垂直】,完成边界混合的建立,如图 5-1-42c 所示。

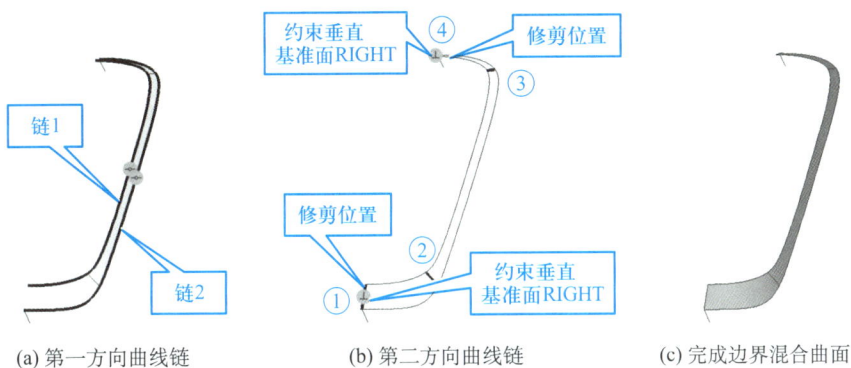

(a) 第一方向曲线链　　　　(b) 第二方向曲线链　　　　(c) 完成边界混合曲面

图 5-1-42　建立边界混合特征

4. 完成产品外观建立

(1) 建立产品外形曲面

① 从模型树单击拉伸特征【拉伸 4】,从弹出的【特征编辑】选项卡中单击【显示】指令 ,显示出曲面拉伸 4,如图 5-1-43a 所示;单击【修剪】指令 ,选择曲面拉伸 4 作为要修剪的面组,选择【相交 2】链 2 作为修剪对象,选择保留下侧,如图 5-1-43b 所示;建立修剪 1,如图 5-1-43c 所示。

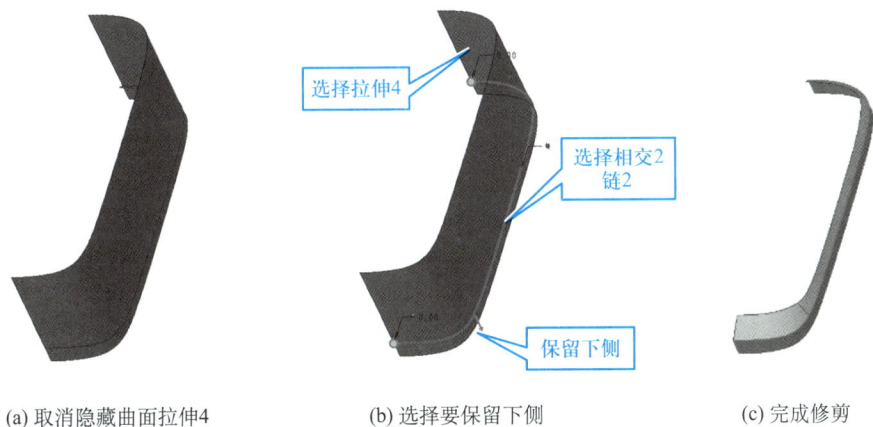

(a) 取消隐藏曲面拉伸4　　　　(b) 选择要保留下侧　　　　(c) 完成修剪

图 5-1-43　建立修剪 1

② 从模型树找出拉伸特征【拉伸 2】,鼠标右键单击,在弹出的菜单中单击【显示】,如图 5-1-44a 所示;单击【修剪】指令 ,选取曲面拉伸 2 作为要修剪的面组,RIGHT 作为修剪对象,保留右侧,如图 5-1-44b;建立修剪 2,如图 5-1-44c 所示。

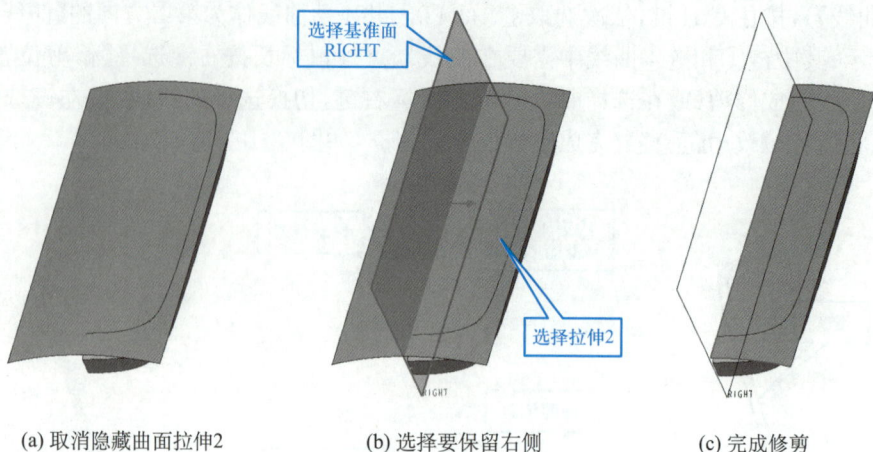

选择基准面
RIGHT

选择拉伸2

(a) 取消隐藏曲面拉伸2　　　　(b) 选择要保留右侧　　　　(c) 完成修剪

图 5-1-44　建立修剪 2

③ 在模型树取消隐藏曲面拉伸 2,如图 5-1-45a 所示;单击【修剪】指令▣。选取曲面拉伸 2 作为要修剪的面组,选择【相交 1】链 1 作为修剪对象,选择要保留内侧,如图 5-1-45b;建立修剪 3,如图 5-1-45c 所示。

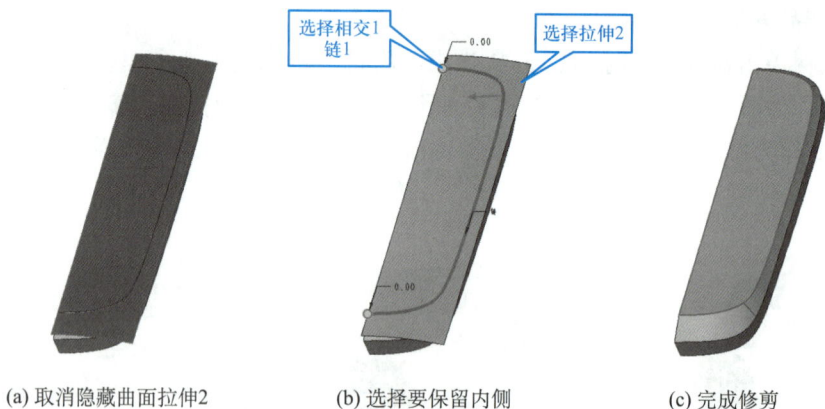

选择相交1
链1

选择拉伸2

(a) 取消隐藏曲面拉伸2　　　　(b) 选择要保留内侧　　　　(c) 完成修剪

图 5-1-45　建立修剪 3

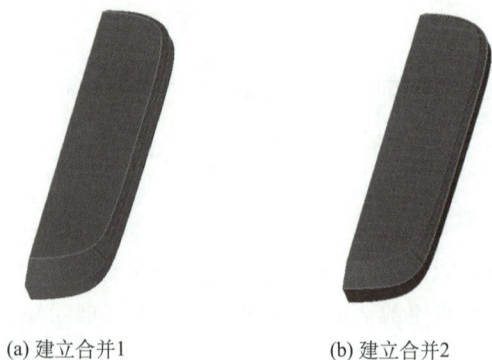

(a) 建立合并1

(b) 建立合并2

图 5-1-46　建立合并 1、合并 2

④ 单击【合并】指令▣,先选择修剪后的【曲面拉伸 2】【边界混合 1】进行合并,选择【联接】合并方式,建立合并 1,如图 5-1-46a 所示;单击【合并】指令▣,选择合并后的合并 1 与修剪后的拉伸 4 进行合并,选择【联接】合并方式,建立合并 2,如图 5-1-46b 所示。

⑤ 单击选择合并后的几何曲面,单击【镜像】指令▣,在【参考】选项卡中选择基准面 RIGHT,建立镜像 1,如图 5-1-47a 所示,单击【合并】指令▣,按住 Ctrl 键选择图形窗口内的

合并 2 和镜像 1 的曲面,建立合并 3,如图 5-1-47b 所示;使用相同方法建立镜像 2,单击镜像后的曲面,单击【镜像】指令□,在【参考】选项卡中选择基准面 TOP,建立镜像 2,如图 5-1-47c 所示;单击【合并】指令□,按住 Ctrl 键选择图形窗口内的合并 3 和镜像 2 的曲面,建立合并 4,如图 5-1-47d 所示;完成产品外形曲面的建立。

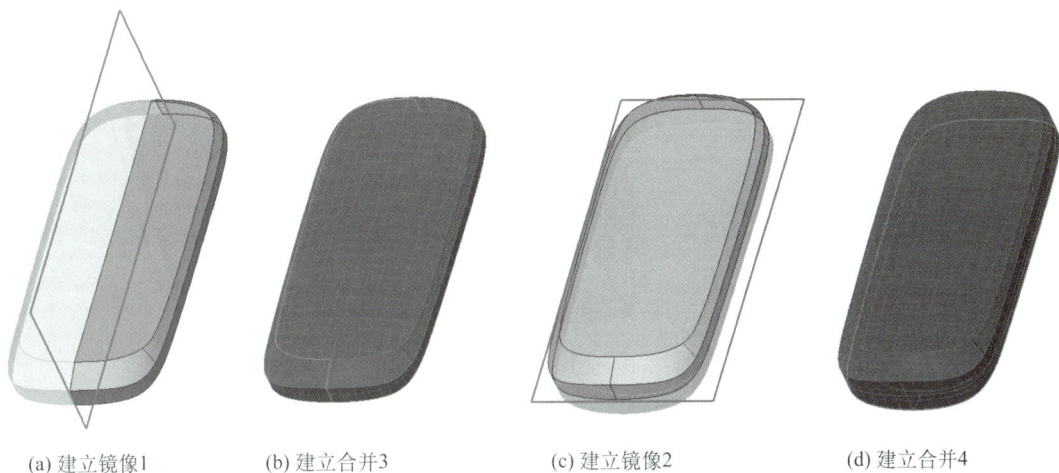

(a) 建立镜像1　　　(b) 建立合并3　　　(c) 建立镜像2　　　(d) 建立合并4

图 5-1-47　建立产品外形曲面

(2) 将产品曲面模型转化为实体模型

① 单击【实体化】指令□,在图形窗口选取合并 4 的曲面,如图 5-1-48a 所示,单击【确定】按钮□,建立实体化 1。

② 单击【拔模】指令□,选择侧边直身面作为拔模曲面,基准面 TOP 作为拔模枢轴,打开【分割】选项卡,选择【根据拔模枢轴分割】,设置拔模角度 1 和角度 2 均为"1.5"创建实体拔模角度"1.5",如图 5-1-48b 所示。

③ 单击【抽壳】指令□,壁厚输入"1.8",建立壳 1,如图 5-1-48c 所示。

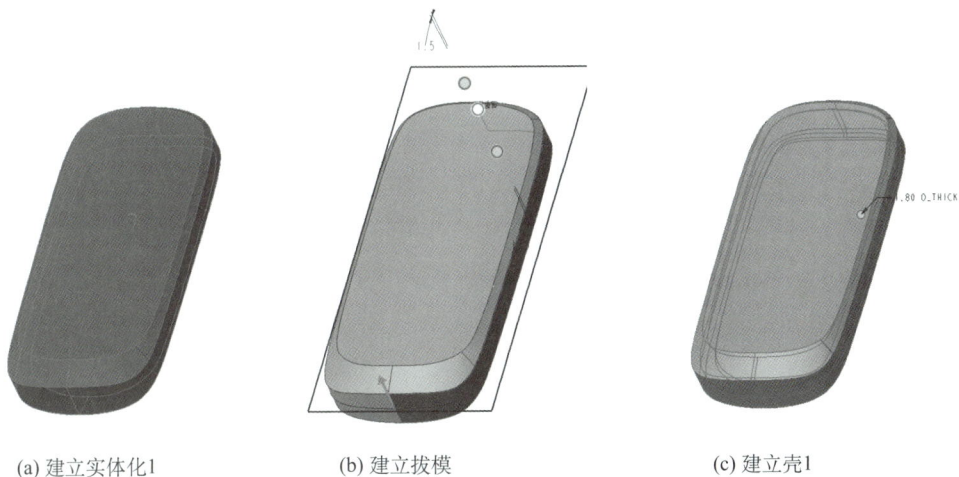

(a) 建立实体化1　　　(b) 建立拔模　　　(c) 建立壳1

图 5-1-48　将产品曲面模型转化为实体模型

（3）建立投影装饰圈、按键的草绘曲线

在模型树中单击选择草绘 5，单击【投影】指令，在【参考】中选择要投影的面，确定要投影的方向，完成投影 1 的建立，如图 5-1-49a 所示；使用相同方法对按键进行投影，建立投影 2、投影 3，如图 5-1-49b、c 所示。

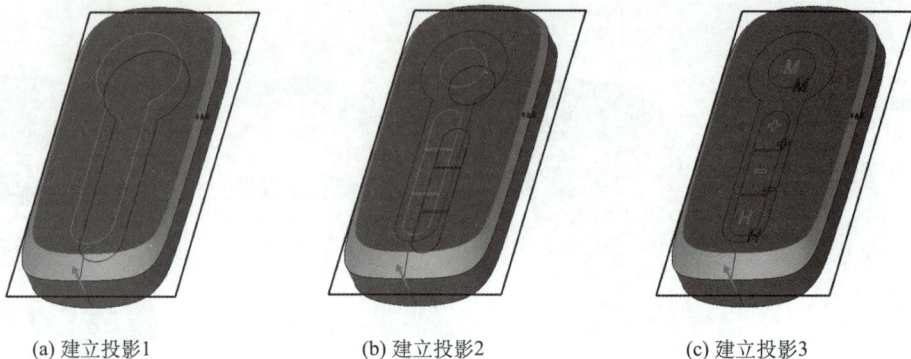

(a) 建立投影1　　　　　　　　(b) 建立投影2　　　　　　　　(c) 建立投影3

图 5-1-49　建立投影草绘曲线

（4）绘制摩擦筋

单击【草绘】指令，在基准面 TOP 绘制产品底部的"摩擦筋"的草绘 11，如图 5-1-50a 所示；单击【偏移】指令，弹出【偏移】选项卡，选择"偏移类型"为"具有拔模"，单击【参考】选项卡/偏移曲面】指令选择需要偏移的曲面，单击【参考】选项卡/【草绘】指令，弹出【草绘】对话框，在基准面 TOP 绘制截面，单击【投影】指令，点选草绘 11，进入【偏移】选项卡，输入"0.5"，完成摩擦筋的绘制，如图 5-1-50b 所示。

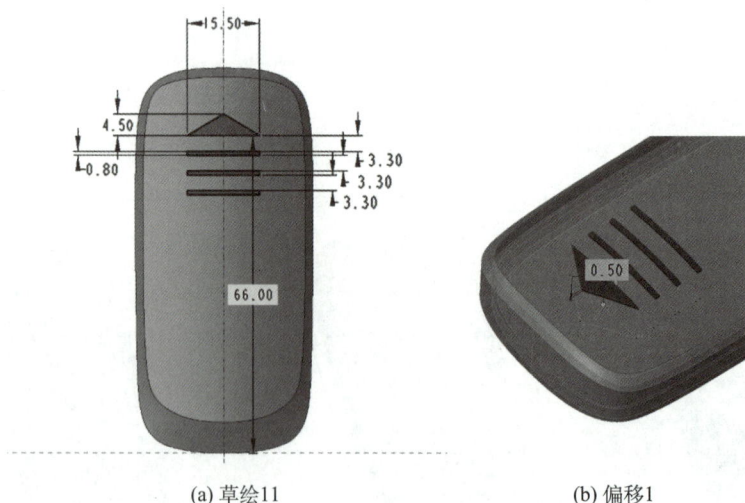

(a) 草绘11　　　　　　　　　　(b) 偏移1

图 5-1-50　绘制摩擦筋

对偏移后的摩擦筋进行倒圆角，单击【倒圆角】指令，分别选取需要倒圆角的线，其中倒圆角 1 为"0.5"、倒圆角 2 为"0.2"、倒圆角 3 为完全圆角、倒圆角 4 为"0.2"，建立摩擦筋的倒圆角，如图 5-1-51 所示。

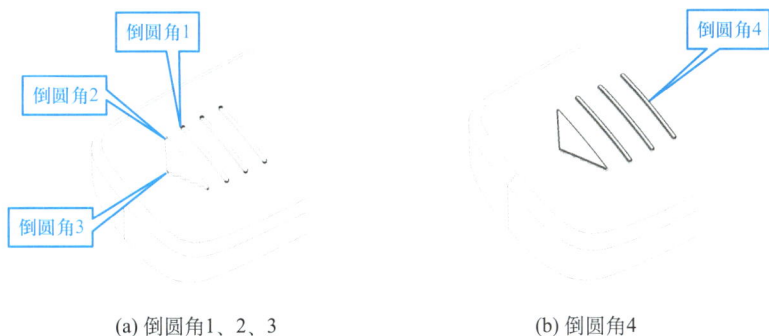

(a) 倒圆角1、2、3　　　　　　(b) 倒圆角4

图 5-1-51　建立摩擦筋倒圆角

完成后,单击【文件】选项卡/【保存】指令 🖫 ,或在快速访问工具栏中单击 🖫 ,将建好的零件保存到"ID-红色遥控器. prt",完成红色遥控器外观的 3D 建模。

任务 ② 遥控器自顶向下外观拆分

▼ 学习目标

通过学习遥控器自顶向下外观拆分,学会【ID 拆分】【合并/继承】【分型面】【修改另存零件】等指令,掌握零件在外观拆分的合理思路,熟悉零件与零件之间配合间隙,了解塑胶零件在设计过程中注意事项。

▼ 任务引入

将任务 1 的"ID-红色遥控器"模型进行外观拆分,通过"合并/继承"来建立各个外观拆分部件,预留外观部件的配合间隙,如图 5-2-1 所示。

▼ 任务分析

先导入任务 1 的"ID-红色遥控器"模型作为 ID,通过合并继承的方式,逐步进行拆分多个外观部件,分为按键、上盖、装饰圈、下盖、电池盖,如图 5-2-2 所示。拆件步骤见表 5-2-1。

图 5-2-1　"ID-红色遥控器"模型示意图　　　图 5-2-2　拆分各零件

表 5-2-1　红色遥控器的拆件步骤

1. 导入 ID-红色遥控器	2. 建立新的空白零件	3. 获取数据-合并/继承
4. 打开 ID 继承数据到新零件	5. 对 ID 进行逐个拆分	6. 对拆分后的零件分别保存

▼知识链接

1. 合并/继承

合并/继承是将源零件的特征数据和几何的复制拷贝到目标零件,并以参数关联建立继承源零件特征数据和几何。

(1) 新建零件名为"001-hj",选择【模型】选项卡/【获取数据】组/【合并/继承】指令 ，弹出【合并/继承】选项卡,单击【打开】按钮 ，如图 5-2-3a 所示。

(2) 在【打开】对话框中选择素材文件目录下"Creo＞模型＞项目 5＞5-2-1.prt",如图 5-2-3b 所示。

(3) 弹出【元件放置】对话框,如图 5-2-3c 所示,单击【约束类型】列表框选择【默认】,单击【确定】按钮 ，如图 5-2-3d 所示。

(4) 在【合并/继承】选项卡单击【确定】按钮 ，完成模型导入。

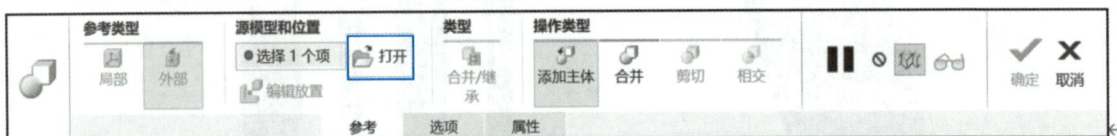

微视频

合并/继承

(a)【合并/继承】选项卡

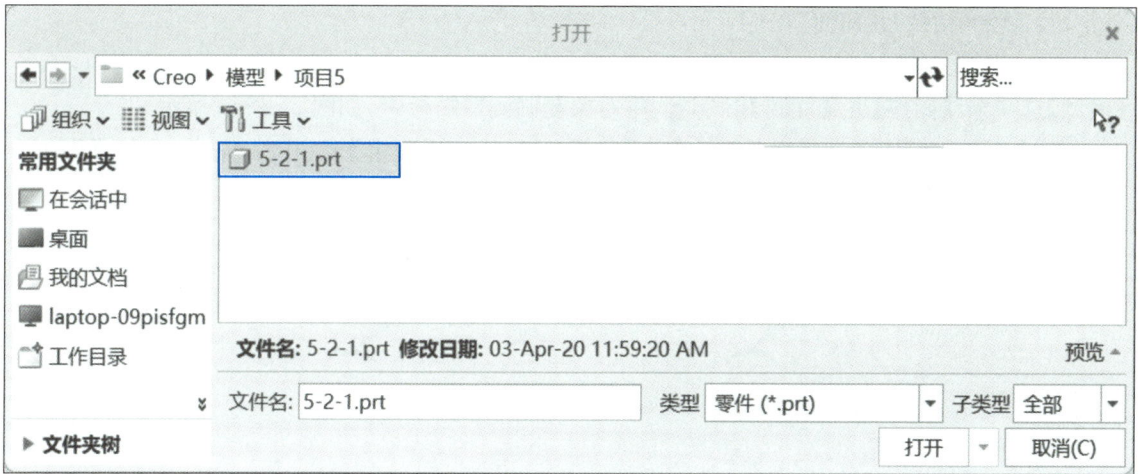

(b)【打开】对话框

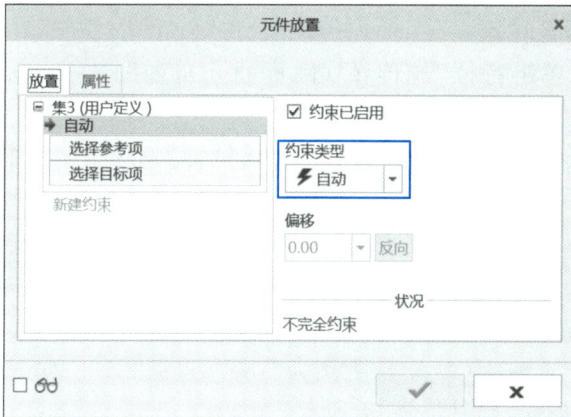

(c) 约束类型

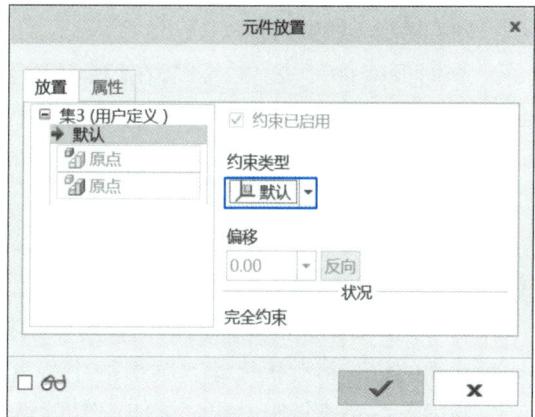

(d) 默认约束

图 5-2-3　导入模型

2. 复制-粘贴/复制-选择性粘贴

复制-粘贴是将已有的特征及几何面复制并粘贴。复制-选择性粘贴是将已有的特征及几何面选择指定位置进行复制粘贴。使用这些指令可以在同一个模型内或跨模型复制特征、几何面并将复制特征、几何面选择性放置。指令位于功能区【模型】选项卡/【操作】组中，如图 5-2-4 所示。

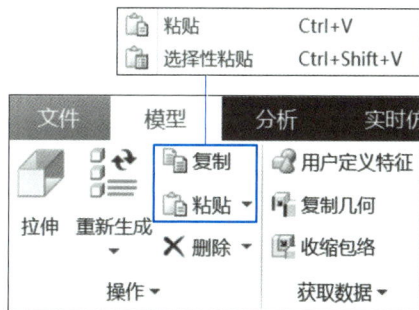

图 5-2-4　复制-粘贴/复制-选择性粘贴

微视频

复制/粘贴/
选择性粘贴

（1）复制-粘贴"几何面"

① 在素材文件目录"Creo＞模型＞项目5"中选择"5-2-2. prt"，单击零件内圆的侧面，单击【模型】选项卡/【操作】组/【复制】指令 🗐，将对象复制到剪贴板中，如图 5-2-5a 所示。

② 选择【模型】选项卡/【操作】组/【粘贴】指令 🗐，单击【确定】按钮 ☑，完成"几何面"的复制/粘贴操作，如图 5-2-5b 所示。

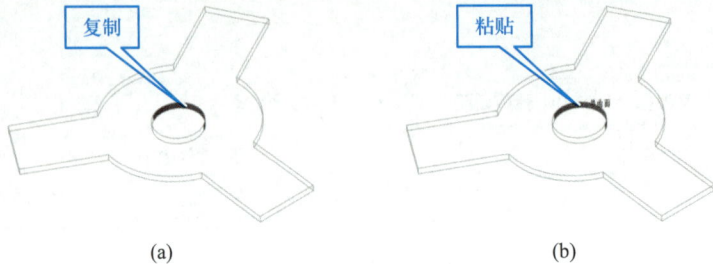

(a)   (b)

图 5-2-5　复制-粘贴"几何面"

（2）复制-粘贴"特征"

① 打开零件"5-2-3. prt"，在【模型树】先单击特征"拉伸 2"（圆形通孔），如图 5-2-6a 所示。

② 单击【复制】指令 🗐，再单击【粘贴】指令 🗐，打开建立"拉伸 3"的【拉伸】选项卡，如图 5-2-6b 所示。

③ 选择零件上表面作为草绘平面，默认以 RIGHT 基准平面为"右"方向参考，单击【草绘】按钮 🗗，进入草绘工作界面，如图 5-2-6c 所示。

④ 此时，要粘贴的特征的截面依附于鼠标光标，移动光标在所示的位置处单击，将其放置。调整截面的位置和形状尺寸。圆形的中心重合 Y 轴，距离 X 轴距离为"180"，直径"25"。如图 5-2-6d 所示；完成复制-粘贴"拉伸 3"切除特征操作，如图 5-2-6e 所示。

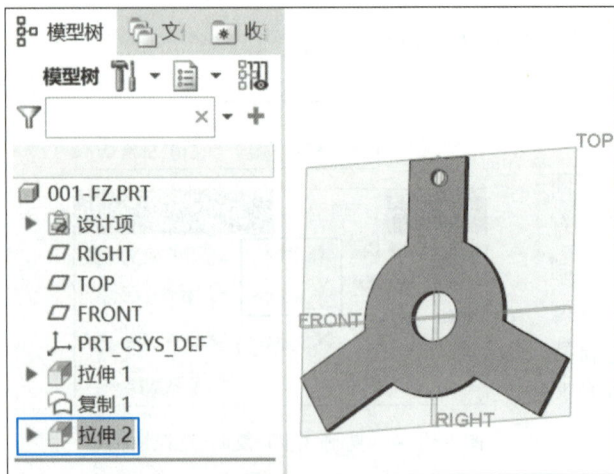

(a) 拉伸2圆形通孔   (b) 拉伸3

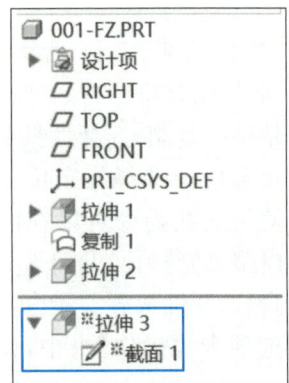

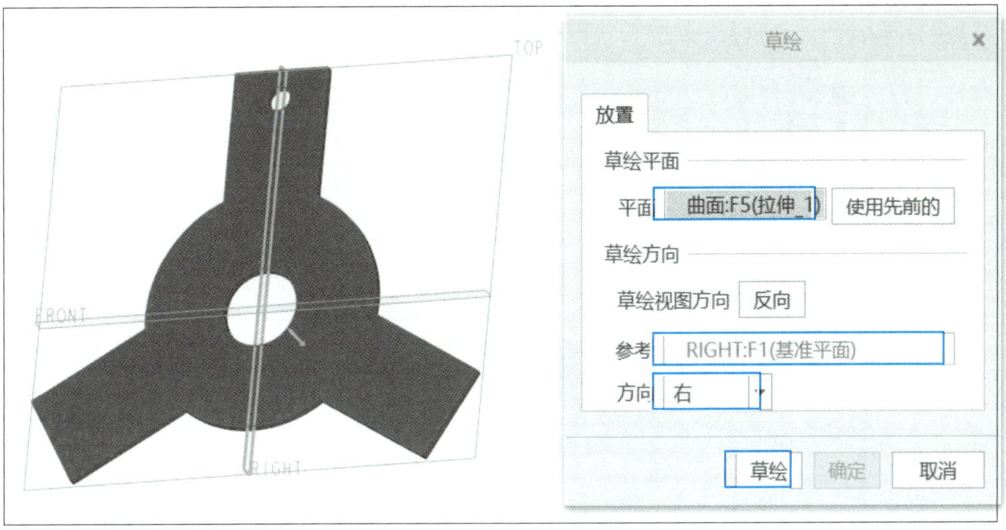

(c) 选择零件表面进入草绘工作界面

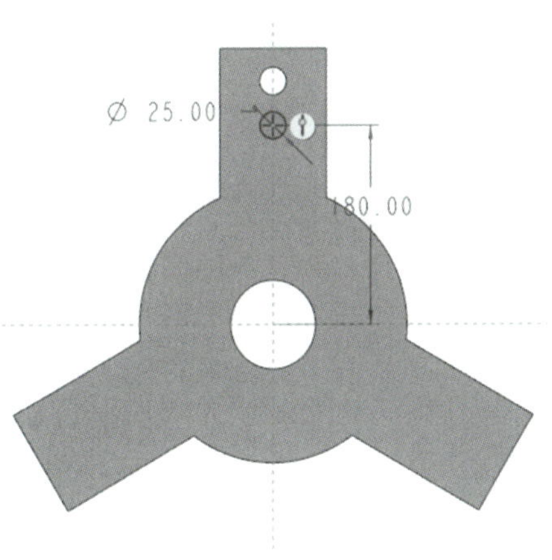

(d) 拖动光标放置拉伸3的孔

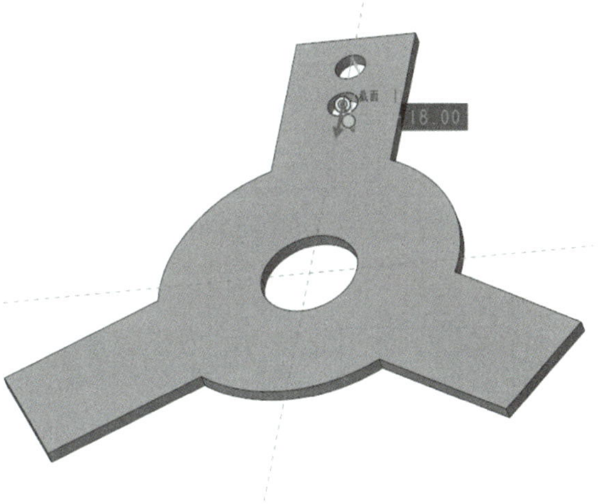

(e) 拉伸3的孔切除

图 5-2-6　复制-粘贴"拉伸 3"切除特征

（3）复制-选择性粘贴"几何面"

① 打开零件"5-2-4.prt"，单击"复制 1"特征，如图 5-2-7a 所示；依次单击【复制】指令和【选择性粘贴】指令，如图 5-2-7b 所示。

② 打开【选择性粘贴】对话框，单击【对副本应用移动/旋转】，单击【确定】按钮☑，如图 5-2-7c 所示。

③ 在功能区弹出【移动（复制）】选项卡，如图 5-2-7d 所示。

④ 在【移动（复制）】选项卡中单击【平移】指令↔，在模型窗口中选择基准面 RIGHT，设置距离值为"200"，如图 5-2-7e 所示。

⑤ 在【移动（复制）】选项卡中单击【确定】按钮☑，完成选择性粘贴操作，如图 5-2-7（f）所示。

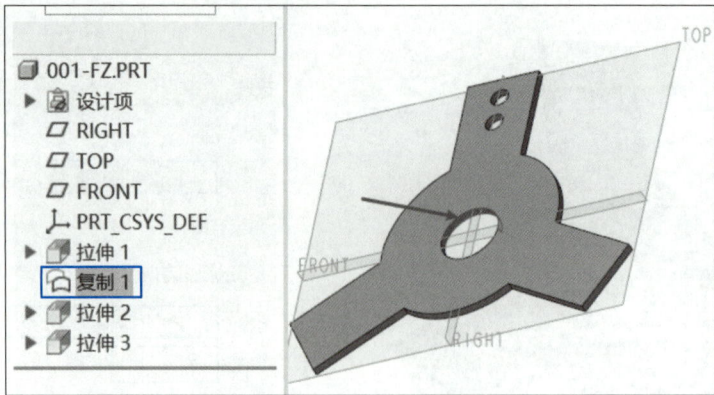

(a) 选择"复制1"特征

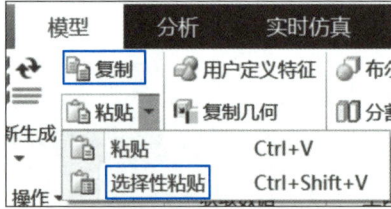

(b)【选择性粘贴】指令

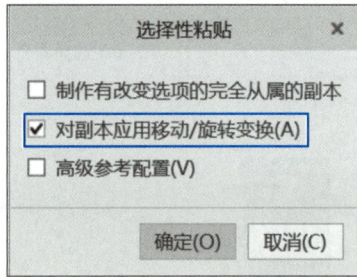

(c)【选择性粘贴】对话框

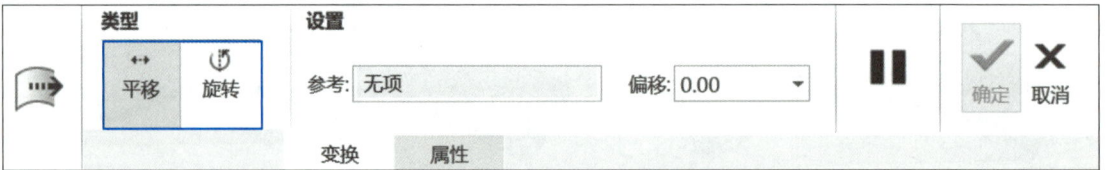

(d)【移动（复制）】选项卡

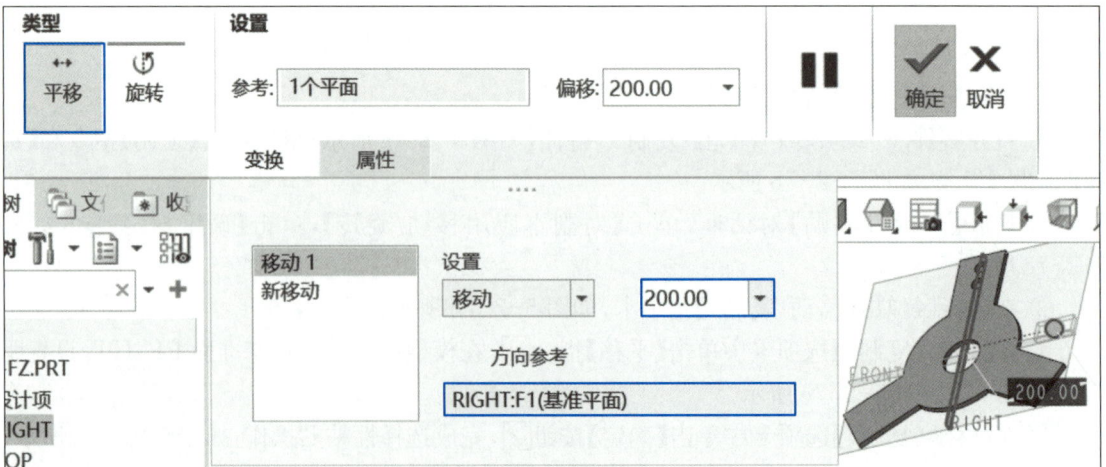

(e) 移动特征

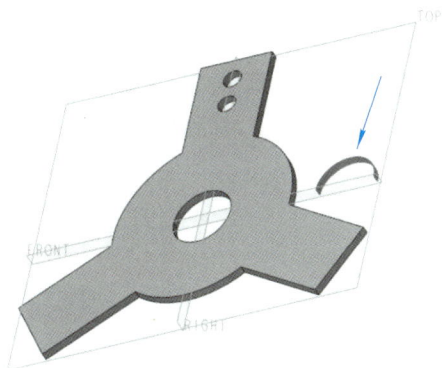

(f) 完成选择性粘贴操作

图 5-2-7　复制-选择性粘贴"几何面"

▼ 任务实施

1. 进入建立实体零件界面

设置与"ID-红色遥控器"相同的工作目录后，单击【文件】选项卡/【新建】指令 🗋，建立新的零件，名称为"01-红色遥控器-外-上盖"，单击【确定】按钮 ✔，进入零件设计工作界面，单击【合并/继承】指令 ▣，弹出【合并/继承】选项卡，单击【打开】按钮 📂，选择工作目录下的零件"ID-红色遥控器"，选择【约束类型】列表框【默认】，单击【确定】按钮 ✔，关闭【元件放置】对话框。单击【操作类型】组【合并】指令 ▣，单击【确定】按钮 ✔，建立外部合并，如图 5-2-8 所示。

微视频

绘制遥控器上盖

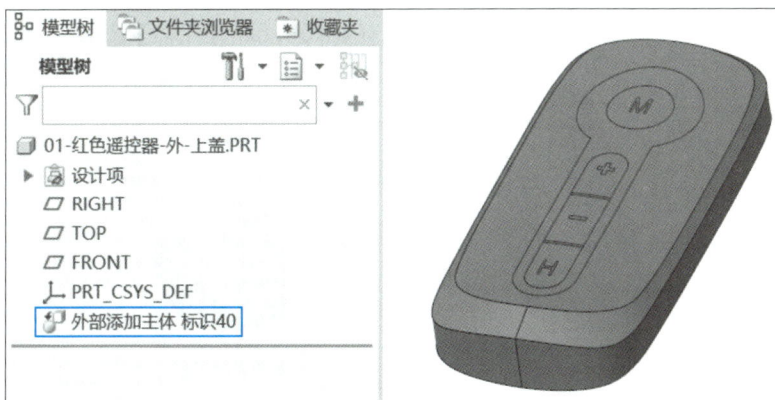

图 5-2-8　建立外部合并

2.上盖的拆分

① 通过创建拉伸特征切除下盖部分、按键和装饰圈部分的材料,单击【拉伸】指令🗂,【定义内部草绘】选择基准面 FRONT 绘制大小能覆盖产品下盖的矩形草绘,如图 5-2-9a 所示,完成草绘后回到【拉伸】选项卡,单击【移除材料】指令,移除掉遥控器下盖部分的材料,建立拉伸特征 1,如图 5-2-9 所示。

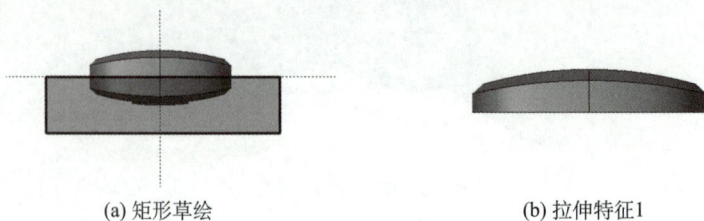

(a) 矩形草绘　　　　　　　　　　　　　(b) 拉伸特征1

图 5-2-9　建立拉伸特征 1

② 单击【拉伸】指令🗂,绘制投影草绘 5,如图 5-2-10a 所示;完成后移除遥控器上盖中间部分材料建立拉伸特征 2,如图 5-2-10b 所示。

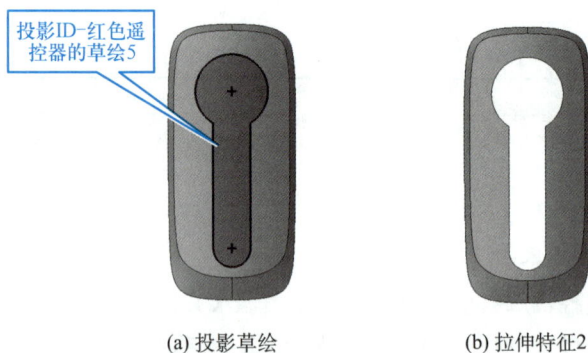

投影ID-红色遥控器的草绘5

(a) 投影草绘　　　　　　　　　　　　　(b) 拉伸特征2

图 5-2-10　建立拉伸特征 2

③ 单击选择已移除下盖后的分型面,如图 5-2-11a 所示,单击【模型】选项卡/【编辑】组/【偏移】指令🗂,选择【偏移类型】列表框为【展开】🗐,向上盖方向输入偏移值"0.1",建立偏移特征 1,如图 5-2-11b 所示,提前留出配合间隙,完成上盖的拆分,单击【保存】指令🖫。

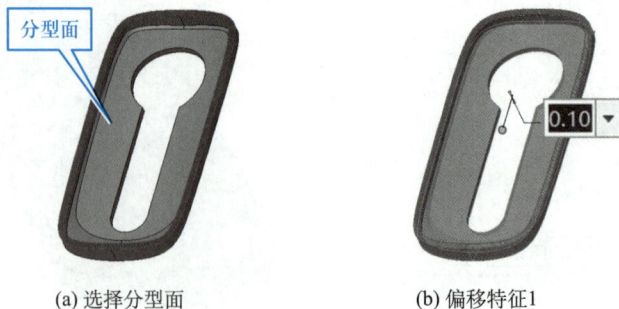

分型面

0.10

(a) 选择分型面　　　　　　　　　　　　(b) 偏移特征1

图 5-2-11　建立偏移特征 1

3. 下盖的拆分

① 建立新零件,名称为"01-红色遥控器-外-下盖",使用与上盖相同的【合并/继承】方法,建立外部合并;通过建立拉伸特征切除上盖部分,单击【拉伸】指令 ,定义内部草绘选择基准面 FRONT 绘制大小覆盖产品下盖的矩形草绘,如图 5-2-12a 所示,单击【拉伸】选项卡/【设置】组/【移除材料】指令 中【反方向】指令 ,将材料的拉伸方向更改为草绘的另一侧,移除遥控器上盖部分材料建立拉伸特征 1,如图 5-2-12b 所示。

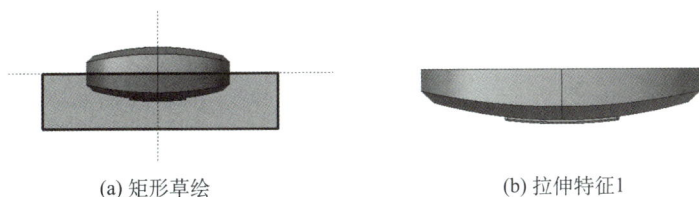

微视频

绘制遥控器
下盖

微视频

操作技巧

(a) 矩形草绘　　　　　　　　(b) 拉伸特征1

图 5-2-12　建立拉伸特征 1

操作技巧

ID 拆分的新方法——文件另存,步骤顺序如下:

打开步骤 2 中已拆分好的"01-红色遥控器-外-上盖"零件,单击【保存副本】指令 ,在【另存副本】对话框"新文件名"输入"01-红色遥控器-外-下盖",完成副本的保存。

打开另存为名称"01-红色遥控器-外-下盖"的零件,在模型树中从下至上删除特征至"拉伸 1",在模型树中对拉伸 1 单击鼠标右键,选择【编辑定义】,如图 5-2-13a 所示。单击【移除材料】指令 ,单击【反方向】指令 ,将材料的拉伸方向更改为草绘的另一侧,移除遥控器上盖部分材料建立拉伸特征 1,单击【确定】按钮 ,完成如以上的步骤 3 的第①步骤拆分效果,如图 5-2-13b 所示。

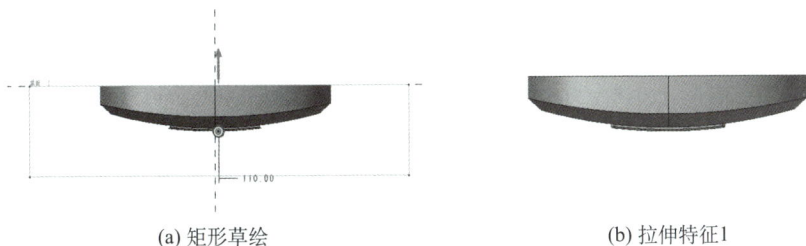

(a) 矩形草绘　　　　　　　　(b) 拉伸特征1

图 5-2-13　文件另存拆分方法

② 单击选择移除上盖后的分型面,如图 5-2-14a 所示,单击【模型】选项卡/【编辑】组/【偏移】指令 ,选择【偏移类型】列表框为【展开】 ,向下盖方向输入偏移值"0.1",建立偏移特征 1,如图 5-2-14b 所示,提前留出配合间隙。

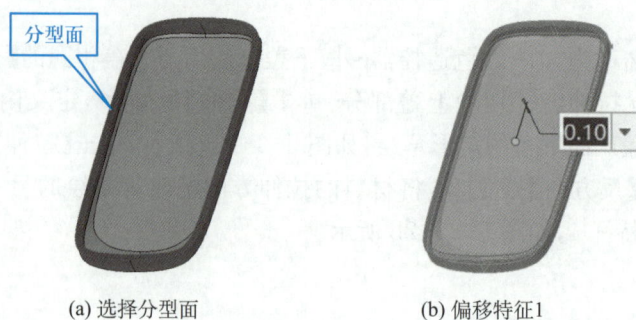

(a) 选择分型面　　　　　　　　(b) 偏移特征1

图 5-2-14　建立偏移特征 1

　　在图形窗口单击下盖内部的任意一曲面,按 Ctrl+C 键、Ctrl+V 键,复制出选中的曲面,如图 5-2-15a 所示,按住 Ctrl 键继续选取其他下盖内部曲面,如图 5-2-15b 所示,建立复制特征 1。

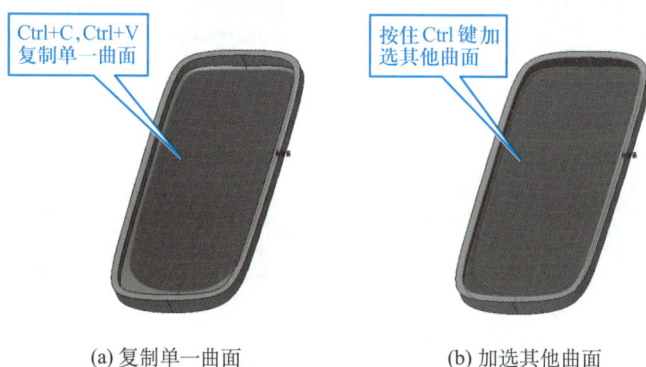

(a) 复制单一曲面　　　　　　　(b) 加选其他曲面

图 5-2-15　建立复制特征 1

　　③ 单击【拉伸】指令 ,定义内部草绘选择基准面 TOP 绘制大小覆盖产品下盖的矩形草绘,如图 5-2-16a 所示,单击【拉伸】选项卡/【设置】组【移除材料】指令 中【反方向】指令 ,将材料的拉伸方向更改为草绘的另一侧,移除遥控器上盖部分材料建立拉伸特征 2,如图 5-2-16b 所示。

　　④ 单击选择移除电池盖后的分型面,如图 5-2-17a 所示,单击【模型】选项卡/【编辑】组/【偏移】指令 ,选择【偏移类型】列表框为【展开】 ,向下盖方向输入偏移值“0.1”,建立偏移特征 2,如图 5-2-17b 所示,提前留出配合间隙。

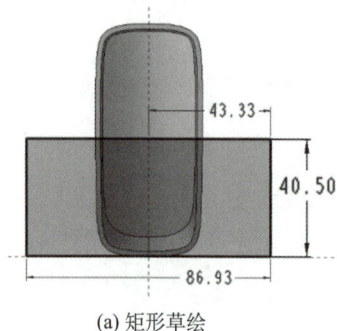

(a) 矩形草绘　　　　　　　　(b) 拉伸特征2

图 5-2-16　建立拉伸特征 2

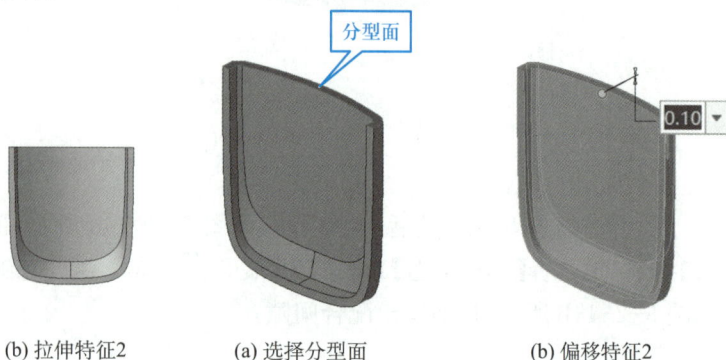

(a) 选择分型面　　　　　　　(b) 偏移特征2

图 5-2-17　建立偏移特征 2

⑤ 在【选择过滤器】中单击【面组】,如图 5-2-18a 所示;在图形窗口单击复制 1 的曲面,如图 5-2-18b 所示;单击【编辑】组/【偏移】指令，单击【偏移类型】列表框为【标准偏移】，向内偏移"0.5",建立偏移特征 3,如图 5-2-18c 所示;在图形窗口单击偏移特征 3 的曲面,如图 5-2-18d 所示;单击【模型】选项卡/【编辑】组/【偏移】指令，单击【偏移类型】列表框为【标准偏移】，向内偏移"1.5",建立偏移特征 4,如图 5-2-18e 所示;在图形窗口单击偏移特征 4 的任意一曲面,如图 5-2-18f 所示,按 Ctrl+C 键、Ctrl+V 键,复制出选中的曲面,建立复制特征 2,如图 5-2-18g 所示。

(a) 单击【面组】

(b) 复制 1 的曲面

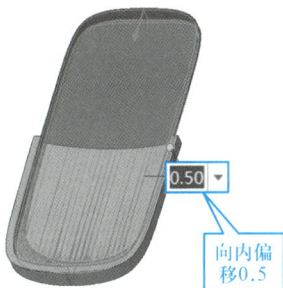

(c) 偏移特征 3

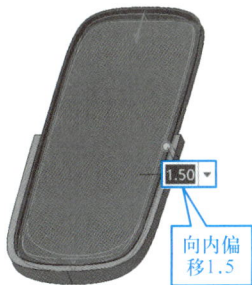

(d) 单击偏移特征 3 曲面

(e) 偏移特征 4

(f) 单击偏移特征 4 曲面

(g) 复制特征 2

图 5-2-18　建立偏移特征 3、偏移特征 4、复制特征 2

⑥ 单击【拉伸】指令拉伸曲面,在 RIGHT 基准面绘制草绘,如图 5-2-19a 所示;在【深度】列表框选择【对称】拉伸，深度大于"38.00"即可,建立拉伸特征 3,如图 5-2-19b 所示。

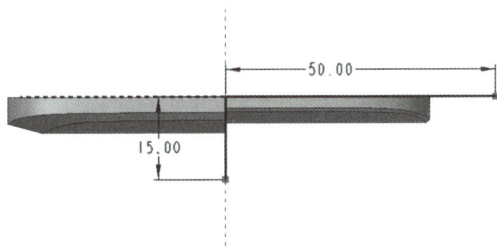

(a) 绘制草绘

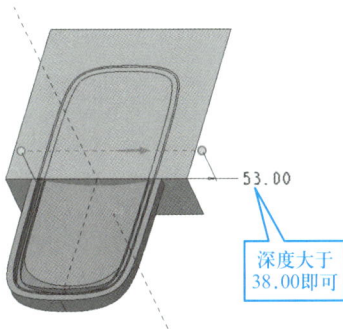

(b) 拉伸特征 3

图 5-2-19　建立拉伸特征 3

⑦ 单击【合并】指令◎，单击【参考】选项卡/【面组】指令，选择偏移特征 3 和拉伸特征 3 的面组，如图 5-2-20a 所示；选择要保留的面组，建立合并特征 1，如图 5-2-20b 所示；单击【合并】指令◎，单击【参考】选项卡/【面组】指令，选择偏移特征 4 和合并特征 1 的面组，如图 5-2-20c 所示；选择要保留的面组，建立合并特征 2，如图 5-2-20d 所示。

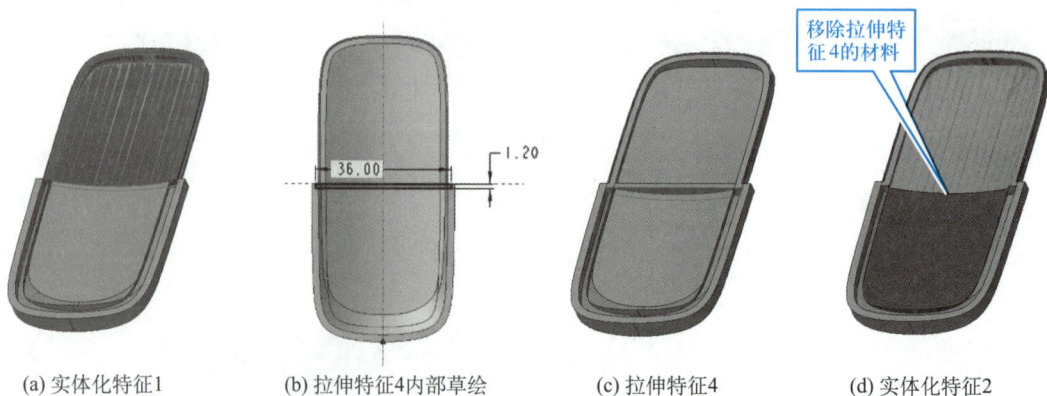

(a) 选中偏移特征3和   (b) 合并特征1   (c) 选中偏移特征4和   (d) 合并特征2
拉伸特征3的面组   合并特征1的面组

图 5-2-20　建立合并特征 1、合并特征 2

⑧ 单击【实体化】指令▢，选择【类型】列表框为【填充实体】，在图形窗口单击合并 2 的面组，建立实体化特征 1，如图 5-2-21a 所示；单击【拉伸】指令▣，定义内部草绘选择产品分型面作为基准绘制矩形草绘，如图 5-2-21b 所示；选择【深度】组/【到下一△个】指令，建立拉伸特征 4，如图 5-2-21c 所示；单击【实体化】指令▢，选择【类型】组/【移除材料】指令，在图形窗口单击复制特征 1 和实体化特征 1 的几何，选择合适的材料侧移除材料，建立实体化特征 2，如图 5-2-21d 所示。

(a) 实体化特征1   (b) 拉伸特征4内部草绘   (c) 拉伸特征4   (d) 实体化特征2

图 5-2-21　建立实体化特征 1、拉伸特征 4、实体化特征 2

4. 电池盖的拆分

① 建立新零件，名称为"01-红色遥控器-外-电池盖"，使用相同的"合并/继承"方法，建立外部合并；单击【拉伸】指令▣，定义内部草绘选择基准面 FRONT 绘制大小覆盖产品上盖的矩形草绘，如图 5-2-5a 所示；单击【拉伸】选项卡/【设置】组/【移除材料】指令◢中【反方向】指令◣，将材料的拉伸方向更改为草绘的另一侧，移除遥控器上盖部分材料建立拉伸特征 1，如图 5-2-22b 所示。

微视频
绘制遥控器
电池盖

302

(a) 矩形草绘　　　　　　　　　　(b) 拉伸特征1

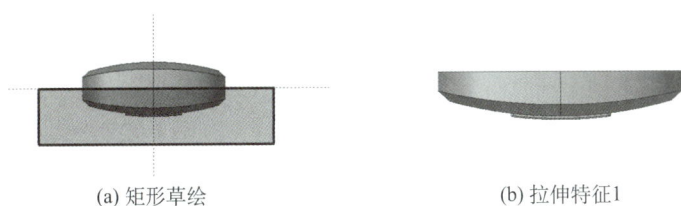

图 5-2-22　建立拉伸特征 1

② 单击选择移除上盖后的分型面，如图 5-2-23a 所示，单击【偏移】指令，选择【偏移类型】列表框为【展开】，向下盖方向输入偏移值"0.10"，建立偏移特征 1，如图 5-2-23b 所示，提前留出配合间隙。

③ 通过创建拉伸特征切除上盖部分，单击【拉伸】指令，定义内部草绘选择基准面 TOP 绘制大小覆盖产品下盖的矩形草绘，仅输入宽度"40.50"即可，如图 5-2-24a 所示；移除遥控器上盖部分材料建立拉伸特征 2，如图 5-2-24b 所示。

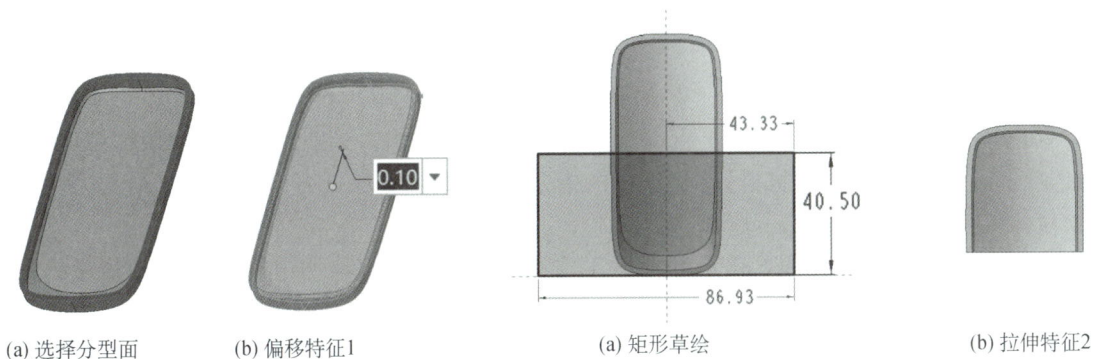

(a) 选择分型面　　　　(b) 偏移特征1

图 5-2-23　建立偏移特征 1

(a) 矩形草绘　　　　　　(b) 拉伸特征2

图 5-2-24　建立拉伸特征 2

④ 单击移除下盖后的分型面，如图 5-2-25a 所示，单击【偏移】指令，选择【偏移类型】列表框为【展开】，向下盖方向输入偏移值减少"0.10"，建立偏移特征 1，如图 5-2-25b 所示，提前留出配合间隙。

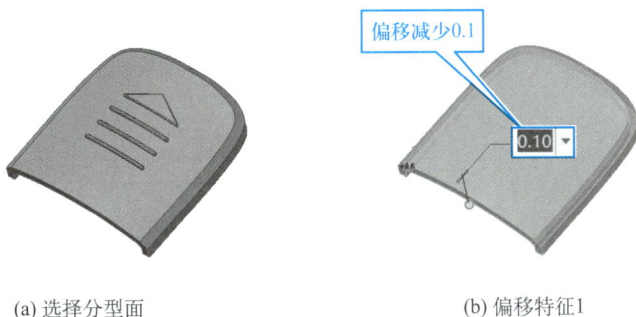

偏移减少0.1

(a) 选择分型面　　　　　　　　　(b) 偏移特征1

图 5-2-25　建立偏移特征 1

微视频

绘制遥控器
装饰圈

5. 装饰圈的拆分

① 建立新零件,名称为"01-红色遥控器-外-装饰圈"使用与前者相同的"合并/继承"方法,建立外部合并;单击【视图】选项卡/【外观】组/【外观】指令🔘,更换装饰圈的颜色,如图 5-2-26a 所示;通过建立拉伸特征切除下盖部分,单击【拉伸】指令🗔,选择 FRONT 绘制大小覆盖产品上盖的矩形草绘,如图 5-2-26b 所示;移除遥控器上盖部分材料建立拉伸特征 1,如图 5-2-26c 所示。

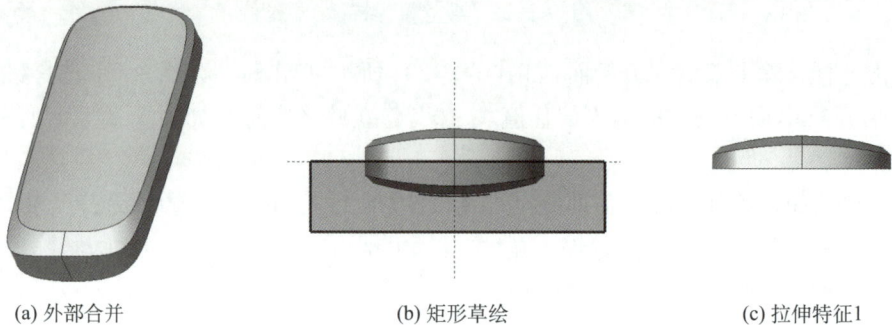

(a) 外部合并　　　　　　　(b) 矩形草绘　　　　　　　(c) 拉伸特征1

图 5-2-26　建立拉伸特征 1

② 单击【拉伸】指令🗔,选择 TOP 绘制投影外部合并的"ID-红色遥控器"的草绘 5,如图 5-2-27a 所示;完成后移除遥控器下盖部分材料建立拉伸特征 2,如图 5-2-27b 所示。单击【拉伸】选项卡/【设置】组/【移除材料】指令🗔中的指令🗔,将材料的拉伸方向更改为草绘的另一侧,建立拉伸特征 2,如图 5-2-27b 所示。

③ 按住 Ctrl 键选取拉伸 2 移除后的面组,如图 5-2-28(a)所示;单击【模型】选项卡/【编辑】组/【偏移】指令🗔,在选项卡选择【偏移类型】列表框为【展开】🗔,向内偏移"0.10",单击【确定】按钮✔,建立偏移特征 1,如图 5-2-28b 所示。

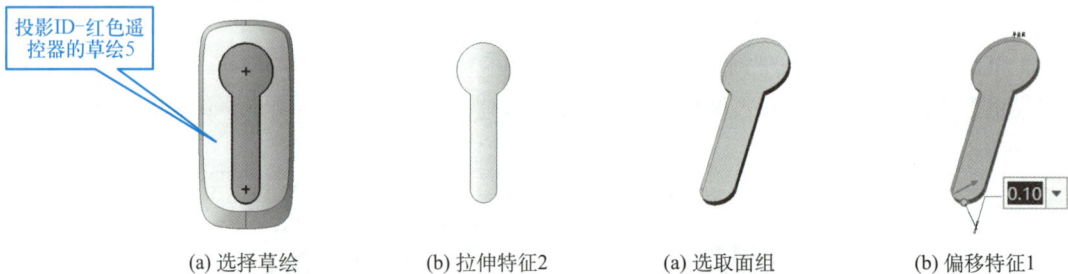

投影ID-红色遥控器的草绘5

(a) 选择草绘　　　(b) 拉伸特征2　　　　(a) 选取面组　　　(b) 偏移特征1

图 5-2-27　建立拉伸特征 2　　　　　　　图 5-2-28　建立偏移特征 1

④ 单击【拉伸】指令🗔,选择 TOP,在草绘选项卡单击【草绘】选项卡【偏移】指令🗔,偏移外部合并中的草绘,即"ID-红色遥控器"中的草绘 5,向内偏移"1.4",如图 5-2-29a 所示;单击【拉伸】选项卡/【设置】组/【移除材料】指令🗔中的指令🗔,将材料的拉伸方向更改为草绘的另一侧,深度高于"6.75",移除遥控器装饰圈内部材料,创立拉伸特征 3,如图 5-2-29(b)所示。

6. 按键的拆分

① 建立新零件,名称为"01-红色遥控器-外-按键"使用与前者相同的【合并/继承】方法,建

微视频

绘制遥控器
按键

(a) 偏移草绘　　　　(b) 拉伸特征3

图 5-2-29　建立拉伸特征 3

立外部合并;单击【视图】选项卡/【外观】组/【外观】指令，更换装饰圈的颜色,如图 5-2-30a 所示;通过建立拉伸特征切除下盖部分,单击【拉伸】指令，选择 FRONT 绘制大小覆盖产品上盖的矩形草绘,如图 5-2-30b 所示;移除遥控器上盖部分材料建立拉伸特征 1,如图 5-2-30c 所示。

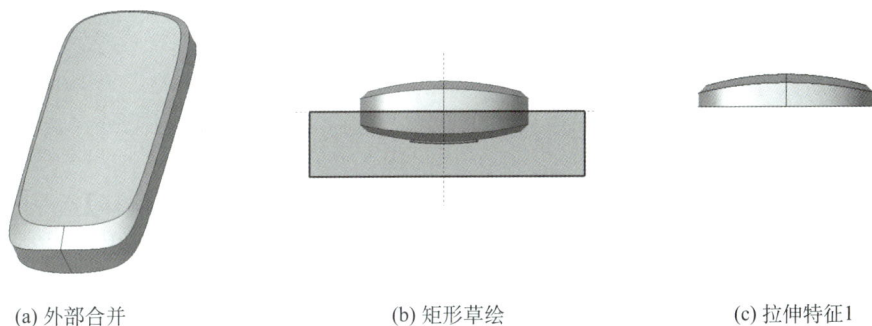

(a) 外部合并　　　　(b) 矩形草绘　　　　(c) 拉伸特征1

图 5-2-30　建立拉伸特征 1

② 单击【拉伸】指令，选择 TOP 绘制投影外部合并的"ID-红色遥控器"的草绘 5,如图 5-2-31a 所示;单击【拉伸】选项卡/【设置】组/【移除材料】指令中的指令，将材料的拉伸方向更改为草绘的另一侧完成后移除遥控器下盖部分材料建立拉伸特征 2,如图 5-2-31b 所示。

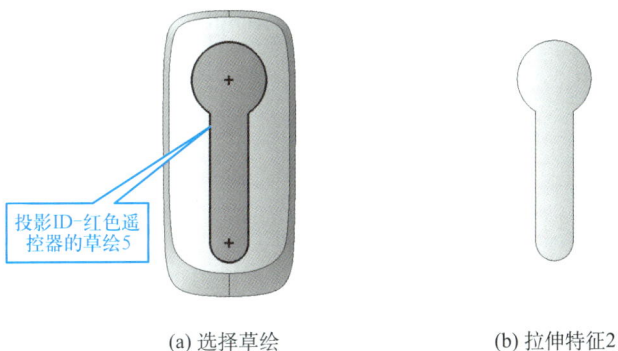

(a) 选择草绘　　　　(b) 拉伸特征2

图 5-2-31　建立拉伸特征 2

③ 按住 Ctrl 键选取拉伸特征 2 移除后的面组,如图 5-2-32a 所示;单击【偏移】指令，，选择【偏移类型】列表框为【展开】，向内偏移"0.10",建立偏移特征 1,如图 5-2-32b 所示。

④ 单击【拉伸】指令，，选择 TOP,单击【草绘】选项卡/【偏移】指令，偏移外部合并中的草绘,即"ID-红色遥控器"中的草绘 5,向内偏移"1.4",如图 5-2-33a 所示;单击【拉伸】选项卡/【移除材料】指令中的指令，将材料的拉伸方向更改为草绘的另一侧,深度高于"6.75",移除内部材料,建立拉伸特征 3,如图 5-2-33b 所示。

输入0.10
0.20

(a) 选取面组　　　　　(b) 偏移特征1

图 5-2-32　建立偏移特征 1

拉伸高度
大于6.75
27.44
-1.40

(a) 偏移草绘　　　　　(b) 拉伸特征3

图 5-2-33　建立拉伸特征 3

⑤ 按住 Ctrl 键选取拉伸 2 移除后的面组,如图 5-2-34a 所示;单击【偏移】指令，选择【偏移类型】列表框为【展开】，向内偏移"0.10",单击【确定】按钮，建立偏移特征 2,如图 5-2-34b 所示。

⑥ 选取外部合并中的几何并复制粘贴,即"ID-红色遥控器"中的投影 1、投影 2、投影 3,逐个复制粘贴,完成复制 1~7 的建立,如图 5-2-34 所示,完成按键的拆分。

0.20
输入0.10

(a) 选取面组　　　　　(b) 偏移特征2

图 5-2-34　建立偏移特征 2

复制1
复制2
复制6
复制3
复制7
复制4
复制5

图 5-2-35　建立复制 1~7

最后,完成所有外观件的拆分。

任务 ③ 遥控器自顶向下的装配设计

▼ 学习目标

自顶向下设计是先从主装配开始,将其分解为元件和子装配,并标识主装配元件及其关键特征,然后了解装配内部及装配之间的关系,并评估产品的组装方式,由此在积极把握设计目的的基础上,向下完善元件建模设计等。自顶向下设计方法主要用于设计需要经历频繁设计修改的产品,常用来设计各种新产品。总体来说:"自顶向下设计首先确定总体思路、设计总体布局,然后设计零部件,调整零部件之间的位置和形状大小,从而完成一个完整的设计"。

▼ 任务引入

将零部件和子装配放置在一起以形成装配,并可对该装配进行修改、分析或重新定向等,检查各零部件之间的关系和干涉情况。

▼ 任务分析

新建总装配体,将任务 1 完成的遥控器拆分好的外观组装到子装配"01-红色遥控器-外",将任务 2 完成的遥控器核心零部件组装到子装配"02-红色遥控器-内",并检查各零部件之间的装配关系和干涉情况并进行调整。装配步骤见表 5-3-1。

表 5-3-1　红色遥控器装配步骤

1. 建立总装配体	2. 建立外观子装配体组装到总装配体	3. 组装上盖到外观子装配	4. 组装下盖到外观子装配
5. 组装装饰圈到外观子装配	6. 组装按键到外观子装配	7. 组装电池盖到外观子装配	8. 外观的子装配体组装完成

知识链接

微视频

装配基础

将设计好的零件在装配模式下通过一定的方式组合在一起,从而构造成一个组件或完整产品模型。【元件放置】选项卡如图 5-3-1 所示。

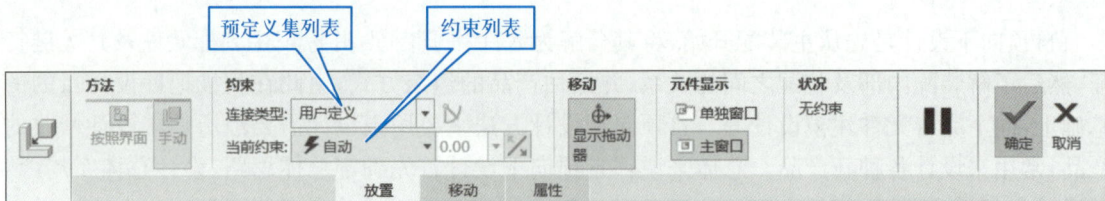

图 5-3-1　【元件放置】选项卡

(1)默认约束。在默认位置组装元件,通常用默认的装配坐标系对齐元件坐标系。

单击【打开】指令,在素材文件目录"Creo>模型>项目 5"中选择"5-3-1.asm",如图 5-3-2a 所示;单击【模型】选项卡/【元件】组/【组装】指令,在相同路径选择"5-3-2.prt",选择【放置】放置选项卡/【约束类型】列表框为【默认】,如图 5-3-2b 所示,单击【确定】按钮,完成元件放置。

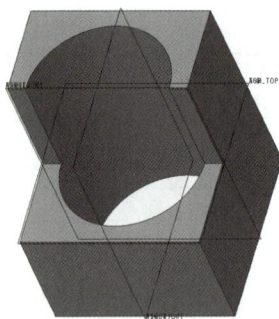

(a)导入零件

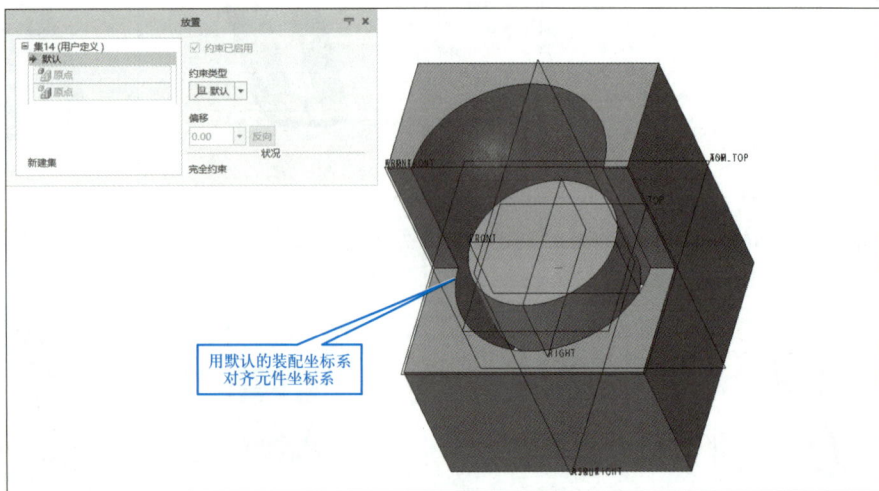

(b)设置约束

图 5-3-2　元件放置(默认约束)

（2）距离约束。将元件装配到与参考指定的距离。

单击【主页】选项卡/【数据】组/【打开】指令 📂，在素材文件目录"Creo＞模型＞项目 5"中选择"5-3-3. asm"，如图 5-3-3a 所示；单击【模型】选项卡/【元件】组/【组装】指令 📥，在相同路径选择"5-3-4. prt"，选择【放置】选择卡/【约束类型】列表框为【距离】📐，如图 5-3-3b 所示，单击【确定】按钮 ✓，完成元件放置。

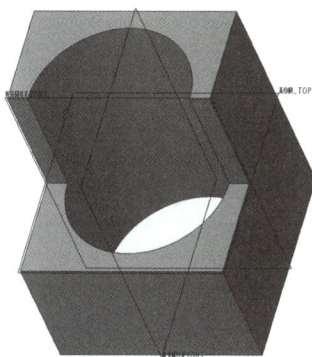

(a) 导入零件

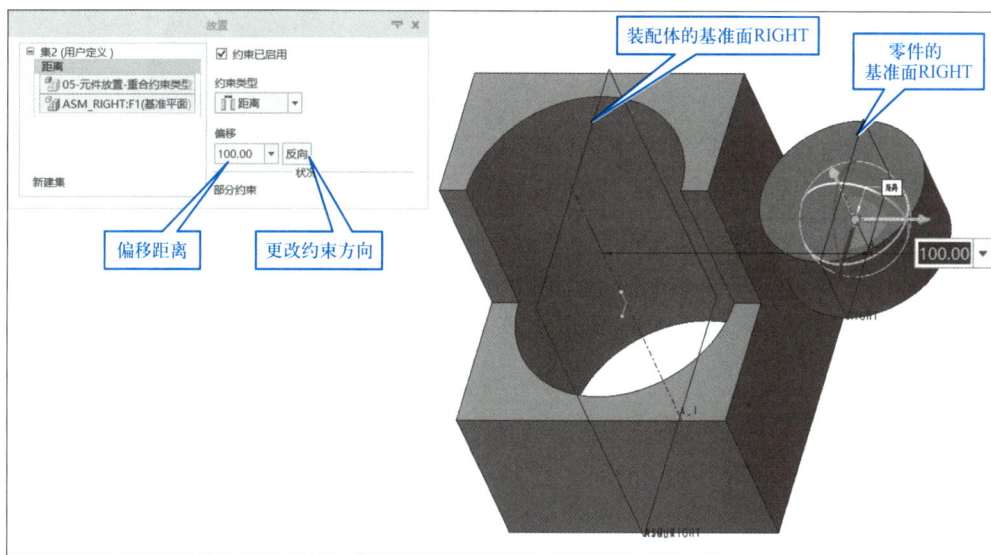

(b) 设置约束

图 5-3-3　元件放置

（3）重合约束。将元件与参考重合。

单击【打开】指令 📂，在素材文件目录"Creo＞模型＞项目 5"中选择"5-3-5,asm"，如图 5-3-4a 所示；单击【模型】选项卡/【元件】组/【组装】指令 📥，在相同路径选择"5-3-6. prt"，选择【放置】选项卡【约束类型】列表框为【重合】▣，如图 5-3-4b 所示，单击【确定】按钮 ✓，完成元件放置。

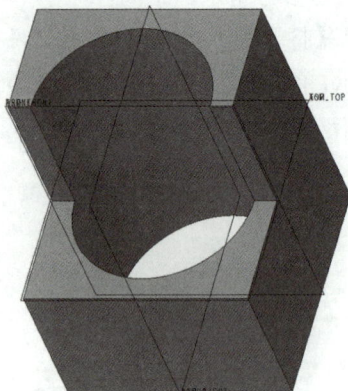

(a) 导入零件

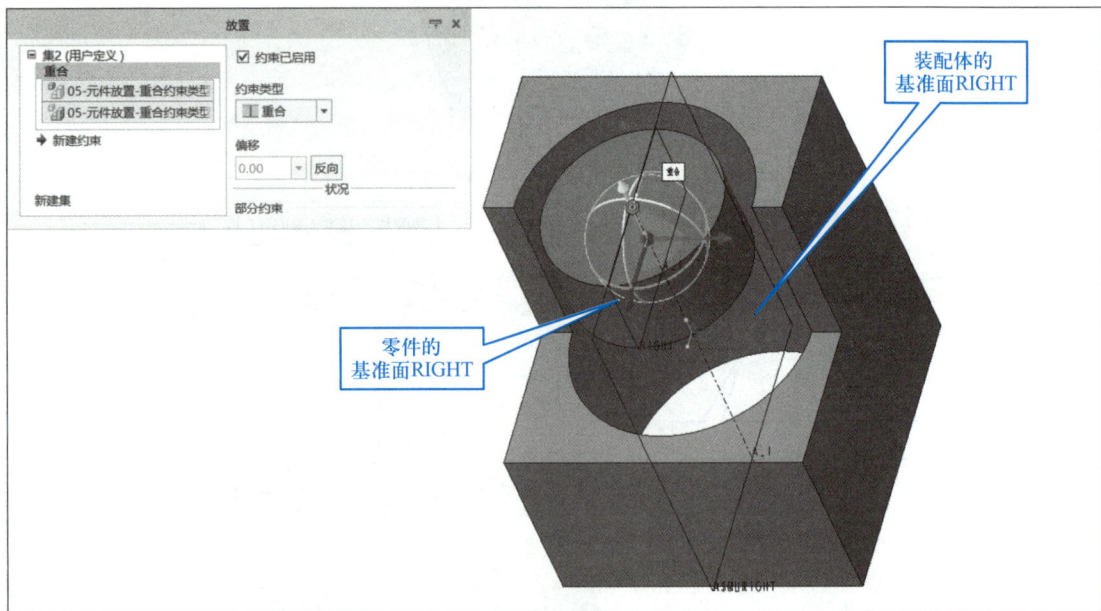

装配体的
基准面RIGHT

零件的
基准面RIGHT

(b) 设置约束

图 5-3-4 元件放置(重合约束)

▼ **任务实施**

1. 新建装配

(1) 设置与"ID-红色遥控器"相同的工作目录后,单击【新建】指令▯,建立新的装配,名称为"00-红色遥控器-总装配",取消勾选"使用默认模板",在【新文件选项】对话框选择模板"mmns_asm_design_abs",单击【确定】按钮☑,建立装配体;重复以上步骤新建 1 个装配体,名称为"01-红色遥控器-外",保存后关闭,回归到"00-红色遥控器-总装配"。

(2) 单击【组装】指令▤,在工作目录找到"01-红色遥控器-外",选择【放置】选项卡/【约束类型】列表框为【默认】▥,导入到装配体中,如图 5-3-5 所示。

微视频

遥控器装配

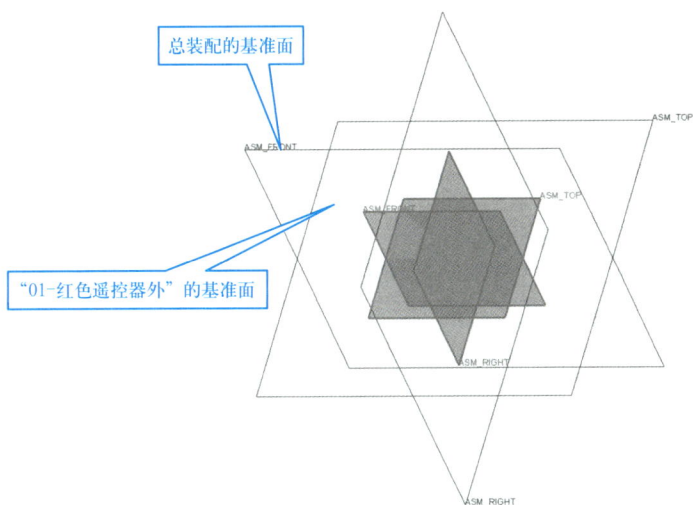

图 5-3-5　导入"01-红色遥控器-外"

2. 装配外观

（1）装配上盖，在模型树上鼠标右击"01-红色遥控器-外"后单击【打开】指令，进入装配设计工件界面，单击【模型】选项卡/【元件】组/【组装】指令，在工作目录选择"01-红色遥控器-外-上盖"，弹出【元件放置】选项卡，选择【放置】选项卡/【约束类型】列表框为【默认】，单击【确定】按钮，导入到装配体中，如图 5-3-6a 所示。

（2）使用与前者相同的方法在装配体"01-红色遥控器-外"内依次装配下盖、装饰圈、电池盖、按键，如图 5-3-6b、c、d、e 所示。完成后保存关闭并回到"00-红色遥控器-总装配"。

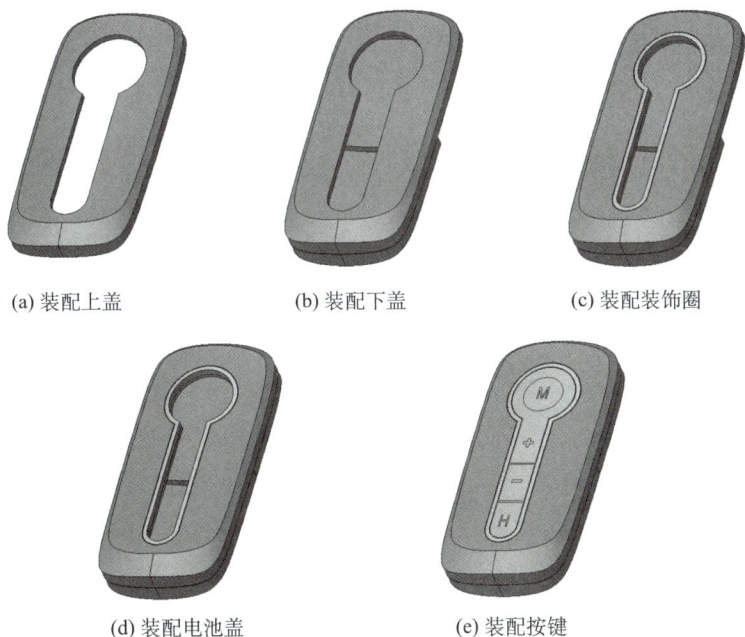

(a) 装配上盖　　　　　　(b) 装配下盖　　　　　　(c) 装配装饰圈

(d) 装配电池盖　　　　　　(e) 装配按键

图 5-3-6　装配外观

3. 保存文件

完成元件和子装配的装配,单击【文件】选项卡/【保存】指令 🖫。

▼ **拓展训练**

1. 花瓶建模

花瓶模型建立步骤见表 5-3-2。

表 5-3-2　花瓶模型建立步骤

微视频

花瓶建模

1. 建立花瓶的曲线	2. 建立花瓶的曲面	3. 修剪曲面,建立扫描混合曲线
4. 建立花瓶的混合扫描	5. 填充花瓶的底部曲面	6. 建立加厚特征,修剪顶部实体

（1）绘制花瓶的可变截面扫描曲线

① 绘制可变截面扫描的中心轨迹线,单击【草绘】指令 🗺,弹出【草绘】对话框,定义基准面 FRONT 作为草绘平面,弹出【草绘】选项卡,单击【草绘】组/【线】指令 ☑,在图形窗口绘制如图 5-3-7 所示的中心轨迹线草绘 1。

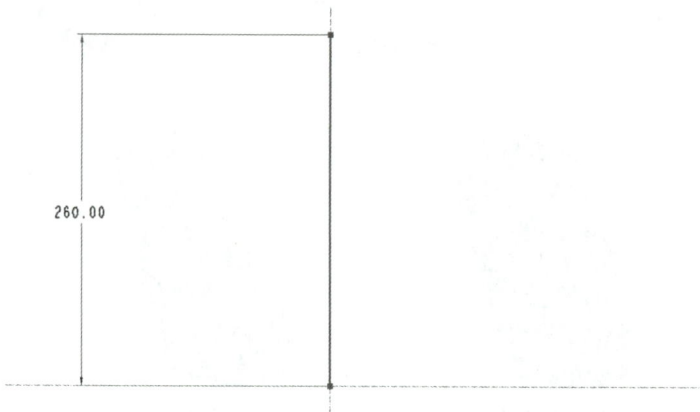

260.00

图 5-3-7　绘制草绘 1

② 绘制可变截面扫描的轮廓轨迹线,单击【草绘】指令,弹出【草绘】对话框,定义基准面 FRONT 作为草绘平面,弹出【草绘】选项卡,单击【草绘】组/【线】指令,在图形窗口绘制如图 5-3-8 所示的轮廓轨迹线草绘 2,选取绘制好的轮廓轨迹线,单击【模型】选项卡/【操作】组/【转换为样条】指令。

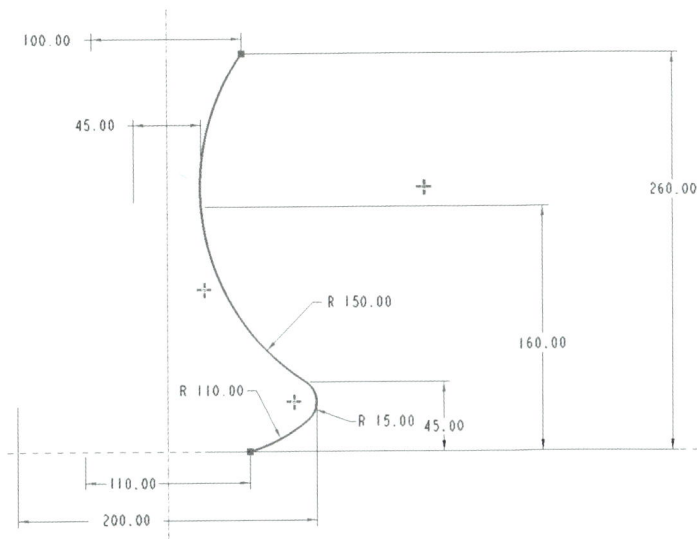

图 5-3-8　绘制草绘 2

③ 绘制可变截面扫描的轮廓轨迹线,单击【草绘】指令,弹出【草绘】对话框,定义基准面 RIGHT 作为草绘平面,弹出【草绘】选项卡,单击【模型】选项卡/【草绘】组/【线】指令,在图形窗口绘制如图 5-3-9 所示的中心轨迹线草绘 3,选取绘制好的轮廓轨迹线,单击【模型】选项卡/【操作】组/【转换为样条】指令,单击【确定】按钮。

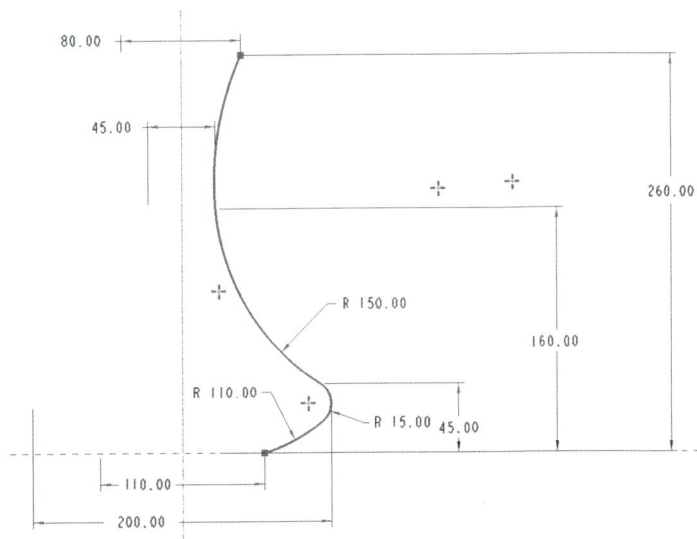

图 5-3-9　绘制草绘 3

(2) 建立花瓶的可变截面扫描曲面

① 单击【扫描】指令，弹出【扫描】选项卡，单击【类型】组/【曲面】指令，单击【选项】选项卡/【可变截面】指令，单击【参考】选项卡在图形窗口选取"草绘 1"作为原点轨迹，依次选取"草绘2"和"草绘 3"作为链 1 和链 2，如图 5-3-10a 所示；单击【截面】组/【草绘】指令进入草绘工作界面，单击【草绘】组/【椭圆】指令，在图形窗口绘制如图 5-3-10b 所示的草绘；返回【扫描】选项卡，建立扫描特征 1，如图 5-3-10c 所示，完成后隐藏草绘 1、2、3。

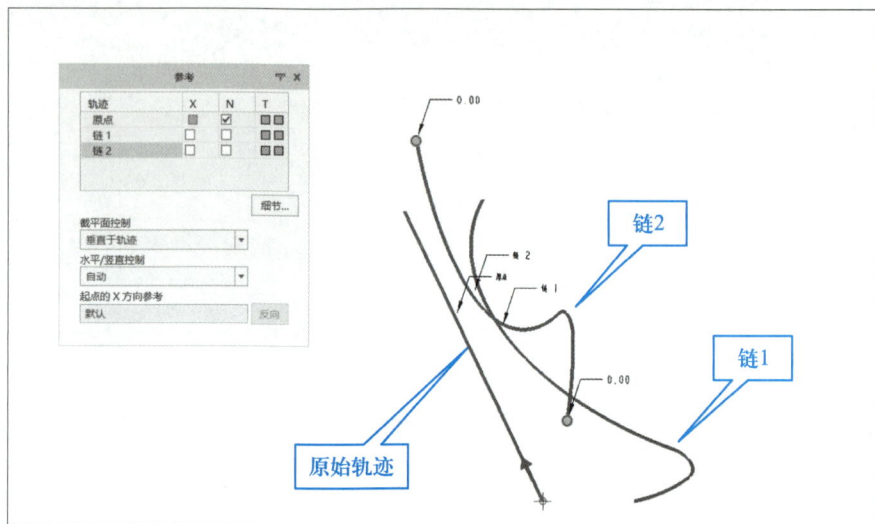

(a) 选取轨迹

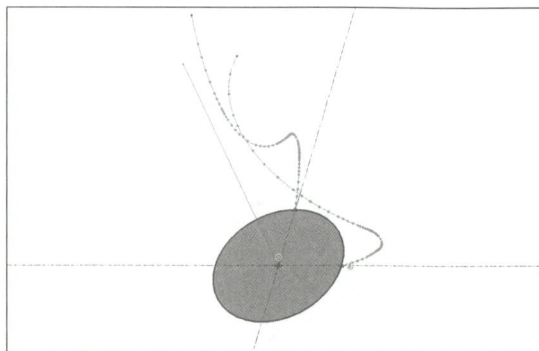

(b) 绘制草绘

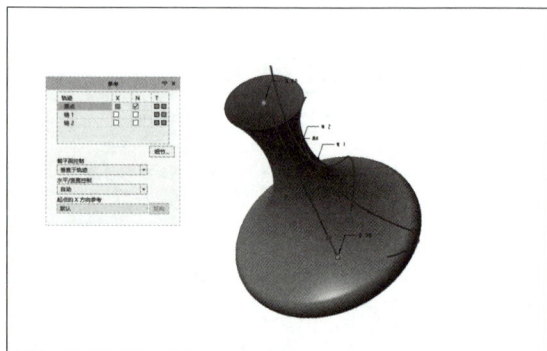

(c) 扫描特征1

图 5-3-10　建立扫描特征 1

② 单击【拉伸】指令，单击【类型】组/【曲面】指令，在【放置】选项卡/【草绘】中定义基准面 FRONT 为内部草绘平面，单击【草绘】组/【矩形】指令，在图形窗口绘制如图 5-3-11a 所示的草绘；在【拉伸】选项卡/【深度】列表框选择【对称】输入深度值大于"200.00"，建立拉伸特征1，如图 5-3-11b 所示。

<table>
<tr><td>(a) 绘制草绘</td><td>(b) 拉伸特征1</td></tr>
</table>

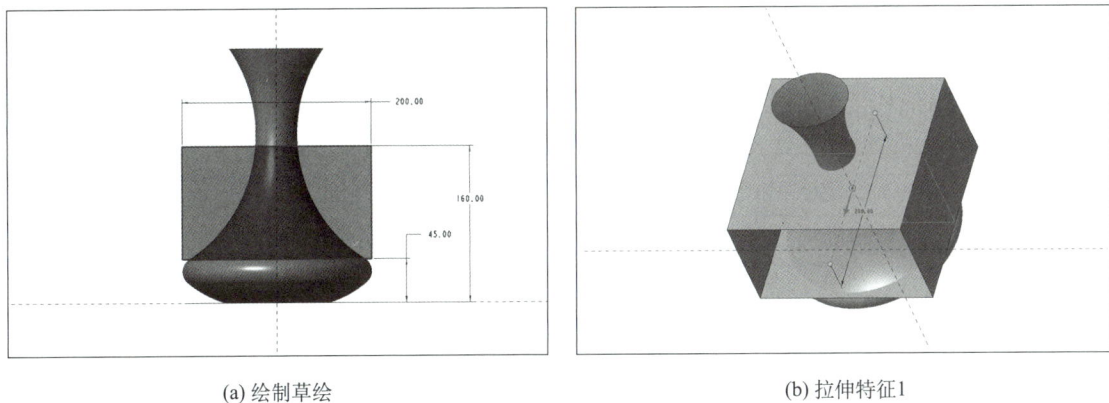

图 5-3-11　建立拉伸特征 1

③ 单击【模型】选项卡/【基准】组/【平面】指令 ，在图形窗口单击如图 5-3-12a 所示的曲面；在基准平面对话框单击【确定】按钮，建立基准面"DTM1"，单击【模型】选项卡/【基准】组/【平面】指令 ，在图形窗口单击如图 5-3-12b 所示的曲面，在基准平面对话框单击【确定】按钮，建立基准面"DTM2"。

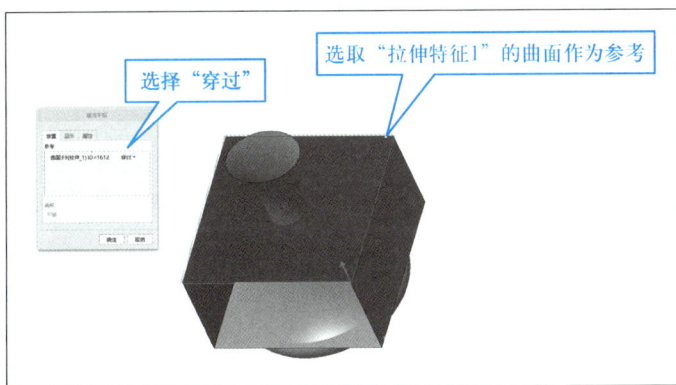

(a) 建立基准面"DTM1"

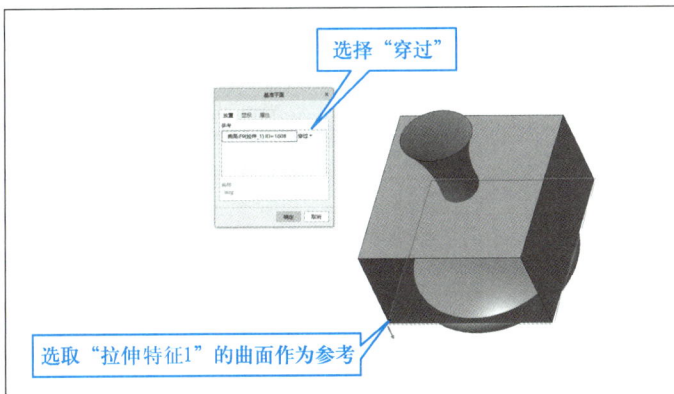

(b) 建立基准面"DTM2"

图 5-3-12　建立基准面

④ 单击【模型】选项卡/【编辑】组/【修剪】指令▣,弹出【修剪】选项卡,单击【参考】选项卡,在【修剪的面组】中选取扫描特征 1 的曲面,在【修剪对象】选取拉伸特征 1 的曲面,单击【确定】☑按钮,建立修剪特征 1,如图 5-3-13 所示。

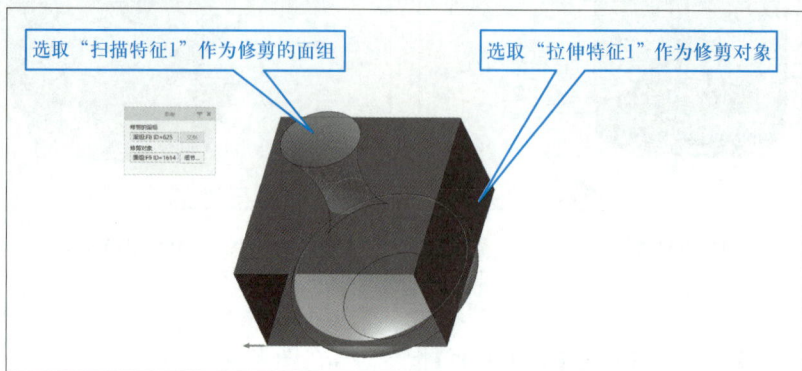

图 5-3-13　建立修剪特征 1

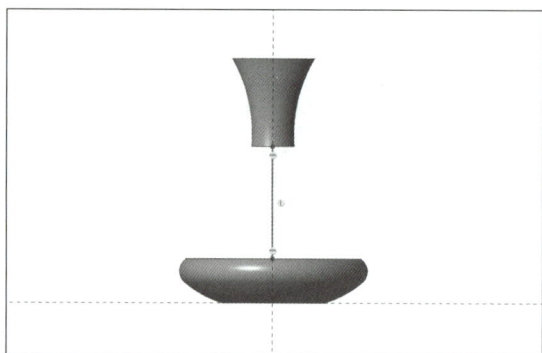

图 5-3-14　绘制草绘 4

（3）建立花瓶的扫描混合曲线

① 绘制扫描混合的中心轨迹线。单击【模型】选项卡/【基准】组/【草绘】指令☒,弹出【草绘】对话框,定义基准面 FRONT 作为草绘平面,弹出【草绘】选项卡,单击【模型】选项卡/【草绘】组/【线】指令☑,在图形窗口绘制如图 5-3-14 所示的中心轨迹线草绘 4,单击【确定】按钮☑。

② 绘制扫描混合的中心轨迹线。单击【草绘】指令☒,弹出【草绘】对话框,定义基准面 FRONT 作为草绘平面,弹出【草绘】选项卡,在模型树中将"草绘 2"显示,单击【模型】选项卡/【设置】组/【参考】指令▣,在图形窗口单击"草绘 2"作为参考,在模型树中将"草绘 2"隐藏,如图 5-3-15a 所示;单击【草绘】组/【弧】指令◑,在图形窗口绘制如图 5-3-15b 所示的中心轨迹线草绘 5。

(a) 参考草绘 2

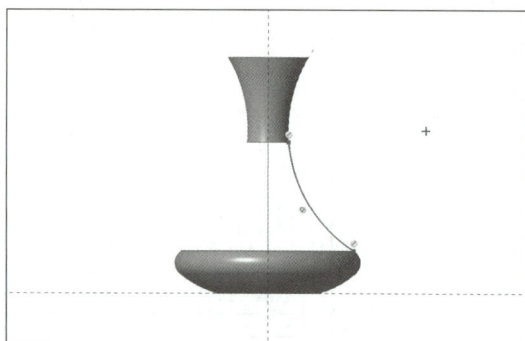

(b) 绘制草绘 5

图 5-3-15　绘制草绘

③ 单击【模型】选项卡/【基准】组/【平面】指令 ⊞，在图形窗口单击如图 5-3-16 所示的基准面"DTM1"与基准面"DTM2"，单击【基准平面】对话框中的【确定】按钮，建立基准面"DTM3"。

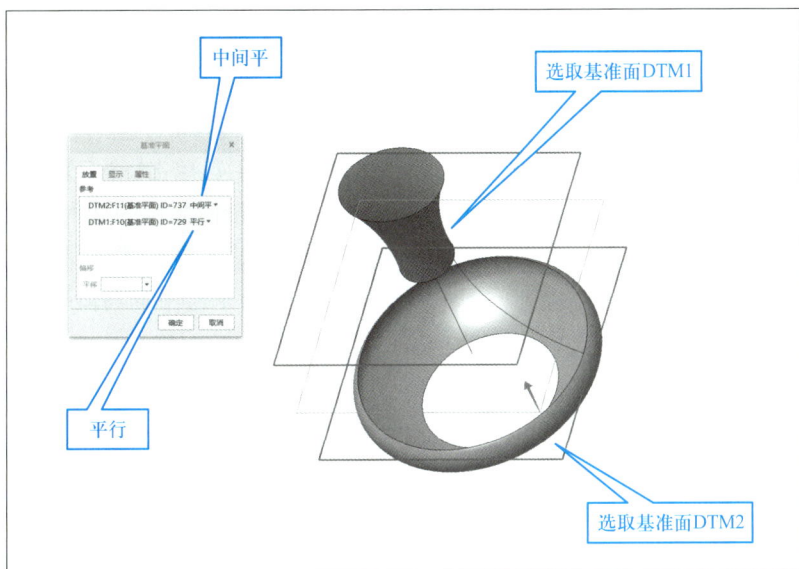

图 5-3-16　建立基准面"DTM3"

④ 在模型树中依次单击"草绘 5"和基准面"DTM3"，单击【模型】选项卡/【基准】组/【点】指令 ⁙，如图 5-3-17 所示，单击【基准点】对话框中的【确定】按钮 ✓，建立基准点"PNT0"。

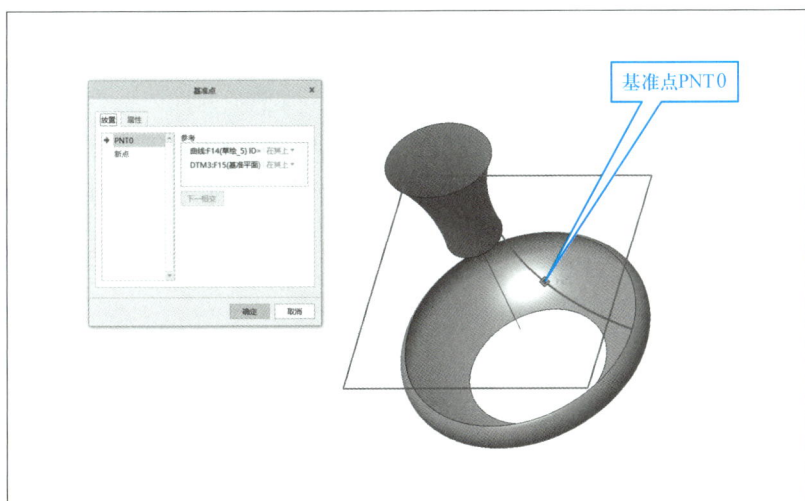

图 5-3-17　建立基准点"PNT0"

⑤ 绘制扫描混合的截面草绘。单击【草绘】指令 ⬙，弹出【草绘】对话框，定义基准面"DTM3"作为草绘平面，弹出【草绘】选项卡，单击【草绘】组/【选项板】指令 ⬚，在【草绘器选项板】对话框/【多边形】列表中将"八边形"拖至图形窗口的基准中心，激活【导入截面】选项卡，在【导入截面】选项卡/【旋转】组/【角度】中输入"22.5"，单击【确定】按钮 ✓，返回【草绘】选项卡，将八边

317

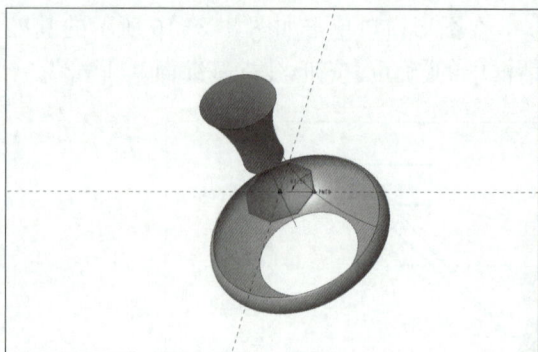

图 5-3-18　绘制草绘 6

形的构造线与基准点"PNT0"重合,如图 5-3-18 所示,单击【确定】按钮☑。绘制草绘 6。

⑥ 绘制扫描混合的截面草绘。单击【草绘】指令◯,弹出【草绘】对话框,定义基准面"DTM1"作为草绘平面,弹出【草绘】选项卡,单击【草绘】组/【圆】指令◎,绘制如图 5-3-19 所示的截面草绘 7,单击【确定】按钮☑。

⑦ 绘制扫描混合的截面草绘,单击【草绘】指令◯,弹出【草绘】对话框,定义基准面"DTM2"作为草绘平面,弹出【草绘】选项卡,单击【草绘】组/【圆】指令◎,在图形窗口绘制如图 5-3-20 所示的截面草绘 8,单击【确定】按钮☑。

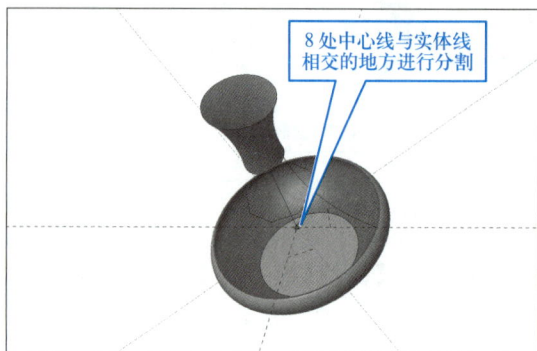

8 处中心线与实体线相交的地方进行分割

图 5-3-19　绘制草绘 7

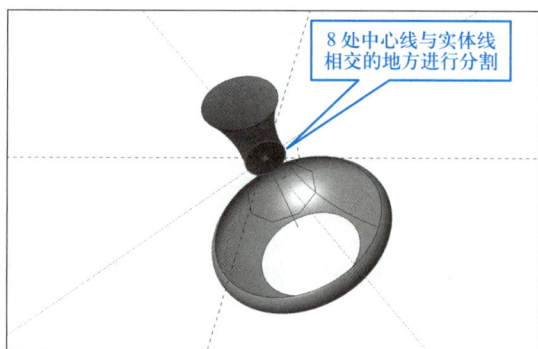

8 处中心线与实体线相交的地方进行分割

图 5-3-20　绘制草绘 8

(4) 建立花瓶的扫描混合曲面

① 单击【模型】选项卡/【形状】组/【扫描混合】指令✐,弹出【扫描混合】选项卡,单击【类型】组/【曲面】指令▱,单击【参考】选项卡,在图形窗口选取"草绘 4"作为原点轨迹,选取"草绘 5"作为次要轨迹,如图 5-3-21 所示。

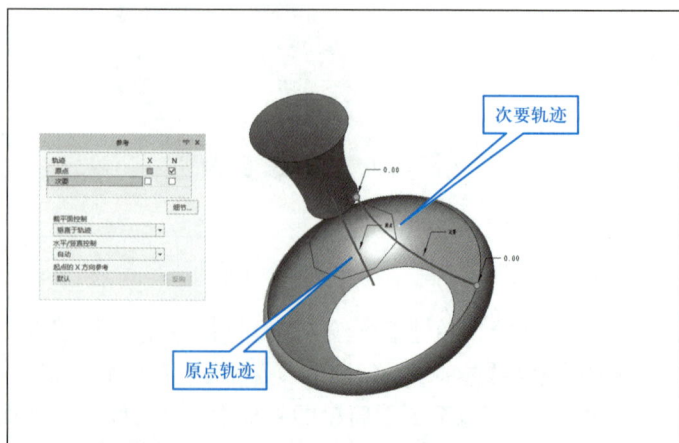

次要轨迹

原点轨迹

图 5-3-21　选取轨迹

②　单击【截面】选项卡/【选定截面】指令,定义"草绘 7"作为截面 1,单击插入新增截面 2,定义"草绘 6"作为截面 2,单击插入新增截面 3,定义"草绘 8"作为截面 3,如图 5-3-22 所示。

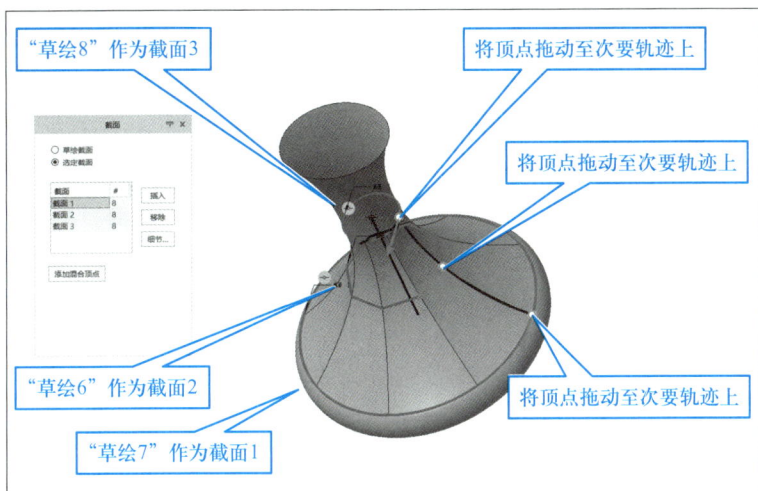

图 5-3-22　定义截面

③　单击【相切】选项卡,在"开始截面"条件定义为"相切",激活"图元",图元 1～8 的曲面定义"扫描 1"的曲面,在"终止截面"条件定义为"相切",激活"图元",图元 1～8 的曲面定义"扫描 1"的曲面,如图 5-3-23a 所示,单击【确定】按钮✓,建立扫描混合特征 1,完成后隐藏草绘 4、5、6、7、8,如图 5-3-23b 所示。

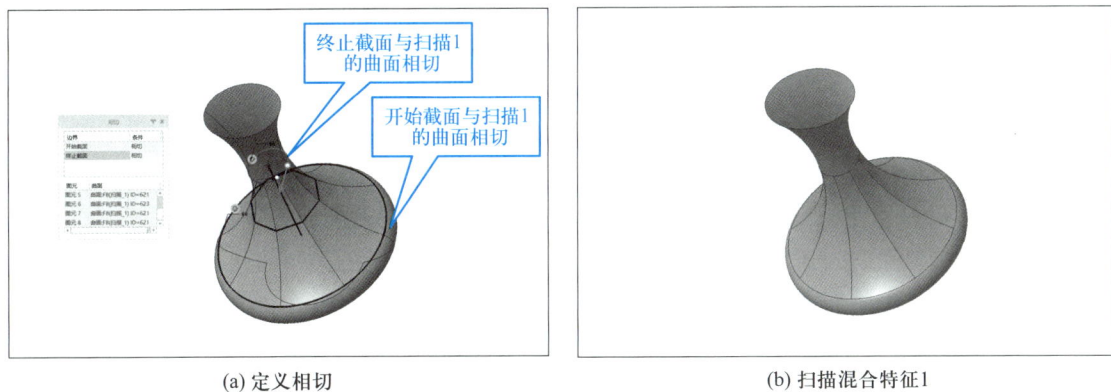

(a) 定义相切　　　　　　　　　　　　　　(b) 扫描混合特征1

图 5-3-23　建立扫描混合特征 1

④　单击【模型】选项卡/【曲面】组/【填充】指令▢,定义基准面 TOP 作为草绘平面,绘制如图 5-3-24 所示的草绘 1,单击【确定】按钮✓,返回【填充】选项卡,单击【确定】按钮✓,建立填充特征 1。

⑤　单击【旋转】指令,弹出【旋转】选项卡,单击【类型】组/【曲面】指令,定义基准面 FRONT 作为草绘平面,绘制如图 5-3-25 所示的草绘 2,单击【确定】按钮✓,返回【旋转】选项卡,单击【确定】按钮✓,建立旋转特征 1。

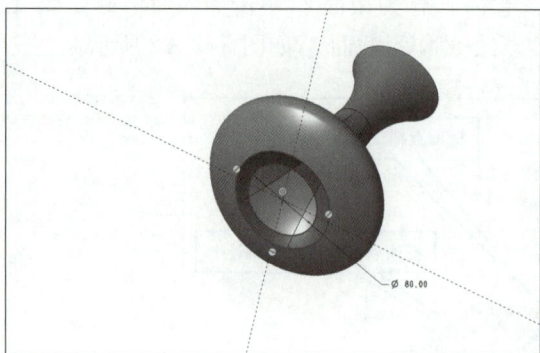

图 5-3-24　绘制草绘 1,建立填充特征 1

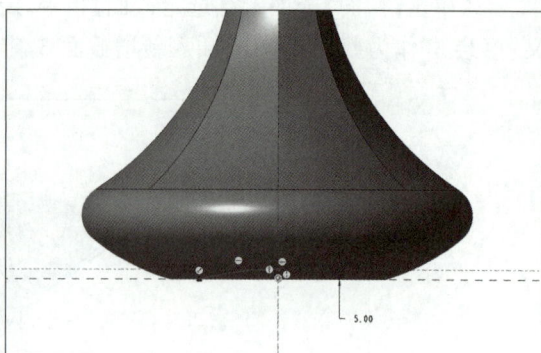

图 5-3-25　绘制草绘 2,建立旋转特征 1

⑥ 单击【合并】指令，在图形窗口选取"扫描 1""扫面混合 1""填充 1"的曲面作为合并的面组,如图 5-3-26 所示,单击【确定】按钮，建立合并特征 1。

⑦ 单击【倒圆角】指令，在图形窗口选取如图 5-3-27 所示的边,在【尺寸标注】组/【半径】输入"5.00",单击【确定】按钮，建立倒圆角特征 1。

图 5-3-26　建立合并特征 1

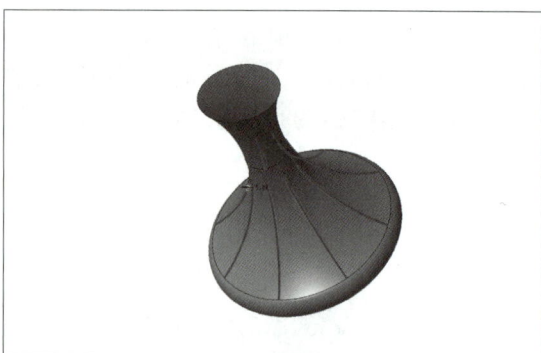

图 5-3-27　建立倒圆角特征 1

⑧ 单击【倒圆角】指令，在图形窗口选取如图 5-3-28 所示的边,在【尺寸标注】组/【半径】输入"5.00",单击【确定】按钮，建立倒圆角特征 2。

(5) 建立花瓶的实体

① 单击【模型】选项卡/【编辑】组/【加厚】指令，在图形窗口选取如图 5-3-29 所示的曲面,在【加厚】选项卡/【厚度】输入"2.00",单击【反转结果几何的方向】指令，将加厚方向调整至向内,单击【确定】按钮，建立加厚特征 1。

② 单击【拉伸】指令，弹出【拉伸】选项卡,单击【类型】组/【实体】指令，在【放置】选项卡/【草绘】中定义基准面 FRONT 为内部草绘平面,单击【草绘】选项卡/【草绘】组/【线】指令，在图形窗口绘制如图 5-3-30a 所示的线段,单击【确定】按钮，返回【拉伸】选项卡;单击【设置】组/【移除材料】指令，【深度】组选择【对称】输入深度值大于"200.00",单击【确定】按钮，建立拉伸特征 2,如图 5-3-30b 所示。

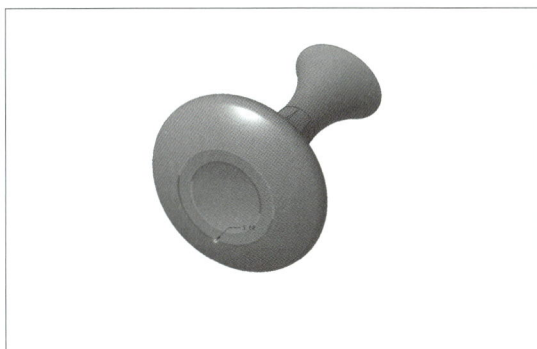

图 5-3-28　建立倒圆角特征 2

图 5-3-29　建立加厚特征 1

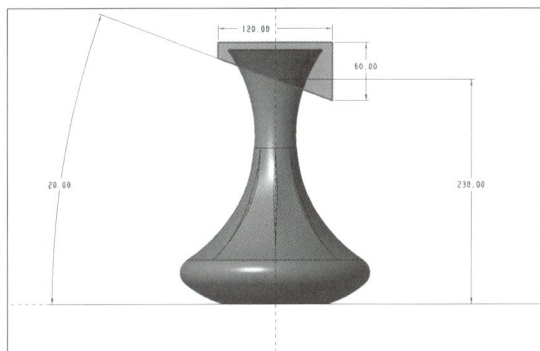

(a) 绘制草绘

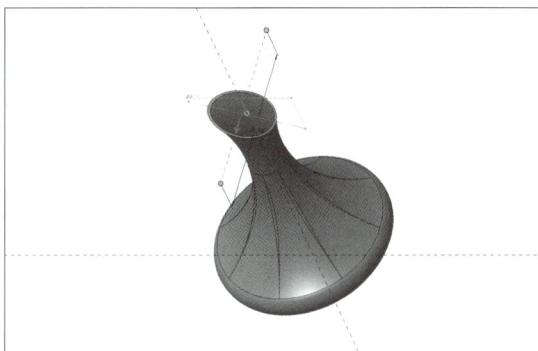

(b) 拉伸特征2

图 5-3-30　建立拉伸特征 2

③ 单击【倒圆角】指令，在图形窗口选取如图 5-3-31 所示的边，单击【倒圆角】选项卡【选项】组/【完全倒圆角】指令，单击【确定】按钮，建立倒圆角特征 3。

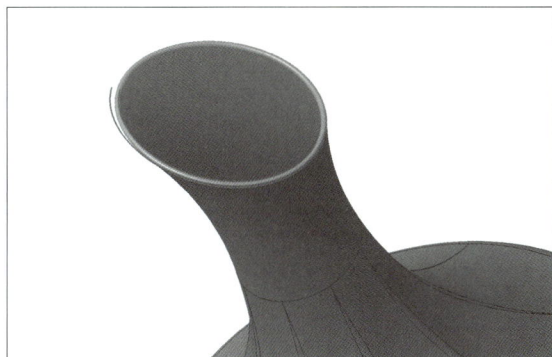

图 5-3-31　建立倒圆角特征 3

（6）保存文件

完成花瓶的建立，单击【文件】选项卡/【保存】指令。

互动练习

项目五拓展
训练 1
在线测试

微视频

圆头螺丝
建模

2. 圆头螺丝

（1）建立新零件，名称为"02-红色遥控器-内-圆头螺丝"，通过【旋转】指令建立螺丝特征。单击【旋转】指令🔩，选择基准面 FRONT 绘制螺丝的形状草绘，如图 5-3-32a 所示，单击【确定】☑按钮，返回【旋转】选项卡；单击【类型】组/【实体】指令▢，单击【确定】按钮☑，建立旋转特征 1 如图 5-3-32b 所示。

（2）单击【倒角】指令🔩，选取旋转特征 1 底部的边作为参考，如图 5-3-33 所示，输入值"0.50"，单击【确定】按钮☑，建立倒角特征 1。

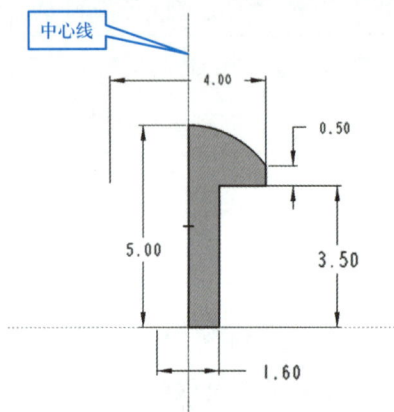

(a) 绘制草绘

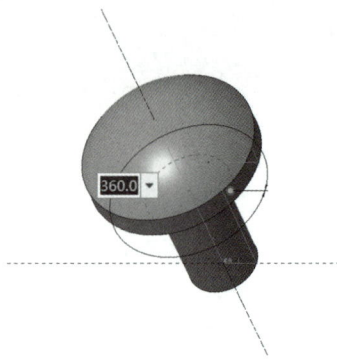

(b) 旋转特征1

图 5-3-32　建立旋转特征 1

图 5-3-33　建立倒角特征 1

（3）单击【螺旋扫描】指令▦，单击【螺旋扫描】选项卡/【类型】组/【实体】指令▢，在【参考】组/【螺旋轮廓】中定义基准面 FRONT 为扫引轨迹，如图 5-3-34a 所示；进入草绘工作界面绘制扫引轨迹，如图 5-3-34b 所示。

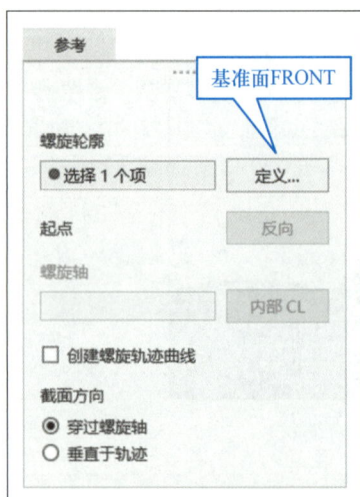

(a) 定义螺旋轮廓

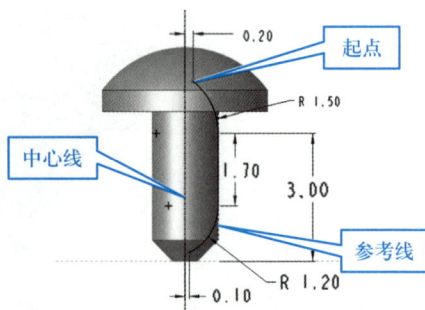

(b) 绘制扫引轨迹

图 5-3-34　定义螺旋轮廓，绘制扫引轨迹

（4）在【间距】选项卡 中输入值"0.80"，单击【截面】组/【草绘】指令 绘制扫引轨迹的截面，如图 5-3-35a 所示；单击【确定】按钮 ，返回【螺旋扫描】选项卡，单击【确定】按钮 ，建立螺旋扫描特征 1，如图 5-3-35b 所示。

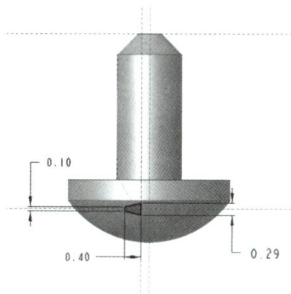

(a) 绘制扫引轨迹

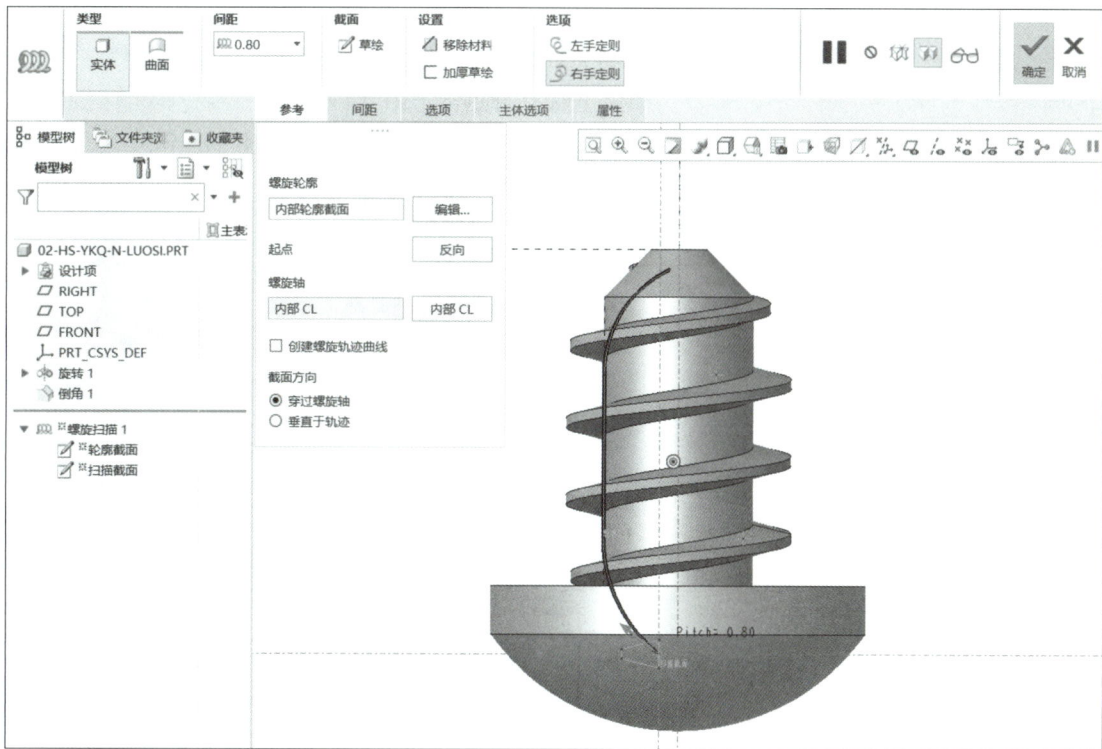

(b) 螺旋扫描特征1

图 5-3-35　建立螺旋扫描特征 1

（5）单击【倒圆角】指令 ，选取螺旋扫描 1 的边作为参考，如图 5-3-36 所示，输入值"0.10"，单击【确定】按钮 ，建立倒圆角特征 1。

（6）单击【拉伸】指令 ，单击【基准】组/【平面】指令选取基准面 TOP 并向上偏移"6.00"建立新的基准平面"DTM1"作为草绘平面，绘制草绘如图 5-3-37a 所示；单击【确定】按钮 ，单击

【拉伸】选项卡/【设置】组/【移除材料】指令,单击【深度/可变】▦输入"2.00",如图 5-3-37b 所示,单击【确定】按钮☑,建立拉伸特征 1。

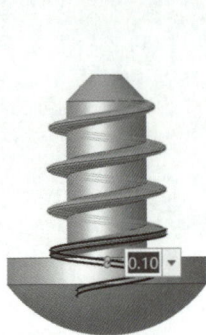

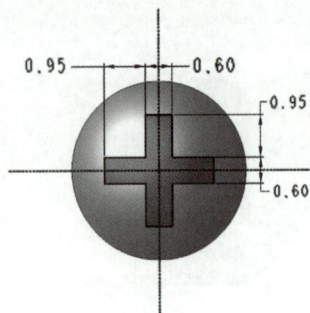

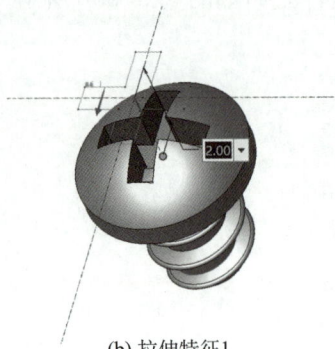

(a) 绘制草绘

(b) 拉伸特征1

图 5-3-36　建立倒圆角特征 1　　　　　图 5-3-37　建立拉伸特征 1

(7) 单击【倒圆角】指令 ,选取如图 5-3-38a、b、c、d 所示的边作为参考,单击【确定】按钮☑,建立倒圆角特征 2~5。

完全倒圆角

(a) 倒圆角特征2　　　(b) 倒圆角特征3　　　(c) 倒圆角特征4　　　(d) 倒圆角特征5

图 5-3-38　建立倒圆角特征 2~5

(8) 完成圆头螺丝的建立,单击【文件】选项卡/【保存】指令 。

互动练习

项目五拓展
训练2
在线测试

思考练习

1. 进入图像特征的操作面板中,以下(　　)参数不能改变。
   (A) 透明度　　　　　　　　　　　　　(B) 方向
   (C) 重量　　　　　　　　　　　　　　(D) 尺寸大小

2. 在投影特征操作面板中,以下(　　)不是投影类型。
   (A) 投影链　　　　(B) 投影草绘　　　(C) 投影修饰草绘　　　(D) 投影面

3. 造型设计中,常用到【样式】指令,以下不属于【样式】指令中的曲线类型有(　　)。
   (A) 自由曲线　　　(B) 草绘曲线　　　(C) 曲面曲线　　　　(D) 平面曲线

4. 结构设计中,塑胶零件的上壳,材料是 ABS,设计自攻螺丝 ST-M3 螺丝柱内径尺寸大小是(　　)。
   (A) $\Phi 2.0 \sim \Phi 2.3$　　　　　　　(B) $\Phi 2.3 \sim \Phi 2.5$
   (C) $\Phi 2.5 \sim \Phi 3.0$　　　　　　　(D) $\Phi 3.5 \sim \Phi 4.0$

5. 按如图 5-3-39 所示的零件图,建立实体零件的 3D 模型。

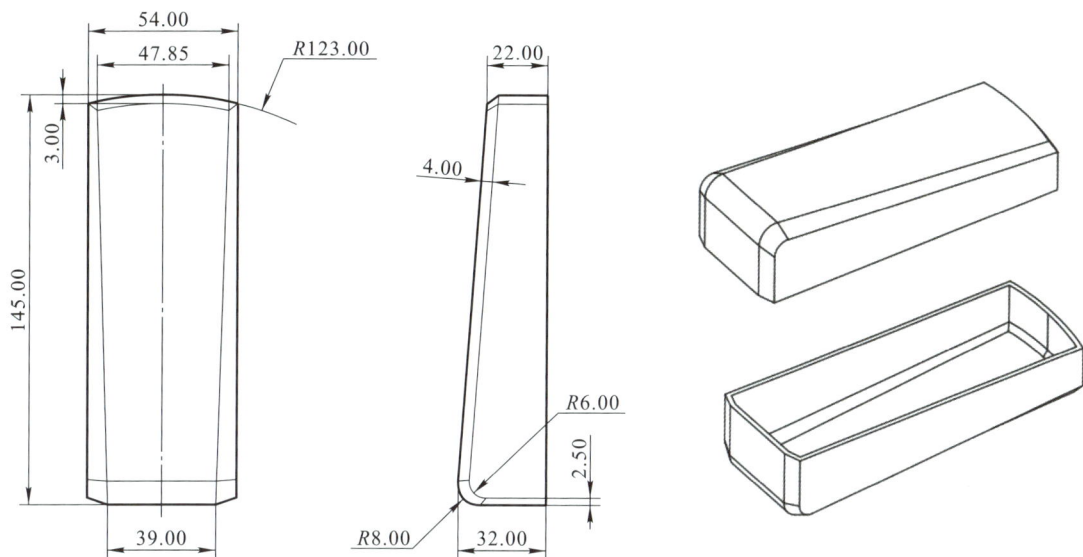

图 5-3-39　零件图

6. 按如图 5-3-40 所示的零件图,建立实体零件的 3D 模型。

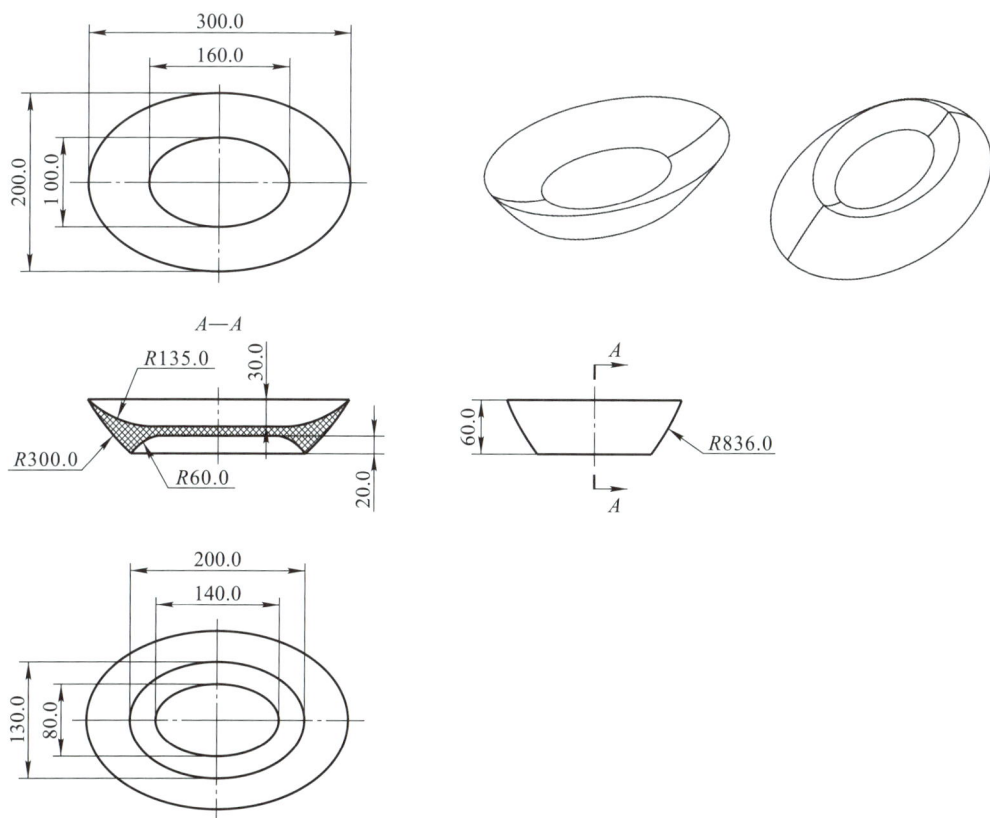

图 5-3-40　零件图

7. 按如图 5-3-41 所示的零件图,建立实体零件的 3D 模型。

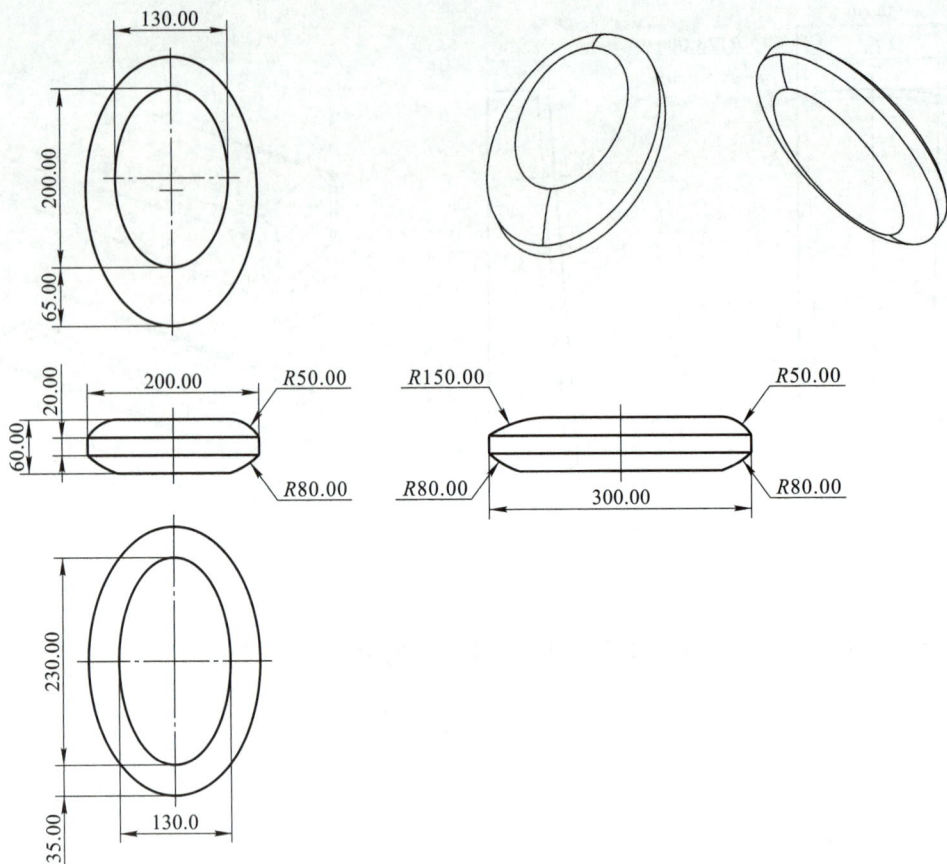

图 5-3-41　　零件图

项目六
手机模具零件数控加工

手机是日常生活中最常用的通信设备,本项目以手机模具零件数控加工为例,介绍怎样使用 Creo Parametric 8.0 软件对手机后盖凹模及模板零件进行数控编程加工。

通过本项目的学习和操作,学习 Creo Parametric 8.0 软件的制造模块功能、数控编程加工的一般过程及操作方法。

▼ 学习目标

1. 掌握 Creo Parametric 8.0 数控编程加工的一般过程及操作方法。
2. 掌握常用加工指令的使用技巧和方法。
3. 能制定合理的数控加工工艺方案。
4. 能正确选用工艺装备及刀具,设定合理的加工工艺参数。
5. 能合理选用加工方法,合理设置刀具路径,并进行刀路验证及程序后置处理。

▼ 知识拼图

项目六

基本操作
- 启动及工作界面
- 文件管理操作
- 模型视图基础
- 模型树与层树的应用
- 自定义屏幕要素

二维草图
- 绘制草图
- 尺寸标注
- 几何约束
- 草图编辑
- 解决草图冲突

基准特征
- 基准平面
- 基准轴
- 基准点
- 基准曲线
- 基准坐标系

基础特征
- 拉伸
- 旋转
- 扫描
- 混合

工程特征
- 孔
- 壳
- 倒圆角
- 倒角
- 筋
- 拔模
- 修饰螺纹

编辑特征
- 镜像
- 移动
- 缩放
- 阵列

数控编程
- 元件
- 机床设计
- 工艺
- 制造几何
- 铣削
  - 粗加工
  - 重新粗加工
  - 精加工
  - 曲面铣削
  - 集体块粗加工
  - 轮廓铣削
  - 腔槽加工
  - 孔加工循环
- 校验和输出
  - 播放路径
  - 保存CL文件
  - CL文件后处理

曲面设计
- 基本曲面
  - 拉伸曲面
  - 旋转曲面
  - 恒定界截面扫描曲面
  - 混合曲面
  - 扫描混合曲面
  - 可变界面扫描曲面
- 填充曲面
- 边界混合
- 曲面编辑
  - 修剪
  - 复制粘贴
  - 偏移
  - 合并
  - 加厚
  - 实体化
  - 投影曲线
  - 交截曲线
- 造型设计

工程图设计
- 工程图配置
- 工程图类型
- 尺寸标注
- 添加注释
- 视图布局
- 图框模板创建
- 剖视图绘制

装配设计
- 装配概述
- 装配元件
- 创建元件
- 操作元件
- 处理元件
  - 复制
  - 镜像
  - 重复
- 创建爆炸视图
- 两种装配方法
  - 自上而下
  - 自下而上

高级特征
- 扫描混合
- 旋转混合
- 螺旋混合

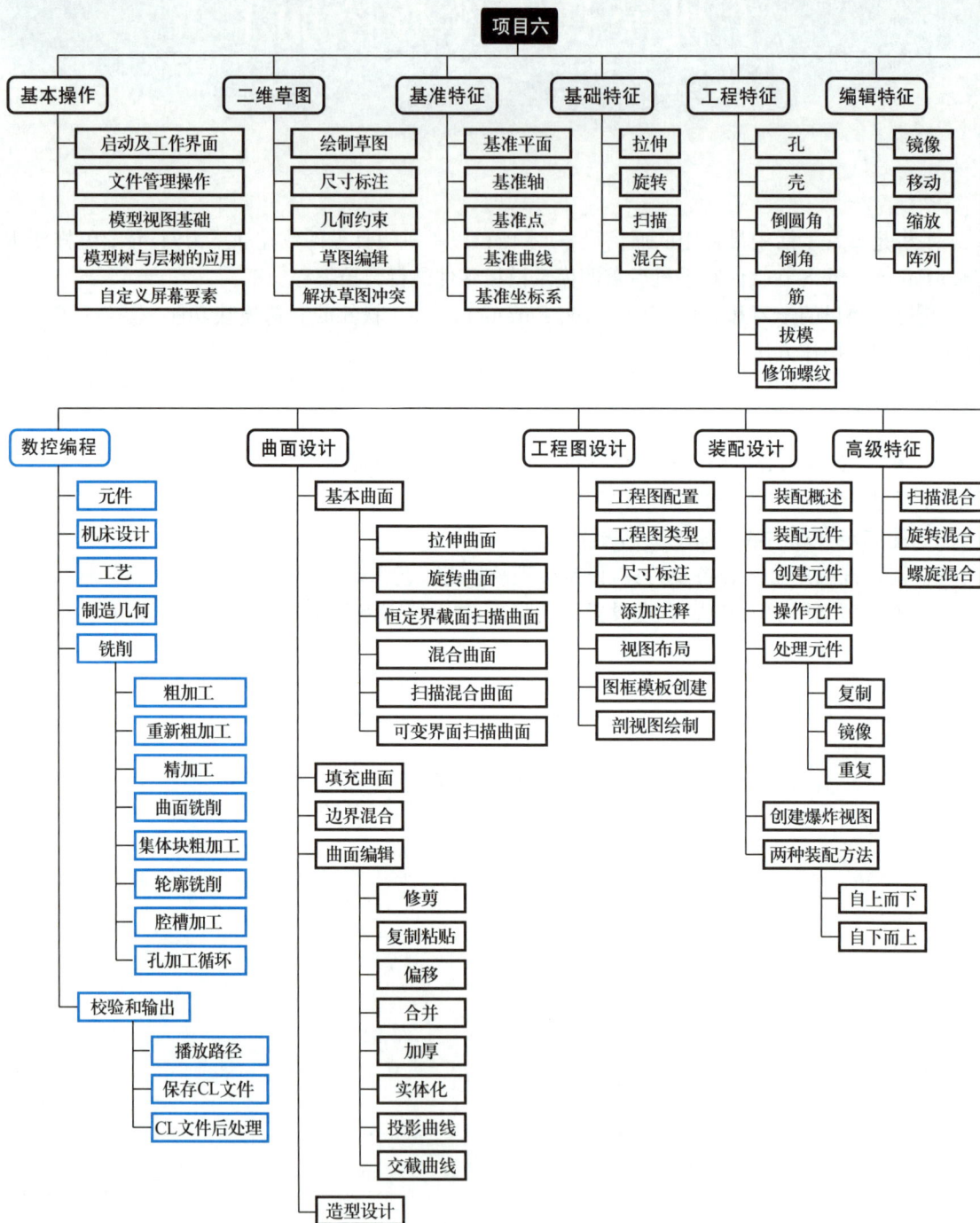

注:红色标记知识点为本项目涉及的新指令。

任务 ①　手机后盖模板零件加工

▼ 学习目标

通过对手机后盖模板零件的数控加工程序编制,掌握 Creo Parametric 8.0 软件数控编程加工的一般过程及操作方法;掌握【体积块粗加工】【轮廓铣削】【精加工】【钻孔加工】【铰孔】等常见加工指令的参数设置原则和操作方法,正确选用加工刀具,设定合理的加工工艺参数,掌握刀路验证和仿真的方法和流程。

▼ 任务引入

如图 6-1-1 所示是模板零件工程图,如图 6-1-2 所示是某款手机后盖模板零件三维模型。模板选用大水口系统 2530 标准模板,一模两腔,模板材料选用 45 钢。模板零件是标准件,所有表面及周边导向孔等已经加工完成。要求:编制模板两个型腔以及非标准孔的数控加工程序,生成加工刀具路径,并进行验证。

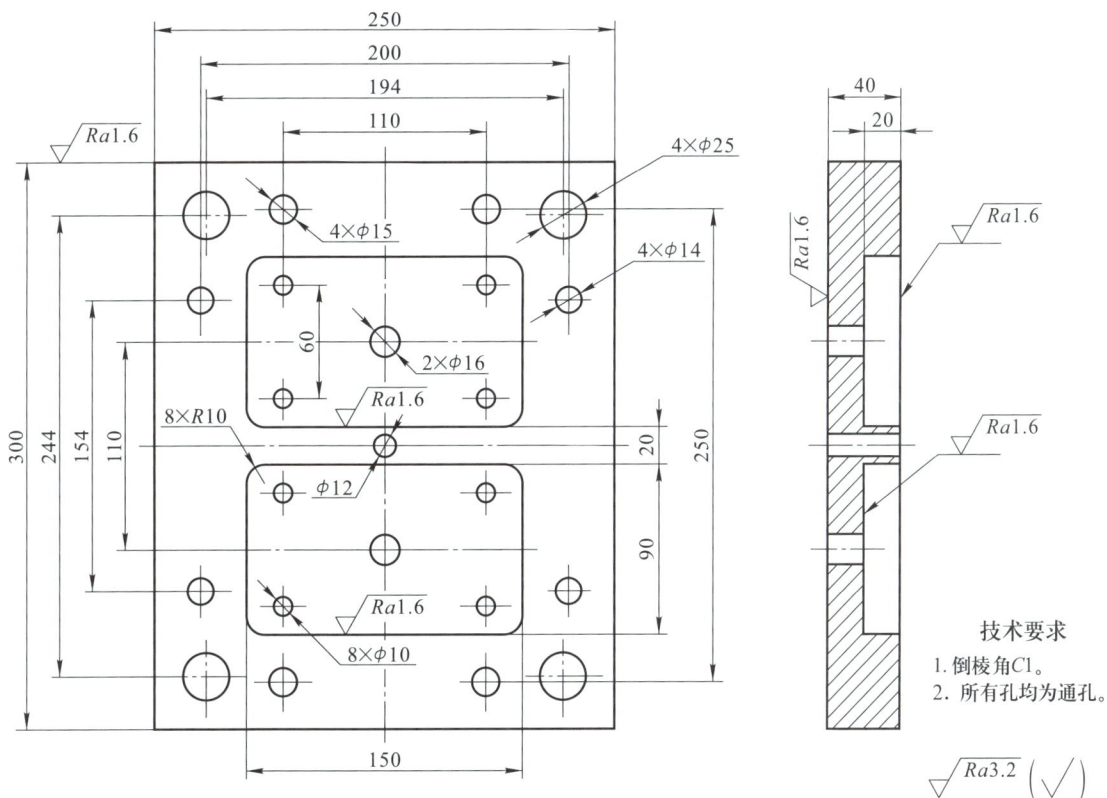

图 6-1-1　模板零件工程图

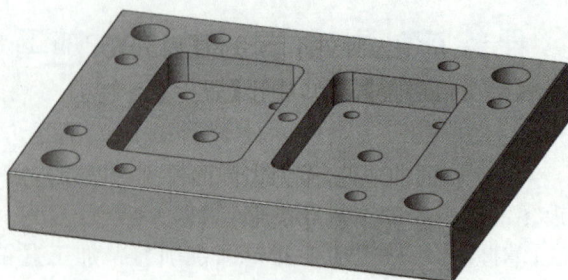

图 6-1-2　模板零件三维模型

▼ 任务分析

模板零件加工步骤见表 6-1-1。

表 6-1-1　模板零件加工步骤

1. 建立文件、加载参考模型，建立毛坯工件	2. 建立三轴铣削机床，定义加工坐标系	3. 使用【体积块粗加工】指令进行型腔粗加工	4. 使用【轮廓铣削】指令进行型腔内壁精加工
5. 使用【精加工】指令加工型腔底平面	6. 使用【钻孔】和【铰孔】指令加工 8 个 $\Phi10$ 顶针孔和 $\Phi12$ 中心孔		

▼ 知识链接

　1. 模具加工基础知识

（1）常用模具加工方法

由于模具零件的特殊性，其加工方法的选用与一般机械零件有共同之处，也有很多不同之处：

① 数控加工技术广泛应用于模具加工领域，机械加工的数字化普及和转型，有效提高了复杂形状塑料模具零件（型芯、型腔零件）的加工效率和加工精度。近年来，随着多轴数控机床和金属 3D 打印技术的发展，一些高难度、复杂模具零件的加工难题也得到了解决。

② 模具特种加工技术适用于高熔点、高硬度、高强度、高韧性的新型模具材料零件的加工。模具特种加工技术主要指电火花成形加工技术、电火花线切割加工技术、激光加工技术等，目前广泛应用于各种模具加工。

③ 模具表面加工技术的应用，大大提高了模具表面质量和使用寿命。表面加工技术包括表面光整加工、表面纹饰加工、表面覆层和改性处理等。

（2）常用模具加工刀具

① 刀具按材料分为：

高速钢刀具：硬度低、耐磨性较差，价格便宜，普通高速钢刀具在模具加工中应用很少，目前高性能高速钢刀具、粉末冶金高速钢刀具和涂层高速钢刀具的应用得到了较快发展。

硬质合金刀具：硬度高、耐磨性好，广泛应用到模具加工。

超硬刀具：陶瓷刀具、立方氮化硼刀具、金刚石刀具属于超硬刀具，应用在难加工模具制造领域。

② 数控铣床使用的刀具按形状分为：

平底铣刀：广泛用于模具零件的粗、精加工，特别是模具零件的清根加工。

圆鼻铣刀：这种铣刀一般刚性较好，耐磨性能也较好，主要用于曲面零件的粗加工，也可以用于一些精加工场合。根据刀具直径大小，其圆角半径为 $R0.2 \sim R6$ 不等。

球头铣刀：主要用于模具零件曲面精加工。

2. Creo Parametric 8.0 软件数控加工流程

Creo Parametric 8.0 软件数控加工流程为：建立新文件—导入参考模型—设置工件—设置操作—设置加工参数—得到刀具轨迹—后置处理得到数控程序，如图 6-1-3 所示。

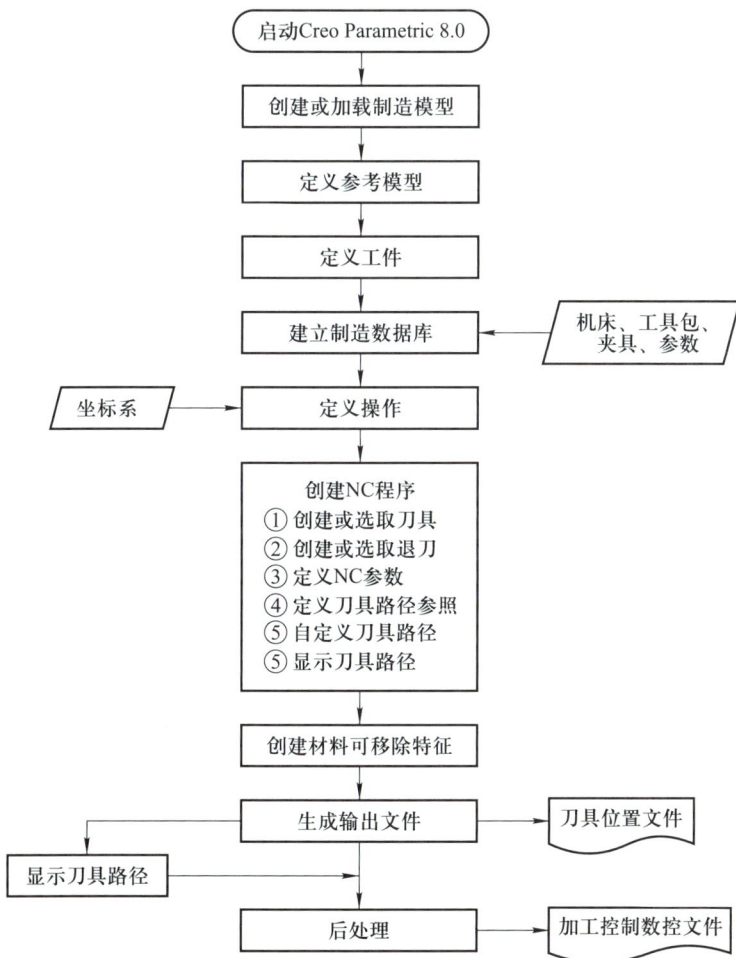

图 6-1-3　Creo Parametric 8.0 软件数控加工流程

3. Creo Parametric 8.0 软件数控加工环境

(1) 新建一个数控加工模型文件

① 单击【文件】选项卡/【新建】指令，弹出【新建】对话框（图 6-1-4），在"类型"中选择"制造"选项，在"子类型"中选择"NC 装配"选项，在"文件名"文本框中输入"moban"，取消勾选"使用默认模板"，单击【确定】按钮，弹出【新文件选项】对话框，如图 6-1-5 所示。

② 在"模板"中选择"mmns_mfg_nc_abs"（公制单位制），单击【确定】按钮，弹出 Creo Parametric 8.0 软件数控加工界面（图 6-1-6）。界面提供了数控加工菜单和工具图标，在进行零件加工设置时，可以通过菜单栏的指令或直接使用工具图标完成零件加工任务。

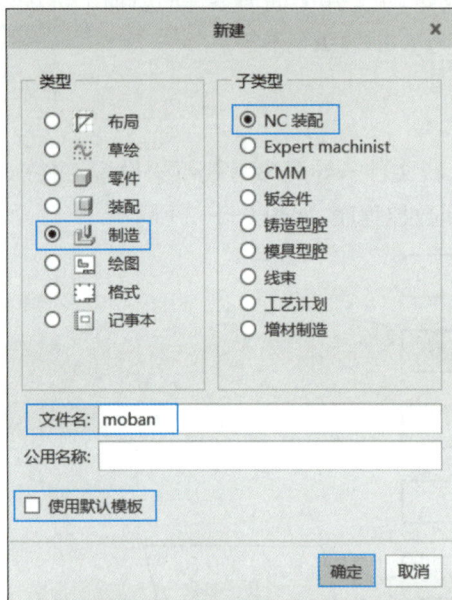

图 6-1-4 【新建】对话框　　　　图 6-1-5 【新文件选项】对话框

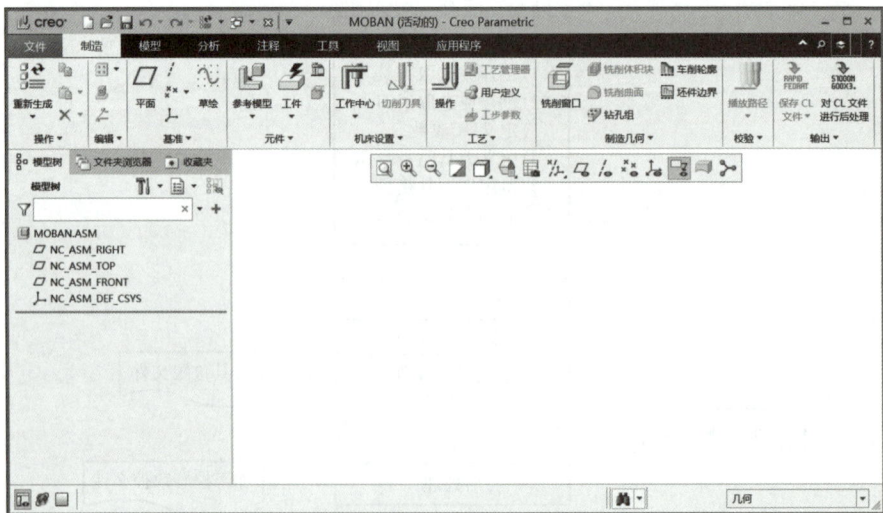

图 6-1-6 Creo Parametric 8.0 软件数控加工界面

（2）【制造】选项卡

【制造】选项卡主要指令的介绍见表 6-1-2。

表 6-1-2 【制造】选项卡主要指令的介绍

组	指令	二级指令	功能
元件	参考模型	组装参考模型	使用相同模型组装参考模型
		继承参考模型	使用从模型继承的特征创建参考模型
		合并参考模型	使用从模型合并的特征创建参考模型
	工件	自动工件	建立自动工件
		组装工件	使用"同一模型"（Same Model）组装工件
		继承工件	使用继承自模型的特征创建工件
		合并工件	使用从模型合并的特征创建工件
		创建工件	建立手动工件
	夹具		设置夹具
	分类		将模型分为参考、夹具或工件
机床设置	工作中心	铣削	建立铣床
		铣削-车削	建立车削中心
		车床	建立车床
		线切割	建立 WEDM
	切削刀具		编辑可用在活动操作的机床上的切削刀具组
工艺	操作		建立一个新的操作
	工艺管理器		打开工艺管理器
	用户定义		建立用户定义的特征
	工步参数		编辑 NC 步骤和刀具运动的参数
制造几何	铣削窗口		建立铣削窗口
	铣削体积块		建立铣削体积块
	铣削曲面		定义铣削曲面
	钻孔组		定义钻孔组
	车削轮廓		建立切口以表示将在车床上车削的区域
	坯件边界		建立曲线以表示工件的边界
校验	播放路径		显示刀具路径或输入刀具位置文件以显示

续表

组	指令	二级指令	功能
输出	保存 CL 文件		输出某操作或步骤的刀具位置数据
	对 CL 文件进行后处理		选择后处理器，然后将刀具路径转换为机床代码并保存到文件

▼ **任务实施**

1. 建立工作文件夹，设置工作目录

在电脑适当位置新建文件夹，将本书配套素材文件"模型＞项目 6＞6-1-1. prt"，即手机模具模板模型复制到该文件夹下。启动 Creo Parametric 8.0 软件，将该目录设置为工作目录。

2. 建立数控加工工艺文件

（1）单击【文件】选项卡/【新建】指令 ，弹出【新建】对话框（图 6-1-7），在"类型"中选择"制造"选项，在"子类型"中选择"NC 装配"选项，在"文件名"文本框中输入"moban_A"，取消勾选"使用默认模板"，单击【确定】按钮，弹出【新文件选项】对话框，如图 6-1-8 所示。

（2）在"模板"中选择"mmns_mfg_nc_abs"（公制单位制），单击【确定】按钮，进入 Creo Parametric 8.0 软件数控加工模块。

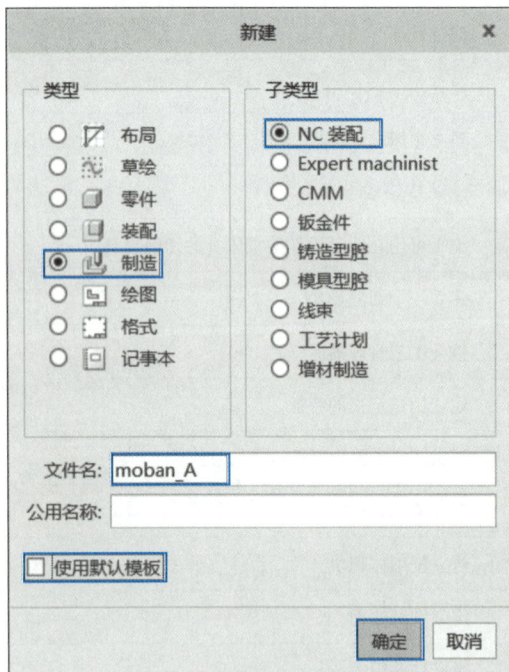

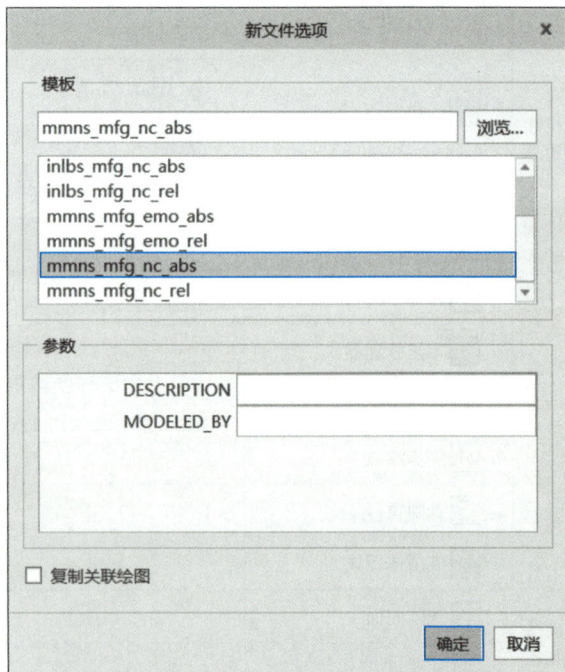

图 6-1-7　【新建】对话框　　　　　　　　　　图 6-1-8　【新文件选项】对话框

3. 以装配方式插入参照模型

单击【制造】选项卡/【元件】组/【参考模型】指令 ，在弹出的【打开】对话框中，选择"Creo＞模型＞项目 6＞6-1-1. prt"，单击【打开】按钮，模板模型"6-1-1"载入绘图区内，弹出【元件放置】

选项卡,在【当前约束】下拉列表中选择【默认】选项(图 6-1-9),单击【元件放置】选项卡/【确定】按钮,在弹出【警告】对话框中单击【确定】按钮,完成参照模型的放置。

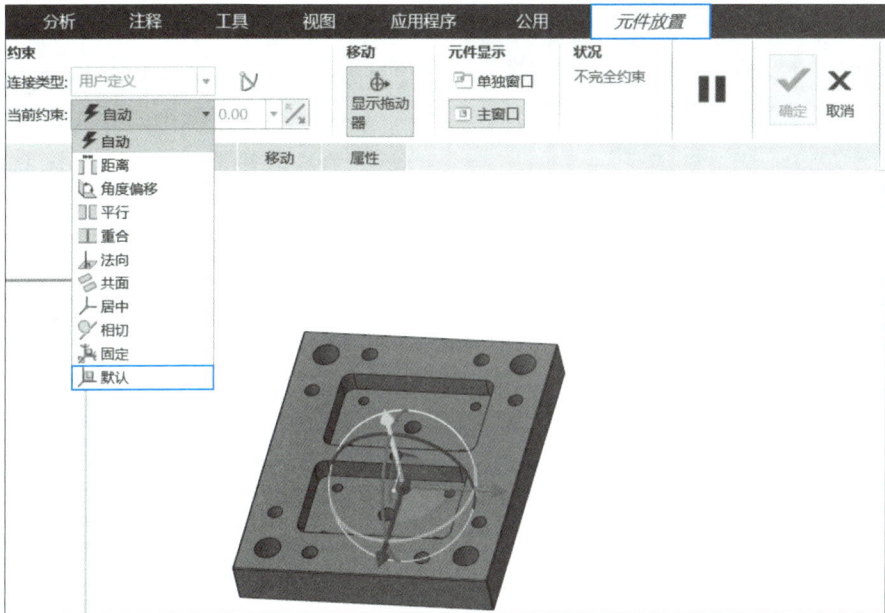

图 6-1-9　通过"默认"方式放置参考模型

4. 引入工件模型

单击【制造】选项卡/【元件】组/【自动工件】指令⚡(图 6-1-10),单击【创建自动工件】选项卡/【确定】按钮(图 6-1-11),系统自动生成尺寸为 300×250×40 的工件,如图 6-1-12 所示。

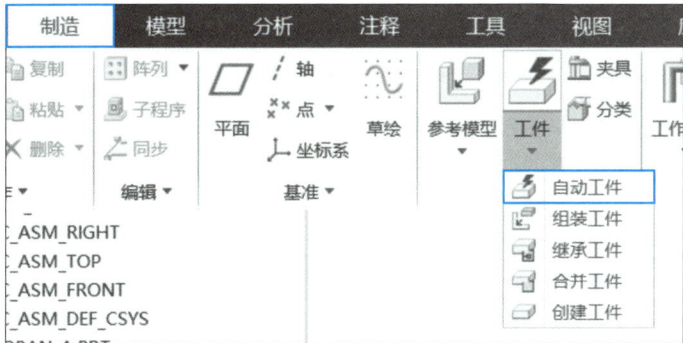

图 6-1-10　【自动工件】指令

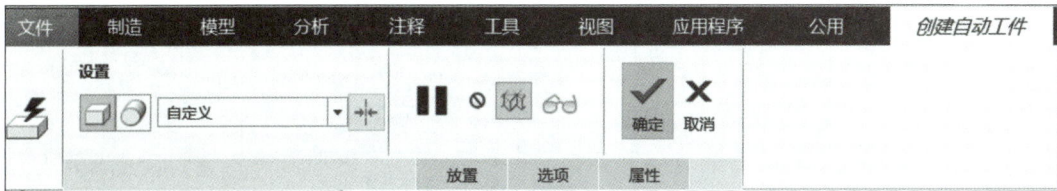

图 6-1-11　【创建自动工件】选项卡

5. 制造设置

（1）机床设置

单击【制造】选项卡/【工艺】组/【操作】指令，弹出【操作】选项卡，在选项卡右侧的【制造设置】下拉列表中选择【铣削】指令（图6-1-13），弹出【铣削工作中心】对话框（图6-1-14），采用默认设置（机床默认名称为"MILL01"，默认轴数为"3轴"），单击【确定】按钮，完成机床设置。

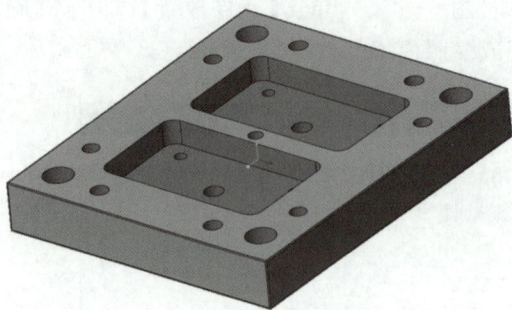

图 6-1-12　参考模型和工件

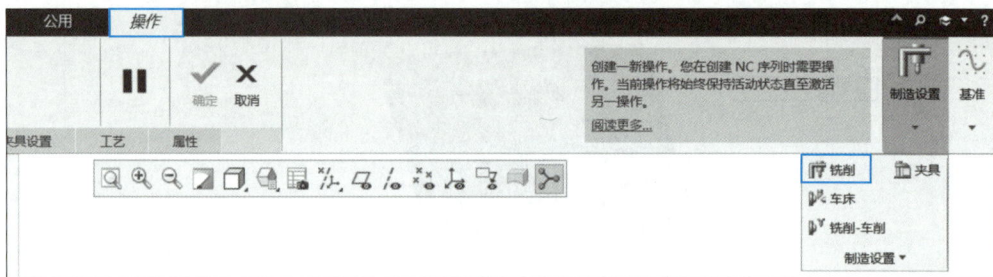

图 6-1-13　【制造设置】下拉列表

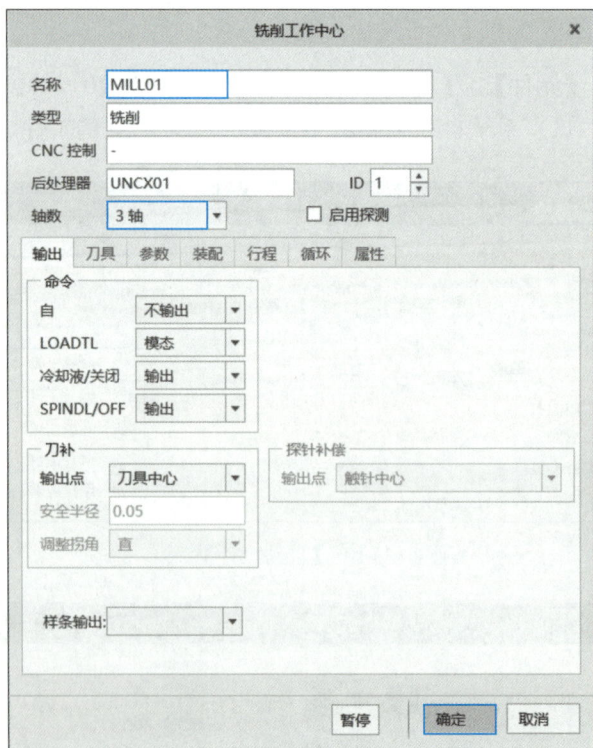

图 6-1-14　【铣削工作中心】对话框

（2）工件坐标系设置

① 在【操作】选项卡最右侧【基准】下拉列表中选择【坐标系】指令🔲，建立基准坐标系，弹出【坐标系】对话框。

② 按住 Ctrl 键，在模型树上选择基准面"NC_ASM_RIGHT"和"NC_ASM_FRONT"以及参考模型的面 1，单击【坐标系】对话框/【确定】按钮（图 6-1-15），建立了一个坐标原点在面 1 中心，Z 轴朝上的工件坐标系，如图 6-1-16 所示。

图 6-1-15　【坐标系】对话框

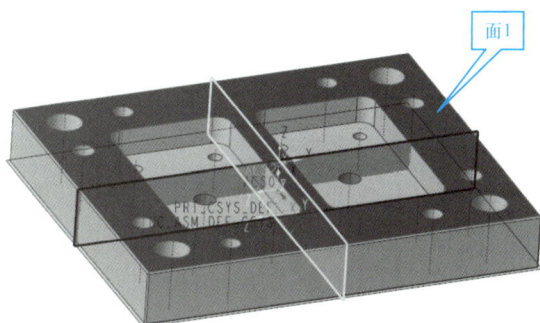

图 6-1-16　建立工件坐标系

操作技巧

　　如果生成的工件坐标系方向有问题，如 Z 轴朝下，可以通过改变【坐标系】对话框/【方向】选项卡的 X 或 Y 的方向（单击【反向】按钮），获得正确的坐标系，如图 6-1-17 所示。

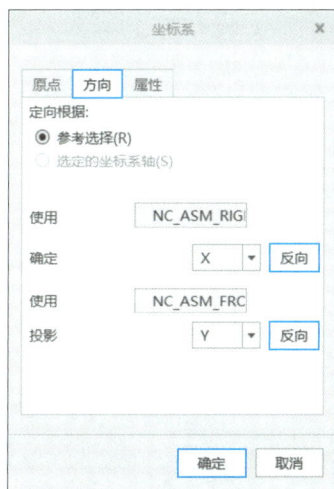

图 6-1-17　改变工件坐标系方向

（3）完成制造设置

单击【操作】选项卡中【确定】按钮（图 6-1-18），完成制造设置。

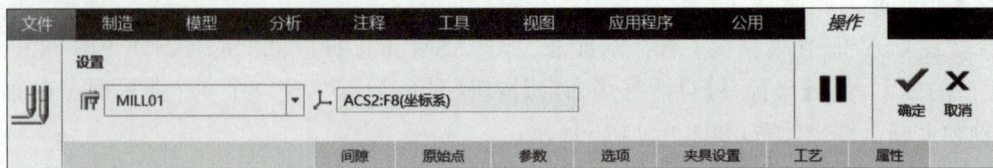

图 6-1-18　【操作】选项卡

6. 型腔粗加工

加工刀具：Φ16 平底端铣刀。

加工指令：【体积块粗加工】。

（1）启动指令

单击【铣削】选项卡/【铣削】组/【体积块粗加工】指令 。

（2）建立刀具

① 在弹出的【体积块铣削】选项卡【设置】组中，单击【刀具管理器】下拉列表中的【编辑刀具】指令，如图 6-1-19a 所示。

② 在弹出的【刀具设定】对话框中，按图 6-1-19b 所示，编辑刀具参数，单击【应用】和【确定】按钮，建立了 Φ16 平面端铣刀"T0001"。

(a)

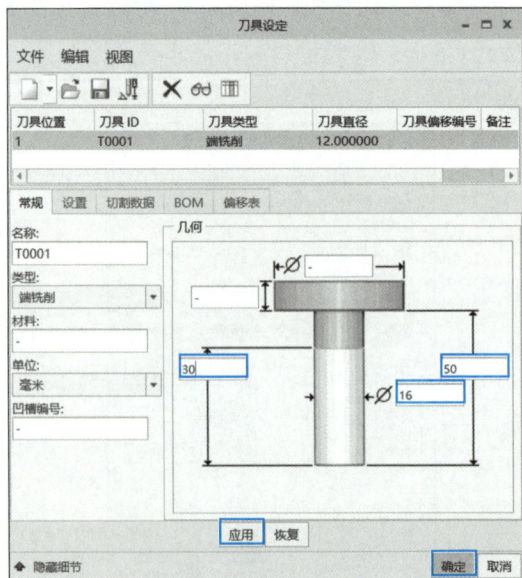

(b)

图 6-1-19　建立 Φ16 平底端铣刀"T0001"

（3）建立铣削窗口

① 在【体积块铣削】选项卡右侧的【几何】指令下拉列表中单击【铣削窗口】指令。

② 在弹出的【铣削窗口】选项卡/【设置】组中，单击【草绘窗口类型】指令，在绘图区选择模板上表面（面 1）作为窗口平面，单击【设置】组/【定义内部草绘】指令，如图 6-1-20 所示。

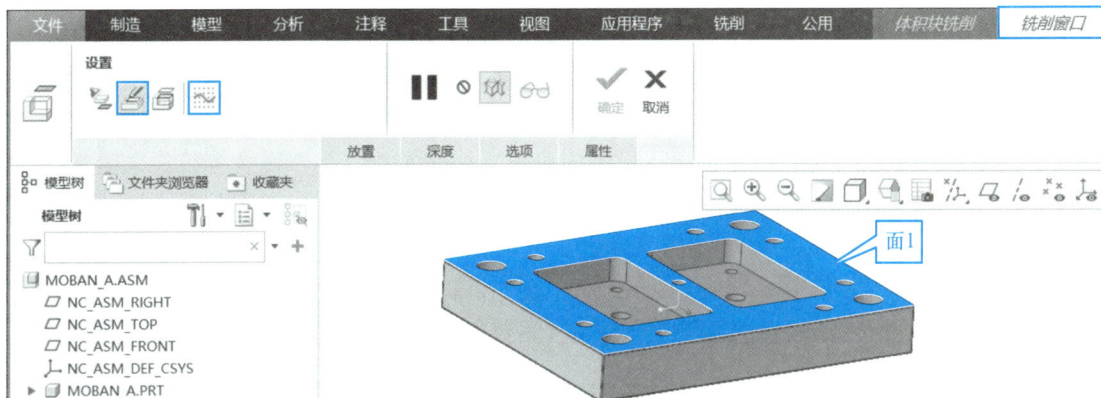

图 6-1-20 【铣削窗口】选项卡

③ 在弹出的【草绘】对话框，选择基准面"NC_ASM_RIGHT"为右向参考面，确定草图方向。

④ 取消基准轴、基准点、基准平面、基准坐标系的显示，将工件设为隐藏，将参考模型显示方式改为"消隐"模式。

⑤ 单击【草绘】选项卡/【草绘】组/【投影】指令，采用【链】方式，将模板上的两个方槽轮廓投影到草绘平面，如图 6-1-21 所示，单击【确定】按钮。

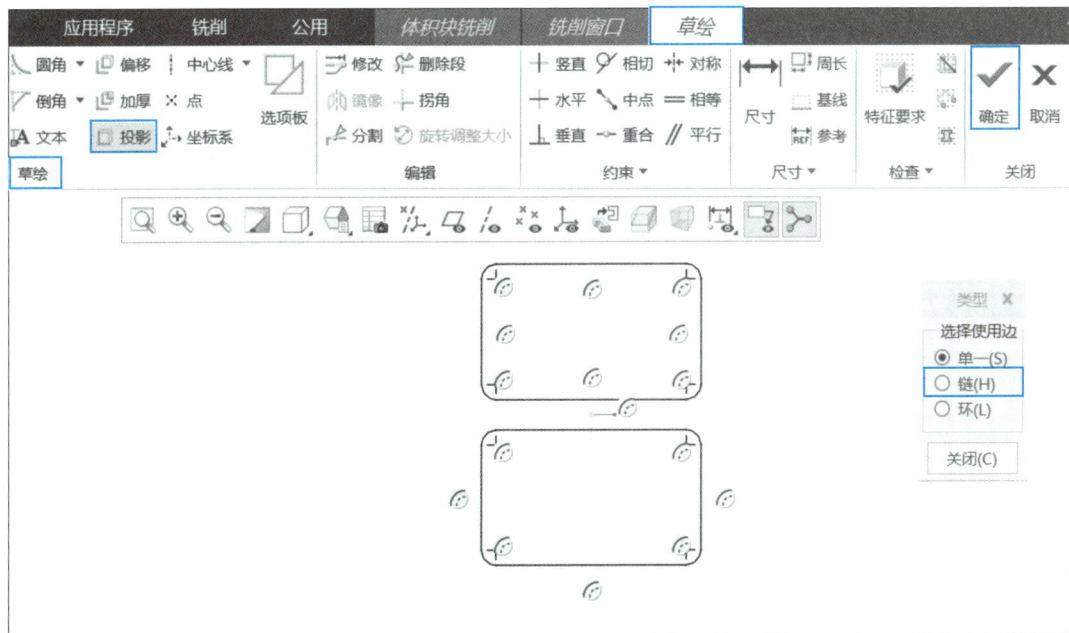

图 6-1-21 将两个轮廓投影到草绘平面

⑥ 单击【铣削窗口】选项卡/【确定】按钮，建立了两个铣削窗口，如图 6-1-22 所示。

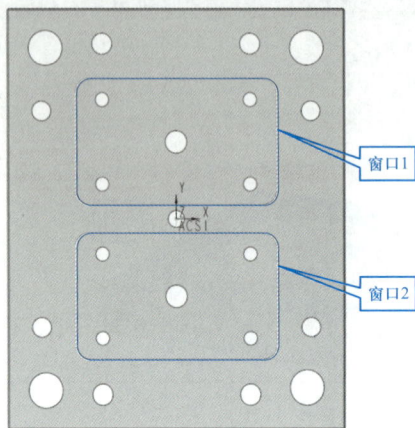

图 6-1-22　建立 2 个铣削窗口

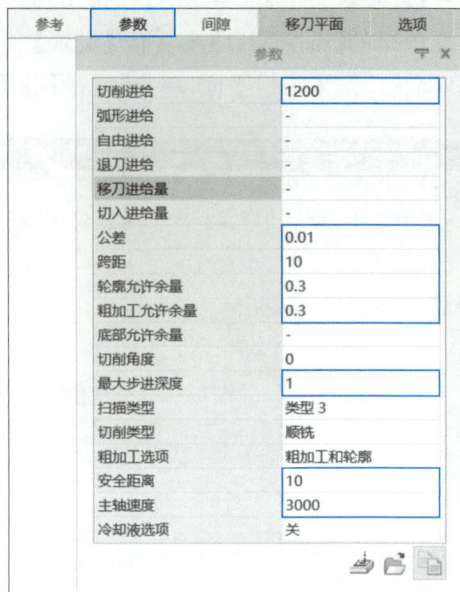

图 6-1-23　设置【体积块铣削】切削参数

（4）设置切削参数

单击【体积块铣削】选项卡/【参数】选项卡，按图 6-1-23 所示设置切削参数。

（5）设置退刀平面

① 单击【体积块铣削】选项卡/【间隙】选项卡，在"参考"收集栏中选择模板上表面，在"值"文本框中输入"10"，建立退刀平面，与模板上表面距离 10 mm，如图 6-1-24 所示。

② 单击【体积块铣削】选项卡/【确定】按钮，完成型腔粗加工的建立。

图 6-1-24　建立退刀平面

（6）演示刀具轨迹

① 在模型树上单击"1.体积块铣削1"，或右键单击"1.体积块铣削1"，在弹出的快捷工具栏中单击【播放路径】指令▯（图6-1-25a）。

② 在弹出的【播放路径】对话框中单击【向前播放】指令▶，观察刀具轨迹，如图6-1-25b所示。

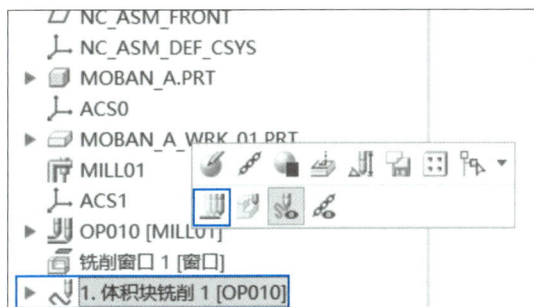

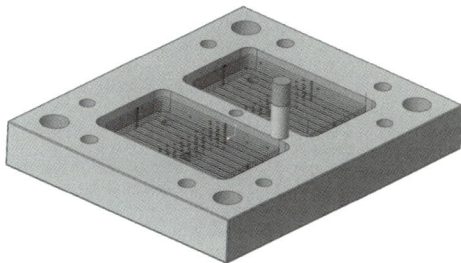

(a)　　　　　　　　　　　　　　　　(b)

图6-1-25　【体积块粗加工】刀具路径

（7）刀路仿真

① 在模型树上单击"1.体积块铣削1"，或右键点击"1.体积块铣削1"，在弹出的快捷工具栏中单击【材料移除仿真】指令▯（图6-1-26a）。

② 在弹出的【材料移除】选项卡中单击【启动仿真播放器】指令▶。

③ 在弹出的【播放仿真】对话框中单击【播放仿真】指令▶，观察切削仿真情况，如图6-1-26b所示。

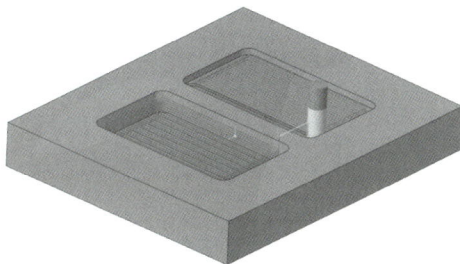

(a)　　　　　　　　　　　　　　　　(b)

图6-1-26　【体积块粗加工】材料移除仿真

7.型腔内壁精加工

加工刀具：Φ12平底端铣刀。

加工指令：【轮廓铣削】。

（1）启动指令

单击【铣削】选项卡/【铣削】组/【轮廓铣削】指令▯，弹出【轮廓铣削】选项卡。

（2）建立刀具

① 单击【轮廓铣削】选项卡/【设置】组/【刀具管理器】下拉列表中的【编辑刀具】指令。

② 在弹出的【刀具设定】对话框中，按如图 6-1-27 所示，编辑刀具参数，单击【应用】和【确定】按钮，建立 Φ12 平底端铣刀"T0002"。

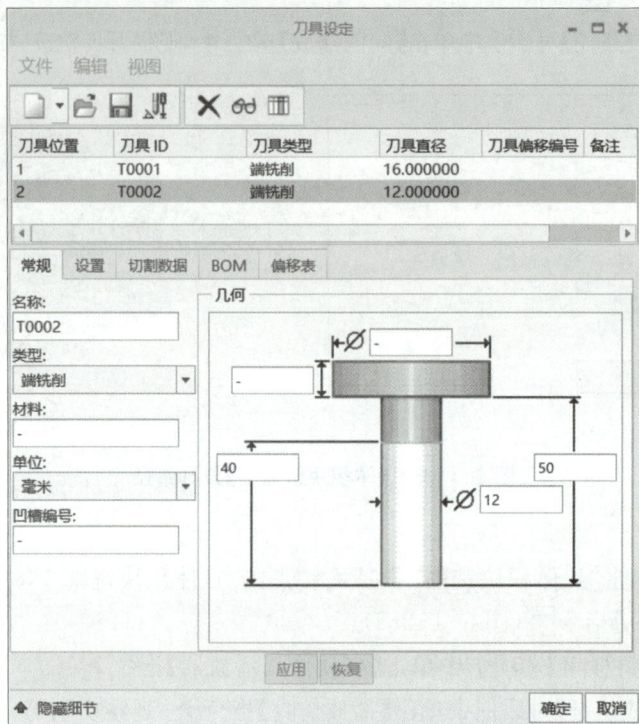

图 6-1-27　建立 Φ12 平底端铣刀"T0002"

（3）设置铣削曲面

单击【轮廓铣削】选项卡/【参考】选项卡，选择模板中两个方槽的侧壁为铣削参考曲面，如图 6-1-28 所示。

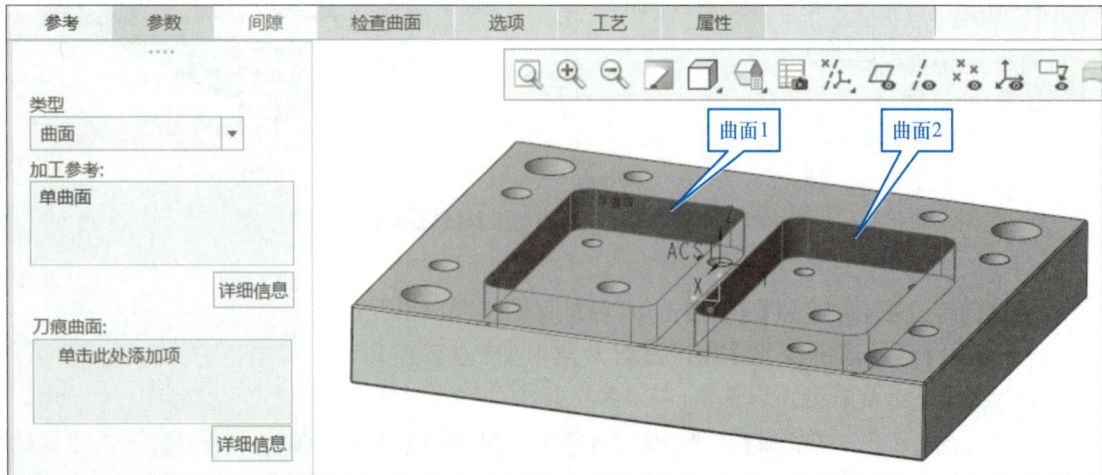

图 6-1-28　选择铣削参考曲面

（4）设置切削参数

单击【轮廓铣削】选项卡/【参数】选项卡,按如图 6-1-29 所示设置切削参数。

（5）设置退刀平面

① 单击【体积块铣削】选项卡/【间隙】选项卡,退刀平面仍然沿用【体积块粗加工】指令中退刀平面的设置。

② 单击【轮廓铣削】选项卡/【确定】按钮,完成型腔内壁精加工的建立。

（6）演示刀具轨迹

① 在模型树上单击"2.轮廓铣削 1",或右键单击"2.轮廓铣削 1",在弹出的快捷工具栏中单击【播放路径】指令▯▯。

② 在弹出的【播放路径】对话框中单击【向前播放】指令▶,观察刀具轨迹,如图 6-1-30 所示。

（7）刀路仿真

① 在模型树上选择"2.轮廓铣削 1",按住 Ctrl 键同时选中"1.体积块铣削 1",在弹出的快捷工具栏中单击【播放路径】指令▯▯。

② 在弹出的【材料移除】选项卡中单击【启动仿真播放器】指令▶。

③ 在弹出的【播放仿真】对话框中单击【播放仿真】指令▶,观察切削仿真情况,如图 6-1-31 所示。

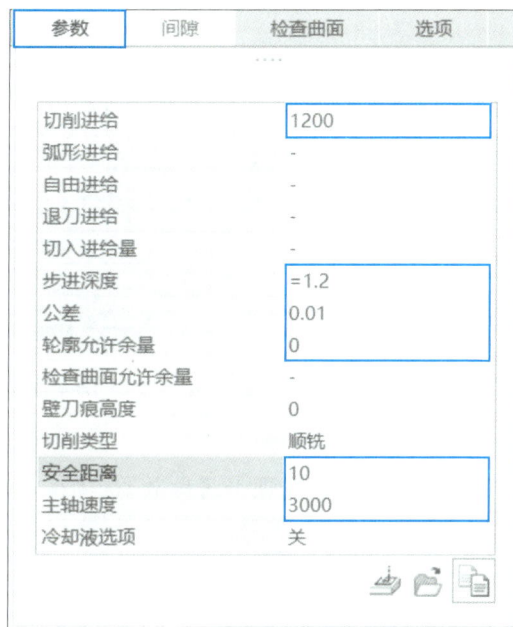

参数	间隙	检查曲面	选项
切削进给		1200	
弧形进给		-	
自由进给		-	
退刀进给		-	
切入进给量		-	
步进深度		=1.2	
公差		0.01	
轮廓允许余量		0	
检查曲面允许余量		-	
壁刀痕高度		0	
切削类型		顺铣	
安全距离		10	
主轴速度		3000	
冷却液选项		关	

图 6-1-29　设置【轮廓铣削】切削参数

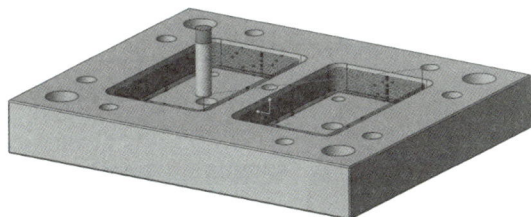

图 6-1-30　【轮廓铣削】刀具路径

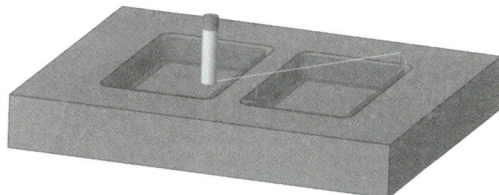

图 6-1-31　【轮廓铣削】材料移除仿真

8. 型腔底平面精加工

加工刀具:Φ12 平底端铣刀。

加工指令：【精加工】。

（1）启动指令

单击【铣削】选项卡/【铣削】组/【精加工】指令，弹出【精加工】选项卡。

（2）选择刀具

在【精加工】选项卡/【设置】组/【刀具管理器】下拉列表中选择"02：T0002"——Φ12 平底端铣刀。

（3）设置铣削窗口

单击【精加工】选项卡/【参考】选项卡，选择之前建立的铣削窗口 1，如图 6-1-32 所示。

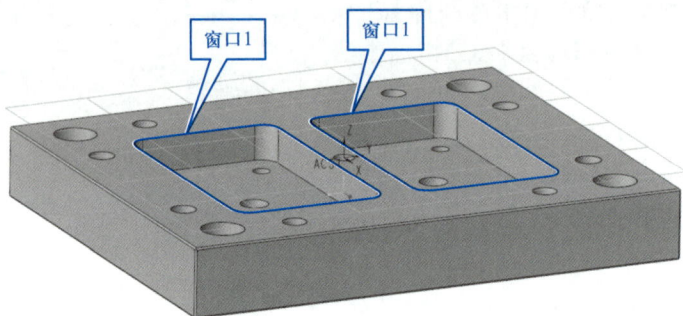

图 6-1-32　设置铣削窗口

（4）设置切削参数

单击【精加工】选项卡/【参数】选项卡，按图 6-1-33 所示设置切削参数。

（5）设置退刀平面

① 单击【精加工】选项卡/【间隙】选项卡，退刀平面仍然沿用【体积块粗加工】中退刀平面的设置。

② 单击【精加工】选项卡/【确定】按钮，完成型腔底平面精加工的建立。

（6）演示刀具轨迹

① 在模型树上单击或右键单击"3. 精加工 1"，在弹出的快捷工具栏中单击【播放路径】指令。

② 在弹出的【播放路径】对话框中单击【向前播放】指令，观察刀具轨迹，如图 6-1-34 所示。

（7）刀路仿真

① 将工件"MOBAN_A_WRK_01. PRT"设置为"显示"状态。

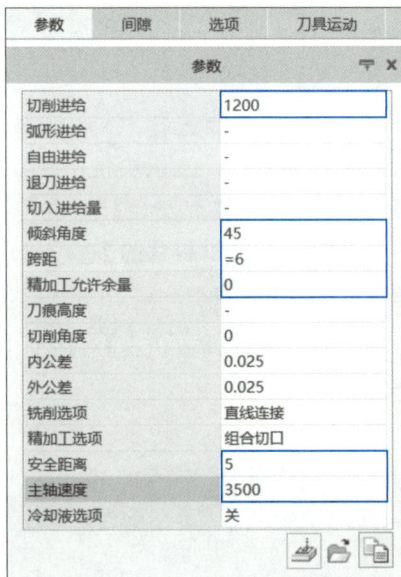

图 6-1-33　设置【精加工】切削参数

② 在模型树上选择"1. 体积块铣削 1"，按住 Ctrl 键同时选中"2. 轮廓铣削 1"和"3. 精加工 1"，在弹出的快捷工具栏中单击【播放路径】指令。

③ 在弹出的【材料移除】选项卡中单击【启动仿真播放器】指令。

④ 在弹出的【播放仿真】对话框中单击【播放仿真】指令，观察切削仿真情况，如图 6-1-35 所示。

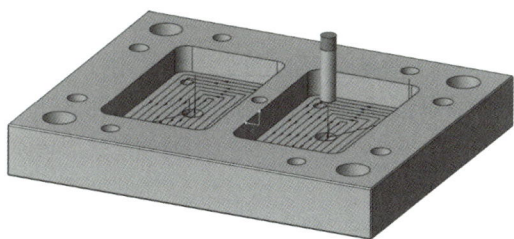

图 6-1-34　【精加工】刀具路径

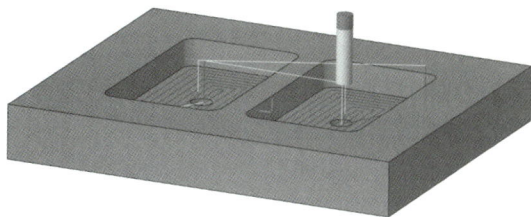

图 6-1-35　【精加工】材料移除仿真

9. 8 个 Φ10 顶针孔加工

（1）粗加工

加工刀具：Φ9.8 麻花钻头。

加工指令：【标准钻孔】。

> **操作技巧**
>
> 钻孔 Φ9.8，留 0.2 mm 加工余量，供下一步铰孔完成。

① 启动指令。单击【铣削】选项卡/【孔加工循环】组/【标准钻孔】指令 ，弹出【钻孔】选项卡。

② 建立刀具。单击【钻孔】选项卡/【设置】组/【刀具管理器】下拉列表中【编辑刀具】指令，在弹出的【刀具设定】对话框中建立名称为"T0003"的基本钻头，具体参数如图 6-1-36 所示。

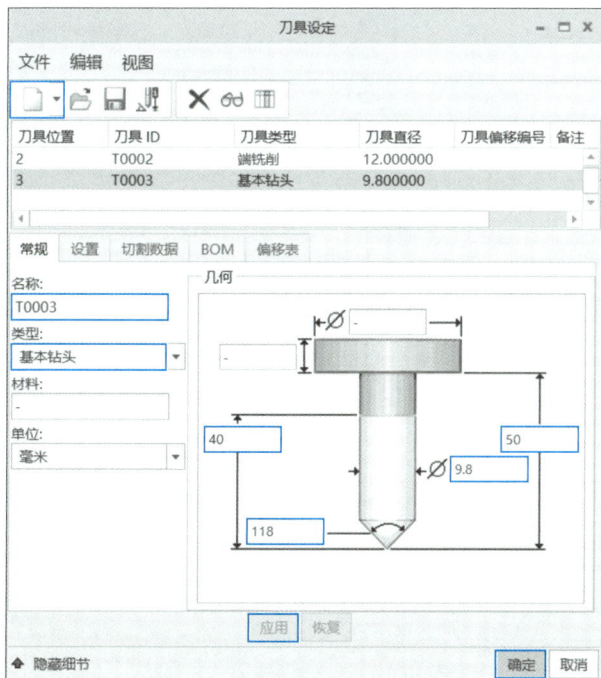

图 6-1-36　建立基本钻头"T0003"

③ 设置加工孔。单击【钻孔】选项卡/【参考】选项卡,在【孔】收集器中选择模板上 8 个 Φ10 的顶针孔轴线。

④ 设置切削参数。单击【钻孔】选项卡/【参数】选项卡,按如图 6-1-37 所示设置切削参数。

⑤ 设置退刀平面。单击【钻孔】选项卡/【间隙】选项卡,退刀平面仍然沿用以前的设置。

⑥ 单击【钻孔】选项卡/【确定】按钮,完成顶针孔粗加工的建立。

⑦ 使用【播放路径】指令 ▦ 和【材料移除仿真】指令 ▧ 检查刀具轨迹。

(2)精加工

加工刀具:Φ10 铰刀。

加工指令:【铰孔】。

切削进给	50
自由进给	-
退刀进给	-
公差	0.01
破断线距离	0
扫描类型	最短
安全距离	10
拉伸距离	5
主轴速度	200
冷却液选项	关

图 6-1-37 设置【钻孔】切削参数

① 启动指令。单击【铣削】选项卡/【孔加工循环】组/【铰孔】指令 ▥ ,弹出【铰孔】选项卡。

② 建立刀具。单击【铰孔】选项卡/【设置】组/【刀具管理器】下拉列表中【编辑刀具】指令,在弹出的【刀具设定】对话框中建立名称为"T0004"的铰刀,具体参数如图 6-1-38 所示。

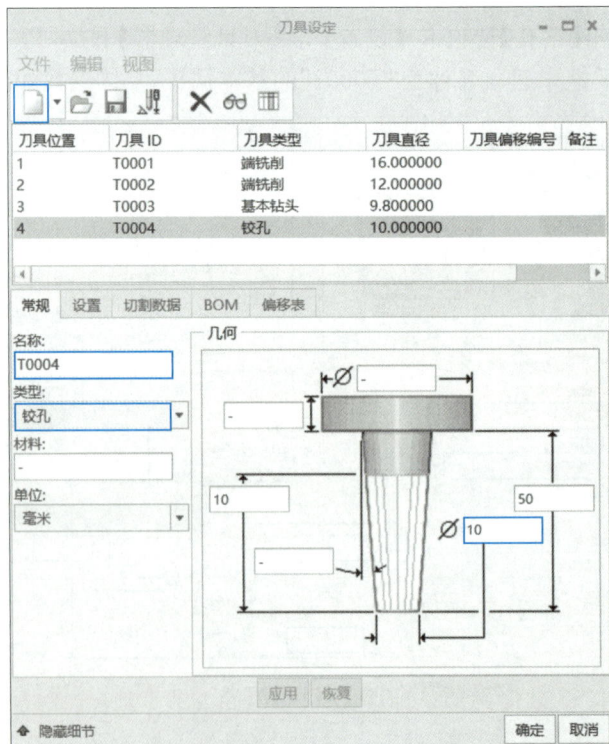

图 6-1-38 建立铰刀"T0004"

③ 设置加工孔。单击【铰孔】选项卡/【参考】选项卡,在【孔】收集器中选择模板上 8 个 Φ10 的顶针孔轴线。

④ 设置切削参数。单击【铰孔】选项卡/【参数】选择卡,铰孔切削参数仍然沿用钻孔的切削参数设置。

⑤ 设置退刀平面。单击【铰孔】选项卡/【间隙】选择卡,退刀平面仍然沿用以前的设置。

⑥ 单击【铰孔】选项卡/【确定】按钮,完成顶针孔精加工的建立。

⑦ 使用【播放路径】指令 和【材料移除仿真】指令 检查刀具轨迹。

10. Φ12 模板中心孔的加工

Φ12 模板中心孔的加工仍然采用钻孔粗加工,铰孔精加工的加工流程,具体操作步骤可参考 Φ10 顶针孔的操作步骤。

思考练习

1. 我国工程技术人员在使用 Creo 软件进行数控编程时,使用的单位制一般是(   )。

(A) inlbs_mfg_emo_abs (B) inlbs_mfg_nc_abs

(C) mmns_mfg_emo_rel (D) mmns_mfg_nc_abs

2. Creo Parametric 8.0 软件 NC 模块加载参考模型的方法不包括(   )。

(A) 创建参考模型 (B) 组装参考模型

(C) 继承参考模型 (D) 合并参考模型

3. 按如图 6-1-39 所示零件图建模,并使用 Creo Parametric 8.0 软件 NC 模块完成数控加工程序编制。

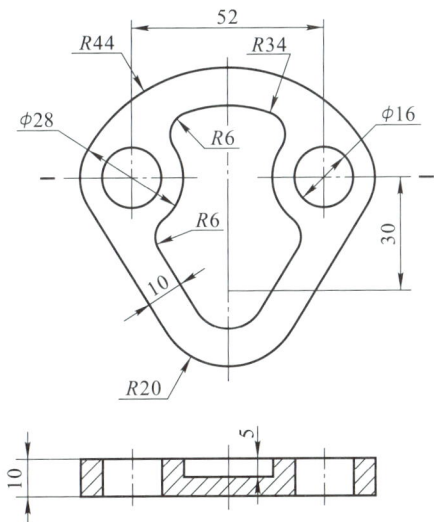

图 6-1-39 零件图

4. 按如图 6-1-40 所示零件图建模,并使用 Creo Parametric 8.0 软件 NC 模块完成数控加工程序编制。

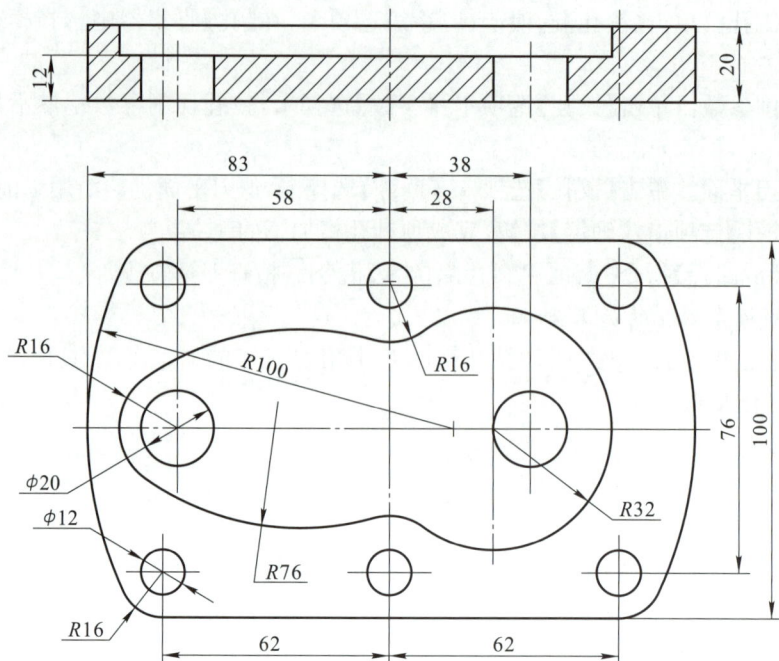

图 6-1-40　零件图

5. 按如图 6-1-41 所示零件图建模，并使用 Creo Parametric 8.0 软件 NC 模块完成数控加工程序编制。

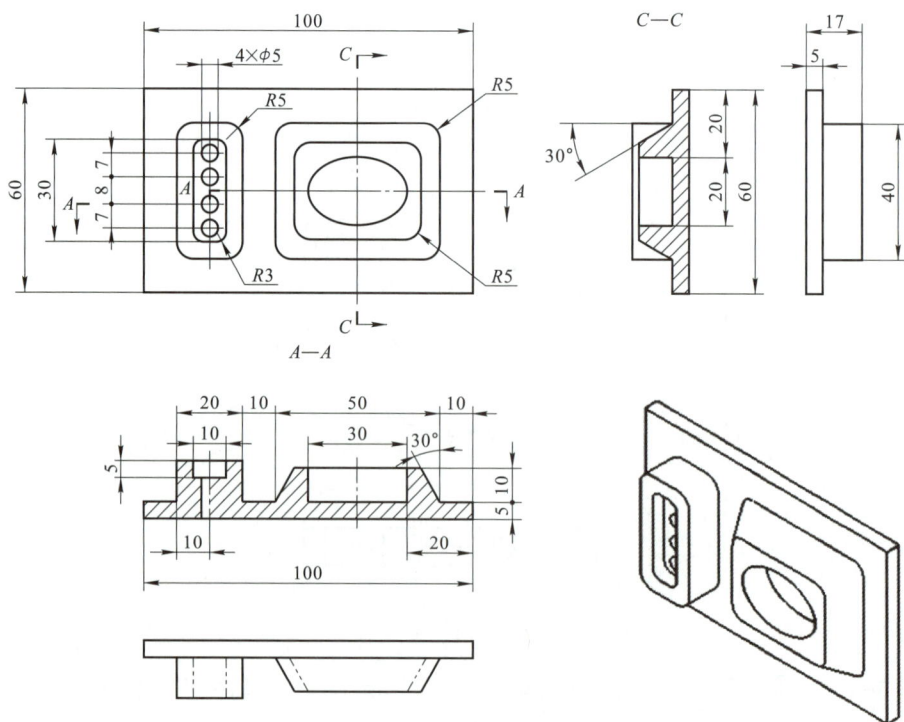

图 6-1-41　零件图

任务 ②　手机后盖凹模零件加工

▼ 学习目标

通过对手机后盖凹模零件的数控加工程序编制,继续熟悉 Creo Parametric 8.0 软件数控编程加工的一般过程及操作方法;掌握【粗加工】【重新粗加工】【精加工】【曲面铣削】【腔槽铣削】等常见加工指令的参数设置原则和操作方法;夯实刀具选用和加工工艺参数制定的原则和方法;继续熟悉刀路验证和仿真的方法与流程。

▼ 任务引入

如图 6-2-1 是某款手机后盖凹模三维模型,模具材料选用 3CrMo,毛坯规格:152×92×22(长×宽×高)。要求:在分析模具零件的基础上,制定合理可行的数控加工工艺方案,生成加工刀具路径,并进行验证。

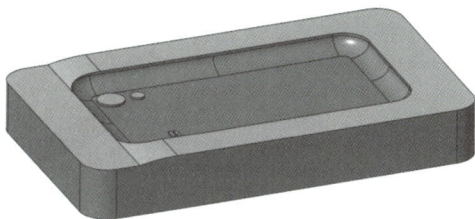

图 6-2-1　后盖凹模三维模型

▼ 任务分析

后盖凹模加工步骤见表 6-2-1。

表 6-2-1　后盖凹模加工步骤

1.建立工艺文件,插入参照模型,建立毛坯工件	2.建立三轴铣削机床,并设置加工坐标系	3.使用【粗加工】指令对表面和型腔进行整体粗加工	4.使用【重新粗加工】指令对表面和型腔进行半精加工
5.使用【精加工】指令对工件表面进行初次精加工	6.使用【曲面铣削】指令对 R65 过渡曲面进行精加工	7.使用【精加工】指令对底平面进行精加工	8.使用【腔槽铣削】指令对圆角曲面(四周)进行精加工

▼ 知识链接

常用铣削加工指令的名称、图标和功能,见表 6-2-2。

表 6-2-2　常用铣削加工指令的名称、图标和功能

序号	指令名称	图标	功能
1	表面		对工件进行表面加工
2	体积块粗加工		2.5 轴逐层铣削,用于从指定的体积块移除材料
3	粗加工		用于移除"铣削窗口"边界内所有材料的高速铣削指令
4	钻削式粗加工		2.5 轴深型腔铣削粗加工,使用平底刀具连续重叠切入材料
5	重新粗加工		仅加工上一"粗加工"或"重新粗加工"指令无法到达的区域
6	局部铣削		用于移除"体积块""轮廓""逆铣"或"轮廓曲面"铣削,或另一个局部铣削指令之后剩下的材料(通常用较小的刀具)。也可用于清理指定拐角的材料
7	曲面铣削		水平或倾斜曲面的 3 到 5 轴铣削。有数种定义切削的方法可供选择
8	逆铣		水平曲面的 3 到 5 轴铣削。刀具在铣削曲面上按已定义的角度移动
9	轮廓铣削		竖直或倾斜曲面的 3 到 5 轴铣削
10	精加工		用于在"粗加工"和"重新粗加工"后加工参考零件的细节部分
11	拐角精加工		3 轴铣削,自动加工先前的球头铣刀不能到达的拐角或凹处
12	腔槽加工		2.5 轴水平、竖直或倾斜曲面铣削。腔槽壁的铣削方法类似于"轮廓铣削",腔槽底部的铣削类似于"体积块"铣削中的底面铣削
13	侧刃铣削		5 轴连续水平或倾斜曲面的铣削,用刀具侧面进行切削
14	轨迹		3 到 5 轴铣削,刀具沿指定轨迹移动
15	自定义轨迹		通过交互式指定刀具控制点的轨迹来定义 3 轴到 5 轴轨迹铣削的刀具路径
16	雕刻		3 到 5 轴铣削,刀具沿"槽"修饰特征或曲线移动
17	螺纹铣削		3 轴螺旋铣削
18	钻孔		钻孔、镗孔、攻丝
19	自动钻孔		使用选定的坐标系或退刀平面对选定的孔进行自动钻削

任务实施

1. 建立工作文件夹,设置工作目录

新建文件夹:在电脑适当位置新建文件夹,将本书配套素材文件"Creo>模型>项目6>6-2-1.prt",即手机后盖凹模模型复制到该文件夹下。启动 Creo Parametric 8.0 软件,将该目录设置为工作目录。

2. 建立数控加工工艺文件

单击【文件】选项卡/【新建】指令 ，弹出【新建】对话框,在"类型"中选择"制造"选项,在"子类型"中选择"NC装配"选项,在"文件名"文本框中输入"hougai_mold_A",选择"mmns_mfg_nc_abs"(公制单位制),单击【确定】按钮,进入 Creo Parametric 8.0 软件数控加工模块。

3. 以装配方式插入参照模型

单击【制造】选项卡/【元件】组/【参考模型】指令 ，在弹出的【打开】对话框中,选择工作目录下文件"6-2-1.prt",单击【打开】按钮,手机后盖凹模模型载入绘图区内,发现模具零件坐标系"CSO"和加工坐标系"NC_ASM_DEF_CSYS"方向不一致,单击【放置】指令,弹出【元件放置】选项卡,分别选取"CSO"和"NC_ASM_DEF_CSYS"两个坐标系,系统自动选择装配约束类型为"重合",单击【确定】按钮,完成参照模型放置,如图 6-2-2 所示。

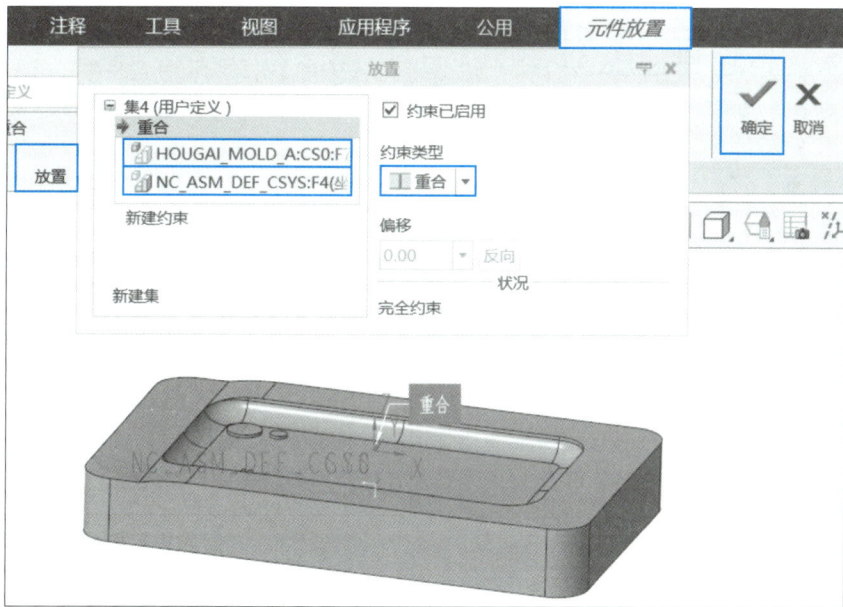

图 6-2-2　放置参考模型

4. 建立工件

① 单击【制造】选项卡/【工件】组/【创建工件】指令 ，弹出"输入零件名称"文本框,输入"hougai_mold_A_wrk",单击【确定】按钮 ，弹出【菜单管理器】,依次单击【实体】【形状】,如图 6-2-3 所示,单击【完成】。

② 弹出【拉伸】选项卡,单击选项卡右上角【基准】下拉列表中【草绘】指令,弹出【草绘】选项

卡,选择零件底面为草绘平面,利用【投影】指令 ,选取零件周边轮廓线绘制草图,回到【拉伸】选项卡中,输入拉伸长度"22",单击【确定】按钮,完成工件毛坯建立,如图6-2-4所示。

图6-2-3　【菜单管理器】

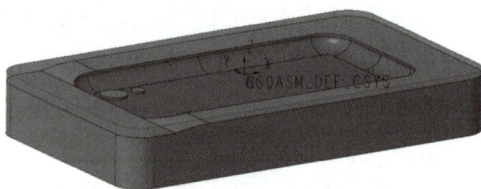

图6-2-4　建立工件

5.制造设置

(1)机床设置

单击【制造】选项卡/【工艺】组/【操作】指令 ,弹出【操作】选项卡,在选项卡右侧的【制造设置】下拉列表中选择【铣削】指令,弹出【铣削工作中心】,采用默认设置(机床默认名称为"MILL01",默认轴数为"3轴"),单击【确定】按钮,完成机床设置。

(2)工件坐标系设置

单击【操作】选项卡/【程序零点】收集器指令 ,在模型树上选择"NC_ASM_DEF_CSYS"坐标系,使加工坐标系与工件坐标系重合。单击【确定】按钮(图6-2-5),完成工作坐标系设置。

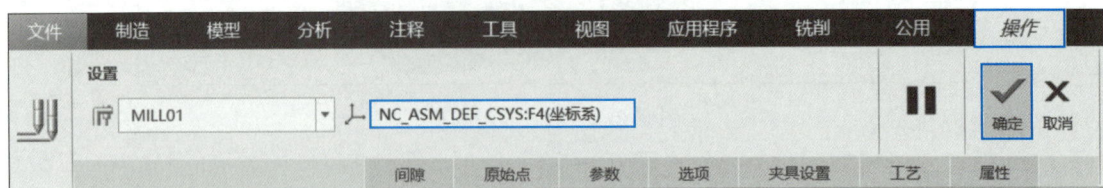

图6-2-5　【操作】选项卡

6.表面和型腔粗加工

加工刀具:Φ12端铣刀。

加工指令:【粗加工】。

留加工余量 0.5 mm。

(1) 启动指令

单击【铣削】选项卡/【铣削】组/【粗加工】指令 。

(2) 建立刀具

单击【粗加工】选项卡/【设置】组/【刀具管理器】下拉列表中【编辑刀具】指令,弹出【刀具设定】对话框,按如图 6-2-6 所示,编辑刀具参数,建立 Φ12 端铣刀"T0001"。

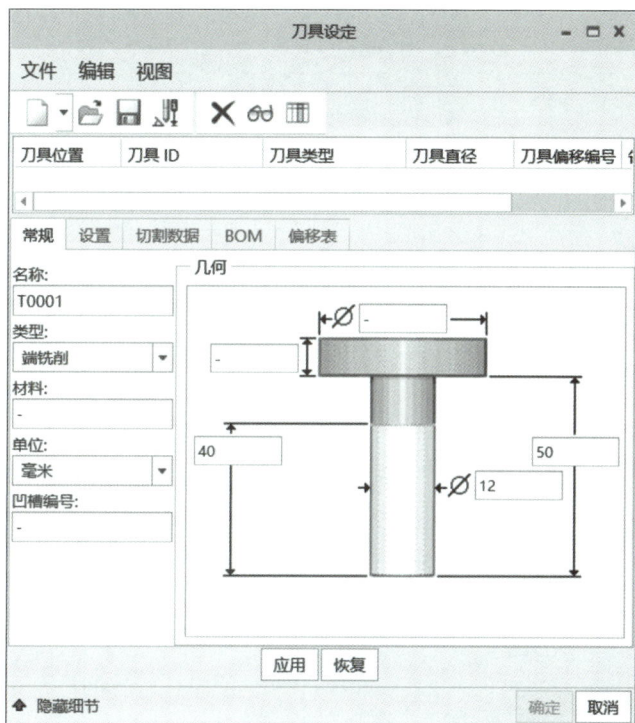

图 6-2-6 建立 Φ12 端铣刀"T0001"

(3) 建立铣削窗口

① 在【粗加工】选项卡右侧的【几何】指令 下拉列表中单击【铣削窗口】指令 。

② 在弹出的【铣削窗口】选项卡/【设置】组中,单击【草绘窗口类型】指令 ,在绘图区选择工件上表面(面 1)作为窗口平面(图 6-2-7),单击【设置】组/【定义内部草绘】 指令。

③ 在弹出的【草绘】对话框,选择基准面"NC_ASM_RIGHT"为右向参考面,确定草图方向。

图 6-2-7 选择参考模型上表面为窗口平面

④ 进入草绘工作界面,单击【草绘】选项卡/【草绘】组/【投影】指令,采用【链】方式,将工件轮廓定义为草绘窗口,单击【确定】按钮,完成窗口定义,如图 6-2-8 所示。

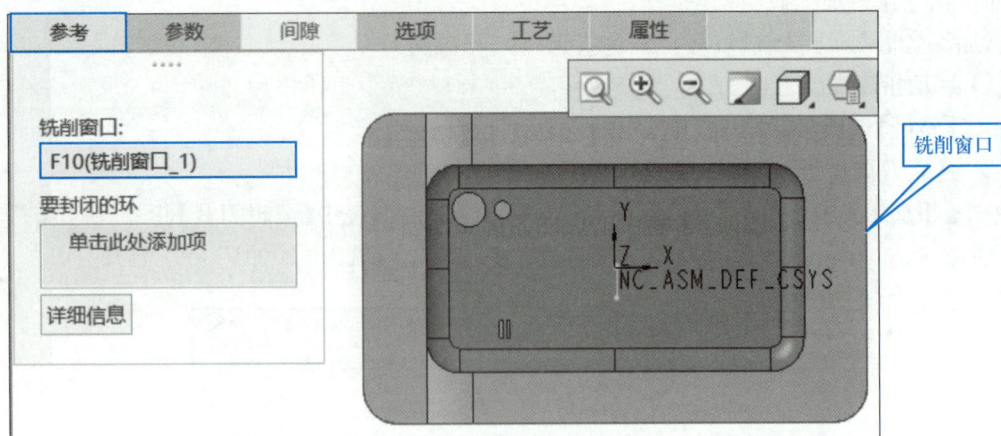

图 6-2-8　建立铣削窗口

（4）设置切削参数

单击【粗加工】选项卡/【参数】选项卡，按如图 6-2-9 所示设置切削参数。

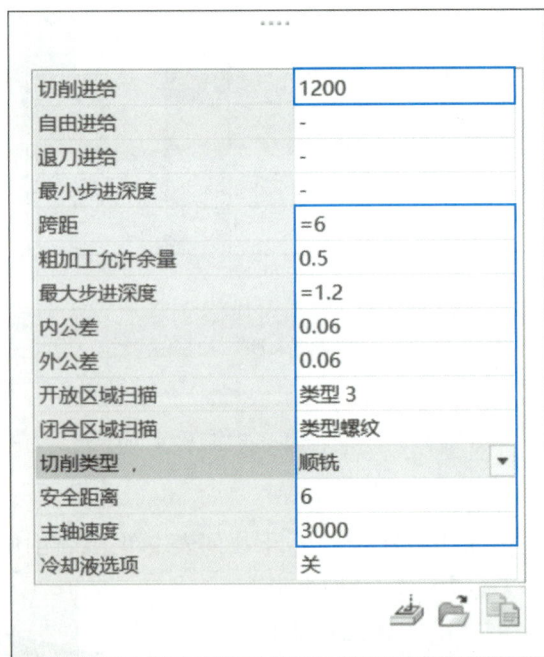

图 6-2-9　设置【粗加工】切削参数

（5）设置退刀平面

① 单击【粗加工】选项卡/【间隙】选项卡，在"参考"收集栏中选择后盖凹模上表面，在"值"文本框中输入"10"，建立退刀平面与后盖凹模上表面距离 10 mm，如图 6-2-10 所示。

② 单击【粗加工】选项卡/【确定】按钮，完成表面和型腔粗加工的建立。

图 6-2-10　建立退刀平面

（6）检查刀具轨迹

① 在模型树上单击"1. 粗加工 1"，在弹出的快捷工具栏中单击【播放路径】指令，进行刀具加工路径的仿真（图 6-2-11），用于帮助优化加工策略。

② 在毛坯工件处于显示状态下，在模型树上单击"1. 粗加工 1"，在弹出的快捷工具栏中单击【材料移除仿真】指令，进行材料去除过程的仿真（图 6-2-12），用于检查刀具路径的合理性。

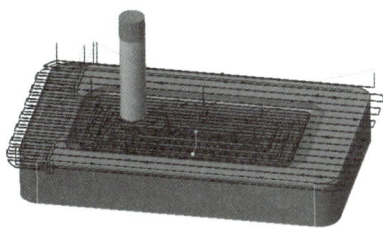

图 6-2-11　【表面和型腔粗加工】刀具路径

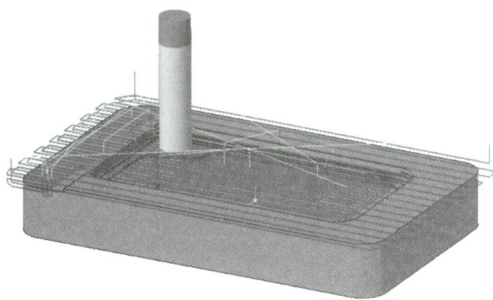

图 6-2-12　【表面和型腔粗加工】材料移除仿真

7. 表面和型腔半精加工

加工刀具：Φ10R1 圆鼻铣刀。

加工指令：【重新粗加工】。

留加工余量 0.2 mm。

（1）启动指令

单击【铣削】选项卡/【铣削】组/【重新粗加工】指令。

（2）建立刀具

单击【粗加工】选项卡/【设置】组/【刀具管理器】下拉列表中【编辑刀具】命令，弹出【刀具设定】对话框，单击【新建刀具】指令，按如图 6-2-13 所示编辑刀具参数，建立 Φ10R1 圆鼻铣刀"T0002"。

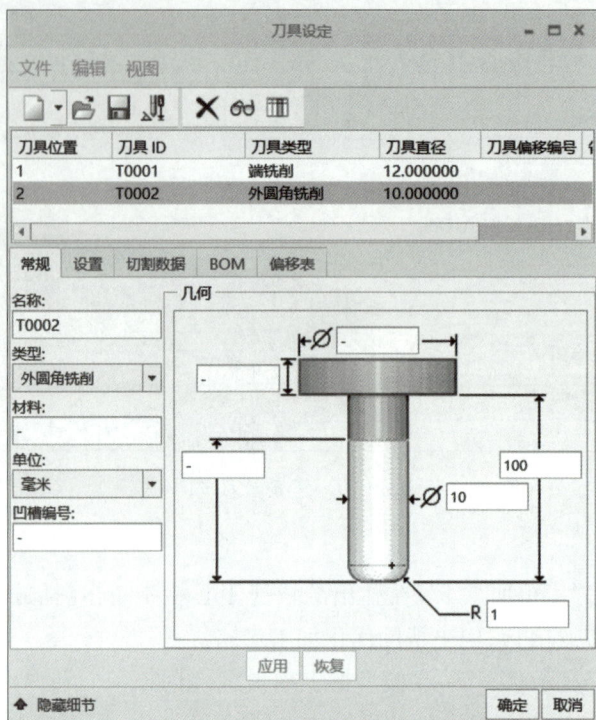

图 6-2-13　建立 $\Phi10R1$ 圆鼻铣刀"T0002"

（3）建立铣削窗口

单击【重新粗加工】选项卡/【参考】选项卡，在模型树上选择"铣削窗口 1"，作为铣削窗口。

（4）设置切削参数

单击【重新粗加工】选项卡/【参数】选项卡，按如图 6-2-14 所示设置切削参数。

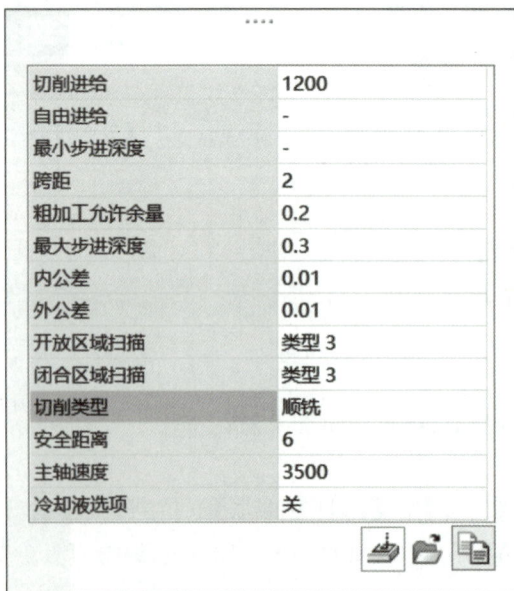

图 6-2-14　设置【重新粗加工】切削参数

（5）设置退刀平面

单击【重新粗加工】选项卡/【间隙】选项卡，继续沿用【粗加工】的退刀平面设置。

（6）选择前序加工刀路

在【重新粗加工】选项卡/【设置】组/【刀路选择】指令下拉菜单中，选择"1.粗加工 1"作为前序刀路，如图 6-2-15 所示。

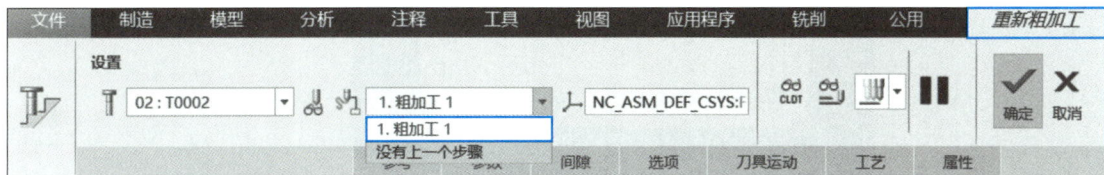

图 6-2-15　选择"1.粗加工 1"为前序刀路

（7）检查刀具轨迹

① 在模型树上单击"2.重新粗加工 1"，在弹出的快捷工具栏中单击【播放路径】指令，进行刀具加工路径的仿真。

② 在毛坯工件处于显示状态下，在模型树上单击"1.粗加工 1"，按下 Ctrl 键再选择"2.重新粗加工 1"，在弹出的快捷工具栏中单击【材料移除仿真】指令，进行材料去除过程的仿真。

8. 表面精加工

加工刀具：Φ12 立铣刀。

加工方法：【精加工】。

（1）启动指令

单击【铣削】选项卡/【铣削】组/【精加工】指令。

（2）选择刀具

在【精加工】选项卡/【设置】组/【刀具管理器】下拉列表中选择"01：T0001"——Φ12 端铣刀，作为本程序加工刀具，如图 6-2-16 所示。

图 6-2-16　【精加工】选项卡选择刀具

（3）建立铣削窗口

① 在【精加工】选项卡右侧的【几何】指令下拉列表中单击【铣削窗口】指令。

② 在弹出的【铣削窗口】选项卡/【设置】组中，单击【草绘窗口类型】指令，在绘图区选择工件上表面作为窗口平面，单击【设置】组/【定义内部草绘】指令。

③ 在弹出的【草绘】对话框，选择基准面"NC_ASM_RIGHT"为右向参考面，确定草图方向。

④ 进入草绘界面，单击【草绘】选项卡/【草绘】组/【投影】指令，采用【链】方式，将工件轮廓定

义为草绘窗口,单击【确定】按钮,完成窗口定义,如图 6-2-17 所示。

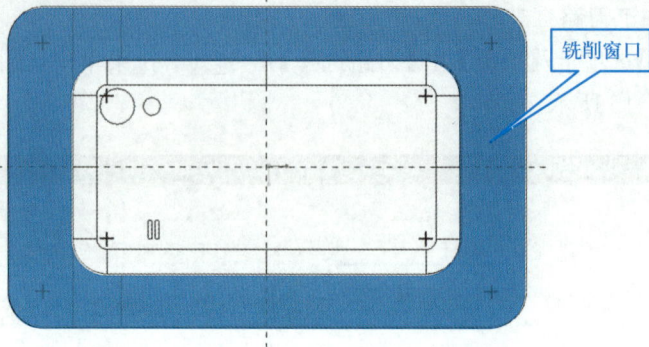

铣削窗口

图 6-2-17　建立铣削窗口

（4）设置切削参数

单击【精加工】选项卡/【参数】选项卡,按如图 6-2-18 所示设置切削参数。

切削进给	1200
弧形进给	-
自由进给	-
退刀进给	-
切入进给量	-
倾斜角度	45
跨距	3
精加工允许余量	0
刀痕高度	-
切削角度	0
内公差	0.01
外公差	0.01
铣削选项	直线连接
精加工选项	组合切口
安全距离	6
主轴速度	4000
冷却液选项	关

图 6-2-18　设置【精加工】切削参数

（5）设置退刀平面

单击【精加工】选项卡/【间隙】选项卡,继续沿用之前程序的退刀平面设置。

（6）检查刀具轨迹

① 在模型树上单击"3.精加工 1",在弹出的快捷工具栏中单击【播放路径】指令▮▮,进行刀

具加工路径的仿真,用于帮助优化加工策略。

② 在毛坯工件处于显示状态下,在模型树上同时选择"1. 粗加工 1""2. 重新粗加工 1"和"3. 精加工 1",在弹出的快捷工具栏中单击【材料移除仿真】指令 ,进行材料去除过程的仿真,用于检查刀具路径的合理性。

9. R65 过渡曲面精加工

加工刀具:Φ6 球头铣刀。

加工指令:【曲面铣削】。

(1) 启动指令

单击【铣削】选项卡/【铣削】组/【曲面铣削】指令。

(2) 序列设置

在弹出的【序列设置】菜单管理器中单击【刀具】【参数】【曲面】【定义切削】(在前面的方框中打√),单击【完成】。

(3) 建立刀具

在弹出的【刀具设定】对话框中,按如图 6-2-19 建立 Φ6 球头铣刀"T0003"并设置刀具参数,单击【确定】按钮,完成刀具定义。

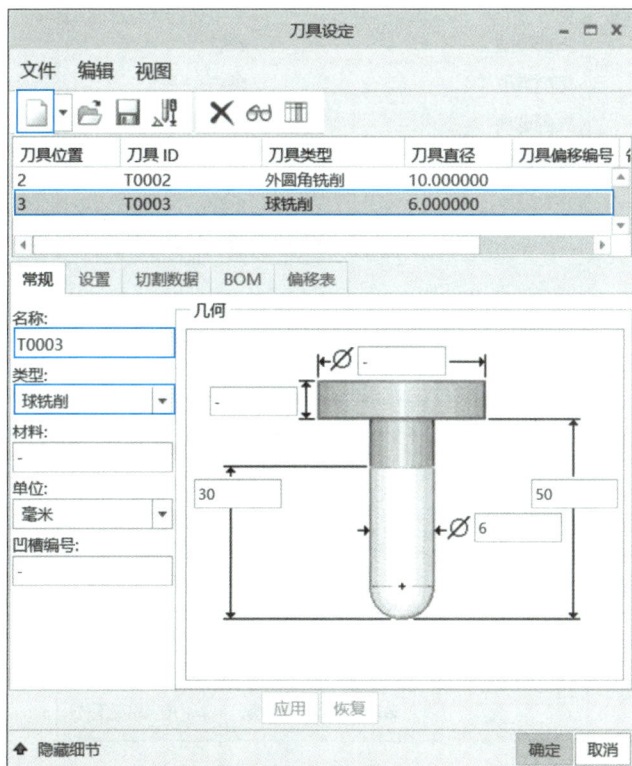

图 6-2-19　建立 Φ6 球头铣刀"T0003"

(4) 设置切削参数

在弹出的【编辑序列参数"曲面铣削"】对话框中,按如图 6-2-20 所示设置切削参数。单击

【确定】按钮,完成参数设置。

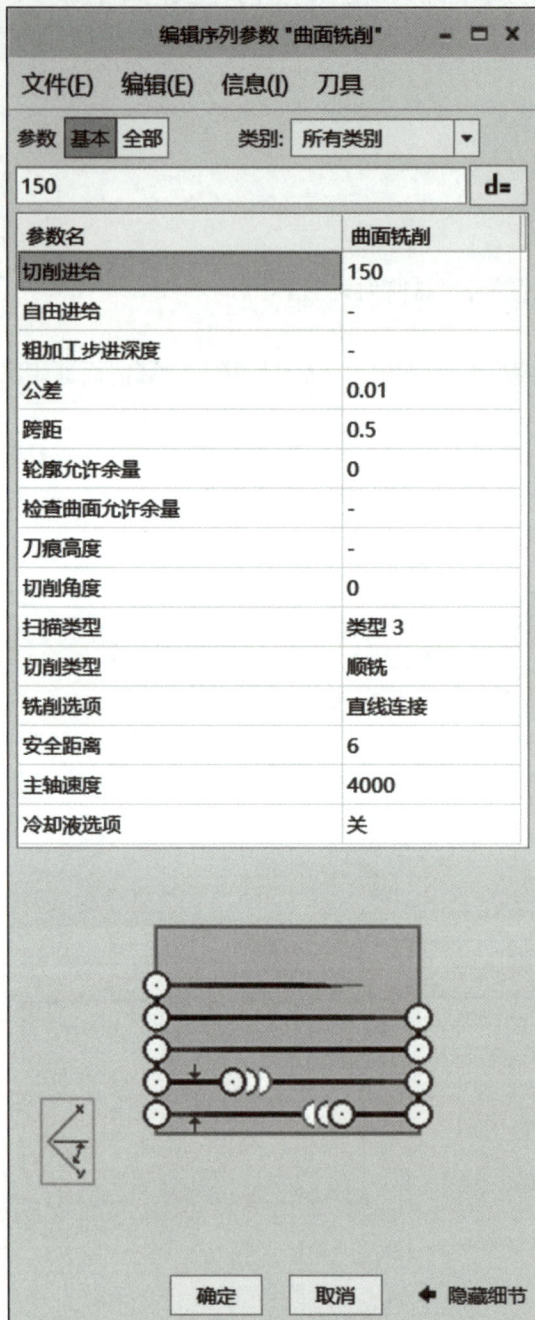

图 6-2-20　设置【曲面铣削】切削参数

(5) 选择加工曲面

弹出【NC 序列曲面】菜单管理器,用鼠标选取手机后盖凹模 $R65$ 过渡曲面,如图 6-2-21 所示,在【NC 序列曲面】菜单管理器中单击【完成】,完成加工曲面选择。

（6）检查刀具轨迹

① 在模型树上单击"4.曲面铣削"，在弹出的快捷工具栏中单击【播放路径】指令▥▥，进行刀具加工路径的仿真。

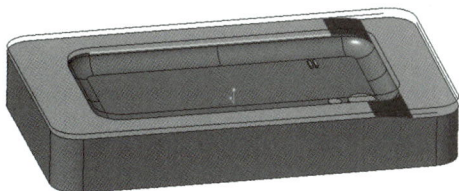

图 6-2-21　选择加工曲面

② 在毛坯工件处于显示状态下，在模型树上同时选择"1.粗加工 1""2.重新粗加工 1""3.精加工 1"和"4.曲面铣削"，在弹出的快捷工具栏中单击【材料移除仿真】指令▤，进行材料去除过程的仿真。

10．底平面精加工

加工刀具：Φ6 平底铣刀。

加工指令：【精加工】。

（1）启动指令

单击【铣削】选项卡/【铣削】组/【精加工】▥ 指令。

（2）建立刀具

单击【精加工】选项卡/【设置】组/【刀具管理器】下拉列表中【编辑刀具】指令，在弹出的【刀具设定】对话框中建立 Φ6 平底铣刀"T0004"，具体参数如图 6-2-22 所示。

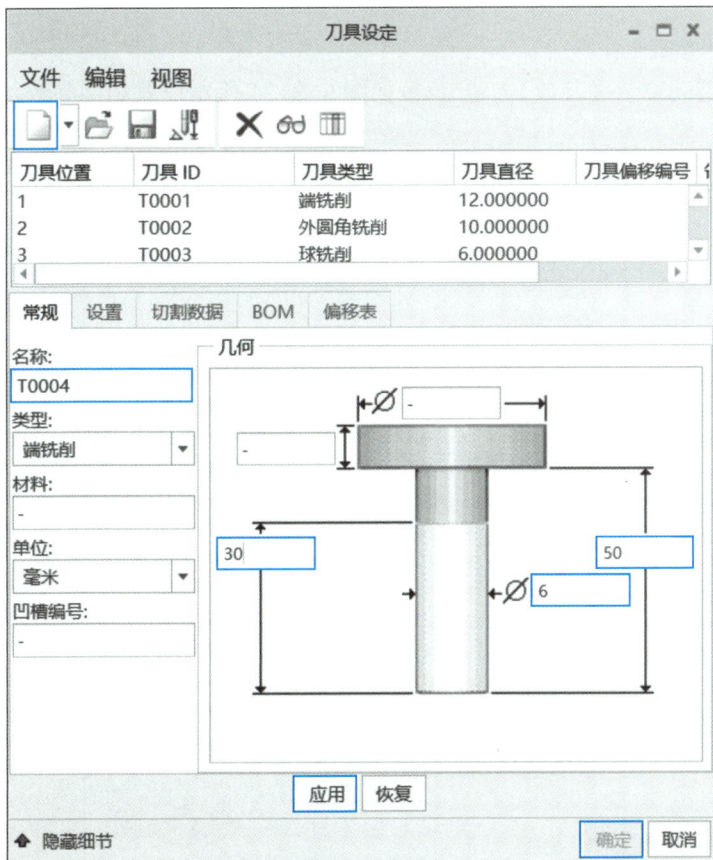

图 6-2-22　建立 Φ6 平底铣刀"T0004"

（3）建立铣削窗口

① 在【精加工】选项卡右侧的【几何】指令▣下拉列表中单击【铣削窗口】指令▣。

② 在弹出的【铣削窗口】选项卡/【设置】组中，单击【链窗口类型】指令▣，在绘图区选择手机后盖凹模底平面作为窗口平面。

③ 按住 Shift 键，依次选取凹模底平面周边线条，获取曲面链 1，单击【确定】按钮，如图 6-2-23 所示，建立铣削窗口。

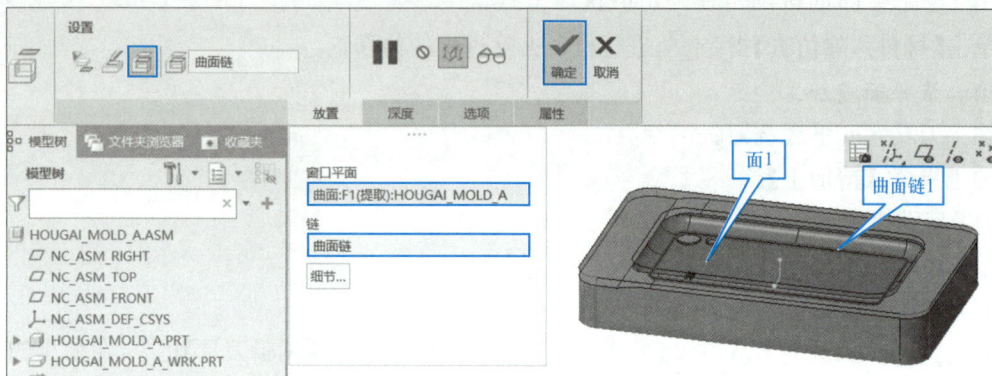

图 6-2-23　建立铣削窗口

（4）设置切削参数

单击【精加工】选项卡/【参数】选项卡，按如图 6-2-24 所示设置切削参数。

切削进给	150
弧形进给	-
自由进给	-
退刀进给	-
切入进给量	-
倾斜角度	45
跨距	=3
精加工允许余量	0
刀痕高度	-
切削角度	0
内公差	0.01
外公差	0.01
铣削选项	直线连接
精加工选项	组合切口
安全距离	6
主轴速度	4000
冷却液选项	关

图 6-2-24　设置【精加工】切削参数

（5）设置退刀平面

单击【精加工】选项卡/【间隙】选项卡，继续沿用之前程序的退刀平面设置。

（6）检查刀具轨迹

在模型树上单击"5. 精加工 2"，在弹出的快捷工具栏中单击【播放路径】指令▦，进行刀具加工路径的仿真。

11. 圆角曲面（四周）精加工

加工刀具：$\Phi6$ 球头铣刀。

加工指令：【腔槽加工】。

（1）启动指令

单击【铣削】选项卡/【铣削】组/【腔槽加工】指令。

（2）序列设置

在弹出的【序列设置】菜单管理器中单击【刀具】【参数】【曲面】（在前面的方框中打√），单击【完成】。

（3）选择刀具

在弹出的【刀具设定】对话框中，选择"3：T0003"——$\Phi6$ 球头铣刀。

（4）设置切削参数

在弹出的【编辑序列参数"腔槽铣削"】对话框中，按如图 6-2-25 所示设置切削参数。单击【确定】按钮，完成参数设置。

（5）选择加工曲面

弹出【NC 序列曲面】菜单管理器，用鼠标选取手机后盖凹模周边曲面，如图 6-2-26 所示，在【NC 序列曲面】菜单管理器中单击【完成】，完成加工曲面选择。

图 6-2-25　设置【腔槽加工】切削参数

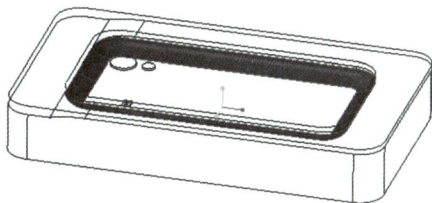

图 6-2-26　拾取周边曲面

（6）检查刀具轨迹

在模型树上单击"6. 腔槽铣削"，在弹出的快捷工具栏中单击【播放路径】指令▦，进行刀具加工路径的仿真。

思考练习

1. 加工坐标系原点一般设在（　　）。
   （A）参考模型的上表面中心处，Z 轴朝下
   （B）毛坯工件的上表面中心处，Z 轴朝上
   （C）参考模型的上表面中心处，Z 轴朝上
   （D）毛坯工件的上表面中心处，Z 轴朝下

2. Creo Parametric 8.0 软件 NC 模块在生成加工程序前需要做的准备工作流程中，正确的是（　　）。
   （A）加载参考模型—创建工件—创建数控机床—定义加工坐标系
   （B）创建数控机床—定义加工坐标系—创建工件—加载参考模型
   （C）创建工件—加载参考模型—创建数控机床—定义加工坐标系
   （D）定义加工坐标系—加载参考模型—创建工件—创建数控机床

3. 按如图 6-2-27 所示零件图建模，并使用 Creo Parametric 8.0 软件 NC 模块完成数控加工程序编制。

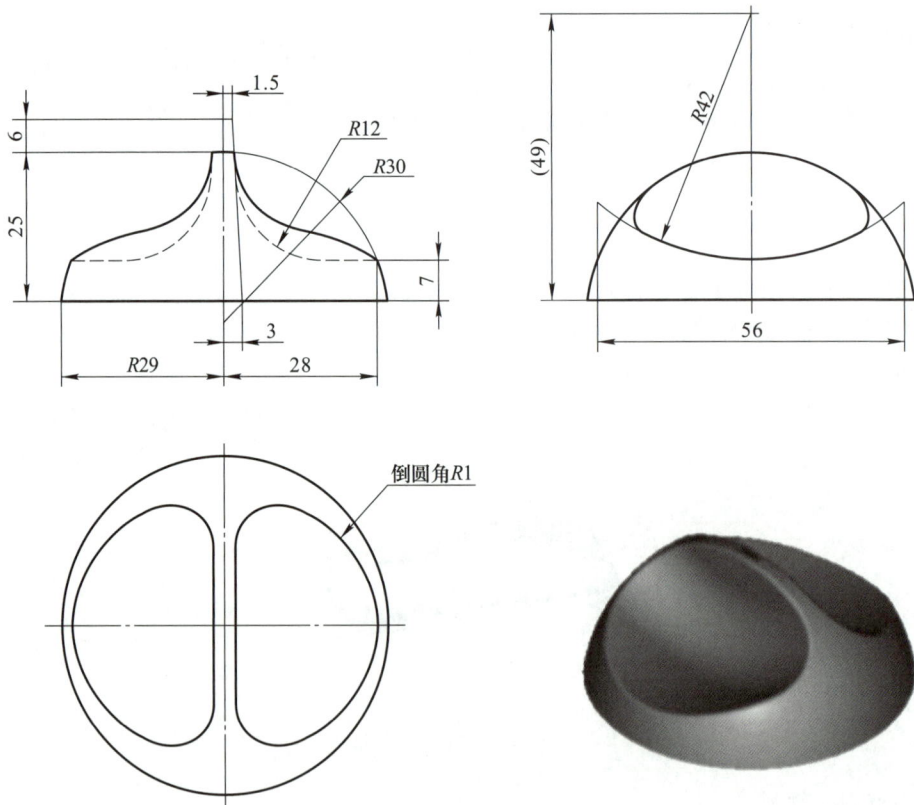

图 6-2-27　零件图

4. 按如图 6-2-28 所示零件图建模，并使用 Creo Parametric 8.0 软件 NC 模块完成数控加工程序编制。

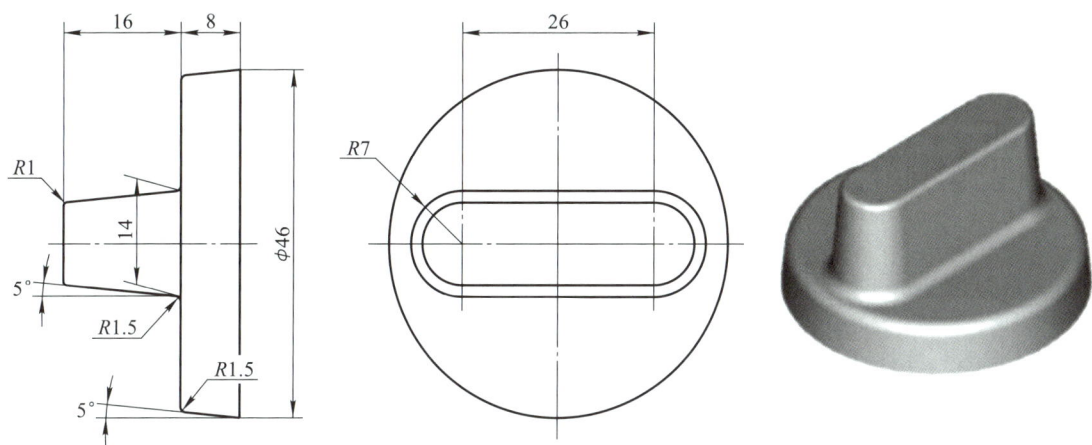

图 6-2-28　零件图

5. 按如图 6-2-29 所示零件图建模，并使用 Creo Parametric NC 模块完成数控加工程序编制。

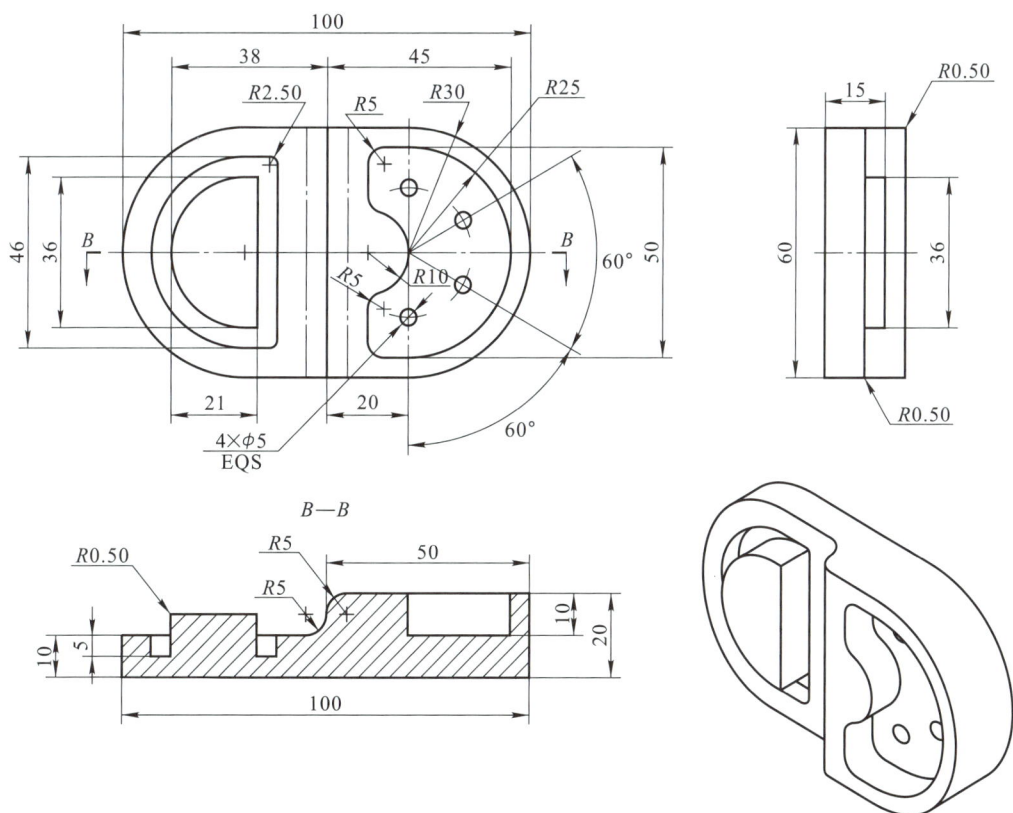

图 6-2-29　零件图

任务 ③ 手机后盖凹模零件加工程序后置处理

▼ **学习目标**

掌握加工程序后置处理的方法和流程。

▼ **任务引入**

将任务 2 中生产的手机后盖凹模零件加工程序生成可以被数控机床识别的 MCD 文件（数控代码程序，G 代码），用以数控加工。

▼ **任务分析**

零件加工程序生成 MCD 文件的步骤见表 6-3-1。

表 6-3-1　零件加工程序生成 MCD 文件步骤

1. 启动软件，设置工作目录，打开文件	2. 生成"1. 粗加工 1"的 CL 文件	3. 生成"1. 粗加工 1"的 MCD 文件	4. 生成其他程序的 MCD 文件

▼ **知识链接**

Creo Parametric 8.0 软件可以生成通用的刀路数据文件，即 CL 文件，内部含有刀具运动轨迹和加工工艺参数等重要数据，但这些信息还不能被数控机床识别，所以必须将 CL 文件转换成数控机床能够识别的 MCD 文件，这个过程就是后置处理。鉴于目前数控系统并没有一个统一的标准，各厂商对数控代码处理方法各不相同。因此，为了能够使 Creo Parametric 8.0 软件所生产的轨迹文件适用不同机床，需将机床配置的特定参数保存成一个配置文件。后置处理过程中运用后置处理器（处理刀路数据的应用程序）将 CL 数据转换成数控机床能够识别的加工程序代码。

▼ **任务实施**

1. 启动软件，设置工作目录

启动 Creo Parametric 8.0 软件，将本书配套素材文件中"Creo＞模型＞项目 6"设置为工作目录。

2. 打开数控程序文件

在工作目录中，打开文件"hougai_mold_a. asm"。

3. 生成"1. 粗加工 1"的 CL 文件

（1）单击【制造】选项卡/【输出】组/【保存 CL 文件】指令 （图 6-3-1），弹出【选择特征】菜单管理器，单击【完成】选项。

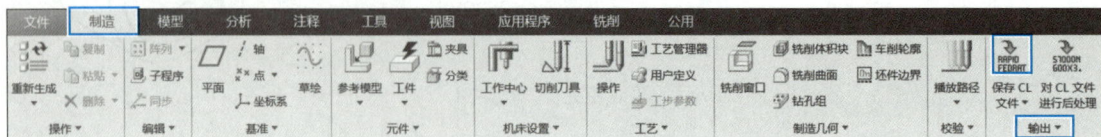

图 6-3-1　【保存 CL 文件】指令

（2）在模型树上选择程序"1. 粗加工 1"，在弹出的【路径】菜单管理器中单击【文件】，【输出类型】默认勾选【CL 文件】和【交互】，单击【完成】，在工作目录下生成名为"粗加工_1. ncl"的 CL 文件。

4. 生成"1. 粗加工 1"的 MCD 文件

（1）单击【制造】选项卡/【输出】组/【对 CL 文件进行后处理】指令（图 6-3-2），弹出【打开】对话框，默认选择"粗加工_1. ncl"文件（图 6-3-3）。

图 6-3-2　【对 CL 文件进行后处理】指令

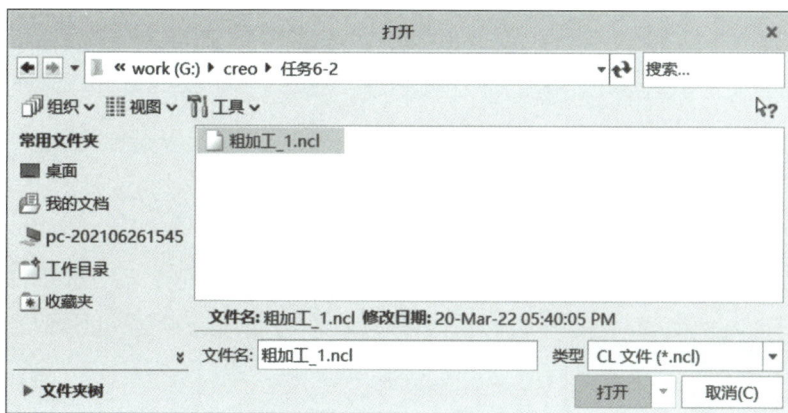

图 6-3-3　【打开】对话框

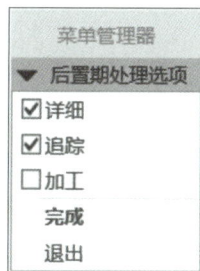

图 6-3-4　【后置期处理选项】

（2）在弹出的【后置期处理选项】菜单管理器中采用默认设置，并单击【完成】，如图 6-3-4 所示。

（3）在弹出的【后置处理列表】中选择"UNCX01. P01"后置处理器，在工作目录中生成"粗加工_1. tap"MCD 文件，可用记事本程序打开文件进行观察，或者根据具体要求按规则修改或增加相关内容。

5. 生成其他程序的 MCD 文件

按照"1. 粗加工_1"的方法生成其他程序的 CL 文件和 MCD 文件，用于后续数控加工。

思考练习

互动练习

项目六任务 3
在线测试

1. 能够被数控机床识别的文件类型有（　　　）。
　　（A）模型文件　　　　　　　　　　　　（B）MCD 文件
　　（C）CL 文件　　　　　　　　　　　　　（D）装配文件
2. Creo Parametric 8.0 软件 NC 模块【制造】选项卡【输出】组包含以下（　　　）指令。

  (A)【播放路径】和【保存 CL 文件】

  (B)【播放路径】和【对 CL 文件进行后处理】

  (C)【保存 CL 文件】和【对 CL 文件进行后处理】

  (D)【材料移除仿真】和【播放路径】

3.【对 CL 文件进行后处理】指令生成文件的后缀名为（   ）。

  (A) ncl   (B) tap   (C) prt   (D) asm

主要参考文献

[1] 闻霞等. 计算机辅助三维设计——Parametric 项目实例教程[M]. 2 版. 北京：高等教育出版社, 2022.

[2] 高巍, 郭茜, 赵春辉. Pro/E 应用项目训练教程[M]. 3 版. 北京：高等教育出版社, 2024.

[3] 赵玉奇, 车世明, 邰海超. 机械零件与典型机构[M]. 3 版. 北京：高等教育出版社, 2023.

[4] 赵国增, 王建军. 机械 CAD/CAM(Mastercam)[M]. 3 版. 北京：高等教育出版社, 2021.